"十三五"国家重点出版物出版规划项目
矿山医学系列丛书

矿山创伤心理救援

PSYCHOLOGICAL RESCUE OF MINE TRAUMA

"十三五"国家重点出版物出版规划项目
矿山医学系列丛书

矿山创伤心理救援

PSYCHOLOGICAL RESCUE OF MINE TRAUMA

丛 书 主 编　袁聚祥
分 册 主 编　苑　杰　程淑英
分 册 主 审　程爱国　白俊清
分册副主编　李　凌　李丽娜　马红霞　杨绍清
分 册 编 委　(按姓名汉语拼音排序)
　　　　　　陈允恩（华北理工大学心理与精神卫生学院）
　　　　　　程淑英（华北理工大学心理与精神卫生学院）
　　　　　　高志华（华北理工大学心理与精神卫生学院）
　　　　　　李丽娜（华北理工大学心理与精神卫生学院）
　　　　　　李　凌（华北理工大学心理与精神卫生学院）
　　　　　　马红霞（华北理工大学心理与精神卫生学院）
　　　　　　王晓一（华北理工大学心理与精神卫生学院）
　　　　　　杨美荣（华北理工大学心理与精神卫生学院）
　　　　　　杨绍清（华北理工大学心理与精神卫生学院）
　　　　　　苑　杰（华北理工大学冀唐学院）

北京大学医学出版社

KUANGSHAN CHUANGSHANG XINLI JIUYUAN

图书在版编目（CIP）数据

矿山创伤心理救援 / 苑杰，程淑英主编 . —北京：
北京大学医学出版社，2021.10
（矿山医学系列丛书 / 袁聚祥主编）
ISBN 978-7-5659-1717-2

Ⅰ . ①矿… Ⅱ . ①苑… ②程… Ⅲ . ①矿山救护 - 心理干预 Ⅳ . ① B845.67

中国版本图书馆 CIP 数据核字（2017）第 289235 号

矿山创伤心理救援

主　　编： 苑　杰　程淑英
出版发行： 北京大学医学出版社
地　　址：（100191）北京市海淀区学院路38号　北京大学医学部院内
电　　话： 发行部 010-82802230；图书邮购 010-82802495
网　　址： http://www.pumpress.com.cn
E - m a i l： booksale@bjmu.edu.cn
印　　刷： 北京金康利印刷有限公司
经　　销： 新华书店
策划编辑： 许　立　陈　奋
责任编辑： 袁帅军　　　**责任校对：** 靳新强　　　**责任印制：** 李　啸
开　　本： 889 mm×1194 mm　1/16　印张：15.75　字数：423千字
版　　次： 2021年10月第1版　2021年10月第1次印刷
书　　号： ISBN 978-7-5659-1717-2
定　　价： 120.00 元
版权所有，违者必究
（凡属质量问题请与本社发行部联系退换）

矿山医学系列丛书编审委员会

主任委员 袁聚祥

副主任委员 高俊玲 张宇新 白俊清 张 柳 徐应军 冯福民

委　　员（按姓名汉语拼音排序）

程　光　范雪云　关维俊　李建民
李琪佳　李树峰　李小明　门秀丽
庞淑兰　曲银娥　唐咏梅　王海涛
武建辉　姚　林　姚三巧　苑　杰
张艳淑　郑素琴

丛书主编简介

袁聚祥，曾任华北煤炭医学院院长，华北理工大学校长、党委副书记。现任华北理工大学公共卫生学院教授，华北理工大学和中国医科大学博士生导师。享受国务院政府特殊津贴专家，原煤炭部部级专业技术拔尖人才，河北省省管优秀专家，匈牙利佩奇大学名誉教授。任中华预防医学会煤炭系统分会主任委员，中国煤炭教育协会副理事长，河北省健康管理学会副主任委员。

长期从事公共卫生与预防医学领域科学研究、人才培养和社会服务工作。已培养硕士研究生 156 名，博士研究生 12 名。发表论文 170 篇，其中被 SCI 收录 36 篇。主编国家规划教材 3 部，出版专著 5 部，承担国家级项目、行业项目和地方项目 20 余项，获得各级科技进步奖 10 余项。

主要研究方向为职业流行病学，包括对煤矿工人健康危害严重的职业病和工作有关疾病的防治工作。首次提出了尘肺流行病学的概念，创建了尘肺流行病学学科，培养了第一批尘肺流行病学专业硕士研究生。在此基础上，针对行业和地方的需要，对钢铁、煤炭和石油行业的职业病和工作有关疾病进行了职业流行病学研究，出版了我国第一部煤矿职业流行病学专著，为我国煤炭等行业制定职业病防治策略，预防职业病的发生，延缓职业病患者的病情，保护工人健康提供了可靠的科学依据和一手资料。

分册主编简介

苑杰，男，博士，教授，主任医师，硕士研究生导师，现任华北理工大学研究生学院院长、精神卫生研究所所长。2003—2005年，师从中国工程院院士李春岩教授，获得神经病学博士学位，2006年公派加拿大蒙尼托巴大学做访问学者。曾先后担任唐山市人民医院神经内科主任、科教科科长，华北理工大学心理学院院长，先后承担或参与国家自然科学基金及其他省部级、市厅级科研课题12项，主编、参编国家规划教材、专著10部，发表包括SCI、核心期刊专业论文90篇，2005年、2010年、2011年获唐山市人民政府科技进步奖。学术兼职包括：加拿大温尼伯神经病学会会员，中华医学会行为医学分会行为医学教育学组副组长，中国医师协会整合医学分会全国理事，中国心理卫生协会煤炭分会副理事长，中华预防医学会煤炭分会职业心理学组组长，全国高等学校本科应用心理学专业教材评审委员会委员，北京神经内科学会神经精神分会副主任委员，河北省医学会行为医学分会副主任委员，河北省心理卫生学会副理事长，河北省医师协会神经内科医师分会委员，河北省卒中学会委员，河北省研究生教学指导委员会医学分委员会委员兼副秘书长，唐山市心理卫生协会理事长，河北省青年科学技术创新奖评审专家，唐山市科普专家服务团专家，《中华行为医学与脑科学杂志》《中国全科医学》等杂志编委。

分册主编简介

程淑英，女，主任医师，副教授，硕士研究生导师，现任华北理工大学附属医院精神科、心理咨询门诊主任。1988年2月毕业于泰山医学院医疗系，2001年参加北京大学心理学专业高等教育自学考试（本科）毕业获得学士学位。1988年2月至1995年10月从事内科临床工作，1995年11月开始从事精神医学和医学心理学的临床、教学与科研工作，2005年11月开始同时从事大学生心理健康教育与咨询工作，2008年5月作为唐山市首批心理救助专家赴汶川地震灾区实施心理救助并光荣加入中国共产党。

目前，主要从事精神心理障碍的医、教、研及大学生心理健康教育与咨询工作。主持市厅级科研立项4项，其中3项达到国内领先水平，参与国家、省、市级科研立项16项。发表科研论文40余篇，参与编写心理学教材及心理危机干预书籍3部。主持国家级医学继续教育项目3项。

学术兼职包括：河北省唐山市心身医学专科联盟理事，唐山新时代·心世界项目专家，唐山市医学会第四届医疗事故鉴定委员会专家库成员，河北省心理卫生协会心理危机干预专业委员会常委，唐山市心理卫生协会副理事长，唐山市心理卫生协会心理咨询师分会主任委员，华北理工大学学术委员会委员，唐山市抗癌协会肿瘤心理专业委员会副主任委员，唐山市医学会精神病学分会常委，河北省老年医学会老年心理专业委员会委员，唐山市心理咨询与治疗协会副主任委员，唐山市医学会心身医学分会委员等。

主要研究方向：焦虑抑郁障碍的基础与临床。

丛 书 序

从中华人民共和国成立后组建的中国煤炭工业部，到现在的国家矿山安全监察局，都充分体现了党中央国务院一直以来对矿山安全生产、矿工职业病防治和矿山创伤救治的高度重视。1963年在原有的开滦高级护士学校、阜新卫生学校、唐山卫生学校基础上合并成立了本科类的唐山煤矿医学院，并于1984年更名为华北煤炭医学院，这是专门服务于煤炭行业的高等医学院校。随着国家体制改革的进行——中国煤炭工业部的撤销以及原国家安全生产监督管理总局的建立，华北煤炭医学院也实行了省部共建，以地方管理为主的模式，隶属河北省。2010年5月，经教育部批准，华北煤炭医学院与河北理工大学合并组建了河北联合大学，并于2015年2月更名为华北理工大学。不管体制如何变化，我们始终担负着矿工职业病防治和矿山创伤救治的培训和科研任务。为此，原国家安全生产监督管理总局与河北省人民政府专门签署了省部共建协议书，明确了省部共建人才培养、科学研究、智力支撑和服务行业的协议内容。

50多年来，华北理工大学在矿工职业病防治和矿山创伤救治教学、科研方面取得了世界领先且具有中国特色的成绩，为煤矿的安全生产做出了巨大的贡献，曾经出版过《煤矿创伤学》《实用矿山医疗救护》《瓦斯爆炸伤害学》《脑外伤新概念》《煤工尘肺病理图谱》《煤矿职业危害预防控制指南》等专著，都是针对我国作为煤炭生产和消费大国、矿山安全和健康形势严峻的特点而编著的。

为了适应我国职业卫生与安全工作的需要，提高我国职业卫生与安全水平，创造生产安全、对矿工健康有利的环境，创建我国职业卫生与安全的医学防治体系，普及科学知识，在北京大学医学出版社领导的支持下，华北理工大学组织多个专业的医学专家和学者编写了这套"矿山医学系列丛书"，并成功申请到国家出版基金的资助。

本丛书共分3卷14册：第一卷为"矿山基础医学"，包括《矿山创伤基础医学》《矿山尘肺基础医学》《矿山职业病基础医学》和《煤工尘肺病理学》；第二卷为"矿山临床医学"，包括《矿山创伤应急救援与医疗技术》《实用矿山创伤医疗救治》《实用瓦斯爆炸伤害救治》《矿山创伤心理救援》《矿山救援与自救互救》；第三卷为"矿山公共卫生学"，包括《矿山职业流行病学》《矿山化学中毒》《矿山企业健康教育与健康促进》《矿山职业病危害预防与控制》《矿工营养健康指南》。

为了编写好本套丛书，我们专门成立了丛书编审委员会，在统一风格的基础上，各司其职，创新性地完成编写任务。另外，我们还邀请原国家安全生产监督管理总局副局长杨元元、原中国煤炭工业协会副会长赵岸青等担任顾问；邀请程爱国、李世波教授等知名专家审稿，以保证丛书质量，在此一并表示衷心感谢！

  此套丛书系国内首创，虽然已针对丛书的理论体系、章节内容、涵盖范围进行了多次讨论，广泛征求各位专家的意见，但由于作者的水平有限，仍感不能完全充分满足国家职业卫生与安全形势发展的需要，有不当之处，敬请斧正！

2020 年 10 月于唐山

前 言

矿山灾难性事故作为一种突发性的危机事件，不仅给国家带来物质和经济损失，还会给煤炭生产者——矿工带来生理和心理伤害，甚至夺走矿工生命。由于灾难发生的不可预知性及其所造成的严重后果，当煤矿工人在伸手不见五指、几十米甚至几百米深的井下突然遭遇灾难性事故，面对无处逃生的、惨烈的事故现场，自己的生命时时受到严重威胁的时候，矿工由既往经历建立起来的心理防御机制就会被这突如其来的灾难击垮，从而出现心理危机。有研究显示，不管一个人受了多少针对心理创伤的训练，当他面对严重的灾难时，难免会发生心理解体、失衡以及应付机制的破坏。更何况矿工们既没有经过心理创伤训练，又没有面对和处理对灾难事故的心理准备。因此，矿山灾难性事故也是一场心理灾难，由此造成的矿工心理问题已经成了煤炭安全生产工作的一大隐患。矿山灾难性事故发生后，受到影响的不仅仅是矿工，还有矿工的家属和朋友；同时还有参与救援的各类工作人员，包括救护队队员、矿山工作的管理者、医务人员，以及心理救援工作者，由于他们在救援工作中看到或接触到了惨烈的事故现场、长时间工作在事故现场及其他相关的救援工作，其内心不可避免地受到冲击和影响。这些受到矿山灾难性事故影响的人们需要心理关怀和心理援助。如果能够及时有效地为他们提供心理关怀和心理援助，就可以减轻或避免严重心理问题、行为问题、创伤后应激障碍甚至精神障碍的发生，同时也体现时代进步和人文关怀。

时代呼唤心理救援，矿山灾难性事故需要心理救援，没有心理救援的救援行动是不完整的救援。在这样的形势下我们编写本书，目的是为煤炭系统心理救援队伍的培训提供工具书，使他们通过学习，系统地掌握在矿山灾难性事故发生后的心理救援技术，以便于在类似事故发生后能够及时赶赴现场开展工作，对需要心理援助的人实施心理救援，把心理创伤造成的危害降到最低，促进他们的心理重建并维护他们的心身健康。

本教材既适用于矿山灾难性事故的心理救援，也适用于其他灾难事件发生后心理救援工作指导，还可以作为心理危机干预技能培训、提升专业能力的参考书，广泛地运用于心理危机干预技术的培训，可以有效地帮助学习者提高专业技术水平。由于时间仓促，编写的过程中难免存在缺点和不足，敬请读者在学习和阅读的过程中，提出宝贵意见和建议，以便修订时完善。

主编
2021 年 3 月

目 录

第一章 总论 … 1

第一节 矿山创伤心理救援概述 … 1
一、矿山创伤心理救援 … 2
二、矿山创伤呼唤心理救援 … 4
三、矿山创伤心理救援的意义 … 5

第二节 矿山创伤心理救援的历史与现状 … 6
一、国外心理救援发展的历史与现状 … 6
二、我国心理救援发展的历史与现状 … 7
三、我国矿山灾难性事故心理救援的研究现状 … 7
四、我国矿山灾难性事故心理救援工作存在的问题 … 8

第三节 矿山灾难性事故发生后心理救援的工作程序 … 9
一、矿山创伤心理救援前的准备工作 … 9
二、矿山创伤心理救援的对象及分级 … 9
三、矿山创伤心理救援的工作流程 … 10
四、建立矿山灾难性事故亲历矿工心理危机后干预体系 … 11
五、矿山创伤心理救援的注意事项 … 11

第四节 矿山创伤心理救援的基本理论 … 12
一、心理危机理论 … 12
二、心理危机干预理论 … 13
三、心理危机干预理论的新发展 … 14

第二章 矿山创伤后应激反应与应激障碍 … 17

第一节 应激的概述 … 17
一、应激的概念 … 17
二、应激源 … 18
三、应激的易感因素 … 19
四、应激的理论研究 … 20

第二节 应激反应 …… 22
一、生理应激 …… 22
二、心理应激 …… 23

第三节 应激障碍 …… 25
一、急性应激障碍 …… 25
二、创伤后应激障碍 …… 29
三、适应性障碍 …… 37

第三章 矿山灾难性事故可能引发的心身疾病 …… 41

第一节 心身疾病概述 …… 41
一、心身疾病的概念 …… 41
二、心身疾病的分类 …… 42
三、心身疾病的特点 …… 43
四、心身疾病的流行病学特点 …… 43

第二节 心身疾病的病因与发病机制 …… 43
一、心身疾病的病因 …… 44
二、心身疾病的发病机制 …… 44

第三节 矿山灾难性事故可能引发的心身疾病诊治原则 …… 45
一、诊断与鉴别诊断 …… 46
二、治疗原则 …… 47

第四节 矿山灾难性事故可能引发的心身疾病 …… 48
一、原发性高血压 …… 48
二、应激性血管功能障碍 …… 50
三、应激性消化道功能障碍 …… 54
四、应激性内分泌功能障碍 …… 55
五、其他心身疾病 …… 58

第四章 矿山灾难性事故的心理救援形式 …… 61

第一节 个体访谈与辅导 …… 61
一、个体访谈与辅导的步骤 …… 62
二、个体访谈与辅导的评估 …… 63
三、不同时期个体访谈与辅导的策略 …… 66

第二节　团体心理辅导·····68
　一、紧急事件晤谈·····68
　二、团体心理干预的其他方法·····70
　附：案例分析·····71

第五章　常用心理救援的技术与方法·····74
第一节　心理救援技术·····74
　一、建立安全的沟通关系·····74
　二、倾听·····75
　三、共情·····76
　四、真诚·····77
　五、尊重与温暖·····77
　六、情感表达·····78
　附：个体访谈与辅导中禁忌的语言·····78
第二节　稳定化技术·····79
　一、关于稳定化技术·····79
　二、常用的稳定化技术·····80
第三节　眼动脱敏与再加工疗法·····84
　一、眼动脱敏与再加工疗法概述·····84
　二、眼动脱敏与再加工疗法的理论及治疗机制·····85
　三、眼动脱敏与再加工疗法的神经机制·····85
　四、眼动脱敏与再加工疗法的治疗程序·····86
　五、眼动脱敏与再加工疗法的注意事项·····87
第四节　认知行为治疗·····88
　一、认知行为治疗概述·····88
　二、认知行为治疗技术·····89
第五节　心理动力学心理治疗·····90
　一、心理动力学心理治疗简介·····90
　二、心理动力学心理治疗的两种治疗模式·····91
　三、心理动力学心理治疗的过程·····92
第六节　意义疗法·····93
　一、意义疗法简介·····93
　二、治疗策略·····93
　三、意义疗法注意事项·····94

第七节　负性情绪的处理 …… 94
一、负性情绪的含义 …… 94
二、负性情绪的处理 …… 95
附：案例分析 …… 98

第六章　矿山灾难性事故中获救矿工的心理救援 …… 101

第一节　矿山灾难性事故中获救矿工常见的身心反应 …… 101
一、矿山灾难性事故中获救矿工常见的生理和心理反应 …… 101
二、美国精神医学协会对灾难获救矿工的反应分类 …… 102
三、矿山灾难性事故中获救矿工的心理经历 …… 102

第二节　矿山灾难性事故中获救矿工的心理危机干预 …… 103
一、矿山灾难性事故获救矿工的即时心理救援 …… 104
二、矿山灾难性事故获救矿工的早期心理救援 …… 104
三、矿山灾难性事故获救矿工的中期心理救援 …… 105
四、矿山灾难性事故获救矿工的后期心理救援 …… 105
五、灾难性事故救援中的心理急救技术 …… 105

第三节　矿山灾难性事故获救矿工的自我心理调适 …… 107
一、矿山灾难性事故获救矿工的生存之道 …… 108
二、矿山灾难性事故获救矿工的复原之路 …… 108
三、矿山灾难性事故获救矿工的成长之旅 …… 110

第七章　矿山灾难性事故丧亲者的心理救援 …… 112

第一节　矿山灾难性事故丧亲者的反应 …… 112
一、丧亲者常见的反应阶段及表现 …… 112
二、丧亲者哀伤的异常表现 …… 113

第二节　矿山灾难性事故丧亲者的哀伤过程 …… 114
一、哀伤过程的三阶段学说 …… 114
二、哀伤过程的四阶段学说 …… 114
三、丧亲阶段丧亲者的心理任务 …… 115

第三节　矿山灾难性事故丧亲者的心理救援措施 …… 116
一、居丧期心理救援的原则 …… 116
二、矿山灾难性事故丧亲者不同反应时期的心理救援 …… 117
三、矿山灾难性事故居丧期心理救援的步骤 …… 117

四、矿山灾难性事故居丧期心理救援的注意事项 …………………………………… 121

　　五、丧亲者常用的自我心理调整的方法 …………………………………………… 122

第四节　对儿童和青少年的心理救助 ……………………………………………………… 122

　　一、矿山灾难性事故后儿童和青少年常见的反应 ………………………………… 122

　　二、儿童和青少年心理危机的心理救援策略 ……………………………………… 124

　　三、儿童和青少年心理危机的心理救援步骤 ……………………………………… 127

　　四、儿童和青少年的心理救援工作应注意的问题 ………………………………… 128

　　附1：团体辅导示例 …………………………………………………………………… 128

　　附2：案例分析 ………………………………………………………………………… 130

第八章　矿山灾难性事故发生后矿工的心理自救 ……………………………………… 134

第一节　矿山灾难性事故发生后矿工的生理和心理反应 ………………………………… 134

　　一、矿工对矿山灾难性事故的常见反应 …………………………………………… 135

　　二、矿山灾难性事故发生后受伤矿工的心理活动表现 …………………………… 136

　　三、受灾矿工弄清自己的反应：区分事实和反应 ………………………………… 137

第二节　矿山灾难性事故发生后矿工的心理应对 ………………………………………… 137

　　一、矿山灾难性事故发生后矿工对自己应对方式的识别 ………………………… 137

　　二、矿山灾难性事故发生后矿工对压力的有效应对 ……………………………… 138

　　三、矿山灾难性事故发生后矿工对情绪的有效应对 ……………………………… 140

第三节　矿山灾难性事故发生后矿工的心理自救 ………………………………………… 141

　　一、矿工对矿山灾难性事故进行全面考虑 ………………………………………… 141

　　二、矿山灾难性事故与五个基本需要 ……………………………………………… 143

　　三、矿山灾难性事故发生后矿工的心理自救 ……………………………………… 154

　　附：创伤应激问卷 …………………………………………………………………… 158

第九章　灾难性事故心理救援中的心理行为训练 ……………………………………… 160

第一节　心理行为训练概况 ………………………………………………………………… 160

　　一、心理行为训练概述 ……………………………………………………………… 160

　　二、心理行为训练的起源和发展 …………………………………………………… 161

　　三、心理行为训练的应用 …………………………………………………………… 162

　　四、心理行为训练效果的影响因素 ………………………………………………… 163

　　五、心理行为训练存在的不足 ……………………………………………………… 164

第二节　心理行为训练的理论基础 …… 164
一、行为主义理论 …… 165
二、认知心理学 …… 167
三、人本主义心理学 …… 170
四、社会心理学 …… 170
五、咨询心理学 …… 172

第三节　心理行为训练的基本原理 …… 172
一、心理行为训练的基本原理 …… 172
二、心理行为训练的机制 …… 173
三、心理行为训练的核心功能 …… 173
四、心理行为训练的目标 …… 173

第四节　矿山创伤后心理行为训练的专业技术与操作 …… 174
一、心理行为训练的干预原则 …… 174
二、心理行为训练的基本方法 …… 175
三、心理行为训练的流程 …… 175

第五节　部分心理行为训练项目的介绍 …… 177
一、组建团队 …… 177
二、绝地求生 …… 178
三、高空断桥 …… 179
四、人（际）网恢恢 …… 181
五、孤岛求救 …… 182
六、信任之旅 …… 182
七、其他心理行为训练项目 …… 183

第十章　心理救援工作者的心理健康维护策略 …… 187

第一节　心理救援工作者心理健康维护的重要性 …… 187
一、心理健康是从事心理服务工作的首要要求 …… 187
二、心理健康是从事心理救援工作的客观需要 …… 189

第二节　矿山创伤心理救援工作者的常见反应 …… 191
一、矿山灾难性事故对心理救援工作者的身体影响 …… 191
二、矿山灾难性事故对心理救援工作者的心理影响 …… 191
三、替代性创伤 …… 192
四、职业倦怠 …… 193
五、心理救援工作经历的阶段及表现 …… 193

第三节　矿山创伤心理救援工作者的生活工作管理 195
一、帮助矿山创伤心理救援工作者的基本策略 195
二、心理救援工作者生活工作管理的内容 195

第四节　矿山创伤心理救援工作者的职业素质 198
一、心理救援工作者的伦理要求 198
二、心理救援的专业知识和技能 200
三、心理救援工作者的人格特征和情感能力 201
四、心理救援工作者的工作经历要求 202
五、心理救援工作者的人生阅历要求 203
六、了解矿山、矿工和矿山灾难性事故 204

第五节　心理救援工作者心理健康维护的技术与操作 204
一、修身养性——心理救援工作者自我心理健康维护 204
二、寻求和接受行业督导 206
三、组建同行小组 207
四、与受助者一起成长 208

第十一章　矿工的心理健康与促进 210

第一节　矿工的心理健康状况 210
一、我国矿工的心理健康现状 210
二、我国矿工的人格特点 211

第二节　影响矿工心理健康的因素 211
一、作业环境中物理化学因素对矿工心理健康的影响 211
二、社会因素对矿工心理健康的影响 212
三、工作环境对矿工心理健康的影响 212
四、婚姻家庭对矿工心理健康的影响 213
五、社会关系对矿工心理健康的影响 213
六、生活条件对矿工心理健康的影响 213

第三节　矿工心理健康的标准 213
一、目前国际上通行的标准 214
二、我国学者提出的心理健康标准 214
三、矿工心理健康的标准 214

第四节　矿工心理健康的促进 216
一、客观方面 216
二、主观方面 217

第五节　提高应对矿山灾难性事故的心理能力 …………………………………… **218**
 一、矿山灾难性事故前心理能量的储备 …………………………………………… 218
 二、矿山灾难性事故中的求生"心"法 …………………………………………… 220
 三、矿山灾难性事故后的心理康复 ………………………………………………… 222

中英文专业词汇对照索引……………………………………………………………227

第一章 总论

煤炭生产是我国三大高危行业之一。中国是产煤大国，也是一个对煤炭能源比较依赖的国家。近年来，尽管我国各级政府行政主管和各个矿山企业从管理、法制和投入等方面采取了一系列重要措施，使煤矿安全状况在总体上得到了改善，但是仍然不能从根本上遏制灾难性事故频繁发生的现象[1]。

来自中国煤网（2014-01-13）的消息：2014年1月9日上午，国务院新闻办公室举行新闻发布会，在总结2013年工作时，国家煤矿安监局副局长宋元明介绍，虽然2013年我国煤炭生产的百万吨死亡率为0.293，首次降到0.3以下，但是我国安全生产状况和世界先进产煤国家相比还有很大差距；2014年7月30日，中国安全生产报报道了2014年上半年的我国煤矿百万吨死亡率为0.244，但与先进的产煤国家相比还是相差10倍之多。美国作为世界第二大产煤国，过去10多年来煤炭年产量一直稳定在10亿吨左右，煤矿年死亡人数为30人左右，百万吨死亡率长期控制在0.1以下。特别近几年来，其百万吨死亡率降到了0.03。此外，澳大利亚作为世界上第4大产煤国和最大的煤炭出口国，每百万吨死亡率仅为0.014左右。据中国煤炭工业协会初步统计，2013年全国煤矿产地数量为1.2万处，全国煤炭产量37亿吨左右。在煤炭产量稳步增长的背后是触目惊心的煤矿安全事故。据不完全数据统计，2014年上半年发生矿难事故25起，死亡110余人，每月都有1起以上的矿难事故发生。2014年8月25日国家安全监管总局网站发布的"国务院安委会办公室关于近期三起煤矿重大事故的通报安委办函〔2014〕52号"文件中指出，今年7月以来，全国煤矿连续发生3起重大事故，共造成35人死亡、3人重伤、25人被困。分别是7月5日，新疆生产建设兵团第六师新疆大黄山豫新煤业有限责任公司1号井发生重大瓦斯爆炸事故，造成17人死亡、3人重伤；8月14日，黑龙江省鸡西市城子河区安之顺煤矿发生透水事故，造成16人死亡；8月19日，安徽省淮南市谢家集区东方煤矿发生瓦斯爆炸事故，造成2人死亡、25人被困[2]。如此频繁的矿山灾难性事故，不但给人民群众生命财产和国家的经济造成重大损失，也给幸存者及遇难者的亲人们带来巨大的心理创伤。对经历矿山灾难性事故的矿工及遇难者亲人们予以体现人文关怀精神的心理援助，已成为政府与社会的共识。

第一节 矿山创伤心理救援概述

在煤矿生产工作中，作为最具破坏力的安全事故——矿山灾难性事故，不仅给矿工的生命带来严重威胁，同时给事故经历者及他们的亲人造成极大的内心创伤与冲击，致使他们产生心理和生理上的各种不适和症状。如果忽视对他们的心理安抚或者心理干预方式不当，将使其留下终身难以平复的心理阴影，严重影响着他们在灾难事故后的生活品质和身心健康，更有甚者因不堪忍受这种心理折磨，选择极端的自杀方式来结束生命；同时，这也会严重影响矿工的生产劳动，降低所在单位的生产效率。因此，矿山灾难事故发生后及时有效的心理抚慰和长期的心理救援具有十分重要的现实意义，是挽救矿工生命、拯救矿工心灵的必要举措，而建立健全救援机制是确保该项工作有效开展的必要保障。

一、矿山创伤心理救援

矿山灾难性事故不仅给幸存者带来了身体和心理的伤害，甚至剥夺生命，同时他们及其同事、死难者家属也会深受心理创伤的煎熬。目睹与耳闻工友在工作环境中的死亡，会使矿工再次面对相同的工作环境时产生恐惧，使之成为应激源；而痛失亲人对于一个家庭来说是一个重大的心理应激源。在如此大的应激源面前，他们可能会出现情绪麻木、无助、绝望、抑郁、内疚、整夜不眠等痛苦的体验，甚至可能出现严重的心理问题，乃至精神疾病。对灾难幸存者及死难者家属在灾难性事故发生后的早期进行心理援助可以有效地减轻他们的恐惧、麻木、惊跳、回避等症状，预防心理与精神疾病的发生。矿山灾难性事故发生后，有组织、有计划地为获救矿工、死难者家属及其他相关人员提供心理援助是非常必要和有意义的救援策略之一。

矿山创伤心理救援工作的开展是多维度、全方位的，它既有心理学技术的参与，也包括精神医学的介入，同时还有社会工作者的协助。

（一）矿山创伤心理救援的概念

矿山创伤心理救援是指矿山灾难性事故发生后，对处于危机状态中的矿工及相关参与救援的人员，运用心理学知识与技术，帮助他们调动自身的潜能，重建心理平衡，顺利渡过心理危机的过程。通常采取访谈的形式，强调以倾听、共情、尊重、引导等为主要技术手段，其目的是帮助灾后矿工及相关人员宣泄不良情绪，降低急性或剧烈的心理危机和创伤发生的风险，避免他们因心理创伤而产生过激行为（如自杀，杀人等）。心理学研究表明，有效的心理援助可以帮助当事人获得生理、心理上的安全感，缓解由矿山灾难性事故引发的强烈恐惧、震惊和悲伤的情绪，恢复心理平衡，使矿工及相关人员能以健康的心理和行为去面对未来的生活。

矿山创伤心理救援有狭义和广义之分。从方法上定义的矿山创伤心理救援是狭义的心理救援，指采用心理咨询与治疗的理论与技术对遭遇矿山灾难性事故的人们实施心理援助；从目的上定义的是广义的矿山创伤心理救援，是指采用各种科学的方法对经历矿山灾难性事故的人们予以帮助，既包括心理咨询与治疗的方法，也包括精神科药物治疗等，只要能使灾后矿工及相关人员恢复心理平衡即为心理救援。

（二）矿山创伤心理救援的相关因素

在矿山创伤的心理救援过程中，涉及一些影响矿山创伤心理救援有效的因素，心理救援工作者须对这些因素有清晰的认识，才能在救援中发挥正确的作用。这些因素包括救援主体、原则和方法，救援对象，工作目标，工作方式特征、目的和性质等。

1. 矿山创伤心理救援的主体 矿山创伤心理救援的主体是心理救援工作者，心理救援工作者分为专业心理救援工作者和辅助心理救援人员。专业心理救援工作者指受过心理救援工作专业培训、具有临床心理学、精神病学和其他精神卫生专业背景和工作资格的人员；辅助心理救援人员指没有上述资格，但经过培训适合做辅助心理救援工作的人员，如社会工作者、教师、法律专业的人员等。

2. 矿山创伤心理救援的原则和方法 矿山创伤心理救援的原则和方法与普通心理咨询和治疗并不完全相同。矿山创伤心理救援如第一时间原则、协同配合原则、完整开展心理救援避免再次创伤原则、科学性原则、分类干预原则、专业指导和使用非专业资源共同利用原则、防-控-治并举原则，这些都不同于普通心理咨询与治疗；但在保密性原则上普通与心理咨询是相同的，都必须保护当事人的隐私。当然也有例外，对于有自伤、自杀、伤人毁物情况的当事人要及时通知相关人员进行处理。

在方法上，矿山创伤心理救援分为两类：矿山灾难性事故发生时的紧急心理救援和矿山灾难性事故发生后的心理安抚工作。紧急心理救援是采用心理急救的方法，重在提供信息、联系社会支持、协助解决导致心理应激的实际问题、应激危机处理等；矿山灾难性事故发生后的心理安抚工作是采用心理学的方法和技术对事故经历者出现的各种心身反应进行心理干预与辅导，帮助他们渡过心理危机。这些都与通常的心理咨询不同。

此外，矿山创伤心理救援需遵循以下指导原则：

(1) 矿山创伤心理救援是矿山灾难性事故整体救援工作的一部分，应与矿山灾难性事故救援工作的开展整合在一起。

(2) 矿山创伤心理救援以稳定社会为前提，不能给整体矿山灾难性事故救援增加负担。

(3) 矿山创伤心理救援要根据具体情况综合运用心理救援技术，为受灾矿工及相关人员提供个性化的心理援助。

(4) 矿山创伤心理救援要保护受灾矿工及相关人员的隐私，不可以随便透露个人信息。

(5) 矿山创伤心理救援要鼓励受灾矿工及相关人员并帮助他们建立的自信，不要让当事人对心理救援人员产生过分依赖心理。

3. 矿山创伤心理救援的对象 矿山创伤心理救援的对象指矿山灾难性事故发生时及发生后涉及的有关人员，这些人员都经历了矿山创伤的影响和（或）参与了救援工作，在此统称为矿山灾难性事故经历者（简称：事故经历者）。这些人包括获救矿工及遇难者的亲人、同事、领导、部下、好友，还包括参与矿山灾难性事故救援的矿山救护队员、医务人员、媒体记者和社会工作者等。因为这些人员在救援的过程中目睹了惨烈的场面，而且有长时间的工作带来的心理、生理上的疲劳，这些因素都可能导致心理应激，所以他们同样需要心理干预。

4. 矿山创伤心理救援的目标 矿山创伤可能引起事故经历者暂时失去应对能力和心理失衡，出现恐慌、身体不适感等，因此心理救援就是要帮助他们弄清问题的实质，应用心理学的方法处理矿山灾难性事故带来的不利影响，重建生活的信心，发挥他们的自身优势，恢复心理平衡并促进人格的完善与成长。矿山创伤心理救援的主要目标是：

(1) 防止事故经历者出现过激行为（如自杀或攻击行为等），提供适当的建议以缓解他们的痛苦、帮助他们应对现实难题，从而积极预防、及时控制和减缓受灾人员心理危机导致的社会危害。

(2) 促进事故经历者创伤后的心理重建，帮助他们恢复正常生活，预防心理障碍的发生。

(3) 鼓励事故经历者充分表达自己的思想和情感，帮助他们渡过心理危机，提供适当的建议，促使他们解决因矿山灾难性事故引发的心理困扰。

(4) 给予事故经历者适当的医学干预，处理昏厥、情感休克或激动状态。

5. 矿山创伤心理救援工作方式的特征 矿山创伤心理救援工作不只局限于单一的理论框架，还可以使用多种能够有效缓解心理应激的方法和手段，既包括心理支持技术，又包括精神医学的药物治疗，还包括为事故经历者提供信息、协助沟通、促进社会支持，甚至包括协调物质保障，解决应激源问题的社会工作行为。但是，这些工作的主旨不是提供物质支持而是心理救援。

总之，矿山创伤心理救援的目的就是要将矿山灾难性事故对矿工及其他事故经历者造成的不良影响，尤其是心理的不良影响降到最低水平，以避免创伤后应激障碍（post traumatic stress disorder，PTSD）及其他身心疾病的发生，维护他们的心理健康，使他们重燃对生活的信心和希望，重获生活的安全感。开展矿山创伤心理救援工作是尊重生命、以人为本治国理念的最佳体现，是发扬我国人文关怀精神的最佳实践，是全社会团结互助精神的体现，反映了我国民族凝聚力和向心力的增强，符合社会主义核心价值观的本质要求。

二、矿山创伤呼唤心理救援

当今世界，人类面临着前所未有的发展机遇；同时，也面对着人口、资源、公共安全、公共卫生、安全事故及自然灾害的挑战。这些自然灾害和安全事故不仅给我国的经济发展带来不利影响，同时也是一场心理灾难，给事故经历者、家属及相关人员带来巨大的心理冲击。矿山灾难性事故也不例外，同样给事故经历者带来心理应激。

（一）矿山创伤对事故经历者的影响

矿山创伤可能给包括获救矿工在内的事故经历者带来一系列心理、生理和行为的影响，如失眠、心慌、胸闷、恐惧、恐慌、烦躁、易怒等。这种影响有的可能只是短期存在，随着时间的流逝心理创伤得以修复，上述症状逐渐消失；但也有可能这些症状长期存在且有加重的趋势，导致严重心理痛苦或各种精神障碍，如急性应激障碍（acute stress disorder，ASD）、创伤后应激障碍（PTSD）及适应性障碍（adjustment disorder，AD）。后者使得获救矿工及事故经历者的社会功能、生活质量严重受损，有的终身丧失工作和生活能力。医学研究表明，PTSD 的发病率为 5%～50%（平均 12%），约 1/3 的患者会终生不愈，1/2 以上的患者常伴有药物滥用和其他精神障碍，自杀率是普通健康群体的 6 倍[2]。侯彩兰等采用《创伤后应激障碍自评量表》（the PTSD Checklist-Civilian Version，PCL-C）对娄底矿难事故的幸存矿工进行了调查研究，结果显示，2 个月时幸存矿工的 PTSD 发生率为 50%，10 个月时发生率为 30.6%[3]。在发达国家，每当灾难事件发生后，政府或有关机构会立即组织心理危机干预人员前往出事地点进行心理救援，或者在事发当地开展心理干预工作，以尽量减少 PTSD 的发生[4]。

重大灾害事故后开展心理救援，在世界范围内是一项很受重视的工作[5]。2003 年韩国大邱地铁纵火案死亡 200 多人，其后又出现许多幸存者自杀的现象。北美地区大停电事件使数十万人困在地铁和电梯内，有的长达 19 h 之久，由于心理救援及时、得当，未发生任何大事故，说明心理救援在危机性事件发生时的重要性。矿山创伤心理救援是矿山灾难性事故救援工作和灾后重建的重要组成部分，也是缓解矿山灾难性事故带来的消极影响、维护社会安定的有效途径。以往矿山救援忽略了从矿工的心理角度为受灾矿工提供有效的心理支持和心理服务，忽略了从心理健康角度所应采取的必要措施，导致应对失当，增加不必要的矿山灾难性事故后自杀等意外的发生。

我国真正意义的心理危机干预工作是从 1994 年克拉玛依市火灾事件开始的[6]。但是，真正引起政府和百姓重视的是在 2008 年 "5·12" 汶川大地震之后。灾后政府和心理工作者都意识到进行心理救援与危机干预的必要性，并派出大量的心理工作专业人士深入灾区进行心理救援。2008 年 6 月，汶川地震发生 1 个月后，国务院在发布的《汶川地震灾后恢复重建条例》[7]中明确规定，地震灾区的各级政府，在组织受灾群众和企业开展生产自救的同时，要做好受灾群众的心理救援工作。这标志着心理救援在灾后重建中受到了国家的高度重视，并得到了政策法规的支持。实践和心理学研究也证明，地震灾后人们产生的心理创伤需要及时、专业、持续的心理救援，人们才能更好地渡过危机，恢复身心健康。矿山灾难性事故的发生同样会导致事故经历者心理痛苦及心理创伤。因此，及时有效的心理救援可以帮助事故经历者充分调动自身的积极性，尽快地走出心理阴霾，重建内心的平衡，提高心理健康水平。

（二）矿山创伤救援的分类

为了推进我国矿山企业安全生产应急管理工作，最大限度地减少事故造成的矿工人员伤亡，矿山创伤救援者一直不懈地与矿山灾难性事故抗争，采用多种方式积极地开展救援工作。一般来说，矿山创伤救援主要包括工程救援、医学救援和心理救援三个方面[8]。

1. 工程救援 工程救援就是矿山救护队员通过各种方式，帮助那些处于矿山灾难性事故中的矿工离开灾害事故现场，目的是保存他们的生命。

2. 医学救援 医学救援医务工作者利用医学手段，帮助那些在矿山灾难性事故中身体受到创伤或濒临死亡的矿工医治躯体损害，以恢复其生理功能或挽救生命，其目的是保存生命和恢复身体健康。

3. 心理救援 心理救援就是心理救援专业工作者运用心理救援的知识与技术向事故经历者提供紧急心理援助，以帮助那些处于应激状态的事故经历者顺利渡过心理危机、恢复心理平衡，防止或减轻心理应激反应的潜在负面影响。心理救援内容包括：灾害事故前对矿工的心理行为训练，提高他们应对危机的能力，预防心理危机的发生；灾害事故发生时对矿工的紧急心理救治；灾害事故发生后对矿工的心理照料以及对矿工家属进行心理抚慰等。

对于矿山灾难性事故的幸存者来说，矿山创伤心理救援的作用在于保存生命，减少精神障碍、心身疾病的发生。处于矿山灾难性事故中的矿工，内心十分害怕、惶恐，这种情绪状态对于保存生命十分不利，需要有经验的工程救援或医学救援人员在工程救援或医学救援的同时，给予心理安抚。因此，心理救援应该融合于工程救援和医学救援之中，体现在工程救援和医学救援挽救生命和维护心理健康的效果上。工程救援和医学救援有一些必不可少的环节，例如，在矿山灾难性事故发生前，对救援人员进行选拔和培训，提升他们对矿山灾难性事故的应对能力；在矿山灾难性事故发生时，稳定受灾矿工的情绪，以配合营救；调整矿山创伤救援人员的士气。矿山创伤心理救援还可以维护和增进受灾矿工的身心健康，如帮助他们顺利渡过一般应激反应，对异常应激反应、应激相关障碍进行精神医学干预，以恢复正常心理功能[9]。最为重要的是，矿山创伤心理救援体现了人文关怀。在矿山灾害事件发生后，心理援助起到缓解痛苦、调节情绪、调整社会关系等作用，并逐渐成为矿山灾难性事故救助的重要组成部分，这是一个国家充满人文关怀精神的标志。当今社会已发展到一个高度文明的历史时期，以人为本已经成为人类服务的第一理念，因此缺乏心理援助的矿山创伤救援是不完整的救援。

三、矿山创伤心理救援的意义

矿山灾难性事故能使大多数经历者产生痛苦，即使是心理素质好的人也会悲痛、恐惧和绝望，并产生一系列的应激反应。及时为受灾人群提供心理救援，缓解他们的心理痛苦，避免创伤后应激障碍的发生已经成为矿山救援的一项重要内容。

（一）抚平事故经历者的心理创伤

在经历了矿山灾难性事故的人当中，有一部分人能有效地修复心理创伤、恢复心理平衡；还有一部分受难者无法依靠自身的力量来解决心理危机，他们也不会主动去寻求这方面的帮助。因此，对灾后心理危机进行主动积极的干预、疏导和救治来帮助处于危机中的事故经历者顺利渡过危机是非常必要的。

心理救援可以为灾难经历者提供社会支持，帮助其调整心态，改变幸存者、受难者家属等人对灾难的看法，使其消除灾难带来的负面影响，以积极的心态面对生活。

（二）对恢复正常工作秩序的积极作用

矿山灾难性事故发生后往往会引起其他矿工的恐慌。灾难事故的突发性和破坏性往往导致人们心理上的不确定性。当对一件事物不确定、缺乏正确认识时，人们就会通过想象、猜测来代替事实，从而造成心理上的过度恐慌。因而，当矿山灾难性事故发生后，积极的心理救援和心理卫生知识的宣传可以消除其他矿工的心理恐惧，平息灾难的负面影响。同时，心理救援还可以提高其应付突发事件的能力，为尽快应对新的环境起到促进作用。美国的"9·11"事件引起了民众的极度恐慌，为了消除民众恐惧心理，美国各级心理机构迅速行动起来，实施心理干预，这对平息危机和恢复社会生活秩序起到了非常积极的作用。

事实证明，心理救援主要通过提供更多社会支持和改变受灾者认知水平的方式对存在心理危机的群体进行心理疏导和干预，在社会突发事件的处理中，日益发挥着重要作用。

第二节 矿山创伤心理救援的历史与现状

人类发展的历史是与灾难抗争的历史，灾难不断给人类带来创伤。灾难带来的创伤不仅是身体上的，还有心理上的。灾难导致的躯体伤痛或许在短期内能够得到改善，但由此引发的心理创伤可能会给个体和社会带来严重而持久的影响。矿山灾难性事故给矿工本人及其家属、亲人带来巨大心理应激。因此，心理救援已逐渐成为全世界关注和重视的课题。

一、国外心理救援发展的历史与现状

早在20世纪60年代，国外一些发达国家就已经开始了针对个人心理创伤及遭遇挫折后想自杀的公共心理卫生服务。同时，对整个社会面临的灾难（包括空难、车祸、毒气泄漏、煤矿爆炸、洪水、地震、海啸等）公共危机的应对管理也逐步走入正轨。20世纪前期，美国、荷兰等国家率先兴起对心理救援理论的研究。Kuo、Susan、Catherine等针对中国台湾地震、印度尼西亚海啸等灾害事故给公众造成的心理影响展开了广泛且深入的研究[10-12]。

近40年来，国外一些发达国家建立了较为完善的心理救援及危机干预系统。如美国建立的公共心理健康反应联合体（the Mental Health Community Response Coalition，MHRC），美国当前的突发公共卫生事件预警与应急管理是以总统和国家安全委员会的应急办公室为核心，联合卫生部、联邦应急管理局、环境保护局、国防部、联邦调查局（FBI）、能源部组成国土安全部，形成决策、信息、执行和保障4大运作系统[13]，在"9·11"事件的心理救援中发挥了重要作用[14]。在美国，突发事件发生后，政府按照相应的信息制度将突发事件信息分级，并配合相应的处理措施，部分信息要在联邦政府公报上公布，部分信息要在政府部门间共享和传递，部分信息则只有拥有特别权力的机构或个人才能查阅[15]。同时，媒体的报道得到了卫生部门的配合，卫生部门占据了报道的主导位置。

日本、以色列等灾难高发的国家在此领域积累了较为丰富的实践经验。20世纪90年代开始，日本在原来的防灾管理体系的基础上建立了综合应急管理体系，在危机性事件的心理救援方面取得了卓越的成效[16]。日本在应对突发公共卫生事件方面，坚持立法先行的理念，建立了完善的应急管理法律体系。其中，灾害对策基本法是日本防灾领域的根本大法，对防灾组织体系及其责任、防灾规

划、灾害预防、灾害应急对策、灾后修复、财政金融处置措施等事项做出了明确规定，有效地提高了日本整体应急管理的能力和水平[17]。

发达国家在灾难发生后，心理救援队伍活跃在救援前线。他们给灾难性事故经历者带来常规社会救援工作所不能提供的紧急心理救援和进一步的心理援助。

二、我国心理救援发展的历史与现状

我国的灾难心理学研究开始于1988年的云南澜沧7.6级大地震。地震后3个月，北京大学精神卫生研究所对地震灾民的心理健康状况进行调查研究。然而，真正对灾难发生后心理危机干预的关注始于1994年的新疆克拉玛依大火。在那次火灾中，共有323人遇难，其中288人是中小学生，另有130名重伤员住院。火灾是12月8日发生的，而北京大学精神卫生研究所的专家12月底到达克拉玛依。当时并没有灾难心理救援的概念，是当地医生发现伤亡者家属和一些重伤员出现了很多心理问题，于是请心理专家到现场支援。专家们对火灾伤亡者家属进行了为期2个月的心理救援与心理危机干预，取得了较好的效果，并收获了宝贵的心理救援经验。此后，历次的重大灾害性事件，诸如1998年长江大洪水和张北地震、2002年大连"5·7"空难、2003年"非典事件"和重庆开县井喷事故等发生后都有心理救援工作者的身影。特别是2008年"5·12"汶川大地震发生后，心理救援工作受到了政府和心理工作者的高度重视，大量的心理工作专业人士深入灾区进行心理救援。中科院心理所、中国心理学会、心理救援机构以及各心理学研究与教学单位纷纷组织力量赶赴灾区实施心理救援工作；大众媒体、民间力量及志愿者团队也纷纷发挥自身的作用，参与到心理救援工作中来；各种心理救援的宣传手册也纷纷发行；各相关心理救援的呼吁和学术研究成果也呈现一泻千里的发展态势。一时间，社会各界掀起了灾后心理救援的高潮。汶川地震灾后心理救援及其研究工作取得了一定的成果，收获了心理救援的经验。取得的成绩是值得肯定的，既在一定程度上稳定了受灾者的情绪，又体现了党和国家及广大民众对灾民的人文关怀。

近年来，灾难性事故心理救援得到了社会各界的广泛重视，具有资质的学术团体通过开展各种培训班培养我国心理危机干预人才；学术界也对此进行了深入的研究，发表了大量的学术论文及著作，这在一定程度上提高了我国心理危机干预的水平。但我国灾难性事故心理干预仍存在一些不能忽视的问题，如统一的组织管理问题、心理救援队伍的建设问题以及心理救援人员专业技能的培训问题等。我国灾难性事故的心理救援只有20年的历史，因此尽管在多次灾难救援中实施了心理救援，但公众对灾难心理救援的知晓率不是很高，同时还存在一些误区[18]。因此，亟须社会及广大的心理学工作者宣传和普及心理救援学知识，便于百姓在遭遇心理危机时能够及时地得到有效的帮助。

更重要的是，在我国灾难性事故心理干预缺乏专业的心理危机干预组织机构和心理社会救援体系，没有一部法律或行政法规对心理危机干预的机构进行确认，没有一个政府机构将灾后心理危机干预纳入其职能范围。另外，灾后事故心理危机干预的科学研究工作落后，目前基本都是引进国外的相关研究，但国情方面的差异很难满足我国灾后心理危机干预的需求[19]。

三、我国矿山灾难性事故心理救援的研究现状

前面提到，我国的正式心理救援工作始于1994年的克拉玛依市的火灾，经过20年的发展已经取得了长足的进步，心理救援工作不仅在自然灾害和安全事故中发挥作用，还在矿山灾难性事故的救援中发挥了积极的作用。矿山灾难性事故发生后，由于心理救援工作者的积极参与，使事故经历

者的心理伤害降低到了最低水平。

2003年底，重庆开县特大井喷事故发生后，重庆新思维心理咨询公司的心理工作者奔赴开县对经历灾难的矿工进行了心理状态调查，并对他们开展了及时的心理救援与辅导。心理干预后，绝大部分矿工对矿山灾难性事故后的心理应对方法有了一定的关注[20]。2010年3月28日，陕西王家岭煤矿透水事故中有153名矿工受困，其中115名得到解救。为被救矿工每人配备了1名心理救援工作者实施心理干预，这是我国首次开始大规模的、对幸存矿工的心理救援[21]。

四、我国矿山灾难性事故心理救援工作存在的问题

心理救援工作者参与救援工作，这对事故幸存者的康复起到了至关重要的作用。在重大灾难面前经常出现心理救援人员的身影，他们在实施心理救援的同时努力探索一条适合我国国情和我国人民心理特征的心理救援途径。但也必须看到，我国的灾后心理救援工作还仅处于起步阶段，尚有很远的路要走。真正适合我国国情的灾难心理救援机制尚未建立，整个救援工作显得很不成熟。总体来说，主要存在以下几点问题：

（一）救援工作缺乏统一管理

2008年汶川地震灾区，心理救援工作的开展一部分是心理救援工作者凭借自己的热情一拥而上，无序、无计划、无组织、无准备、无协调、无标准，救援人员的专业素质良莠不齐，许多参与其中的志愿者没有经过专业的培训，缺乏必要的专业技能，以致整个救援工作显得杂乱无章。笔者当时在汶川地区遇到了这样的心理救援工作者，他们不是心理学专业，也未从事过心理咨询工作，但考取了国家三级心理咨询师证书，仅凭助人的热情来到了灾区，不知道该怎样开展工作，也不知道怎样保护自己免受伤害，看到灾区的惨烈场面后自己的内心都难以承受，因此表现得非常的焦虑和紧张。这些事实都说明，我国当时尚无组织来统一管理和协调心理救援工作，同时也缺少专业的心理救援人员。

（二）长期的心理救援工作得不到保障

2008年汶川地震后，由于没有物资保障和政策制度保障，参与灾区心理救援的工作难以持续地进行。许多心理救援机构来得快，走得也快，而大灾后人们心理创伤的恢复是一个漫长的过程，需要持续数年甚至数十年。因此，在缺乏保障的情况下，心理重建工作就显得非常不足。

（三）专业人才储备不足

灾难后的心理救援与一般的心理咨询有很大差别。这是一项专业性和艺术性要求都很高的任务，工作人员需要具有一定的专业素养才能胜任。我国能够用于灾难心理救援的专门人才还是相对较少[22]。如"5·12"汶川地震，有数十万受灾人员及救灾人员存在心理问题，加上那些受地震影响的灾区外民众，需要心理救援的人不计其数。但是我国的心理救援人才明显稀缺，急需培养和建立一定数量的心理工作专业人才队。《中国精神卫生工作规划（2002—2010年）》中规定："发生重大灾难后，当地应进行精神卫生干预，并展开受灾人群心理应激救援工作，使重大灾难后受灾人群中的50%获得心理救助服务。"我国平均每年有2亿以上群众受到各种危机事件的影响，而与此形成鲜明对比的是我国可以进行心理危机干预的专业人员仅有200多人[23]。

（四）灾难心理救援和心理健康知识的大众知晓率偏低

灾难心理救援和心理健康知识的普及教育可以提高人们对重大灾害性事件的应对能力，增强人们对灾害的心理承受能力，而我国关于灾难的预防、心理救助等知识还没有在全民中形成正规、长效、体系化的宣传教育系统。仅是在灾难发生时，政府、媒体和心理学专业机构才以铺天盖地的方

式向人们传授心理救援和心理健康知识。这显然不会收到立竿见影的效果。

当前，我国在物资、人员、医疗和卫生防疫方面的备灾、救灾体系已相当成熟。而当务之急是进行重大灾害后快速的心理救援及服务机构的建设，同时尽快立法，从法律上确定心理救援的必要性。我国是煤炭大国，也是煤矿事故多发的国家。每次矿山灾难性事故都会给矿工和矿工家属带来巨大灾难和心理创伤，给灾后余生和经历灾难的人们造成强烈的心理冲击，产生诸多心理问题，严重危害人们的身心健康，对人们的生活质量和社会稳定产生极为不利的影响。因此，开展矿山创伤心理救援被认为是矿山创伤救援的重要组成部分。然而，我国开展重大灾害后心理救援的工作时间不长，开展矿山创伤心理救援的时间更短，尚处于起步摸索阶段，仍存在一些不成熟和有待完善的地方，尤其是适合我国国情的矿山创伤心理救援的长效还没有形成，而矿山创伤心理救援是一项长期工作，需要有长效的心理救援机制作为保障。因此，我们正在努力探索一条适合我国国情的矿山创伤心理救援模式，为广大的矿工送去人文关怀。

第三节　矿山灾难性事故发生后心理救援的工作程序

矿山灾难性事故发生后，心理救援工作是在政府部署及统一领导和指挥下实施的一项政府行为，这种行为是有组织、多系统、多部门、职责分明、有规范技术要求的工作。按照各级政府制定的突发公共危机事件应急预案的要求，心理危机干预与生命救援一样要在主管部门的统一指挥下开展工作。在矿山灾难性事故中，有经验的心理咨询师经过专业的、科学的心理危机干预技术培训，可以加入心理危机干预团队，直接进入现场进行干预工作；也可以借助电话、网络等手段，提供专业的心理援助。

一、矿山创伤心理救援前的准备工作

矿山创伤心理救援前的准备工作包括对矿山灾难性事故情况的了解，以及对目前政府整体救援计划和实施情况的了解；这是保证心理救援工作顺利开展的重要准备工作。具体来说，准备工作主要有以下几点：

（1）确定心理救援的地点；
（2）确定心理救援的对象及其分布和数量；
（3）制订心理救援的实施方案；
（4）编制、印刷心理危机评估工具和相关宣传资料；
（5）联络、了解所要救援的地区、医院、住院受伤人员、死难者及家属分布和安置情况，制定具体的干预程序；
（6）心理救援团队的食宿安排，队员自用物品，常用药品的准备；
（7）如有可能，对当地医护人员进行危机干预知识培训，扩大人力资源。

二、矿山创伤心理救援的对象及分级

本着评估、干预、教育、宣传相结合，尽可能全面提供心理救援服务的原则，矿山灾难性事故的心理受灾人群大致分为五级[24]。

第一级人群：矿山灾难性事故中的幸存矿工。

第二级人群：罹难者的家属、亲戚、朋友、同事或矿山灾难性事故的目击者。该人群为高危人群，是心理救援工作的重点，如不进行心理干预，其中部分人员可能发生严重的心理障碍。

第三级人群：现场救援人员（消防官兵、武警官兵、120救护人员、其他救护人员），媒体报道人员，帮助矿山灾难性事故后重建或康复工作的社会工作人员或志愿者。他们虽然不是矿山灾难性事故的直接受难者，但是他们较长时间停留在事故现场，或多或少地卷入灾难，其心理也会受到冲击，因而也是不可忽视和需要干预的人群。笔者在2008年汶川地震后的心理救援中见到参与救援的武警官兵、媒体记者和志愿者出现了心理危机，并对他们实施了心理干预。

第四级人群：向受灾者提供物资与援助，对矿山灾难性事故的发生负有一定责任的组织机构成员。

第五级人群：与发生矿山灾难性事故比邻的矿区矿工。因为他们得知煤矿灾难性事故后很可能出现恐惧、不敢去上班的情形。

紧急心理救援的重点干预目标是第一类人群，因为他们在经历了生死考验之后，内心变得极其脆弱，还可能出现退行行为。如果不及时进行干预，可能出现ASD、PTSD和AD，进而影响其社会功能及生活质量。

根据心理受灾人群和心理救援队成员人数，排出工作日程表。

三、矿山创伤心理救援的工作流程

矿山灾难性事故发生后，应尽快启动应急预案，通知预先组建的心理救援工作队，成员包括精神科医生和护士、临床心理学工作者或心理咨询师、社会工作者、政府管理人员等。心理救援工作团队进行紧急动员后，应快速开展出发前的准备工作，听从救灾指挥部的统一指挥，及时到达事故现场。按以下工作流程实施心理救援。

（1）联系救援指挥部，确定经历事故的受伤矿工住院分布情况，以及进入现场救援的医护人员情况。

（2）拟订心理救援的具体方案，召集相关人员举行技术培训以便统一思想和技术路线，内容包括心理救援的技术、流程、评估方法等。

（3）紧急调用当地精神卫生中心的人员和设备，将其分组到有受伤矿工的医院、社区，及时访谈受伤矿工、相关医护人员，发放心理救援的宣传资料。

（4）应用评估工具，对访谈矿工进行心理筛查，对重点矿工进行评估、危机动力分析；根据评估结果，对出现心理应激反应的矿工当场进行心理救援安抚。对有急性心理应激反应的矿工进行随访，及时给予心理辅导，结束后再次进行心理评估。

（5）对治疗和护理受伤矿工的医院医护人员通过集体讲座、个体辅导、集体晤谈等方式预防其应激反应的发生。向每一家参与救援的医院领导和医护人员提出有关受伤矿工的指导性诊疗和处理意见，工作人员与受伤矿工沟通处理技巧，以及工作人员自身心理保健技术。

（6）总结与督导。心理救援工作团队应及时总结当天的工作，每天晚上召开工作组人员会议，总结当天工作，对工作方案进行调整，并部署下一步的工作；同时，进行团队内相互支持和专业心理督导工作。

四、建立矿山灾难性事故亲历矿工心理危机后干预体系

有学者认为，有效的心理危机干预不仅要致力于帮助当事人解决当前的问题，更要关注危机与未来生活的关系。矿山灾难性事故亲历矿工的心理危机干预是一个连续、长期的工作。而心理危机干预机制中的一个重要步骤是后干预，即强化效果的问题。心理危机干预后，矿工们暂时达到了心理平衡，但心理创伤的处理是一个长期的过程，有些创伤留给当事人的是一种永久的伤害。因此，大部分经过心理危机干预后的矿工们还面临着支持系统的恢复、心理状况的维护等问题。

（一）矿山创伤心理救援的效果评估

矿山创伤心理救援的效果评估是指在对矿山灾难性事故亲历矿工的短期心理救援完成后，要在随后的一段时间内对事故亲历矿工进行必要的监护和心理救援效果的追踪观察，以预约咨询或随访咨询的形式，对其心理健康情况进行跟踪评估；也可以对干预策略和手段的可行性与有效性进行检查和总结。这是确保当事人安全的必然要求。

（二）矿山创伤心理救援后的心理治疗和心理辅导

许多矿山灾难性事故会对事故亲历矿工的心理产生长远影响，事故亲历矿工对心理困扰的处理方式也会对他们未来的生活适应能力产生至关重要的影响。因此，在实施心理救援时，不仅要关注事故亲历矿工当前的心理困扰，还要关注这种困扰可能带给事故亲历矿工的长期效应。这就需要心理咨询师和精神科医生通过心理治疗和心理辅导帮助事故亲历矿工恢复事故前的认知、情感和行为的功能水平，减少以后可能发生的心理风险，使矿工们用一种健康、适当的方式处理事故带来的身心损伤。

（三）建立事故亲历矿工的社会支持系统

当矿工因经历强烈的矿山灾难性事故而陷入心理困境时，社会支持系统能够帮助他们稳定情绪，更好地面对危机，找到解决心理困境的策略。当事故亲历矿工解除生命危机后，良好的社会支持系统能帮助他们恢复社会功能所必需的心理内环境。心理学研究表明，在类似生活事件的侵袭下，性格内向的人比性格外向的人更易陷入危机状态。其原因之一便是性格内向者不能及时得到和利用社会支持，这从侧面反映了社会支持的重要性。大多数事故亲历矿工自残性心理危机现象的发生都是在家庭支持系统被破坏后发生的。心理危机干预和后期的治疗能帮助事故亲历矿工恢复家庭支持系统，家庭支持系统对于事故亲历矿工来说是最重要的社会支持系统。除此之外，心理危机干预还要帮助事故亲历矿工逐渐地建立同事、社区等社会支持系统。

五、矿山创伤心理救援的注意事项

矿山创伤心理救援，实际上是在心理救援工作者与事故经历者之间建立的一种"关系"，在这个关系中不仅需要有人愿意提供援助，还需要受灾矿工愿意接受援助。而且，整个社会需要了解，大多数心理救援都发生在事故亲历矿工仍然处于被惊吓的时候，因此，矿山创伤心理救援需要注意以下几点：

（1）矿山创伤心理救援是指对处于心理危机状态的事故经历者及时给予适当的心理援助。这种援助不是程序化的心理治疗，而应该是一种心理服务。

（2）矿山创伤心理救援的最佳时间是创伤发生后的 24～72 h。24 h 以内当事人处于心理麻木期，一般不进行心理援助与辅导。而若是 72 h 以后才进行心理救援，其效果会有所下降。如果拖延到 4 周后再进行，效果更会明显降低。因此，要选择恰当的时间，及时地进行心理援助。

（3）矿山创伤心理救援的技术与心理咨询和心理治疗相似，均采用倾听、共情、尊重与温暖等方式。

（4）矿山创伤心理救援必须和社会支持系统结合起来。尤其是在遭遇重大矿山灾难性事故时，心理救援和社会工作服务紧密结合是完成救援的根本保证。

第四节　矿山创伤心理救援的基本理论

对经历矿山灾难性事故的人进行心理救援时，尽管工作时不需要讲解心理救援的理论，但是作为一名专业的心理救援工作者应了解心理危机干预的基本理论，使心理救援工作在一定的理论指导下进行，以保证心理救援工作更加科学、客观、有效。矿山灾难性事故导致的心理危机与其他原因所致的心理危机从发生机制上说基本是相同，因此，可以借鉴以往对心理危机的理论研究来观察矿山灾难性事故经历者心理危机的发生情况。

一、心理危机理论

（一）基本危机理论

1942年，波士顿的一个俱乐部发生大火灾。事后，美国学者林德曼（Lindermann）开始对493名死难者家属和幸存者的哀伤反应进行了研究，并对他们实施心理干预。这是世界上第一次正式的心理危机干预，也是第一次突发公共卫生事件的心理危机干预[25]。林德曼针对那些医学检查不能证实存在器质性病变但表现出各种情绪、心身症状的死难者家属和幸存者进行调查研究，提出了基本危机理论。

基本危机理论认为：对于死难者家属和幸存者来说，悲哀反应是正常的、暂时的，并且可通过短期危机干预技术进行治疗。"正常"的悲哀反应包括：① 总是想起死去的亲人；② 认同于死去的亲人；③ 表现出内疚和敌意；④ 日常生活出现某种程度的紊乱；⑤ 某些躯体诉述。

林德曼否定了当时的流行观点，即应把死难者家属和幸存者所表现出的危机反应当做异常或病态进行治疗。林德曼创立的基本危机理论为理解因亲人亡故所导致的悲哀性危机做出了实质性的贡献。

林德曼主要关心的是悲哀反应的即时解决，而被称为心理危机干预之父的卡普兰（Caplan）将其结构扩大到整个创伤事件。卡普兰认为，危机是一种状态，造成这种状态的原因是生活目标的实现受到阻碍，且用常规的方法无法克服。阻碍的来源既可以是发展性的，又可以是境遇性的。林德曼和卡普兰在对创伤进行危机干预时，都采用平衡/失衡模式。林德曼将这一模式分为4个部分：① 紊乱的平衡，② 短期治疗或悲哀反应起作用，③ 求助者试图解决问题或悲哀反应，④ 恢复平衡状况。卡普兰将林德曼的概念应用于所有的发展性危机和境遇性危机，并将危机干预扩展到解决那些在开始时有触发心理创伤的认知、情绪和行为问题[26]。

卡普兰与林德曼的工作为在咨询中使用危机干预策略和短期心理治疗起了推动作用。在他们的引领下，基本危机理论将焦点集中于帮助危机中的人认识和矫正因创伤性事件引发的暂时性的认知、情绪和行为问题。

（二）扩展危机理论

扩展危机理论的发展是因为基本危机理论没有适当地考虑使一个事件成为危机的环境和境遇因

素。随着危机理论和危机干预的扩展，人们清楚地认识到，将个人素质作为主要的因素是不够的。因此，扩展危机理论不仅从心理分析理论，还从一般系统理论、适应理论和人际关系理论中吸取了有用的成分[27]。

1. 精神分析理论 应用于扩展危机理论的心理分析理论基于这样一种观点：通过获得进入个体无意识思想和过去情绪经历的路径，可以理解伴随危机的不平衡状态。关于为什么一个事件发展成为危机，心理分析理论假设某些儿童早期的固着可以作为主要的解释。精神分析理论假设，某些个体在婴幼儿期有过创伤性经历，这种创伤性经历的体验被压抑到无意识中，成年后再受到应激事件影响时，早年的创伤性体验会被再次激活，因此出现较为严重的临床症状。在受到危机情况影响时，这个理论可以帮助人们理解其行为的动力和原因。

2. 系统理论 系统理论主要基于人与人、人与事之间的相互关系和相互影响，而不是那么强调处于危机中的个体的内部反应。系统理论的基本概念可以类比为"对严格生态系统，所有的要素都相互关联，且在任何相互关联水平上的变化都会导致整个系统的改变"。Belkings 进一步指出，该理论"涉及一个情绪系统、一个沟通系统及一个需要满足系统"，所有属于上述系统的成员都对别人产生影响，也被别人所影响。

3. 适应理论 适应理论认为，适应不良行为、消极的思想和损害性的防御机制对个体的危机起维持的作用。该理论假设，当适应不良行为改变为适应性行为时，危机就会消退。打开功能适应不良链，意味着转变到适应性行为，通过促进积极的思想以及构筑防御机制以帮助求助者避免因危机导致的失能感，并向积极的功能模式发展。在危机干预工作者的帮助下，求助者能够学会将旧的、懦弱的行为转化为新的、自强的行为。这样的新行为可以直接在危机条件下起作用，最后将成功解决个体危机。

4. 人际关系理论 人际关系理论以科米尔等所述的增强自尊的诸多维度为基础，如开放、诚信、共享、安全、无条件的积极关注和天真。人际关系理论的要点是，如果人们相信自己、相信别人，并且具有自我实现和战胜危机的信心，那么个人危机就不会持续很长时间。人际关系理论的最终目的在于将自我批评的权力交回自己的手中。这样做会使人心中获得对自己命运的控制，重新获得能力以采取行动应付危机境遇。

二、心理危机干预理论

心理学领域中，危机干预（crisis intervention）是指对处于心理危机状态下的个人采取明确有效的措施，使之最终战胜危机，重新适应生活。它是一种短期的、对处于困境或遭受挫折而具有情绪性危机的求助者予以关怀和帮助的心理救助过程。心理危机干预的主要目的有两个：一是避免自伤或伤及他人；二是恢复心理平衡与动力。心理危机干预适用于人格稳定和面临暂时困境或挫折，以及家庭、婚姻、儿童问题、蓄意自伤、自杀或意外伤害等情况的人。

美国危机干预理论专家贝尔金（Belkin）等认为，基本的危机干预模式有三种，即平衡模式、认知模式和心理社会转变模式。这三种模式为许多不同的危机干预策略和方法提供了基础[28-30]。

（一）平衡模式

平衡模式（equilibrium model）其实应称为平衡/失衡模式。危机中的人通常处于一种心理和情绪的失衡状态。在这种状态下，原有的应对机制和解决问题的方法不能满足他们的需要。平衡模式的目的在于帮助人们重新获得危机前的平衡状态。平衡模式最适合于早期干预，这时人们失去了对自己的控制，分不清解决问题的方向且不能做出适当的选择。除非个人再次获得了一些应对的能力，否则危机干预的主要精力应集中在稳定患者心理和情绪方面。在患者重新达到了某种程度的稳定之前，不能采取也不应采取其他措施。

（二）认知模式

危机干预的认知模式（cognitive model）基于这样一种认识：危机根植于对事件和围绕事件的经验的错误思维，而不是事件本身或与事件和境遇有关的事实。该模式的基本原则是，通过改变思维方式，尤其是通过认识其认知中的非理性和自我否定部分，通过获得理性和强化思维中的理性成分，人们能够获得对自己生活中危机的控制。认知模式最适合于危机稳定下来并回到了接近危机前平衡状态的求助者。这一模式体现在埃利斯的理性情绪疗法、贝克（Beck）等的认知系统疗法中。

（三）心理社会转变模式

心理社会转变模式（psychosocial transition model）认为人是遗传天赋和在社会环境中学习的产物。因为人们总是在不断地变化、发展和成长，他们的社会环境和社会影响也在不断地变化，危机可能与内部（心理的）和外部（社会的或环境的）困难有关。危机干预的目的在于救助者与求助者合作，测定与危机有关的内部和外部困难，帮助他们选择替代他们现有行为、态度和使用环境资源的方法。结合适当的内部应对方式、社会支持和环境资源以帮助他们获得对自己生活的自主控制。

除了以上三种模式外，还有一种折衷主义的危机干预理论。折衷主义的危机干预理论是指从所有危机干预的方法中，有意识地、系统地选择和整合各种有效的概念和策略来帮助求助者。因此，折衷主义很少有概念，它是各种方法的混合物。与理论概念相反，它是从任务指向出发操作的。应用折衷主义理论意味着不局限于任何一种教条式的理论方法。它要求将各种理论和方法很好地结合在一起，选择适当的方式以切合求助者的需要。

三、心理危机干预理论的新发展

随着社会的不断进步，人类越来越重视对重大灾难性事故进行心理危机干预，随之而来的心理危机干预理论也得到了一些新的发展和补充[31]。

（一）生态系统理论

1997年，美国著名危机干预专家吉利兰（B.E.Gilliland）和詹姆斯（R. K. James）提出一种新的危机干预理论，即"生态系统理论（ecosystem theory）"。他们认为，在生态系统理论的发展过程中，电子媒介的影响、系统之间的相互依赖和宏观系统的方法论这三个方面的因素起了重要的作用[29]。

1. 电子媒介的影响 电子媒介的高速发展，使科研人员能够非常准确地预测台风、地震等灾难并做好抗灾的准备。通过移动通讯网络，广大百姓可以获得各种各样的信息。这些信息能帮助人们迅速做出有效的反应，使之能够控制或减小灾难对整个生态系统的影响。但是毋庸置疑，电子媒介也能使得一些灾难性和创伤性的事件轻易传到远离事发的地区，让与这类事件有关的消息很容易进入与这些事件不相关个体的生活空间，使他们觉得灾难和恐惧就在自己身边。由于电子媒介的发展，全球成了一个大的社区，每个个体都变成了这个社区的一个部分。因此，尽管悲剧或灾难发生在其他地区，但有关悲剧或灾难的报道随时提醒着全球社区的每一个个体，他/她会感到身临其境。

2. 系统之间的相互依赖 危机对生态系统中某一个体的影响不可避免地会波及系统中的其他个体，这由系统的整体性所决定。比如，矿工遇难身亡了，其父母永远失去了宝贝儿子，其妻子永远失去了心爱的丈夫……他的家庭成员都会受到很大的影响。

3. 宏观系统的方法论 随着心理危机干预的研究扩展到危机的即时后果，研究者发现，如果心理危机没有得到及时有效的解决，不仅事故经历者个人以及事故发生地周围的社会、经济和环境资源会受到很大破坏，而且个体所在的整个生态系统也会受到很大影响。因此，目前美国从学校、州立的相关机构到国家相关部门已经或正在开展以生态系统为基础的心理危机干预。

总之，心理危机干预的生态系统理论认为，心理危机在整个生态系统之中产生，灾难性和创伤性事件能够影响和改变整个生态系统。因此，生态系统理论认为，仅仅处理事故经历者的情绪创伤是不够的。相反，因为灾难会造成整个生态系统的持续性损害，需要大量有经验的危机干预工作者恢复整个系统的稳定。

（二）心理危机干预的实用理论

心理危机干预的实用理论主张，在所有危机干预的方法中，有意识地、系统地选择和整合各种有效的概念和策略来帮助事故经历者。心理危机干预的实用理论是各种方法的混合，它直接确定心理危机干预需要完成的任务。心理危机干预的实用理论认为，危机干预需要完成的主要任务有：① 确定所有危机本身以及危机周围环境中有效的成分，并将这些成分整合为一个整体，使之适合于需要干预的危机；② 考虑所有与当前危机干预工作相关的理论、方法、评价标准和操作方式等；③ 不拘泥于任何理论，在危机干预工作中保持一种开放的心态，采用各种方法和策略并不断进行试验，直至危机干预成功为止。

在危机干预的实用理论中，存在这样两个基本假设：① 所有人和危机都是独特的；② 所有人和危机都是类似的。毋庸置疑，所有人和危机都是独特的，但在独特的人和独特的危机中也存在一致的成分。例如：一对父母丧失了自己5个孩子中的一个，一对老年人丧失了自己仅有的一个儿子，这些是独特的人和独特的危机，但都是亲人死亡所导致的危机。对待这些危机，干预的方法大体相似，但同时又需要不同的干预技巧。

危机干预的实用理论并不局限于任何一种固定模式的理论。相反，它要求将各种理论和方法很好地结合起来，再选择适当的危机干预方式。也就是说，在实际的危机干预工作中，实用理论即意味着大量艰苦的工作，包括尽量完善地准备、各种方法和策略的实践，并要得到各行各业专业人士的评价和指导。同时，危机干预的实用理论还要求危机干预工作者善于果断放弃自己认为是合适、有效但实际效果不好的方法、策略和理论。

（苑　杰）

参考文献

[1] 李仕雄，李洁，刘年平．矿山灾害事故的状态预警与状态控制模式．海口：中国职业安全健康协会2008年学术年会论文集，2008，179-181．

[2] 国务院安委会办公室．国务院安委会办公室关于近期三起煤矿重大事故的通报．[2014-08-25]．http：//www.mem.gov.cn/awhsy-3512/awhbgswj/201408/t20140825-247433.shtml．

[3] 侯彩兰，李凌江，张燕，等．矿难后2个月和10个月创伤后应激障碍的发生率及相关因素．中南大学学报（医学版），2008，33（4）：279-283．

[4] 姚望，凤四海，贺元骅．民用航空事故心理救援的组织架构．中国民航飞行学院学报，2013，24（3）：8-12．

[5] 秦虹云，季建林．PTSD及其危机干预．中国心理卫生杂志，2003，17（9）：614-616．

[6] 杨亚黎，柔卫国，郑占营．克拉玛依市火灾死难儿童双亲的心理反应．中国医学伦理学，1999，69（6）：28-30．

[7] 国务院．中华人民共和国国务院令，第526号．[2008-06-08]．http：//www.gov.cn/zhengce/content/2008-

06-10/content_5707．htm．

[8] 王进礼，张月娟，张刚．关于建立救援心理学学科的探讨．武警医学，2011，22（1）：1-4．

[9] 刘志娟，张慧霞，杜瑞丽，等．矿难骨伤患者的心理分析与干预．中国煤炭工业医学杂志，2011，14（1）：89．

[10] Kuo HW，Wu SJ，Ma TC，et al．Posttraumatic symptoms were worst among quake victims with injuries following the Chi-chi quake in Taiwan．Journal Psychosom Research，2007，62（4）：495-500．

[11] Susan K，Nicholas F．Implications of the world trade center attack for the public health and health care infrastructures．American Journal Public Health，2003，19（3）：400-406．

[12] Catherine So-Kum．Trajectory of traumatic stress symptoms in the aftermath of extreme natural disaster：A study of adult Thai survivors of the 2004 southeast Asian earthquake and tsunami．Journal of Nervous & Mental Disease，2007，195（1）：54-57．

[13] 汤奋扬．公共卫生突发事件应急管理研究．南京：河海大学，2006．

[14] 张黎黎，钱铭怡．美国重大灾难及危机的国家心理卫生服务系统．中国心理卫生杂志，2004，18（6）：395-397．

[15] 樊丽平，赵庆华．美国、日本突发公共卫生事件应急管理体系现状及其启示．护理研究，2011，25（3）：569-571．

[16] 傅世春．日本应急管理体制的特点．党政论坛，2009（4）：58-60．

[17] 张永理．突发事件的心理危机干预．瞭望，2007（48）：64．

[18] 张舒，史秀芝，赵艳艳，等．我国灾害事故心理干预现状研究．中国视角和风险分析和危机干预—中国灾害防御协会风险分析专业委员会第四节年会论文集，2010：320-326．

[19] 郭立．重庆开县特大井喷事故中受灾群众受到心理抚慰．[2004-03-30]．http：//www.rednet.com.cn．

[20] 胡晓东，杜巧荣，罗锦秀，等．王家岭矿难获救矿工的急性应激反应．中国心理卫生杂志，2011，25（11）：814-818．

[21] 黄雅宝．灾后危机心理干预中的障碍及对策分析．中国乐山市党校学报，2008，10（5）：68-69．

[22] 刘萍．灾难心理服务研究．北京：北京林业大学出版社，2007．

[23] 陈世，汪国琴．大学生心理危机预防与干预策略探析．思考理论教育，2009（17）：77-80．

[24] 王进礼，张月娟．军队心理救援工作的定位及专家工作模型的建构．武警医学院学报，2009，18（11）：913-914．

[25] Lindemann E．Symptomatology and management of acute grief．American Journal Psychiat，1944，151（6 Supp）：141-148．

[26] 赵映霞．心理危机与危机干预理论概述．安徽文学，2008（3）：382-383．

[27] 杨艳杰．危机事件心理干预策略．北京：人民卫生出版社，2012．

[28] 赵萍．心理危机干预及实施．齐齐哈尔医学院学报，2007，28（13）：1589-1591．

[29] Gilliland BE，James RK．危机干预策略．肖水源，等译．北京：中国轻工业出版社，2000．

[30] 樊富珉．SARS危机干预与心理辅导模式初探．中国心理卫生杂志，2003，17（9）：60-62．

[31] 郭微．心理危机干预概论．成都：四川科学技术出版社，2007．

第二章

矿山创伤后应激反应与应激障碍

任何一种物体，只要有生命，就会对外界的刺激做出反应。在我们的日常生活中，物理、化学、生物、语言和文字的刺激都可以引起包括生理和心理两方面的反应。矿山创伤作为一种强烈刺激，在影响被困矿工的生命及身体健康的同时，也会给他们及其亲人、工友带来巨大的心理冲击；同时参与救援的救护队员、医务人员、媒体记者等与事故救援有关的人员也会出现相应的应激反应，所有这些反应如果没有得到及时有效的干预，可能会发展成应激障碍。

第一节 应激的概述

应激（stress）是一个不断发展的概念。对应激的解释共经历了三个阶段：①应激是一种刺激，包括生物的、心理的、社会的和文化的刺激四个方面，这些刺激构成应激源；②应激是一种反应，是个体对刺激或应激情境所做出的反应，可以是生理的、心理的和行为的反应；③应激是一种结果，是个体对环境威胁和挑战的一种适应和应对过程，其结果可以是适应的，也可以是不适应的。

一、应激的概念

"应激"一词最早由神经生理学家 Cannon（1925）提出[1]，主要指超过一定临界阈值后，破坏机体内环境平衡的一切物理、化学刺激和情感刺激。他提出了内环境稳定（homeostasis）学说，认为机体处于危险紧张状态时，自主神经调节做出适当的反应，使机体进入一种"战斗或逃跑"（fight or flight）的状态，根据所处的环境个体做出反应。机体交感神经紧急动员，出现交感神经占优势的生理现象，称为"紧急反应"（emergence reaction），可以表现出呼吸急促、心率加快、心脏搏出量增加、出汗、全身发抖、皮肤和内脏血管收缩等现象，目的是增加肌肉和脑供血，以应对应激的状态。经历了矿山灾难性事故的人可能就处于这样的状态。紧急反应是自主神经调整机体内环境适应新环境的一种调整过程，使机体处于稳定状态，即内稳态。内稳态是机体健康的象征。

加拿大生理学家 Selye（1946）提出了应激是机体对任何刺激做出的非特异性反应[2]，并称这种反应为"全身适应综合征"（general adaptation syndrome，GAS）。目的是抵抗威胁、保护自身。

Selye 将应激分为良性应激（eustress）和不良性应激（distress）两类。良性应激能使人振奋，增强应对水平，提高人的工作能力，带来益处；不良性应激则使人感到痛苦或苦恼，消耗能量，增加机体负担，如不给予适当干预，则可能引发疾病。

在矿山创伤中，应激是矿山灾难性事故作为刺激作用于个体（事故经历者），使个体的生理或心理的内稳态受到干扰时，个体在多因素作用下出现的、努力维持内稳态稳定的过程。

影响事故经历者内稳态平衡的因素包括：

（1）应激源既可以是矿山创伤的本身，也可以是心理的和社会的应激源。

（2）应激系个体对矿山创伤的一种应对反应过程。这强调个体是应激的主体，而应对反应过程则包括损伤和防御两个方面。

（3）应激系个体对矿山创伤认知评价后的反应。这强调个体认知评价在矿山创伤发生方面的作用。

（4）应激是在个体的内稳态受到干扰时才发生的，并不包括所有对刺激的反应，一般的烦恼与困难并不构成应激。

（5）应激反应过程可以包括生物、心理、社会等多个方面。这强调应激反应过程是多方面的，并非只有生理反应。

（6）应激过程受到个体及其所处环境中诸多因素的影响。这强调个体的内在素质、经历，以及外部条件、社会支持等因素的作用。

二、应激源

应激源（stressor）是作用于个体，使其产生应激反应的刺激物。在矿山创伤中，矿山灾难性事故作为应激源对获救矿工及其事故经历者的精神活动带来影响。人类同时具有生物、心理和社会特性，在生存和参与社会生活的过程中，无时无刻不在经历着自然和社会的变化以及自身生理和心理的变化，这些变化都可能成为应激源而引起应激。

（一）应激源分类

应激源多种多样，对于矿山灾难性事故来说，大体分为以下两大类

1. 急性强烈的精神应激性事件　急性强烈的精神应激性事件是指应激源是突如其来且异乎寻常的、强烈的、危及生命安全或可能造成躯体严重损伤、几乎对任何人都可能造成痛苦的精神创伤或精神应激性事件。事故经历者目睹或亲身经历了这样的场面，感到强烈的害怕和恐惧。如亲人（尤其是配偶或子女）在事故中突然死亡。

2. 慢性持久的精神应激性事件　慢性持久的精神应激性事件是指持久而沉重的情感创伤，如长期从事井下作业、家庭不和睦、邻里纠纷、工作严重挫折、长期与外界隔离等。

导致急性应激障碍（acute stress disorder，ASD）和创伤后应激障碍（posttraumatic stress disorder，PTSD）发生的应激源通常是急性强烈的精神应激性事件；而造成适应性障碍（adjustment disorder，AD）的应激源通常是明显的环境变化或持久的应激性生活事件，如更换工作或患严重的躯体疾病引起的生活 AD。

引起应激相关障碍的应激源可以是一个（如发生矿难），也可以是多个（如亲人的突然死亡随后发生经济上的破产）；可以是急性的，也可以是慢性或持续性的。应激源的性质、严重程度和持续时间并不一定和疾病的严重程度成正比。

（二）应激源的强度评估

应激反应与应激源的刺激有关，在刺激达到一定阈值后，机体会出现各种生理和心理反应。矿

山灾难性事故作为应激源对获救矿工、遇难者家属及相关人员的影响程度是不一样的。对应激源的强度等级以及应激的反应进行评估，是进行心理救援的前提条件，评估越准确，心理救援越有效。最早出现的心理评估模型是1992年的三维反应评估模型，后来又出现应对五阶段性评估模型（1998年）和人与环境互动模型（1999年），以及现在对当事人个人及其支持系统的评估模型。因此，评价应激源的强度对于估计应激反应程度，对预防发生严重应激反应有着十分重要的意义。

1. 三维反应评估模型 三维反应评估模型主要评估事故经历者的情感状态（affective state）、认知状态（cognitive state）以及行为状态（behavioral functioning）的3种反应。该评估模型由Wyer和Williams提出，主要通过分类评估量表进行评估。分类评估量表采用10分评分制，分别对事故经历者情感方面的愤怒/敌意、焦虑/恐惧、沮丧/抑郁进行评估；以及认知方面的侵害、威胁、丧失程度，行为方面的解决问题、回避问题，以及是否丧失能动性进行评估[3]。三维反应评估模型，使用起来简单、迅速，多角度对事故经历者进行评估，可以快速为心理救援工作者提供事故经历者应激反应的大体框架。但此模型的评估是非动态的，没有考虑到随着时间的变化，事故经历者的心理应激状态也会随之变化。

2. 应对五阶段评估模型 应对五阶段评估模型是Brenda于1998年提出的。与三维反应评估模型相比，该模型更加注重随着时间的变化，事故经历者心理反应的变化情况。该模型把事故经历者的心理应激划分为5个阶段，并对每个阶段进行评估。

（1）紧急应对期：灾难性事故发生时，事故经历者的反应；

（2）适应早期：灾难性事故发生后很短时间内，事故经历者的反应；

（3）适应中期：灾难性事故发生后1个月以内，事故经历者的反应；

（4）适应晚期：灾难性事故发生后1～3个月，事故经历者的反应；

（5）消退或症状发展期：灾难性事故发生3个月以后，事故经历者的反应[4]。

Brenda提出的这5个阶段模型的优点在于有助于识别在不同的危机时间段，当事人的心理应激反应。

3. 人与环境互动模型 人与环境互动模型是Wilson在1999年提出的。Wilson认为，不同的危机类型的应激源不同，事故经历者的应激反应也不一样。要根据不同的应激事件，来确定如何对当事人进行干预[5]。

4. 对当事人个人及其支持系统的评估模型 这个模型的重点主要集中在事故经历者观点、应对应激事件的方法以及从周围（比如家庭、亲友）所能获得的支持资源上。该模型与其他几种模型比较，出现得更晚，但更加全面。

5. 其他评估量表 评估创伤性事件的量表同样适用于矿山灾难性事故[6]。可用的量表有：

（1）创伤应激评估表（Traumatic Stress Schedule）；

（2）创伤性事件问卷（Traumatic Events Questionnaire）；

（3）创伤后应激诊断量表（the Posttraumatic Stress Diagnostic Scale）；

（4）潜在应激事件访谈量表（the Potential Stressful Events Interview）；

（5）PTSD临床监测量表（the DSM-Ⅳ version of the Clinician-Administered PTSD Scale）。

三、应激的易感因素

应激的易感因素（个体的易感性）可分为两大方面：

（一）个体的内在因素

个体的内在因素包括遗传特征、年龄（儿童与老人更易患病）、性别（女性易感）、精神障碍的家族史或既往史、躯体健康状况不良、生物学因素（下丘脑-垂体-肾上腺轴功能异常、前额叶和杏仁核或海马的神经可塑性异常）和心理学因素（不良的心理应对方式）等方面。

（二）个体的外在因素

个体的外在因素包括社会支持系统不良、以前的创伤性经历（与父母的分离、儿童期受虐待及缺乏自尊等）、创伤前后其他负性生活事件的叠加作用等。

另外，个体的既往经验、生活态度、自我认知、受教育程度、智力水平、社会文化等因素与发病以及症状的维持有关。一些因素在某些情况下可以是疾病的保护性因素，但也可能成为易感因素。

四、应激的理论研究

矿山灾难性事故与其他应激性事件一样对事故经历者产生深刻影响，而矿山灾难性事故导致个体出现各种应激反应的机制也与其他应激性事件引起反应的发生机制不无二致。因此，通过对其他创伤性事件发生机制的研究，可以了解矿山创伤导致的心理危机的发生机制。

（一）心理学研究

关于 ASD 和 PTSD 发病机制的心理学研究较多[7-9]。Kaplan 将急性应激的后果归纳为三期：第一期为冲击期，当个体遭受应激后，处于一种"茫然"休克状态，表现出某种程度的定向力障碍和注意力分散，一般持续数分钟到几小时。第二期以明显混乱、模棱两可及变化不定为特点，并伴有情绪障碍，如焦虑、抑郁或暴怒等表现。第三期为长期的重建和再度平衡，其结果有两种：一种为功能的增强及水平的改善，另一种为心理的、躯体的或人际关系之间的障碍，并可能趋向慢性化。

对于应激障碍的发病机制，不同的理论给出了不同的解释，下面介绍几种主要的理论解释。

1. 行为主义理论　急剧、超强的应激作用于高级神经活动过程，可以导致兴奋、抑制和灵活性的过度紧张及相互冲突。中枢神经系统为了避免进一步的损伤或"破裂"，则往往产生超限抑制。超限抑制属于保护性抑制，在抑制过程的扩散中，中枢神经系统低级部位的功能（包括一些非条件反射）就会脱抑制而释放出来，这就产生了皮质与皮质下活动相互作用的异常形式。在临床上，其可表现为一定程度的意识障碍，精神运动性兴奋或精神运动性抑制状态，无目的的零乱动作和不受意识控制的情绪障碍等。某些创伤后应激障碍的患者在闻到与创伤性环境有关的气味或听到相关的声音时，会出现对创伤事件的生动回忆。该现象可能与经典的条件反射理论有关。

2. 认知理论　创伤后应激障碍是由于正常的情绪加工超负荷，致使记忆以未经加工的形式持续存在，并闯入患者的意识领域。支持这一观点的证据是 PTSD 患者多有对创伤事件不完整的凌乱回忆[10-11]。对同样创伤事件反应的个体差异则是因为每个人对该创伤及其效应的评估不同。同理，对早期症状的不同评估结果也可以解释为什么某些人的症状会长期存在。

3. 心理学理论解释　当精神应激性事件达到一定的强度，超过个人的耐受阈值，可造成强烈的情感冲击，使个体失去自控能力，产生一系列精神障碍。但不是每一个遭受应激的人都会出现精神障碍，精神应激性事件是否致病还与在创伤前的个体易感性有关。精神应激性事件是应激相关障碍发生的必要条件，但不是应激相关障碍发生的充分条件。

（二）生物学研究

ASD 病程短，病情严重程度较轻，有关这种障碍的生物学发病机制缺少研究。PTSD 的病程长，病情严重，预后不佳，其生物学发病机制的研究是近年国际研究的热点。

1. PTSD 患者的脑神经影像学研究 应用正电子发射体层显像（position emission tomography，PET）、单光子发射计算机断层显像（singlephoton emisson computed tomography，SPECT）和功能性磁共振成像（functional magnetic resonance imaging，fMRI）对 PTSD 患者的脑结构和脑功能进行研究，比较多的发现是患者的海马与海马旁回、杏仁核、内侧前额叶（包括前扣带回、前额叶框回、前额中部皮质等脑区）有某些异常。例如，大多数影像学研究显示，PTSD 患者的海马体积缩小；PET 扫描脑血流研究发现，PTSD 患者中边缘皮质尤其是海马皮质的代谢受到了明显抑制；fMRI 研究表明，PTSD 患者丘脑、前扣带回和中央前回的活动明显减弱。张丽关于矿难所致慢性 PTSD 患者脑结构和脑功能的研究与其他关于 PTSD 患者的脑结构和脑功能变化的研究结果相一致[12]，说明矿山灾难性事故对人的影响涉及范围是广泛的。

有学者提出了 PTSD 患者的前额叶 - 杏仁核 - 海马环路。前额叶调控着杏仁核对恐惧刺激的过度反应；前额叶功能减弱时，其对杏仁核的调节和控制作用减弱，导致杏仁核对恐惧性的反应过度增强；而海马本身的损伤以及与前额叶和杏仁核之间联系的失调则参与了 PTSD 患者的陈述性记忆的损伤过程[13]。

PTSD 患者的这些脑功能的改变，即是疾病发生的脑病理基础，还是精神创伤导致的后果。但在精神创伤性事件和易感因素的相互作用下，这种改变是如何发生的，是否还有其他脑区的参与，目前还不清楚。

2. PTSD 患者的脑电生理学研究 关于 PTSD 患者的脑电生理学，研究较多的是事件相关电位（ERP）中的 P_{300} 波。P_{300} 波与颞叶、顶叶和前额部等脑区的皮质功能有关，P_{300} 分为 P_{3a} 和 P_{3b} 两个波。研究发现[14]，在非创伤性干扰刺激中，PTSD 患者对中性靶刺激的 P_{3b} 波幅降低，潜伏期延长，反映了对非威胁因素的信息加工资源分配降低。在创伤相关的新异刺激中，对中性靶刺激的 P_{3b} 波幅增大，波幅增大程度与任务难度相关，反映了 PTSD 患者在被干扰情况下，反应增大，与创伤相关的刺激下认知加工过程增强，P_{3b} 波幅增高可反映面对创伤线索的焦虑增加，警觉性增高。与同样有创伤暴露的非 PTSD 者相比，PTSD 患者的 P_{3a} 波幅增高，提示 PTSD 患者偏向于注意创伤相关刺激。

3. PTSD 患者的神经内分泌学研究 应激状态下，神经内分泌变化的非常复杂。神经内分泌系统一直被认为与 PTSD 的主要症状——警觉性增高和闯入性再体验——有着密切的关系[15]。下丘脑 - 垂体 - 肾上腺轴（hypothalamic-pituitary-adrenalaxis，HPA）在 PTSD 的发生中起到关键作用。HPA 是参与应激反应并对应激进行有效调控的神经内分泌系统，而糖皮质激素系统在 HPA 调控中亦发挥着重要的作用。正常情况下，应激增加糖皮质激素的分泌，激活海马上的糖皮质激素受体，进而抑制促肾上腺皮质激素释放因子（corticotropin releasing factor，CRF）的释放，CRF 是调节哺乳动物应激所致内反应最重要的神经递质之一。Bremner 等对比检验 PTSD 患者与正常人群的脑脊液中 CRF 的含量发现，PTSD 患者脑脊液中 CRF 的含量明显高于正常人群[16]。

除此之外，目前比较肯定的还有兴奋性氨基酸系统、γ- 氨基丁酸（γ-aminobutyric acid，GABA）能抑制系统、胆碱能系统、多巴胺系统、5- 羟色胺（5-hydroxytryptamine，5-HT）系统，以及其他神经递质或调质（如垂体后叶素、内啡肽等）的参与。但主要是肾素 - 血管紧张素系统和 HPA 的激活，称为应激系统（stress system）。应激状态下，代偿期有利于机体充分调动积极因素应付当前的应激，而失代偿期是损害机体功能导致疾病。

PTSD 患者除了存在神经内分泌的异常外，部分患者中还存在 α_2 肾上腺素受体的下调，可能通过作用于杏仁核和皮质的肾上腺素受体引起警觉性增高和创伤性经历的重现。另有部分患者则出现 5-HT 系统的异常，5-HT 控制着海马行为抑制系统，这一系统的激活将导致轻微的刺激，也可使行为抑制系统活化，抑制水平升高。

另外有作者认为 PTSD 生物学机制框架是：应激信息的传入导致了神经递质和激素的释放，继而作用于相应的受体引起快速反应。同时，通过某些与受体偶联的 G 蛋白中介，产生第二信使；第二信使导致一系列酶蛋白的磷酸化级联反应，参与诱导即早期基因的表达，其表达产物作为转录因子参与其他靶基因的转录和翻译，继而引起细胞结构/功能的持久改变，导致 PTSD 的发生[17]。

4. PTSD 患者的免疫学研究 PTSD 的发生与中枢神经系统（central nervous systerm，CNS）密切相关，而 CNS 对免疫系统有调控作用，其作用体现在应激状态时的免疫功能抑制。有研究显示，PTSD 患者各群淋巴细胞的糖皮质激素受体（glucocorticoid receptor，GCR）数量相对低于对照组，自然杀伤（natural killer，NK）细胞比其他类型细胞有更高的 GCR 表达，PTSD 患者中 B 淋巴细胞的表达高于 T 淋巴细胞[18]。白细胞介素（interleukin，IL）在中枢和外周炎症与免疫调节中起着重要的作用。有研究显示，IL-6 是与 PTSD 发生有关的细胞因子，PTSD 患者血清 TL-2 及 IL-6 受体含量明显增高，PTSD 组 TL-2 和 IL-8 水平明显低于正常组[19]。尽管各研究结果不尽相同，但均倾向于 PTSD 患者免疫功能降低，细胞特异性免疫系统活性增强。

第二节 应激反应

应激反应是由应激源（stressor）对个体的有害作用所引起的非特异性的紧张状态。对于经历了矿山灾难性事故的人们来说，应激反应是指事故对他们的心理影响可能导致其出现各种不适症状[20]。这些症状包括生理应激和心理应激两大方面。

一、生理应激

在应激状态下，机体会产生不同的生理反应。这些反应体现在机体的适度调节活动，有助于机体对抗应激源所造成的变化，恢复内稳态。然而，这些反应如果过于激烈、持久，便会引起机体损伤，可能导致躯体疾病，所以它们又可能是某种情况下导致疾病的生理基础。

（一）普遍性适应综合征

Selye 经动物实验研究后认为，应激是机体受到内、外界环境中的各种刺激作用时所产生的非特异性反应，表现为一种特殊症状群，各种不同因素都引起相同的应激反应。他将牛卵巢提取物注入大白鼠体内，结果显示大白鼠产生了显著的生理和生化方面的变化。Selye 将生理应激反应分为三个阶段（图 2-1）。

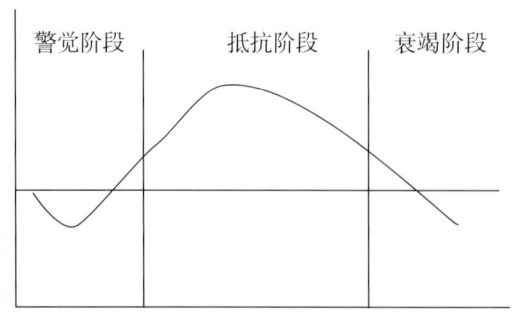

图 2-1 普遍性适应综合征的三个阶段

1. 警觉阶段　机体受到伤害性刺激之后，在最初的一个短暂的过程中出现"休克"现象，然后产生生理、生化的一系列变化，进行体内动员和防御。主要表现有肾上腺活动增强、心率和呼吸加快、血压升高、出汗、手足发凉等。

2. 抵抗阶段　生理和生化改变继续存在，垂体促肾上腺皮质激素和肾上腺皮质激素分泌增加，机体调动了全部资源，生物适应性也处于最高水平。但是，糖皮质激素的释放会影响机体的免疫功能，盐皮质激素则可导致体内钾、钠等电解质平衡失调，抗利尿激素分泌增加而致水潴留，长期抵抗则会耗竭机体资源，导致衰竭和崩溃。但 Selye 指出，在大多数情况下，应激只引起这两个阶段的变化，且绝大多数是可逆的，机体功能可实现顺应、恢复正常。

3. 衰竭阶段　如果刺激源持续存在，抵抗阶段过长，机体最终将进入衰竭阶段，表现为淋巴组织、脾、肌肉和其他器官发生变化，导致躯体的损伤而患病，甚至死亡。

Selye 认为，这三个阶段均系垂体-肾上腺皮质系统激活的表现，应激是机体对紧张刺激物的一系列非特异性的适应反应，主要局限于生理、生化方面的改变，他将这些非特异性的改变称之为"普遍性适应综合征"。

（二）生理反应的表现

遭遇了矿山灾难性事故的人在生理上可能出现各种各样的症状，各系统的表现为：

（1）神经系统：头晕、头昏、头痛、耳鸣、无力、失眠、惊跳、颤抖等。

（2）循环系统：心动过速、心律失常、血压不稳等。

（3）呼吸系统：胸闷、气急、胸部压迫感、呼吸困难等。

（4）消化系统：恶心、呕吐、腹痛、腹胀、腹泻、食欲下降或上升等。

（5）泌尿系统：尿频、尿急等。

（6）生殖系统：月经紊乱、性欲下降、阳痿、早泄等。

（7）内分泌系统：甲状腺素水平升高或降低、血糖水平升高或降低等。

（8）皮肤：脸红、出汗、皮疹、忽冷忽热等。

如果应激状态持续，症状有可能进一步发展，出现心身疾病。

二、心理应激

在机体应激过程中，生理和心理反应是有密切联系的，生理反应与心理反应常伴随出现。生理应激与心理应激是应激时机体以整体方式做出的反应，两者同时存在，相互影响、相互作用、彼此转化。

（一）心理应激反应阶段

参照 Selye 对生理应激反应阶段的划分，有学者将心理应激反应也分为三个阶段：

1. 警觉阶段　在遭遇应激源冲击的最初阶段，个体有可能出现类似生理反应警觉期中的"休克"现象，一时表现出茫然、抑制、不知所措等。但随后为了应对应激，个体出现警觉和资源动员，如引发情绪、增加紧张度、提高敏感度和警戒水平、调动自我控制力等；同时，个体可能采取各种应对手段，以满足事变要求。此时，如果应激源消失，那么警觉和调动恢复；但如果应激源持续存在，那么顺应不良的征兆就会出现，表现为持续焦虑、紧张，各种躯体不适，工作效率下降等。

2. 抵抗阶段　在此阶段中，个体试图找到应对方法，增强认识、处理能力，消除不良心理反应，恢复心理内稳态，以防心理崩溃。同生理反应的阶段一样，在此阶段大多数情况下，阻抗反应是可逆的，且机体的心理功能可实现顺应、恢复正常。

3. 衰竭阶段 面临连续、极度的应激时，个体应对手段开始失败，显得苍白无力，心理防御机制夸大且不恰当，常出现心理失代偿性表现，心理混乱，脱离现实，甚至出现幻觉、妄想；如果这种应激状态继续，心理代偿机制就会进入全面崩溃，出现暴力，或者淡漠、木僵，甚至死亡。

值得注意的是，心理应激反应的表现如同生理应激反应一样非常复杂。进入相应阶段的顺序、每一阶段持续时间的长短及相应的表现等，常因事件的严重程度、突然性、个人的内在素质及社会支持和干预等而有所不同。大多数情况下，进入衰竭阶段是一个逐渐积累的长期过程。

（二）心理应激反应的表现

1. 情绪反应

（1）焦虑：焦虑是人们面对即将来临的，可能造成危险、不良后果或者要做出重大努力去适应应激源时，主观上感受的紧张和不愉快的情绪状态。它是一种无明确对象、持续短暂、强度多变、伴有紧张和害怕及交感神经激活表现（如疲乏、失眠、心悸、胸闷、多汗、肢体颤抖等）的情绪状态，是心理应激最常见的反应。适度的焦虑可以提高人的警觉水平，促使人投入行动，以适应的方法应对应激，对人适应环境有益。但是，过度的焦虑会干扰思维活动的正常进行，妨碍个体做出适宜的判断，严重削弱应对能力。

（2）恐惧：恐惧是一种面临危险或企图摆脱已经明确的特定危险的逃避情绪，通常产生回避行为。多发生于身体安全和个人价值与信念受到威胁的情况下，常由于个体感到缺乏处理、摆脱危险情境或对象的力量和能力所致。恐惧时，交感神经兴奋，全身动员，处于警觉状态，个体意识到危险的存在，也知道恐惧的原因，但因个体对战胜危险缺乏信心，随时准备逃避。

（3）抑郁：抑郁是一组消极悲观的情绪状态，常与"丧失"有关。常表现为自身感觉不良、愉快感丧失、缺乏对日常生活的兴趣、自我评价降低、睡眠与饮食障碍、沮丧、失助、悲哀、绝望，甚至想到自杀。灾难性的生活事件（如亲人死亡）易产生抑郁反应，失恋、失学、失业、遭受重大挫折和长期病痛，以及不良认知方式等原因也可引起抑郁。

（4）愤怒：愤怒是由于有目的的活动受到阻碍，自尊心受到伤害，为了排除这种阻碍或恢复自尊而产生的一种情绪反应。愤怒时交感神经兴奋，肾上腺素分泌增加，出现包括心率、呼吸加快，血压上升，心排血量增加，肝糖原分解增强等表现，多数行为具有攻击性。

（5）激情：激情是一种短暂、猛烈和爆发力较强的情绪状态，常发生于某些具有重大意义的事件突然来临之际。表现为狂喜、手舞足蹈、兴奋不已，或暴跳如雷、怒发冲冠等。这种急风骤雨似的突然侵袭并笼罩整个人的状态，常因过于强烈而使人的意识范围缩小，分析能力削弱，行为控制力下降，不能恰当评价和估计后果，常做出意想不到，甚至事后后悔的事。

2. 行为反应

（1）逃避与回避：逃避是指已经接触到应激源后而采取的远离应激源的行动；回避是指在事先知道应激源将要出现的前提下，在未接触应激源之前就采取行动远离应激源。逃避主要有三种表现形式：

1）逃到另一个现实中。例如，某矿工过去工作业绩一直很好，但由于与领导、同事的人际关系紧张受到挫折后，他不从主观上分析原因，而是一改过去认真刻苦的工作精神，转向消遣娱乐、请假旷工，试图以工作之外的活动避开因人际关系紧张和工作压力给自己带来的焦虑与不安。

2）逃向幻想世界。例如，安徒生笔下的《卖火柴的小女孩》，在饥寒交迫的困境中，小女孩幻想自己飞到了一个没有寒冷、没有饥饿的天国，和她祖母一起过着幸福生活。现实中的挫折使人感到痛苦，幻想中的满足使人感到幸福，因此人们倾向于用幻想来应对挫折。

3）逃向疾病。一个人在社会生活中是要承担一定责任和义务的，但若是一个患者则另当别论。

患者不但会降低要求，而且能赢得同情和关照。因此，有人在遭遇挫折时，巴不得自己生病。现实生活中还真的有人因此病倒了。例如，某大学生在面临英语四级考试时，由于准备不足，害怕考砸了丢面子，又无正当理由提出不考，于是在临考前半小时，突发高热，被送往医院治疗，当这次考试结束时，他的高热也奇迹般的消退了。还有一些大学生会出现考前紧张性腹泻等疾病和症状。这一类病不是诈病，而是功能性障碍。

（2）敌对与攻击：敌对是指人内心有攻击的欲望，表现出来的是不友好、谩骂、憎恨或羞辱别人；攻击是在应激源刺激下个体以攻击方式做出反应，攻击对象可以是人或物，可以针对别人也可以针对自己。根据攻击对象的不同，攻击行为可分为直接攻击和转向攻击两种。

1）直接攻击。是指受挫者把攻击的矛头直接指向构成挫折的人或物。例如，甲乙两同事在工作中产生了一些矛盾，甲同事在背后散布乙同事的坏话，乙同事听说后又打了甲同事一顿。

2）转向攻击。是指受挫者由于种种原因不把攻击的矛头直接指向构成挫折的人或物，而是把攻击的矛头指向与挫折不相关的人或物，即平时我们所说的"迁怒于人""迁怒于物"。例如，有的工人挨了领导的批评，不敢和领导争吵，于是回到家里摔桌子、砸板凳，借以出气。再如，有的人在矿难中受了伤，回到家里打老婆或孩子，孩子无端挨了打，憋了一肚子气，出去见到小朋友看着不顺眼，再打别的小朋友。有时转向攻击也可表现为攻击自己。

（3）退化与依赖。退化是当人受到挫折或遭遇应激时，放弃成年人应对方式而使用幼儿时期的方式应付环境变化或满足自己的欲望；依赖即事事处处依靠别人的关心和照顾，而不是自己去努力完成本应自己去做的事情。

（4）无助与自怜。无助是一种无能为力、无所适从、听天由命、被动挨打的行为状态；自怜即自己可怜自己，对自己怜悯惋惜。

（5）固着与僵化。固着是指反复进行并无成效的动作和尝试。僵化是指一种以不变应万变、刻板、盲目重复的行为方式。这两种行为方式常出现在反复遭遇应激的情况下，如强迫症患者的反复洗手、关窗、锁门等。

（6）物质滥用。物质滥用是指个体在遭遇挫折后，用酒精、烟草、药物、毒品等来缓解紧张压力，逃避现实的行为方式。尽管明知"借酒消愁愁更愁"，但使用者常只图一时的解脱。

第三节 应激障碍

经历矿山灾难性事故的人可能会出现急性应激反应，但这不等同于应激障碍，只有应激反应超出一定强度和（或）持续时间超过一定限度，并对个体社会功能和人际交往产生影响时，才构成应激障碍。国际疾病分类第10次修订本（International Classification of Diseases，ICD-10）将应激相关障碍分为三类，分别是急性应激障碍、创伤后应激障碍和适应性障碍。

一、急性应激障碍

急性应激障碍（acute stress disorder，ASD）是个体在突然受到强烈的精神应激后立即出现的、持续短暂的应激性精神障碍[21]。在精神应激性事件后数分钟至数小时之内起病，常在几天至1周内恢复，一般不超过1个月。本病可发生于任何年龄，但多见于青少年，男女患病率接近。有报道，ASD发生在车祸幸存者中的比例为13%～14%，在大屠杀目击者中为33%，在暴力犯罪受害者中为

19%。矿山灾难性事故经历者也是高发人群。

（一）病因与发病机制

急性强烈的精神应激性事件是 ASD 发病的直接原因。矿山灾难性事故就是导致一些事故经历者发生 ASD 的直接原因。应激源是突如其来且异乎寻常强烈的威胁性生活事件或自然灾害，对个体来讲是难以承受的创伤性体验或对生命安全具有严重的威胁性，但并非大多数遭受应激的人都会出现精神障碍，而只是其中少数人发病。这就表明发病不仅与应激源有关，还与个体在创伤前的个体易感性有关。

（二）临床表现

ASD 起病急，人一般在遭受急性强烈的精神应激性事件的影响后出现症状，临床表现有较大的变异性。多数事故经历者初发症状表现为"茫然状态"，并伴有一定程度上的意识障碍。意识障碍时可见意识范围的局限，注意力狭窄，不能领会外在刺激，定向力障碍，因此患者难以进行接触。偶有自发言语，词句零乱不连贯，令人难以理解。病情继续发展，有的患者表现为精神运动性抑制，出现对周围环境的进一步退缩，可呈现木僵状态，这是常见的临床表现。有的患者则表现为精神运动性兴奋，出现激越性活动过多，如兴奋、失眠、逃跑或无目的的漫游活动。常伴有恐惧性焦虑的自主神经症状，如心动过速、震颤、出汗、面部潮红等。意识障碍、精神运动性抑制或兴奋三种症状可以混合出现或前后转换。

有些事故经历者的病理改变比较明显，严重者可出现思维联想松弛、片段的幻觉或妄想、严重的焦虑抑郁，达到精神病的程度，称为急性应激性精神病。

他们还通过反复回忆、梦境、触景生情等方式重现创伤性事件，同时也有回避能引起创伤性回忆的刺激的行为。如不愿谈起与矿山创伤有关的话题，也不愿去想与矿山创伤有关的事，甚至回避那些能勾起回忆的事物等。他们也可能采用否认的心理防御机制，认为事情并未真的发生，或者回忆不起当时的情境。还有一部分事故经历者可能出现警觉性增高的症状，如入睡困难、易激惹、注意力难以集中、坐立不安、对声音过分敏感等。

ASD 的临床症状一般在几天至 1 周内消失；恢复后的事故经历者可遗忘部分或大部分其症状表现，难以全面回忆。

（三）诊断与鉴别诊断

1. 诊断　ASD 诊断主要依据临床特征，实验室及其他辅助检查多无阳性发现。诊断依据 ICD-10 的诊断标准：

（1）表现为混合性且常常是有变化的临床表现，除了初始阶段的混合性状态外，还可有抑郁、焦虑、愤怒、绝望、活动过度、退缩，且没有任何一类症状持续占优势；

（2）如果应激性环境消除，症状迅速缓解；如果应激持续存在或具有不可逆转性，症状一般在 24～48 h 开始减轻，并且在 3 天后往往变得十分轻微。

本诊断不包括那些已符合其他精神障碍标准的患者所出现的症状突然恶化。但是既往有精神障碍的病史不影响这一诊断的使用。

2. 鉴别诊断

（1）分离性障碍：分离性障碍常常在精神应激性事件后发病，急性发作时应与 ASD 相鉴别。分离性障碍具有暗示性强，多次反复发作的特点。表现更为多样化，并有夸张或表演性，给人以做作的感觉。发病前性格有自我中心、富于幻想、外向等特点。而 ASD 发病与强烈的应激有关，既往无类似发作病史，也不会反复发作。

（2）心境障碍：心境障碍也可在应激源作用下发病，但主要症状以情感异常占优势，疾病过程以双相为多见，且病程较长，有循环发作的特点。而 ASD 起病急，发病有明显的心理社会因素，症状与心理社会因素直接有关，症状通常在 1 周内迅速消失，预后良好。

（3）器质性精神障碍：感染、中毒等因素导致的器质性精神障碍的急性期常出现谵妄状态，表现为意识障碍、定向力障碍、精神运动性兴奋等状态，此时应与 ASD 相鉴别。器质性精神障碍的意识障碍常见丰富生动的幻觉，尤其是幻视；其意识障碍有忽明忽暗的波动，呈昼轻夜重的特点，详细询问病史、仔细的躯体检查和实验室检查常有阳性发现，有助于疾病的鉴别。

（四）治疗与预后

1. 治疗 治疗干预的基本原则是及时、就近、简洁、紧扣重点。

ASD 的发生由矿山灾难性事故引起，心理危机干预具有重要的意义。让事故经历者尽快摆脱创伤环境、避免进一步的刺激是首要任务；在能够接触事故经历者的情况下，心理救援工作者与其建立良好的沟通关系；帮助他们建立符合其本人的、有效的应对方式，发挥个人的缓冲作用，避免过大的伤害；不要回避和事故经历者讨论矿山灾难性事故，而应该在他们愿意的情况下，让他们详细地回忆事件的经过，包括他们的所见所闻和所作所为。这样的讨论将有助于减少有些事故经历者可能存在的对自身感受的消极评价。要告诉他们，在大多数情况下，人们面临紧急意外时，都不大可能做得十分令人满意。

【专栏 2-1】

大连空难与急性心理应激干预

我国是一个灾害多发国家，各式各样的灾害经常发生。空难、海难、火灾、地震、袭击、疾病，一桩桩随时可能发生的灾难引发了亲人亡故、骨肉分离等悲剧。灾难告诉人们，生活不仅仅是喜悦，更有着深深的伤痛和长流不止的泪水，对有些不幸的人来说，生活甚至就是灾难本身。

2002 年 5 月 7 日晚，中国北方航空公司一架麦道 82 飞机在大连附近海域坠毁，机上乘客 103 人和机组人员 7 人全部遇难。当时，我国一些精神卫生学专家受政府的邀请，进行了心理干预。这是我国精神卫生专业人员第一次主动干预集体性心理危机事件。

专业人员在灾难的急性心理应激干预中，主要发挥几重作用，首先是为危机处理机构提供意见和建议；其次是确定那些需要干预的目标人群；最后是针对个人的干预措施，如解释支持、心理治疗，甚至药物治疗。

专家在大连和北京分别举行了三次集体的心理干预，对个别严重的人，还单独进行心理辅导，帮助他们意识到已经失去的无法挽回，不能再失去更多。

根据曾经参加过多次灾难急性心理危机干预的专家介绍，由于干预及时，措施得当，"5·7"大连空难后，遇难者家属的失常程度有所减轻。一位专家说："他们（遇难者家属）注意力不集中，有的人感觉无望而麻木；大多数人无法做到不去回想灾难，生理上也因受到了太大的刺激而开始头痛、疲乏、过敏……但在灾难的前提下，这些失常是正常现象。"

当然，"刚刚起步"是对我国心理危机干预状况的一个客观评价。心理危机干预专业人才的极度缺乏，非专业人群（如工会、人事等相关部门人员）的心理干预工作不够专业，这些都是我国目前心理危机干预效果并不乐观的原因。

（1）心理干预：对经历矿山灾难性事故并出现 ASD 的人进行心理干预，目的是减轻情绪反应和

帮助他们更有效地应对事故遗留的问题。

由于 ASD 通常是短暂的反应，支持性的心理援助往往有效。与事故经历者建立良好的沟通关系，告诉他们应激事件在一生中是不可避免的，鼓励他们向富有同情心的亲友或朋友倾诉，或与处理躯体损伤的医务人员交谈，同时给予他们一些切实的建议，以帮助他们有效地应付应激事件所带来的影响。

有证据表明，对经历心理创伤的个体进行认知行为干预比支持性心理援助更有效，短疗程的认知行为干预技术利于对 ASD 治疗以及预防其发展成为 PTSD。认知行为干预技术的步骤包括：① 对创伤性事件所引起的反应进行解释；② 渐进性的肌肉放松训练；③ 逐渐延长暴露的时间；④ 对与恐惧相关的信念进行认知重建；⑤ 逐级的现场暴露。

（2）药物治疗：药物治疗是急性期采取的措施之一，可以使事故经历者的症状较快地获得缓解，便于心理救援工作的开展和奏效。

对于精神运动性兴奋患者，可以肌内注射氟哌啶醇 10 mg 或氯硝西泮 2 mg，或者每日口服奥氮平 5～10 mg 以缓解症状；对于精神运动性抑制患者，可输液、补充营养，也可每日口服舒必利 100～200 mg。

对于有焦虑或抑郁症状者，可给予抗焦虑药（苯二氮䓬类药物、丁螺环酮等）或抗抑郁药治疗。对于 ASD 患者，首选的抗抑郁药是选择性 5-羟色胺再摄取抑制剂（selective serotonin reuptake inhibitor，SSRI），这类药物包括氟西汀、帕罗西汀、舍曲林、氟伏沙明、西酞普兰等。

总之，药物治疗原则是对症治疗，注意药物剂量不宜过大，疗程不宜过长。

2. 预后 如果 ASD 患者的应激源被及时消除，症状往往历时短暂，一般持续数小时至 1 周，通常在 1 个月内缓解完全，预后良好。

如果 ASD 持续超过 4 周，诊断则更改为 PTSD。

【典型病例】

患者，女，52 岁，农民，小学文化。

某天，傍晚，患者儿子所在煤矿发生瓦斯爆炸。当晚，她获知噩耗后，赶往煤矿现场，在其儿子的尸体旁，当即晕厥。数分钟后醒来，出现言语不连贯，意识清晰度下降，不认识亲人，拒绝承认尸体是自己的孩子，反复念叨："他到外面玩去了，你们不要开玩笑，这是什么地方？""他不会死的，他是和妈妈开玩笑，想吓唬妈妈的，他去旅行了。"给予镇静剂后，方安静下来。第二天醒来后，出现情绪波动，时常嚎啕大哭，反复责备自己："那天，我要是把他留在身边就好了。"对别人的劝解十分反感，容易被激怒，情绪波动非常明显。

入院后患者表现情绪激越，坐立不安，不配合，不愿意多说话，定向力障碍，检查不合作，难以建立正常交谈。

诊断：急性应激障碍。

治疗：经抗精神失常药物奥氮平每日 5 mg 对症治疗，结合心理治疗和支持治疗，3 天后意识清晰，定向力恢复，可以建立接触，10 天后出院。对应激事件发生后的情况无法全部回忆。建议门诊复诊。

二、创伤后应激障碍

创伤后应激障碍（post traumatic stress disorder，PTSD）是由于受到异乎寻常的威胁性、灾难性心理创伤，导致延迟出现和长期持续的精神障碍。PTSD通常在精神创伤性事件发生后数天至6个月以内起病，也可在数月或数年后起病。病程持续1个月以上，可长达数月或数年，个别甚至持续数十年。

PTSD可发生于任何年龄，包括儿童，最常见于青年人。美国社区样本中发现PTSD的患病率为1%～14%，对高危人群如美国参加越南战争的退役军人、火山爆发或暴力犯罪的幸存者研究发现PTSD的患病率为3%～58%。流行病学还发现，对同一创伤性事件，女性患PTSD的可能性是男性的2倍（女性的患病率为10%～12%，男性为5%～6%）。国内张本等报告了唐山大地震（1976年）所致孤儿PTSD的调查[22]，结果发现：在57例孤儿中有13例（23%）现患PTSD，其中12例（21%）曾患ASD。在13例诊断为PTSD的患者中，出现频率较高的症状依次为：控制不住地回想当时受打击的经历（77%）、遇到与创伤事件近似的场合或事件时产生明显的生理反应（69%）、极力不去想与创伤性经历有关的事（62%）、避免参加引起痛苦回忆的活动或不到能引起痛苦回忆的地方去（62%）、兴趣爱好范围变窄但对与创伤经验无关的某些活动仍保持兴趣（54%）、过分的惊跳反应（54%）、反复发生"触景生情"式的精神痛苦（46%），以及对未来失去憧憬（46%）。

（一）病因与发病机制

PTSD是对异乎寻常的威胁性、灾难性事件的延迟和（或）持久的反应。造成PTSD的应激源通常是异常强烈、危及个体生命安全的精神创伤性事件。这些事件包括自然灾害、公共安全问题及各种生产事故，矿山灾难性事故就在其中。这种创伤既可以是直接经历，如矿工被困井下，也可以是间接经历，如亲眼目睹他人死亡或受伤。精神创伤造成个体极度恐惧、无助，引起个体反复出现病理性的创伤性体验、持续的警觉性增高和对创伤性刺激的回避，并造成显著的功能损伤。

几乎所有经历精神创伤性事件的人都会感到巨大的痛苦，出现程度不等的症状，但只有部分人最终成为PTSD患者。精神创伤性事件是PTSD诊断的必要条件，但不是充分条件，个体的易感性影响PTSD的发生。PTSD的相关危险因素有[23]：存在精神障碍的家族史或既往史、童年时代的心理创伤（如遭受性虐待、10岁前父母离异）、性格内向及有神经质倾向、创伤事件前后有其他负性生活事件、家境不好、躯体健康欠佳、社会支持少等。

【专栏2-2】

创伤后应激障碍的由来

创伤后应激障碍（PTSD）的早期研究主要以退伍军人、战俘及集中营的幸存者等为对象，后逐渐在各种人为和自然灾害的受害者中展开。

越南战争后，媒体报道了许多神经症案例，主要是一些参加越战的士兵和经历过战争的国内平民。这些人的应激性体验在战争结束后仍然存在，有些人表现为精神麻木，对曾经感兴趣的事不再感兴趣，疏远朋友，情绪压抑，经常回忆起战争时的情景，有些人还表现为其他症状，如过度警惕、睡眠障碍、自罪感、记忆力和注意力受损，逃避从前的经历，以及对其他应激事件的负性反应增强。心理学家和社会学家开始研究这种现象。"创伤后应激障碍"这一术语现在专门用来研究经历过非常大的应激性事件导致的反应。

> 2004年12月底印度洋海啸令全世界震惊和悲痛。随着救援工作的推进，人们关注的重点逐渐从遇难者转向幸存者。相关报道显示，至少800名泰国幸存者患上了海啸后恐惧症，他们担心海啸还会卷土重来。一些幸存者为同伴相继死去而自己却生存下来感到负罪，甚至想要自杀；还有许多人脑海中不时出现灾难场面，或是仿佛听到海啸警报声；失眠、焦虑等生理、心理问题更是非常普遍。幸存者所遭受的心灵创伤和噩梦般的回忆，可能一生一世都难以抹去。还有"9·11"事件、非典事件、汶川地震、玉树地震等自然、人为灾难给劫后余生者带来了难以愈合的精神创伤，许多人产生焦虑、抑郁、恐惧、反复不能忘记痛苦、出现回避行为等症状。

（二）临床表现

PTSD的临床表现为在重大创伤性事件后出现一系列特征性症状。其核心症状有3组：闯入性再体验（闪回）、回避行为和警觉性增高。

1. 闯入性再体验 患者以各种形式重新体验创伤性事件，主要形式为闯入性回忆，指与创伤有关的情景或内容在患者的思维和记忆中反复地、不自主地涌现，闯入意识之中，萦绕不去；也可在梦中反复再现。有时可见患者处于意识分离状态，持续时间可从数秒到几天不等，称为闪回（flash back）。此时患者仿佛又完全身临创伤性事件发生时的情境，重新表现出事件发生时所伴发的各种情感。例如，曾有过直接参战经历的一位退伍军人，某天当一架直升机低空飞过时，他立刻匍匐在地，认为敌机即将发动进攻，惊恐万状地寻找掩身之处。患者面临、接触与创伤性事件相关联或类似的事件、情景或其他线索时，通常出现强烈的心理痛苦和生理反应。事件发生的周年纪念日、相近的天气及各种场景因素都可能促发患者的心理与生理反应。

2. 回避行为 回避行为表现为长期或持续性尽量回避与创伤有关的人、物及环境，回避相关的想法、感觉和话题。有的患者出现选择性遗忘，不能回忆有关创伤的一些重要内容。患者对以往的爱好失去兴趣，不愿与人交往，与外部世界疏远，对亲人表现冷淡，难以表达和感受一些细腻的感情，对工作、生活缺乏热情，变得退缩。患者整体上让人感觉性格孤僻，难以接近。

3. 警觉性增高 警觉性增高表现为过度警觉，惊跳反应增强，激惹性增高，很难集中注意力，对声音敏感，容易受到惊吓。患者遇到与创伤事件相似的情境，会出现明显焦虑的躯体症状，如心悸、出汗、肌肉震颤、面色苍白或四肢发抖。其表现还有睡眠障碍，主要是入睡困难和易惊醒。

4. 其他症状 有的患者出现滥用成瘾性物质、攻击行为、自伤或自杀行为等，这些行为都是患者的非适应性心理应对策略表现。PTSD患者还常出现抑郁症状。

5. 儿童PTSD的症状特征 儿童与成人的临床表现不完全相同，且年龄愈大，重现创伤体验和易激惹症状也越明显。成人多数主诉与创伤有关的噩梦、梦魇；儿童因大脑语言表达、词汇等功能发育尚不成熟等因素的限制而常常无法叙述清楚噩梦的内容，时常从噩梦中惊醒、在梦中尖叫，也可主诉头痛、胃肠不适等躯体症状。儿童重复玩某种游戏是闪回或闯入性思维的表现之一，应注意PTSD的可能性。

6. 心理生理变化 慢性创伤后应激障碍是指接触应激源后至少6个月发病，有的时间很长，甚至在20~30年或以后才发病。在一项对13例唐山大地震后的PTSD患者进行的研究中发现，有9例在地震后4~12年发病，而且在地震时年龄偏小，平均年龄仅6岁。有学者认为年龄因素可能与延迟发作有关[24-26]。

部分PTSD患者可有主观性失眠或睡眠不解乏之感，并伴有与创伤相关的噩梦。睡眠脑电图发现患者的快速眼动睡眠密度增加或快速眼动睡眠维持受伤增加。神经影像学研究发现，磁共振成像（MRI）可见患者海马体积减小；PET检查发现，患者大脑杏仁核和扣带前回的血流增加，布洛卡区（Brocas）血流降低。

对慢性创伤后应激障碍的心理生理研究表明，个体受到与创伤无关的应激时，其基础心率、收缩压和脑地形图反应正常；而受到有意义的创伤性刺激时，其交感神经反应明显增强，表现在心率、收缩压、皮肤电流反应和前额肌电图，并且对声音的刺激表现为显著的惊跳反应；正常的儿茶酚胺也对刺激反应增强，皮质醇降低、游离T3及T4水平的增加；严重者头颅MRI检查可能有海马萎缩的征象[27]。

PTSD患者有HPA的变化。对患者而言，急性应激后皮质醇水平上升的幅度较低，24 h尿液中皮质醇水平降低、淋巴细胞中糖皮质激素的受体数目增加、HPA负反馈的敏感性增加。甲状腺功能亢进患者中创伤后应激障碍的患病率增高，这一现象证明PTSD与甲状腺功能变化之间有密切关系。

（三）诊断与鉴别诊断

1. 诊断

（1）PTSD诊断要点：强调有异乎寻常的创伤性事件作为主要的发病原因。PTSD患者有特征性的症状：闯入性再体验（闪回）、回避行为和警觉性增高，有主观痛苦或社会功能损伤，病程持续一定的时间。ICD-10中对PTSD的诊断标准如下：PTSD的诊断不宜过宽。必须有证据表明它发生在极其严重的创伤性事件后的6个月内。但是，如果临床表现典型又无其他适宜诊断（如焦虑、强迫性障碍或抑郁）可供选择，即使事件与起病的间隔超过6个月，给予"可能"诊断也是可行的。除了有创伤的依据外，还必须有在白天的想象里或睡梦中存在反复的、闯入性的回忆或重演。常有明显的情感疏远、麻木感，以及回避可能唤起创伤回忆的刺激。但这些都非诊断所必须。自主神经紊乱、心境障碍、行为异常均有助于诊断，但亦非要素。

（2）PTSD量表评估：近年来很多研究认为，最好的PTSD诊断方法是访谈与筛选量表相结合。Zatzick对美国越战老兵的调查发现，在296例基层保健医生认为有焦虑或抑郁症的患者中，精神检查发现有114例（38.6%）符合PTSD的诊断标准[28]。Prins和Kimmer-ling曾编制了一份用于基层保健机构的PTSD筛选量表，其具体内容为在过去的1个月内患者是否有如下表现：

1）是否做噩梦想到它，或在自己不愿意想的时候不由自主地想到它？
2）是否尽力使自己不去想它，或想方设法躲开那些有可能勾起您回忆的情境？
3）是否总是过于警惕、惊醒，或容易变得"一惊一乍"？
4）是否觉得自己与他人变得疏远，对活动及周围环境的反应变得麻木？
5）是否有过一些患者非常害怕、恐怖或让您不安的经历？

（3）PTSD简明筛查表：Leskin和Westrup编制了一个PTSD简明筛查表（表2-1）。

表2-1 创伤后应激障碍简明筛查表

在生活中，您是否有过一些使您非常害怕、恐怖或让您不安的经历？在过去的1个月内，您是否有如下表现：
1. 是否总想着那件事情？
2. 是否尽力使自己不去想那件事情？
3. 当遇到能够使您想起那件事情的人、场所或物件的时候，您是否会感到很难受？
4. 您是否努力回避那些有可能勾起您回忆的事情？

如果经上述筛查表评定存在2项以上问题中的表现者，应建议其及时到专业精神卫生机构做进一步检查，以确定是否存在 PTSD。

（4）PTSD 自评量表（Post-Traumatic Stress Disorder Self-rating Scale，PTSD-SS）：此量表由 24 个条目构成。理论上可划分为对创伤性事件的主观评定（条目 1）、反复重现体验（条目 2、3、4、5、17、18、19）、回避症状（条目 6、8、9、10、16、21、22）、警觉性增高（条目 7、11、12、13、15、20、23）和社会功能受损（条目 14、24）5 个部分。每个条目根据创伤性事件发生后的心理感受分为"从没有影响"至"很重"的 1～5 级（1～5 分）评定，累积 24 个条目的得分为 PTSD-SS 总分，得分越高，应激性障碍越重。

PTSD-SS 有较好的信度和效度，易于实施，评分简单，在我国目前尚无 PTSD 评定量表的情况下，PTSD-SS 是一种理想的评定工具。

表 2-2　创伤后应激障碍自评量表

条目	得分
1. 灾害对精神的打击	1　2　3　4　5
2. 想起灾害时恐惧害怕	1　2　3　4　5
3. 脑子里无法摆脱灾害发生时的情景	1　2　3　4　5
4. 反复考虑与灾害有关的事情	1　2　3　4　5
5. 做噩梦，梦见有关灾害的事情	1　2　3　4　5
6. 灾害后兴趣减少了	1　2　3　4　5
7. 看到或听到与灾害有关的事情时担心灾害再度发生	1　2　3　4　5
8. 变得与亲人感情疏远	1　2　3　4　5
9. 努力控制与灾害有关的想法	1　2　3　4　5
10. 对同事（学）、朋友变得冷淡	1　2　3　4　5
11. 紧张过度或易受惊吓	1　2　3　4　5
12. 睡眠障碍	1　2　3　4　5
13. 内疚或有罪感	1　2　3　4　5
14. 学习或工作受影响	1　2　3　4　5
15. 注意力不集中	1　2　3　4　5
16. 回避灾难发生时的情景或活动	1　2　3　4　5
17. 烦躁不安	1　2　3　4　5
18. 出现虚幻感觉似灾害再度发生	1　2　3　4　5
19. 心悸、出汗、胸闷等不适	1　2　3　4　5
20. 无原因的攻击冲动行为	1　2　3　4　5
21. 悲观、失望	1　2　3　4　5
22. 遗忘某些情节	1　2　3　4　5
23. 易激惹、好发脾气	1　2　3　4　5
24. 记忆力下降	1　2　3　4　5

通常可结合使用的心理卫生量表还包括：① 评定式：汉密顿抑郁量表（Hamilton Depression Scale，HAMD）、汉密顿焦虑量表（Hamilton Anxiety Scale，HAMA）；② 自陈式：抑郁自评量表

(Self-rating Depression Scale，SDS)、焦虑自评量表（Self-rating Anxiety Scale，SAS）、症状自评量表（SCL-90）、创伤后应激障碍自评量表（PTSD-SS）；再结合与患者面谈所做的精神检查综合做出诊断。

2. 鉴别诊断

（1）急性应激障碍：急性应激障碍和创伤后应激障碍的主要区别在于起病时间和病程。急性应激障碍起病在创伤性事件发生的4周以内，病程短于4周。如果症状持续超过4周，应修改诊断为PTSD。

（2）抑郁障碍：抑郁障碍有兴趣下降、与他人疏远隔离、感到前途渺茫等症状，但没有与创伤性事件相关联的闯入性回忆和梦境，也没有对特定事物或场景的回避。PTSD虽可出现抑郁的症状，但发病前应考虑有严重强烈的应激性事件作为发病的主要原因，有特征的症状作为主要的临床表现。

（3）适应性障碍：创伤后应激障碍的应激源通常是异常强烈的、威胁生命的，几乎每个经历者都会觉得害怕的精神创伤性事件。而造成适应性障碍的应激源通常是明显的环境变化或持久的应激性生活事件，如升入新的学校、移居到国外、更换工作或患严重的躯体疾病引起的生活适应性障碍。PTSD的诊断要求有特征性的症状。适应性障碍更多地表现为情绪的障碍和适应不良的行为。

（四）治疗与预后

1. 治疗 PTSD的治疗主要包括心理治疗、药物治疗或是二者结合治疗。一般而言，对正常的应激反应无须治疗。对一些高危对象可进行支持和教育性干预措施，如进行适应性指导及纠正适应不良性应对方式，同时要注意应激反应的正常进程。同时，要告诫当事人不要独处、酗酒、滥用药物或强迫性地埋头工作，必要时可进行个别或集体的心理治疗。

（1）心理治疗：各种形式的心理治疗在PTSD都有被应用的研究报道。对于PTSD主要采用危机干预的原则与技术。PTSD的最初干预方法与急性应激障碍一样，即尽可能以同情的心情支持和帮助解决患者的实际问题。

慢性和迟发性PTSD治疗可采用特殊心理治疗技术。临床上主要应用的心理治疗技术如下：

认知行为治疗。大量的研究证实认知行为治疗对PTSD有效[29-30]。认知行为治疗的目标是改变患者的错误认知。认知行为治疗由以下几个部分组成：① 了解对严重应激的正常反应，以及直面与创伤事件有关的情境和回忆的重要性。② 对症状的自我监控。③ 暴露于回避情境。④ 对创伤性事件的映像回忆，将之与患者的其他经历整合为一体。这种回想一开始多是片断性的，不能及时地与其他记忆内容清楚地联系起来。⑤ 通过讨论支持或不支持评估和假设的证据来进行认知重构。⑥ 愤怒处理，针对仍对创伤性事件及其诱因感到愤怒的患者。具体操作的基本原则是：不强迫表达，使事故经历者有可控感；正性积极的资源取向；个体化的帮助。

可采取一对一或8～10人小团体的方式来进行。团体辅导一般由2位有经验的心理卫生工作人员带领。以团体方式进行的优点是，增加了参与成员彼此间的相互了解与支持，通过彼此的分享，感受到自己的情绪或者经历与别的成员类似或相同，而不至于觉得自己奇怪或不正常；他们还可以因为分享共同的经历，让彼此有更强烈的同舟共济情怀，更希望在治疗结束后仍能继续保持联系，建立支持性的网络。

以矿山灾难性事故幸存者的团体辅导为例，辅导过程具体分为4个阶段。

第一阶段：诉说事件，支持矿工诉说在事故发生过程中的所见、所闻、所为等。

第二阶段：表达心理反应和生理反应，协助矿工表达由事故引发的想法与感受。

第三阶段：讨论和分享应对策略，鼓励矿工讨论缓解压力的有效方法，也可以学习有关应激反应的知识。

第四阶段：强化积极资源，鼓励矿工讨论在事故过程中觉得有意义或正面的经验，同时提供获得进一步帮助的途径和方法。

矿工在矿山灾难性事故过程中会有很多难忘的经历。在鼓励表达时，心理救援工作者要引导他们重点描述那些让他们有痛苦体验的经历。很多矿工的经历往往以大量闯入性的刺激画面的形式保留在大脑中。因此，可以让矿工结合他们的创伤经历来表达，有重点地描述那些强刺激性画面，要求画面的描述清晰、具体。此外，须重点强调一点，纯粹叙事性的表达是没有干预效果的，有时反而会造成二次伤害。因此，在表达过程中，鼓励矿工表达创伤经历及刺激性画面所诱发的痛苦情绪，使其负性情绪得以外化就显得非常关键。要求负性情绪的表达准确、充分。在使用该方法时，要把心理救援工作聚焦于强化正性积极资源，推动小组成员之间的相互理解和支持，而不是聚焦于创伤经历上。心理救援工作者要做的是针对矿工所经历的事件进行引导，让其挖掘自身资源，找到能让他感动的、感受到人性光辉的、带给他温暖和有力量感的画面或事件，同时体验与这些画面相联系的正性情感；使其对创伤记忆的认知和体验更加积极，以完成正性资源对负性情感的部分替代，从而达到负性情感与正性情感之间的平衡。

精神分析治疗。PTSD的精神分析治疗方法是通过对焦虑、抑郁障碍的治疗中改进而来的。治疗重点在于帮助患者理解与患者以前经历、人格有关的创伤性事件的意义；治疗目标是解决创伤性事件所激发的无意识的冲突。Horowitz认为应激反应分为3个阶段：①初始阶段，特征表现为创伤性事件的痛苦现实及因愤怒、伤心和悲痛而出现过度换气；②否认阶段，特征为对创伤事件强制性回忆的防御，受害者对创伤性事件的记忆缺损，对创伤性事件的线索不予注意并以幻想来抵消创伤性事件的真实性；③强制阶段，特征为高度警觉，过分惊吓，睡眠和做梦障碍，强制性反复出现的与创伤有关的思维内容和迷惑。若这3个阶段未完成，则可出现PTSD。他提出了一个简短的精神分析治疗模式，治疗是为了发动患者的适应阶段，其目标是否定强制阶段；治疗的有效性取决于对创伤性事件的再解释。

眼动脱敏与再加工疗法（eye movement desensitization and reprocessing，EMDR）。这是一种可以在短短数次晤谈之后，便可在不用药物的情形下，有效减轻心理创伤程度及重建希望和信心的治疗方法。可以被减轻的心理创伤症状包括"长期累积的创伤痛苦记忆""因创伤引起的高度焦虑和负面的情绪"，以及"因创伤引起的生理不适反应"等。因接受EMDR而可以建立的正面效果则包括"健康积极的想法"及"健康行为的产生"等。EMDR治疗手段包括睁眼想象暴露创伤性事件，让患者在注视治疗师前后移动的手指的同时，睁眼想象创伤有关的情景。治疗过程中有与创伤性事件相关的认知和情绪刺激性语言，伴随着持续性的视觉眼跟踪运动，患者将和治疗师一起讨论认知和情绪反应。有种假说认为，快速眼扫描运动可以产生一种拮抗恐惧状态，因此具有与系统脱敏中放松练习相对等的作用。

放松训练。心理救援工作者应向患者简要介绍放松原理及常用的放松方法，如呼吸放松法、肌肉放松法、冥想放松法等。

1）呼吸放松法：可以先锻炼自己能清楚地觉察和意识到的呼吸状况。人在躺着的时候采用的是腹式呼吸，因此可以躺下来去体验。

a.穿舒适宽松的衣服，保持舒适的躺姿，两脚向两边自然张开，一只手臂放在上腹，另一只手臂自然放在身体一侧。

b.缓慢地通过鼻孔呼吸，感觉吸入的气体有点凉凉的，呼出的气息有点暖，吸气和呼气的同时，感觉腹部的涨落运动。

c.保持深而慢的呼吸，吸气和呼气的中间有一个短暂的停顿。

d. 几分钟后，坐直，把一只手放在小腹，把另一只手放在胸前，注意两手在吸气和呼气中的运动，判断哪一只手运动得更明显。如果放在胸部的手的运动比另一只手更明显，这意味着我们采用的更多的是胸式呼吸而非腹式的呼吸。我们要提高腹式呼吸的幅度。

可以通过呼吸提示自己身上哪些部位紧张，想象气体从那些部位流过，带走了紧张，达到放松的状态。

2）肌肉放松法：是让人有意识地去感觉主要肌肉群的紧张和放松，从而达到放松的目的。身体躺下，把注意力集中在右手，右手握紧拳头，持续大约 5 s 后，再松开，肌肉放松，意识到那种紧张，再放松，让紧张感流走。注意观察完全放松后的右手与自然放松的左手的感觉有什么不同。然后再用左手重复做一遍。接着以相同方法将注意力集中在每个肌肉群：手臂、脸、颈部、肩部、腹部、臀部、股部、小腿、脚的肌肉，重复练习。

放松好了以后，留一点时间感受放松状态，这个时候可以给自己一些暗示：例如，"我现在从 5 数到 1，当数到 1 的时候睁开眼睛，很清醒，很宁静。"

3）冥想放松法：冥想要求投入，就像运动训练。

"首先躺下，也可坐在一张有靠背的椅子上，闭上眼睛，在头脑里想象一些比较熟悉或比较向往的景象。如可想象你漫步来到一片绿油油的草地，草地里开着各色小花，芳香扑鼻。这时往前走，隐隐约约听到了清脆的流水声，原来是一条清澈的小溪，几条小鱼儿在逆流往上游着。你弯腰试着去抓鱼儿，感到水很清凉怡人……你可以继续想象。"

要有身临其境的感觉，五官、身体都处于美好的感受之中。想象的题材很多，如辽阔平展的海滩、山清水秀的公园、轻歌曼舞的仙境等。不要想象过于刺激的东西，患者在想象的场景里，是闲适舒缓的，感受的都是一些舒适的景象。患者从想象中得到放松，得到愉悦，暂时忘却创伤性事件带给患者的焦虑紧张等负性情绪。

通过放松训练可以使患者在应激晤谈中暴露创伤时表现出的紧张情绪得以平复，让患者学会对抗焦虑、紧张、失眠等反应的方法，让其认识到依靠自己的力量可以缓解一些一般性的心理、生理反应。

（2）药物治疗：目前认为 PTSD 治疗的首选药物是选择性 5-羟色胺再摄取抑制剂（SSRI）类抗抑郁药。如氟西汀（每天 40~60 mg）、帕罗西汀（每天 20~60 mg）、舍曲林（每天 50~200 mg）等，其疗效和安全性好，不良反应轻；能有效地治疗 PTSD 患者的回避、警觉性增高、麻木等症状，优于其他的药物治疗。单胺氧化酶抑制药和三环类抗抑郁药物对 PTSD 患者的闯入性回忆和噩梦等症状有显著疗效，但不良反应多，应用时要谨慎。抗抑郁药物治疗 PTSD 的剂量、疗程与抗抑郁症治疗相同，症状缓解后药物治疗至少要持续 1 年。

另外，根据患者症状对症选用抗焦虑药、心境稳定剂和非典型抗精神病药。苯二氮䓬类药物可谨慎用于伴发惊恐障碍但没有精神活性物质滥用史的 PTSD 患者。非典型抗精神病药对 PTSD 的辅助治疗有效，可控制行为紊乱、情感爆发、自伤等症状。

心理治疗合并药物治疗的效果更佳。最好的治疗选择是认知行为治疗联合使用 SSRI。

2. 预后 以往由于人们对 PTSD 缺乏应有的认识，许多患者无法寻求治疗。事实上，PTSD 作为一种常见的精神障碍，往往与严重的抑郁症和其他继发性焦虑或物质滥用等共同存在。经临床观察，PTSD 患者往往较一般人群更多地出现下列情况：

（1）多种精神障碍、自杀企图、工作能力受损；

（2）多种躯体疾病和并发症；

（3）整体健康状况差，就业率低；

（4）人际关系、日常活动及工作表现消极影响大。

PTSD 患者中有 1/3 以上因慢性疾病而终身不愈，丧失劳动能力；1/2 的患者伴有物质滥用、抑郁和各种焦虑性障碍等；PTSD 患者的自杀危险性增高，自杀率为普通人群的 6 倍。

影响 PTSD 预后的因素主要包括：① 创伤的严重程度（如创伤的威胁程度、持续时间、损伤程度、丧失情况等）；② 既往遭受创伤的情况；③ 性别；④ 既往情感低落或焦虑的状况；⑤ 情感障碍及焦虑的家族史；⑥ 文化教育程度。

【典型病例】

胡某，女，44 岁，小学教师，大专文化。

8 年前，丈夫在矿难中死亡。在出事当天早上，胡某与丈夫为一件小事而"拌嘴"，一气之下，说出了"你再也别回来了"的气话。丈夫过世后，胡某悲痛欲绝，常常自责，认为是自己和丈夫吵架，导致丈夫再也无法回到这个家了。她常常喃喃自语："我要和他说清楚，我是要他回家的。我只是和他怄气，不是真不要他回家。"自此以后，她无法继续上班，也不能继续担任教学任务，一直在家"休养"。在 8 年的时间里，胡某很少外出，生活非常被动，也无法很好地照顾自己的孩子，只能在婆婆的督促下，被动地干一些家务。她常常呆坐一边，自言自语，不断地回顾当时夫妻吵架的情景，却很少回忆丈夫去世时的场景。在此期间，胡某不愿意和任何人接触，即使是原来非常要好的同事，她也不主动联系，更不和他们一起外出活动。家人带她到一些旅游风景区游玩，她也要求尽快结束回家。

本次胡某因"睡眠障碍"来住院治疗。入院检查结果：胡某意识清晰，对答切题，语调低沉，语速很慢，面部表情淡漠。谈及睡眠障碍的问题时，胡某自述：每天晚上无法入睡，因为自从丈夫去世以后，几乎每天晚上做噩梦，梦见丈夫和自己吵架的情景，经常惊醒，所以害怕睡觉。谈及与丈夫吵架的情况时，胡某情绪激动，反复强调自己不是故意不要丈夫回家的。胡某自述："我要和他说清楚，我是喜欢他的，我没有存心不让他回家。"谈及如何才能和丈夫说清楚时，胡某承认自己曾经有过自杀的念头，认为只有这样才能和丈夫沟通。问及其自言自语的情况时，胡某说："我总觉得要和丈夫说清楚，我总觉得丈夫能够和我对话，所以我常自言自语，当然我知道他现在是听不见的。"至于工作和孩子的培养问题，胡某表示从来就没有考虑过，认为这些已经不重要了。谈及和朋友之间的联系以及自己其他的生活兴趣等，胡某均表示已经和绝大多数朋友没有任何交往了。原因是自己觉得有罪，对不起大家，不愿意"拖累"朋友。生活也没有了任何兴趣，也从来不外出，甚至自己的衣物也是家人帮助买的。

诊断：创伤后应激障碍。

治疗过程：初期主要采用镇静剂和抗抑郁药物治疗。胡某情绪基本稳定后，给予积极的支持性心理治疗和认知疗法。家属给予了充分的理解和配合，几乎是"无微不至"的关心和爱护。住院 1 周后，胡某的睡眠问题开始有所改善。1 个月后，胡某情绪明显平稳，强制性回忆也开始减少。对自己的儿子来医院探望，她也能够表现出一些热情和关心。经过 3 个月的治疗，胡某情绪状态基本正常，并且有了继续工作的愿望，痊愈出院。

三、适应性障碍

适应性障碍（adjustment disorder）是指在明显的生活改变或环境变化时产生的、短期的和轻度的烦恼状态和情绪失调，常有一定程度的行为变化等，但并不出现精神病性症状[31]。本病的发生是对于某一明显的处境变化或应激性生活事件所表现的不适应激反应，如更换新的工作、考入大学、移居国外、离退休或患严重躯体疾病等引起的生活适应性障碍。表现为一种短期的、轻度的反应性情绪障碍，伴有适应不良行为或生理功能障碍，常影响其社会功能，但不出现精神病性症状。

起病通常在发生环境改变或应激事件1个月内，病程一般不超过6个月。若应激源持续存在，病程可能延长。

国内尚缺乏相关的流行病学报道。国外有研究表明男女患病之比为1∶2，成年人中女性多见。可发生于任何年龄，但多见于成年人。

（一）病因与发病机制

造成适应性障碍的应激源通常是明显的环境变化或持久的应激性生活事件，如升入新的学校、移居到国外、更换工作或患严重的躯体疾病等均可引起适应性障碍。经历了矿山灾难性事故，有的矿工身体健康受到损伤，出现运动障碍；有的家庭失去了亲人导致家庭功能的改变，这些问题的出现都可能使经历灾难的家庭成员出现适应性障碍。引起适应性障碍的应激源可以是一个，如在矿山灾难性事故中丧失亲人；也可以是多个，如事业上的失败和亲人伤亡接踵而来。

在同样的应激源作用下，有的人适应良好，有的则适应不良，并不是所有的人都表现出适应性障碍。个人的易感性对适应性障碍的发生有重要作用。适应性障碍发生与否，要同时权衡应激源强度和个体易感性两方面的因素。适应性障碍是个人对生活改变或应激性事件不能适应，而持续处于情绪障碍和不良适应行为的一种异常状态。

（二）临床表现

适应性障碍多在环境改变或应激性事件发生后1～3个月内发病，患者的临床表现形式多样，主要以抑郁、焦虑等情绪障碍为主，也可出现适应不良的行为和生理功能障碍。

成年人多见抑郁或焦虑症状。以抑郁症状为主者，表现为情绪低落、高兴不起来、哭泣、对生活丧失信心、自责，可伴有睡眠障碍、食欲缺乏和体重减轻。以焦虑症状为主的患者，表现为紧张不安、不知所措、担心害怕、难以应付环境，可伴有心慌、震颤等躯体症状；儿童则表现为对分离的恐惧，如不愿离家去上学。青少年以品行障碍（即攻击或敌视社会行为）常见，表现出侵犯他人、违反社会规范的一些行为，如说谎、偷窃、打架、酗酒、逃学、离家出走、破坏公物等。儿童可表现退化现象，如出现尿床、幼稚言语或吸吮手指等形式。

有些患者可出现适应不良的行为，如退缩、不愿与人交往、不讲究卫生而影响日常生活的正常进行，甚至对酒或药物的滥用。躯体症状在儿童和老年患者中常见，如头痛、胃痛、疲倦和其他不适；症状也可发生在其他年龄。

（三）诊断与鉴别诊断

1. 诊断

（1）诊断注意事项：① 有明确应激性事件作为发病的诱因，精神障碍通常出现在事件后3个月以内；② 临床表现以情绪障碍为主，可伴有适应不良行为和躯体症状；③ 社会功能受损；④ 病程至少1个月，一般不超过6个月；⑤ 除外因失恋或丧亲引起的情绪失常，这属于正常心理反应。

（2）ICD-10的诊断标准如下：① 症状的形式、内容和严重程度；② 既往病史和人格；③ 应激性事件、处境或生活危机。必须清楚确定上述第三个因素的存在，并应以强有力的证据（尽管可能带有推测性）表明，如果没有应激就不会出现障碍。如果应激源较弱，或者不能证实其与症状在时间上的联系（不到 2 个月），则应根据呈现的特征在他处归类。

（3）ICD-10 对适应性障碍的诊断分类：① 短暂抑郁性反应：持续不超过 1 个月的短暂轻度抑郁状态。② 长期的抑郁性反应：轻度抑郁状态，发生于处在长期的应激性情境中，但持续时间不超过 2 年。③ 混合性焦虑和抑郁性反应：焦虑和抑郁明显，但未达到混合性焦虑抑郁障碍或混合性焦虑障碍中所标明的程度。④ 以其他情绪紊乱为主：症状表现涉及几种类型的情绪，如焦虑、抑郁、烦恼、紧张、愤怒。焦虑和抑郁症状可符合混合性焦虑抑郁障碍或其他混合性焦虑障碍的标准，但它们的突出程度还不足以诊断为更为特异的抑郁或焦虑障碍。⑤ 以品行障碍为主：表现在品行方面，如少年的悲哀反应引起攻击性或非社会化行为。⑥ 混合性情绪和品行障碍情绪方面的症状与品行障碍同样突出。⑦ 以其他特定症状为主。

2. 鉴别诊断

（1）抑郁症：适应性障碍与抑郁症的区别有时难以分清，并无绝对的鉴别标准，这需要有临床的实践经验。一般来讲，抑郁症患者的抑郁症状较重，并常出现消极念头，甚至有自杀的企图和行为。整个临床表现有早晚变化，发病时精神因素不明显。若长期观察可从病程方面予以鉴别，可有既往抑郁或躁狂发作史。

（2）焦虑症：适应性障碍主要与广泛性焦虑症相鉴别。本病不仅病程较长，且常伴有明显的周围神经系统失调症状，睡眠障碍也很突出。病前无任何值得重视的应激源可寻。

（3）人格障碍：人格障碍早在幼年时期即已明显，且无明显应激源，常有多年持续的人际关系适应不良史，有时可能被应激源加剧，但应激源不是人格障碍形成的主导因素。患者并不为人格异常所苦恼，也不因应激源的消除而使症状得以改善，症状仍持续存在。如果人格障碍患者在应激源作用下出现新的症状，且符合适应性障碍诊断标准时，两个诊断应同时并列，如偏执型人格障碍和抑郁心境的适应性障碍。

（四）治疗与预后

1. 治疗

（1）药物治疗：对情绪异常较明显的患者，为加快症状的缓解，可根据具体病情选用抗焦虑剂或抗抑郁剂。以低剂量、短疗程为宜。SSRI 类药物如氟西汀（20 ~ 40 mg）、帕罗西汀（20 ~ 40 mg）、舍曲林（50 ~ 150 mg）等是治疗抑郁情绪的首选药物；苯二氮䓬类药物则常用于治疗带有焦虑的适应性障碍[32]。

（2）心理治疗：适应性障碍心理治疗的重点是减弱或消除应激源、增强应对能力和建立相应的支持系统。心理治疗的方法：可采用精神动力学治疗、认知行为治疗、家庭心理治疗、团体心理治疗和支持性心理治疗等。根据患者的特点和要求，以及治疗者的专长选择相应的治疗。认知行为治疗是比较实用而有效的方法。

2. 预后 改变环境或消除应激源后，精神障碍可以逐渐消失，病程一般不超过 6 个月。若应激源持续存在，病程可能延长，但不管病程长短，预后都是良好的，尤其是成年人。

【典型病例】

某女性患者，18 岁，大学一年级学生。因不愿与人交往、烦躁、情绪低落 2 个多月后前来就诊。

患者自幼在生活上受到父母的宠爱，想吃什么父母就买什么，但在学习和行为上受到严格要求。到了中学，父母更是不让她做任何家务事，衣来伸手，饭来张口，整天看书、学习。2011 年考入某大学，9月由父母陪同入学，安顿后，父母欲回家，患者不让，经父母再三安慰劝说后方同意父母回家。开始患者表现尚正常，只是生活自理能力差。10月得知父亲在矿难中死亡，患者逐渐出现情绪低落，不愿与同学交往，常独自一人在宿舍里唉声叹气、哭泣，觉得自己没有能力，甚至对母亲说不想读书，想退学。患者还出现失眠，表现为入睡困难，常辗转床第久久不能入睡，次日感头昏脑涨、心烦，上课注意力不能集中。食欲差，食量明显减少，患者自诉没有胃口，不想吃。临近考试，患者忙于学习，经常吃不到饭，衣服也不洗，有时不梳头就去上课，考试成绩也不理想，受到母亲的严厉批评。

无特殊既往史。足月顺产，幼时生长发育正常。7岁读书，学习成绩好。18岁考入大学，与同学来往少。平日性格内向、胆小、顺从。

无特殊家族史。

躯体及神经系统检查：未发现阳性体征。

精神状况检查：意识清晰，接触合作，衣着整洁，年貌相符，定向准确，未引出幻觉、妄想。思维联想连贯性与逻辑方面无异常，情绪稍低。存在自知力。自诉在家什么都好，自从上大学后，什么都要自己做，还要读书，感到力不从心，极不适应学校生活，经常想回家，不想继续读大学，母亲又不同意。

诊断：适应性障碍。

（陈允恩）

参考文献

[1] 王学义，李凌江．创伤后应激障碍．北京：北京大学医学出版社，2012：11-13．

[2] 郑日昌．灾难的心理应对与心理援助．北京师范大学学报（社会科学版），2003，179（5）：28-31．

[3] Wyer RA，Williams R，Ottens AJ，et al．A three dimensional model for ravaged．Joumal of Mental Health Counseling，1992，14（2）：137-148．

[4] Brenda JO．Coping with floods：Assessment，intervention，ande recovery processes for survivors and helper．Journal of Contemporary Psychotherapy，1998，28（2）：107-139．

[5] Wilson JP．Theoretical perspectives of traumatic stress and debriefings．International Journal of Emergency Mental Health，1999，1（4）：267-273．

[6] 赵冬梅．心理创伤的治疗模型与理论．华南师范大学学报（社会科学版），2009，3：125-129．

[7] 武小梅，刘伟立，张迪，等．救援军人创伤后应激障碍阳性检出率及心理社会影响因素研究．军事医学，2013，37（11）：843-846．

[8] 陈俊，林少惠．创伤后应激障碍的心理预测因素．华南师范大学学报（社会科学版），2009（4）：64-69．

[9] 徐光兴，李希希．创伤后应激障碍的心理应对机制之比较研究．华东师范大学学报（教育科学版），2004，22（3）：62-67．

[10] 杨海波，陈宗阳，文宇翔．震后PTSD儿童有意遗忘效应的特点．全国心理学学术会议，2013．

[11] 支惠．PTSD中闯入记忆的机制：以自发自传体记忆为视角．吉林：吉林大学，2011．

[12] 张丽．矿难所致慢性创伤后应激障碍脑结构和脑功能的研究及随访．湖南：中南大学，2011．

[13] 张巍，黎海涛．创伤后应激障碍的神经影像学研究进展．临床放射学杂志，2012，31（8）：1196-

1199.
- [14] 甘景梨, 梁学军, 冯纳婷, 等. 军人创伤后应激障碍探究性眼动与事件相关电位分析. 中国健康心理学杂志, 2014, 22 (6): 804-806.
- [15] 王永堂, 高洁, 曾琳, 等. 创伤后应激障碍与神经内分泌关系研究进展. 人民军医, 2011, 54 (5): 377-378.
- [16] 张本, 徐广明, 马文有, 等. 大地震创伤后应激障碍患者的心理与神经内分泌变化. 中国心理卫生杂志, 2002, 16 (12): 817-821.
- [17] 李则宣, 李凌江. 创伤后应激障碍的生物学机制研究. 中华精神科杂志, 2003, 36 (4): 254-265.
- [18] MA Ping, 潘集阳. 创伤后应激障碍的预测因素. 中山大学学报 (医学科学版), 2008, 29 (4): 379-382.
- [19] 宋煜青, 周东丰, 管振全, 等. 张北地震后应激障碍患者神经内分泌和细胞因子的研究. 中华精神科杂志, 2005, 38 (1): 15-18.
- [20] 胡晓东, 杜巧荣, 罗锦秀, 等. 王家岭矿难获救矿工的急性应激反应. 中国心理卫生杂志, 2011, 25 (11): 814-815.
- [21] 李建明. 精神病学. 北京: 清华大学出版社, 2011: 168-169.
- [22] 张本, 王学义, 孙贺祥, 等. 唐山大地震所致孤儿心理创伤后应激障碍的调查. 中华精神科杂志, 2000, 33 (2): 111-113.
- [23] 尚蕾, 王择青. 创伤后的应激障碍及其预测因素. 中国临床康复, 2005, 9 (76): 127-129.
- [24] 张本, 王学义, 孙贺祥, 等. 唐山大地震对人类心身健康的远期影响. 中国心理卫生杂志, 1998 (4): 200-202.
- [25] 张本, 张凤阁, 王丽萍, 等. 30年后唐山地震所致孤儿创伤后应激障碍现患率调查 中国心理卫生杂志, 2008, 22 (6): 469-473.
- [26] 王丽萍, 张本, 姜涛, 等. 唐山地震孤儿30年后心理健康状况调查. 中国心理卫生杂志, 2009, 23 (8): 558-563.
- [27] 刘燕玲, 马凤霞, 吴鸿雁. 创伤后应激障碍临床研究进展. 临床误诊误治, 2010, 23 (12): 1198-1200.
- [28] 姜祝佼. 美国越战老兵叙事的多重交流目的: 以拉里·海涅曼的《帕科的故事》为例. 长沙: 国防科学技术大学, 2010.
- [29] 苏衡, 曹立人, 王家同. 认知暴露疗法治疗创伤后应激障碍的5年随访. 临床精神医学杂志, 2012, 22 (4): 236-239.
- [30] 陈树林, 李凌江. 创伤后应激障碍的心理治疗. 临床精神医学杂志, 2005 (15): 180-181.
- [31] 郝伟, 于欣. 精神病学. 北京: 人民卫生出版社, 2013: 165-166.
- [32] 刘吉成. 精神药理学. 北京: 人民卫生出版社, 2009: 143-149.

第三章

矿山灾难性事故可能引发的心身疾病

近年来，我国矿山灾难性事故不断发生，此类事故不仅给国家和人民造成了巨大的经济损失，同时也对人类的生存构成了巨大的威胁。矿山灾难性事故的发生不仅夺走了许多鲜活的生命，还给在灾难中幸存下来的人们带来了精神和躯体上的严重创伤，这种创伤将持续至矿难过后的很长一段时间。矿山灾难性事故发生时紧张、恐怖和无助的场景以及灾难给人们带来的一些毁灭性的打击打破了矿难经历者心理及生理上的平衡状态，产生应激反应。然而，由矿难引发的应激强度要远远超过日常生活中其他生活事件对有机体所造成的刺激，这势必会损害有机体的调节适应机制，导致生理病理性变化，最终引发多种疾病。

第一节 心身疾病概述

一、心身疾病的概念

心身疾病（psychosomatic disease，PSD），也称为心理生理障碍（psychophysiological disorder），是一类发生、发展、转归和防治均与心理因素密切相关的心理躯体性疾病，是心理因素起到重要作用的躯体疾病。

当个体经历矿山事故时，会出现恐惧、担忧、焦虑、愤怒、悲伤、失望、绝望等心理反应，以及失眠、食欲缺乏等生理变化。所有这些反应是人对于非正常的灾难性事件的正常反应，尽管每个人的情况会有所不同，但大多数人在灾难后数月内会自行缓解。但当这些由矿山灾难性事故引发的心身反应持续存在时，便会通过有机体的中介机制导致心身疾病的发生。精神紧张能引起自主神经和内脏功能的一系列变化，这种变化具有可逆性、生理性，被称为心理生理反应（psychophysiological reaction），也称为心身反应（psychosomatic reaction）。当这些心理生理反应发生于某些具有易患倾向的个体身上时，这些变化便持续发展，形成病理性改变，即称为心身疾病。

二、心身疾病的分类

关于心身疾病的分类国内外学者观点不一,现将介绍主要的分类方式。

(一)按器官系统分类

1. 循环系统 疾病包括原发性高血压,原发性低血压,直立性低血压,冠状动脉性心脏病(冠心病,心绞痛,心肌梗死),冠状动脉痉挛,神经性心绞痛,阵发性心动过速,一过性心律不齐,心脏神经症,血管神经症,功能性期前收缩,雷诺病,二尖瓣脱垂,β受体过敏综合征,原发性心动过缓症等。

2. 呼吸系统 疾病包括支气管哮喘,过度换气综合征,神经性咳嗽,喉痉挛,心因性呼吸困难,慢性阻塞性肺疾病等。

3. 消化系统 疾病包括胃、十二指肠溃疡,急性胃黏膜病变,慢性胃炎,溃疡性结肠炎,肠易激综合征,慢性胰腺炎,贲门痉挛,弥漫性食管痉挛,神经性厌食,神经性贪食,神经性呕吐,习惯性便秘等。

4. 内分泌系统 疾病包括甲状腺功能亢进,肥胖症,糖尿病,肾性糖尿,心因性多饮症等

5. 神经系统 疾病包括紧张性头痛,偏头痛,书写痉挛,慢性疲劳综合征,面肌痉挛,自主神经功能紊乱等。

6. 泌尿生殖系统 疾病包括夜尿症,过敏性膀胱炎,心因性尿闭,阳痿,早泄,性欲低下,慢性前列腺炎等。

7. 肌肉骨骼系统 疾病包括类风湿关节炎,痉挛性斜颈,肌痛等。

8. 妇产科 疾病包括功能失调性子宫出血,痛经,继发性闭经,经前紧张综合征,功能性阴道痉挛,卵巢功能低下,老年性阴道炎,慢性附件炎,盆腔淤血,不孕症,孕产期障碍等。

9. 外科 疾病包括恶性肿瘤,器官移植后综合征,整形术后综合征,肠粘连症等。

10. 儿科 疾病包括哮喘,遗尿症,夜惊症,口吃,心因性发热等。

11. 皮肤科 疾病包括神经性皮炎,皮肤瘙痒症,慢性荨麻疹,斑秃,湿疹,日光性皮炎,血管神经性水肿,酒渣鼻,痤疮等。

12. 耳鼻喉科 疾病包括过敏性鼻炎,慢性副鼻窦炎,咽喉异感症,失音,梅尼埃病等。

13. 眼科 疾病包括中心性视网膜病,原发性青光眼,飞蚊症,眼痛等。

14. 口腔科 疾病包括口臭,特发性舌痛,颞颌关节痉挛,口腔干燥症,各种口腔炎,口腔黏膜溃疡等。

(二)按躯体病变性质分类

心身疾病分为躯体功能性病变(心身症)和躯体器质性病变(心身病)。

1. 心身症 心身症主要指由心理社会因素引起的躯体功能性改变的疾病,但患者也出现相应的躯体症状和一定程度的病理生理改变,但没有明确的器质性病变。如心脏神经症,冠状动脉痉挛,偏头痛,贲门痉挛,心因性呼吸困难,过度换气综合征等。

2. 心身病 心身病主要指由心理社会因素引起的躯体器质性病理改变的疾病,包括原发性高血压,冠心病(心绞痛、心肌梗死),甲状腺功能亢进,糖尿病,消化性溃疡,过敏性肠炎,神经性皮炎,原发性青光眼等。心身症在一定条件下能够演变成心身病,例如冠状动脉持续痉挛,造成心肌长时间供血不足,导致心肌坏死,进而导致心肌梗死。

三、心身疾病的特点

(1) 心身疾病必须具有躯体症状和相关的体征。

(2) 心身疾病的发病原因应是（或主要是）心理社会因素，或主要是社会心理因素。

(3) 心身疾病的发病与自主神经的功能有关，主要涉及自主神经系统所支配的系统或器官。

(4) 同样性质、同样强度的心理社会因素对一般人通常引起正常范围内的生理反应，而对心身疾病易感者或已经患有心身疾病的患者则可引起器质性病理改变。

(5) 心身疾病的发生与遗传和人格因素有一定的关系，不同人格特征的人更容易罹患某一"靶器官"的心身疾病。

(6) 有些患者可提供较为准确的心理社会因素的致病过程，但大部分患者并不了解心理社会因素在发病过程中的作用，但能感到某种心理因素会加重自己的病情。

四、心身疾病的流行病学特点

随着社会经济的发展、社会和家庭结构的变化、生活方式的改变和生活节奏的加快，人们的工作压力过重，人际关系过于紧张，加上因难以抗拒的自然灾害（比如矿山事故），人们经受了诸多的心理社会刺激，心身疾病发病率逐年提高。心身疾病遍及临床各科室，在世界各地的不同民族、不同社会文化背景、不同性别、不同年龄、不同职业的人群中，心身疾病也是最为常见的疾病。

1. 性别分布 从心身疾病总体发病情况来看，女性多于男性，男女发病比例约为 2∶3。但有些疾病却是男性多于女性，如消化性溃疡、支气管哮喘、冠心病等[1]。

2. 年龄分布 研究发现，儿童罹患心身疾病的概率较低，青少年期的患病率逐渐上升，到中年期达高峰。中年人的高发病率可能与他们承受更多的心理社会应激有关。中年期过后发病率稍降低，但到更年期发病率又再次上升，这可能与更年期生理功能，尤其是内分泌系统功能急剧变化有关。进入老年期的发病率逐渐减少。有研究指出，65 岁以上老人和 15 岁以下少年儿童的发病率较低[1-2]。

3. 职业分布 脑力劳动者发病率高于体力劳动者。从事危险有害工作或活动的人群发病率高于一般职业人群，如监狱看守、警务人员和飞行员心身疾病的发病率较高。国内空军某医院 13 年的统计结果显示，因消化系统疾病而停飞的飞行员占内科疾病停飞的飞行员总数的 24.1%，其中因消化性溃疡而停飞的占 38.0%，因胃肠功能紊乱而停飞的占 26.4%，因慢性胃炎而停飞的占 18.6%。另外，医护人员、教师和文艺工作者的发病率较高，牧师的发病率较低。

4. 地区分布 一般而言，城市的心身疾病发病率高于农村，工业化水平高的国家高于发展中国家。以冠心病为例，美国每年约 50 万人死于冠心病，约占美国人口的 0.25%，但尼日利亚连续 8000 例死者中仅有 6 例死于冠心病，占死亡总数的 0.75%。调查结果显示，冠心病发病率在美国、芬兰、日本、希腊等国较高，在尼日利亚较低。

第二节 心身疾病的病因与发病机制

心身疾病的病因与发病机制较为复杂，它是生物、心理、社会多种因素综合作用的结果。其中心理社会因素在心身疾病的发病中起到至关重要的作用。同样的病因作用于不同的个体，可引起相同或不相同的心身疾病。心理社会刺激作为一种信号作用于机体后，通过个体内在的加工过程，即人的认知评价体系对刺激做出反应，最终导致心身疾病的发生。这种认知评价将人的生理变化与心理（精神）变化联结在一起。心理社会因素通过影响个体的认知评价体系进而改变人的情绪反应和行为模式，并最终引起躯体的病理生理改变。因此，个人的认知评价在心身疾病的发病过程中非常重要。此外，个体的人格特征、行为方式、应对策略以及社会支持系统也能通过影响个体的认知评价而起到间接致病的作用。

一、心身疾病的病因

应激源是导致心身疾病的原因。日常生活中存在大量的应激源，接收适当强度的应激性刺激有益于身心健康，既可以提高机体的警觉水平，又能提高个体对现实生活的适应能力。但是，突发性的、强烈的应激源持续作用于机体后可导致机体对外界致病因素的抵抗力降低，容易形成对多种疾病的易感状态。正如前面的章节中所介绍的，导致心身疾病的应激源主要有躯体性应激源、心理性应激源、社会文化性应激源。

拥挤的城市、繁忙的交通、频发的车祸、紧张而复杂的人际关系、矿山灾难性事故、空难、海难、地震、战争、文化迁徙、环境污染以及职业性伤害事故等都是人类面临的、重大的社会刺激。如果这些不良的社会刺激反复作用于机体，将引起应激性情绪反应和交感神经 - 肾上腺素系统功能亢进，从而引起多种心身疾病。

二、心身疾病的发病机制

（一）心理中介机制

1. 认知评价对心身疾病的影响 认知与评价是人体重要的心理活动。认知是接受信息，评价是判断信息的性质。与躯体性疾病不同的是，认知评价对心理社会因素能否致病起决定性作用。积极的评价有利于人们的健康，它不仅不导致疾病，还可能成为激发人们奋发向上的动力。人格特征、社会支持以及对刺激的应对策略是认知评价中较为重要的影响因素。

2. 人格特征对心身疾病的影响 人格特征对心身疾病的发生、发展和转归具有重要的影响。美国著名心脏病学家弗里德曼（M. Friedman）等在研究性格与冠心病发病关系时发现，多数冠心病患者在发病前均表现出特殊的性格特征[3]。例如，做事认真、竞争性强、雄心勃勃、固执己见、急于求成、有敌意感，这种性格被称为 A 型性格。而耐心、容忍、从容不迫、不争强好胜、会安排作息则被称为 B 型性格。癌症患者常常将不愉快的体验指向自身，表现出悲观、失望、忧郁、哀伤、缺乏情感表达和情绪压抑。患者凭借各自不同的人格特征来体验疾病，并建立了对特殊刺激的反应模式，因此，一般认为人格特征能对心身疾病的产生有影响。同样的疾病发生在不同人身上，其病情表现、病程长短以及转归都可能不尽相同。同样身处险境，有人表现为自责、自罪、自伤甚至自杀等极端行为，有人则采取积极有效的行为方式。一个人的人格特征也决定着他的应对策略。通常，内向和情绪不稳定的人，其应付策略的有效性明显低于外向和情绪稳定的人。

3. 应对策略对心身疾病的影响 早年一项关于心理社会刺激应对策略有效性的研究中发现，应对策略无效将会导致身心健康水平下降；应对策略是否有效存在重要的人格结构基础；应对策略失败，将主要导致强迫、焦虑和恐惧等负性情绪的发生[4]。

4. 社会支持对心身疾病的影响　社会支持是人通过社会联系而获得他人或团体的支持，也就是个体与他人或团体的依存关系。这种依存关系不仅影响个体对生活事件的认知评价，还会改善个体面对心理和社会刺激时的适应和应对能力。例如，Read 的研究发现社会支持能降低缺血性心脏病和急性心肌梗死的发生率。

（二）生理中介机制

以往，人们将生理中介机制划分为神经、内分泌和免疫三条途径，反映了研究初期人们对心身疾病发生机制的认识。目前大量动物和人体研究资料表明，三者是一个整体。Chrousos 及 Gold 提出，自主神经系统和神经内分泌系统构成了应激综合征的"效应器"，即应激系统（stress system），而心身疾病的发病机制是个体对应激源进行认知评价，在察觉到挑战或威胁的存在之后，大脑边缘系统便唤醒应激系统，并影响（包括免疫系统在内的）各种内脏活动。如果这一系列的活动超出了个体的承受能力，便破坏了机体的稳定状态，并会导致心身疾病[3]。

1. 中枢神经系统的作用　心理活动是大脑的功能，所有心理活动均离不开以大脑皮质为中心的中枢神经系统。大脑皮质首先对传入的各种刺激信息进行认知评价，从而产生一定的情绪，而情绪又可以对机体的生理功能产生影响。如果这种反应持续而强烈，就可能引起相应的病理性改变。

情绪是大脑皮质和皮质下中枢（边缘系统、下丘脑、脑干网状结构）协调活动的产物。即情绪不仅受大脑皮质调节，还直接与边缘系统和下丘脑有关。情绪的直接中枢在边缘系统，而边缘系统与下丘脑有着广泛的神经联系。

2. 神经内分泌系统的作用　情绪活动与神经内分泌系统密切相关。长期持续的不良情绪反应和心理矛盾可以通过两条途径来产生各种躯体反应，其中下丘脑起到至关重要的作用。

首先是大脑边缘系统-下丘脑-自主神经通路。情绪的反应中枢在大脑边缘系统，边缘系统与下丘脑之间有着广泛的神经联系。长期的不良情绪致使下丘脑兴奋交感神经-肾上腺髓质系统，引起大量肾上腺素和去甲肾上腺素的释放，并出现相应的生理反应，如呼吸加快、血液循环加速、外周血管收缩、血压升高等。

其次是大脑边缘系统-下丘脑-垂体前叶-肾上腺皮质通路。下丘脑可以分泌多种激素，其中促肾上腺皮质激素释放因子能够兴奋垂体前叶-肾上腺皮质系统，使垂体前叶分泌促肾上腺皮质激素（adrenocorticotropic hormone，ACTH），ACTH 作用于肾上腺皮质，促进肾上腺皮质激素（尤其是糖皮质激素）的合成与分泌，以利于有机体产生相应的生理和行为变化。这样一来，由心理社会因素所引起的情绪反应通过上述途径转变为躯体的生理反应[1]。

3. 免疫系统的作用　免疫功能受到中枢神经系统（主要是下丘脑）的调节。紧张刺激以及情绪反应可以通过下丘脑和由下丘脑控制分泌的激素影响免疫功能，如导致胸腺退化、影响 T 细胞成熟、降低细胞免疫功能等。

第三节　矿山灾难性事故可能引发的心身疾病诊治原则

矿山灾难性事故可能引发的心身疾病在诊断时应重点考虑矿山灾难事故给患者所带来的心理冲击和影响，应对其进行广泛而全面的评估，制订切实可行的治疗原则，以保证生理、心理和社会功能三方面的相互协调，收到良好的治疗效果。

一、诊断与鉴别诊断

（一）诊断

1. 诊断程序 应重点考虑患者的心理方面，如人格特质、成长过程、生活经历以及心理社会因素引起的情绪反应等，还要考虑患者心理与躯体的交互作用，做出全面的诊断。

（1）全面采集病史：常规询问姓名、性别、年龄、婚姻状况、个人史、家族史、既往史。由于心身疾病的特殊性，其发病原因通常与幼年期的心理冲突有关，因此对患者成长经历的询问和记录要更加详细。通过诊断性晤谈尽可能详细了解患者的成长经过，当前的生活、学习和工作状况，以及个人兴趣、爱好、价值观、个人意愿、家庭、亲子关系和人际关系、生活环境中的矛盾与冲突等内容。通过这种晤谈，了解患者的心理社会刺激对心身症状的作用，同时在听取患者的主诉时应关注患者的态度、言语、表情和情绪。

（2）详细的体格检查和必要的实验室检查：心、脑、肺、肝、肾等重要器官的病变可以引起心理活动的异常，因此，应进行详细的体格检查和实验室检查，尤其应着重进行自主神经功能检查、心理生理学检查以排除其他器质性病变。

体格检查是建立在病理解剖学和病理生理学基础之上的，通过医生细致、准确地检查，可以发现疾病的客观体征。有时心身疾病的症状与体征不相符，此时医生应从心身统一的理念出发进行全面的分析以便做出正确诊断，避免漏诊和误诊。

实验室检查包括心电图检查、超声检查、X线检查、脑电图检查、电子计算机断层扫描术、磁共振成像、纤维内镜检查、皮肤电反应等。

对于某些疾病如甲状腺功能亢进、甲状腺功能低下、糖尿病、高血压、肝炎、肾功能不全等，要进行相关的实验室检查，如血压、血糖、血流变、血脂、肝功能、肾功能的检查。

（3）精神系统检查：对于查体合作的患者进行精神检查，以排除神经症和精神病。检查内容包括：

1）一般状况

a.意识状态：意识是否清晰，有何种意识障碍（包括意识障碍的水平和内容）。

b.定向力：时间、地点及人物定向能力；能否自我定向，如姓名、年龄、职业等。

c.接触情况：主动或被动，合作情况及程度，对周围环境的态度等。

d.日常生活：包括仪表（体格、体质状况、发型、装束、衣饰等）、饮食、更衣、清洁、大小便及睡眠，女性患者的经期情况，与医生或其他患者的交际情况等。

2）认知过程

a.感知觉障碍：有无感觉过敏、感觉减退现象。是否存在错觉、幻觉、感知综合障碍。如果存在应了解其种类、出现时间及频度、与其他精神症状的关系及影响。

b.注意力：是否集中，是否涣散，可能的影响因素。

c.思维障碍：是否存在思维形式的障碍，如思维迟缓、思维奔逸、病理性象征思维等；是否存在思维内容障碍，如有妄想。如果存在，了解其种类、内容、性质、出现时间、发展动态、涉及范围、是否固定或成体系、荒谬程度或现实程度，以及与其他精神症状的关系；有无强迫观念，其种类、内容、发展动态与情感意向活动的关系。

d.记忆力的改变：记忆力减退（包括瞬时记忆、短时记忆和长时记忆）或增强，有无遗忘、错构及虚构。

3）情感过程：情感反应的性质、强度、持续性以及占优势的情感等。

4）意志与行为：意志与本能活动的增强或减退，是否有兴奋、木僵和怪异的行为等。

(4) 心理学检查：包括心理测验、行为观察等方法。若要全面了解患者的人格特点，应评估心理社会因素及这些因素对患者的影响。须选择适当的心理测验对患者进行评估。

行为观察的方法多适用于幼儿和儿童。观察应具备科学性和系统性，善于从患者的言语、行为举止方面发现他们的内心状态。这种观察法有时比直接询问更客观、更有效。

(5) 做出心身诊断：根据上述过程收集到的资料和心理测验的结果，对患者是否患有心身疾病、所患心身疾病的种类，心理社会因素对疾病的作用以及二者的相互关系进行综合性分析后，做出心身疾病的诊断。

2. 诊断要点　心身疾病与一般躯体性疾病的主要区别在于病因的不同。尽管心身疾病和躯体性疾病都出现躯体症状，具有明确的器质性病理过程和病理改变，但心身疾病主要是心理因素在疾病的发生、发展、治疗、康复过程中起重要作用。因此，心身疾病的诊断应着重考虑以下几点：

(1) 确实存在影响疾病发生、发展、治疗、转归的心理社会因素；

(2) 这些心理社会因素与躯体疾病的发生在时间上关系密切；

(3) 病情的变化与心理社会因素有直接或间接的关系，发病与情绪障碍有关；

(4) 一定的人格基础对某些疾病具有易感性；

(5) 同一个体可同时存在几种疾病；

(6) 常有相同或类似的家族史；

(7) 疾病常有缓解和复发的倾向；

(8) 心身疾病与神经症、精神疾病不同，心身疾病具有明确的躯体症状和病理改变，而神经症和精神疾病的躯体症状不明确，并且不具有持久的躯体损伤。

(二) 鉴别诊断

心身疾病必须与下述常见精神疾病进行鉴别诊断。

1. 神经症　神经症（neurosis）是一组非精神病性功能性障碍的总称，患者深感痛苦且心理功能或社会功能受到妨碍，但没有任何可证实的器质性病变基础。病程大多持续迁延或呈发作性。症状复杂多样，其典型体验是患者感到不能控制地自认为应该加以控制的心理活动，如焦虑、恐怖、强迫和躯体症状等。神经症是可逆的，外因压力大时加重，反之症状减轻或消失。患者自知力完好。

2. 器质性精神障碍　器质性精神障碍（organic mental disorder）是基于可证实的大脑疾病、脑损伤或其他损伤为病因的一组精神障碍。其发生、发展并无明显的心理社会因素，以此与心身疾病相鉴别。

3. 应激相关精神障碍　应激相关精神障碍（stress related disorder），曾称反应性精神障碍或心因性精神障碍，是指主要由心理社会因素引起异常心理反应而导致的一组精神障碍。通常与心理创伤、重大灾难和生活事件有关。分为急性应激障碍、创伤后应激障碍和适应性障碍三种常见类型。症状短暂或为一过性，预后较好。

二、治疗原则

心身疾病是一组发病、发展、转归和治疗都与心理社会因素密切相关的躯体疾病。对心身疾病的治疗要遵循心身同治的基本原则。根据病程的不同时期和主要矛盾确定治疗的主次。一方面要采取有效的躯体治疗，以解除症状、促进康复，如对溃疡病患者制酸，对高血压病患者降压，对支气管哮喘患者支气管扩张剂治疗等。另一方面，如果需要持久的疗效，减少复发，则须在心理和社会水平上加以干预和治疗。

具体治疗原则为：急性发病同时躯体症状严重的患者，应以躯体对症治疗为主，并辅以心理治疗。以心理症状为主、躯体症状次之，或者虽然以躯体症状为主，但已呈慢性经过的心身疾病患者，则可在实施常规躯体治疗的同时，着重进行心理治疗。

应根据不同疾病种类，不同治疗目标而有针对性地选择心身疾病的心理干预手段，目的在于影响患者的人格、应对方式和情绪，以减轻因过度紧张而引起的异常生理反应。支持疗法、精神分析疗法、放松训练、生物反馈、认知疗法、行为疗法、森田疗法、暗示或催眠疗法以及家庭疗法和集体疗法等都可以使用。

对于矿山灾难性事故所导致的心身疾病，首先应消除其致病的心理社会因素，通过改善患者的认识水平，提高对应激的应对能力。通过心理支持、放松训练、认知疗法或催眠疗法等，使患者对经历的矿山灾难性事故认识上有所改变，能够坦然面对，由此减轻焦虑，同时在药物的协同作用下，缓解心身疾病的发作。也可以长期运用松弛训练或生物反馈疗法，直接改变患者的生物学过程，减轻生理反应，如降血压、缓解心律失常、改善头痛，以促进疾病的康复。

第四节　矿山灾难性事故可能引发的心身疾病

矿山灾难性事故对事故经历者的影响是巨大的，同时也是长期的。这些影响不仅表现在心理方面，同时表现在对生理功能的影响。部分事故经历者可能会出现循环系统、消化系统、内分泌系统、生殖系统、口腔及耳鼻喉方面的心身疾病。因此，作为心理援救工作者应对此有所了解。当经历了矿山灾难性事故的人出现一些躯体性疾病时要想到其患有心身疾病的可能，进而协助其寻求医学和心理学的帮助。

一、原发性高血压

（一）发病原因

高血压是以体循环动脉压增高为主要临床表现的综合征。在高血压患者中，有95%以上的患者的病因不明，称之为原发性高血压（primary hypertension）。这是一种最早确认的心身疾病。众所周知，原发性高血压的发病与高钠饮食、肥胖、吸烟、遗传和心理社会因素有关。

首先，矿山作业所带来的职业紧张感与高血压的发生关系密切[5]。其次，矿山灾难性事故和其他的负性应激性事件一样，可以引起患者内心矛盾和情绪紧张（如焦虑、恐惧、愤怒、抑郁、敌意等）。紧张的情绪可通过中枢神经系统引起大脑皮质、丘脑和交感神经系统的激活，产生血管系统的神经调节，使心排血量、外周阻力、肾上腺皮质和髓质功能发生变化，导致血压升高。初期时，血压升高只是在精神紧张、情绪波动后暂时性、阵发性地反复波动。如果情绪因素持续存在，则血压升高逐渐趋于明显且持久，并最终将导致高血压病。例如，世代居住在非洲的黑种人很少患高血压病，而生活在美国北方大城市的黑种人则由于城市人口密度大，社会经济条件差，暴力事件多，犯罪率、迁居率、离婚率高，因而更易患高血压病。

矿山灾难性事故可以使事故经历者长期处于紧张、恐惧、愤怒、忧虑的情绪状态之中，这种情绪反应常常导致机体血压持续升高。通过众多高血压与情绪因素之间的关系研究，得出相同的结论，即情绪对血压的影响非常显著。例如，让一群大白鼠生活在同一个缺少食物的笼子里，结果它们都为了争夺食物相互厮打而患上高血压病。又有一个动物实验显示，当关在笼子里的狒狒"王"亲眼看着自己的"下属"不顾它的威风毫无顾忌地进食和活动时,就会气得暴跳如雷,经常的暴怒最终使它患上高血压病。1971 年 Hokanson 等研究发现,在激怒的受试者中,那些必须压抑敌意而不允许发泄愤怒的人比允许发泄愤怒的人血压更高。从人格特征上来看,高血压患者多具有过分拘谨和好胜心强的特征,时间紧迫感较强,对现状常常不满,易冲动,责备抱怨。也有的患者敏感多疑、胆小自卑、情感压抑、缺乏安全感。这些性格特点促使他们更容易产生焦虑和愤怒的情绪,血压变化频繁,久而久之便形成高血压病。

(二)临床表现及诊断标准

1. 临床表现 按起病缓急和病程进展,可将高血压分为缓进型和急进型。绝大多数患者(95%~99%)属于缓进型高血压,多见于中、老年人,起病隐匿,进展缓慢,病程长达十多年甚至数十年,初期症状很少,多于查体时偶然发现。也有部分患者直到出现高血压严重并发症以及器官(心、脑、肾、眼底)功能性或器质性损害时才发现。血压增高时患者感到头痛、头晕、眼花、视力模糊、恶心、呕吐、耳鸣、烦躁、呼吸加快、胸闷、心悸、失眠、乏力、注意力不集中、抽搐、昏迷、失语、一过性偏瘫等。有些患者并发焦虑、抑郁症状。

另有约 1% 患者属于急进型高血压,也称恶性高血压,可急性起病,也可由缓进型高血压突然转变而来。急进型高血压可发生于任何年龄段,尤以 30~40 岁为最多见。发病时血压明显升高,舒张压多在 130 mmHg 以上,伴有口渴、多尿、乏力等症状。眼底有视网膜出血及渗出,双侧视神经盘水肿,视力迅速减退,迅速出现血尿、蛋白尿和肾功能不全等症状。高血压危象和高血压脑病时,病程进展迅速并多死于尿毒症。

2. 诊断标准

2018 年《中国高血压防治指南》提出了诊断标准(表 3-1)[6]。

表 3-1 2018 年《中国高血压防治指南》对高血压的诊断标准

分类	收缩压(mmHg)	舒张压(mmHg)
正常血压	< 120	< 80
正常高值	130~139 和(或)	80~89
高血压	≥ 140 和(或)	≥ 90
1 级高血压("轻度")	140~159 和(或)	90~99
2 级高血压("中度")	160~179 和(或)	100~109
3 级高血压("重度")	≥ 180 和(或)	≥ 110
单纯收缩期高血压	≥ 140 和	< 90

注:当收缩压与舒张压分属于不同级别时,以较高的分级为准

(三)治疗

高血压治疗主要目标是最大限度地降低心脑血管病致死和致残的危险。在治疗高血压的同时须干预患者所有可逆性心血管危险因素(如糖尿病、高胆固醇血症、吸烟、超重)、亚临床靶器官损伤以及各种并存的临床疾病,有效控制疾病进程,预防高血压急症、亚急症等重症高血压发生。

降压目标:一般患者的血压应控制在 140/90 mmHg(收缩压/舒张压)以下;65 岁及以上的老年人收缩压应控制在 150 mmHg 以下,对于能耐受者还可进一步降低;伴有糖尿病,肾疾病以及病情稳定的脑血管病或冠心病的高血压患者应采取个体化治疗方案,可将血压降至 130/80 mmHg 以下。

1. 生活方式治疗 生活方式治疗适用于所有高血压患者(包括使用降压药物的患者)。改善不良

生活和行为方式，不仅有利于预防或延缓高血压的发生，还可以提高降压药物的疗效。患者应控制体重，增加运动，减少钠盐和脂肪摄入，补充钙和钾盐、戒烟、限酒、减轻精神压力，保持心态平和。

2. 药物治疗 降压药物治疗应严格遵循如下4项原则：小剂量开始、优先选择长效制剂，联合用药及个体化治疗。临床常用药物包括钙通道阻滞剂、血管紧张素转化酶抑制剂（angiotensin converting enzyme inhibitors，ACEI）、血管紧张素Ⅱ受体阻滞剂（angiotensin receptor blocker，ARB）、利尿剂和β-受体阻滞剂五类。

合并焦虑、抑郁患者可根据病情给予抗焦虑和抗抑郁药物。

3. 心理治疗 许多高血压病患者经常感到自己的病不能痊愈，且由于脑梗死、脑出血等并发症的发病率逐渐增高，他们经常产生对疾病的恐惧感。另外，疾病也可能影响患者的社会和家庭职能，使其产生自卑和绝望的感觉，这种心理反过来又可加重高血压的病情和进程，形成恶性循环。因此，在高血压的治疗过程中及时纠正患者的不良认知、对患者的不良情绪进行疏导、缓解其心理压力具有十分重要的意义。辅助心理治疗可以提高药物治疗的疗效，长期把血压控制在一个平稳状态下。

（1）认知疗法：帮助患者正确认识疾病的发生和发展过程，培养宽容的态度，改善暴躁易怒的性格，确定自己的生活目标，善于发现生活的乐趣，积极主动地配合医生治疗。

（2）放松疗法：自我放松是降低血压水平的有效方法，适合于情绪易于激动、焦虑、烦躁和恐惧的患者，如渐进式放松。

Stone等和Norton等曾分别提出放松疗法本身就能使血压下降。实验证明经过3～6个月的放松训练，部分高血压患者体内肾素-血管紧张素-醛固酮系统作用减弱，患者的交感神经紧张减弱，以致血压下降[3]。

（3）音乐疗法：欣赏舒缓的音乐能够净化心灵、陶冶情操、振奋精神，可以有效改善患者的紧张、焦虑、抑郁、压抑和敌对的情绪，有利于血压的调节。

（4）生物反馈疗法：可以作为轻、中度高血压治疗的首选方法，是中、重度高血压治疗的一种辅助手段。利用生物反馈仪将人体肌电、皮肤温度、心率、血压、脑电图等生物学信息进行处理后，以视觉或听觉的方式呈现给患者，通过训练使患者认识这些信号并学会有意识地控制自己的生理和心理活动，以达到调节机体功能的目的。

催眠暗示的方法也可调节血压，被催眠者表现愉快时其血压可下降20 mmHg，脉搏每分钟减少8次，而被催眠者在暗示愤怒时其血压可升高10 mmHg，脉搏由65次/分增加到120次/分。

二、应激性血管功能障碍

（一）冠状动脉粥样硬化性心脏病

冠状动脉粥样硬化性心脏病（coronary atherosclerotic heart disease，CAHD），简称"冠心病"，是当今严重危害人类健康的内科心身疾病之一。主要指心脏冠状动脉在血压、血脂和血糖水平异常以及吸烟等危险因素的影响下发生粥样硬化，使心肌的供氧量和需氧量失去平衡而引起心肌缺血、缺氧的症候群，临床上主要表现为胸闷、胸痛，亦可称为缺血性心脏病（ischemic heart disease，IHD）。

1. 病因 研究显示冠心病的发生和发展与多种因素有关，如遗传、高血压、高血脂、肥胖、缺少活动、吸烟、A型行为、人际关系不和谐以及焦虑、抑郁情绪等，这些因素被称为冠心病危险因子（risk factor），涉及生物、心理、社会及行为范畴。

个体的情绪变化与冠心病的发生和发展关系密切。当矿山灾难性事故发生时，过度的情绪反应可引起交感神经兴奋，血中肾素和血管紧张素水平增高，心率加快，血压升高，增加心肌耗氧量，加重心肌缺血。

2. 临床表现 冠心病多发于 45 岁以上的男性以及 55 岁以上或者绝经后的女性。当一个年龄较大、存在多种冠心病危险因素的患者出现下列临床表现时，须高度怀疑冠心病。具体如下：胸骨后疼痛，性质为烧灼样或压榨性，可向下颌、左上肢、左肩等部位放射，持续时间为 1～5 min，不超过 15 min，多由寒冷、劳累或饱餐诱发，休息及舌下含服硝酸酯类药物可缓解。

此外，患者多伴有焦虑、烦躁、失眠及抑郁的症状，其中冠心病与抑郁症有着密切的关联。冠心病患者中抑郁症的发病率较高，抑郁症是冠心病发展和预后的独立危险因素。尤其是老年冠心病患者，其伴发抑郁的概率高于老年非冠心病患者。与健康人相比，抑郁症患者患有冠心病的相对危险系数为 1.5～4.4，冠心病患者患有抑郁症的相对危险系数为 1.76～2.38，这些证据表明抑郁症在冠心病患者中的发病率明显高于普通人群[7]。对于已经罹患冠心病的患者而言，伴发抑郁症患者预后不良。

3. 治疗

（1）药物治疗：对于冠心病的防治，目前采用"ABCDE"五原则：

A：血管紧张素转化酶抑制剂（ACEI）、阿司匹林（aspirin）与血管紧张素 Ⅱ 受体拮抗剂（ARB）。

B：β- 受体阻滞药（β-blocker）、控制血压（blood pressure control）与控制体重指数（BMI control）。使 BMI 维持在 18.5～24.9，男性腰围＜90 cm，女性腰围＜85 cm，可有效预防冠心病。

C：戒烟（cigarette quitting）、降胆固醇（cholesterol-lowering）与中成药（Chinese medicine）。中成药具有降血脂、降血液黏度、改善微循环、抗氧化、改善内皮功能等多种有益作用，对于预防冠心病有确切效果。

D：合理饮食（diet）、控制糖尿病（diabetes control）与适当补充复合维生素（decavitamin），主要包括 B 族维生素和叶酸。

E：运动（exercise）、教育（education）与情绪（emotion）。开展健康教育对心血管病的预防和治疗有非常重要的作用。

冠心病伴发抑郁状态或抑郁症的患者可同时使用选择性五羟色胺再摄取抑制剂（selective serotonin reuptake inhibitors，SSRIs）类药物，如氟西汀（百忧解）、帕罗西汀（赛乐特）、舍曲林（左乐复）等。

（2）心理治疗：在冠心病不同临床阶段，均可采用支持性心理治疗的方法向患者及其家属说明疾病发生的原因，使患者对疾病形成正确的认识，消除焦虑和烦躁的情绪，增强战胜疾病的信念和决心。

（二）心律失常

1. 概述 心律失常（cardiac arrhythmia，CA）指心律起源部位、心搏频率与节律以及冲动传导速度和激动次序的异常。

正常心律起源于窦房结，成人频率为 60～100 次 / 分，且心跳规则。窦房结冲动经正常房室传导系统依次激动心房和心室，传导时间恒定，成人为 0.12～0.21 s；冲动经束支及其分支以及浦肯野纤维到达心室肌的传导时间也恒定，时间为＜0.10 s。

心脏传导系统受交感和副交感神经双重支配，交感神经与副交感神经作用相反。迷走神经兴奋能抑制窦房结的自律性和传导性，延长窦房结及周围组织的不应期；减慢房室结的传导，延长其不应期。

矿山作业及矿山灾难性事故所引起的不良情绪变化，如紧张、焦虑、恐惧、愤怒可以引起早搏、窦性心动过速、阵发性室上性心动过速、阵发性心房颤动、房室传导阻滞和窦房传导阻滞。当情绪恢复平静后，各种心律失常的症状可以消失或好转。

2. 临床表现　根据心律失常发生的部位不同，其临床表现亦不同，一般可表现为无症状或头晕、乏力、心悸、胸闷、心绞痛、气短、呼吸困难、血压低、抽搐。临床上最常见的主诉是"心悸"，即自觉心中悸动，甚至不能自主的一类症状。发作时患者自觉心跳快而强、沉重，并伴有心前区不适感。期前收缩患者可将心悸描述为心跳停顿感、咽颈部阻塞感或胸部撞击感。心房颤动、心房扑动、心室颤动患者可表现为心绞痛、心力衰竭、意识丧失、抽搐、呼吸停止甚至死亡等严重症状。

临床查体可发现心率过快（大于 100 次 / 分）或过慢（小于 60 次 / 分），心律不齐，第一心音强弱不等（"大炮音"），闻及心房音，心音分裂，颈静脉搏动与心脏搏动可不一致，偶可见"大炮波"等。

3. 治疗

（1）药物治疗：对于心身疾病引起的心律失常一般为功能性的，可以给予抗焦虑药物及 β- 受体阻滞剂来消除紧张和焦虑，对降低交感神经兴奋性具有很好的作用，能有效促进疾病的康复。伴有器质性心脏病的患者可以根据心律失常的类型和发作的特点选用抗心律失常药物。

（2）心理治疗：医生应从患者的现病史、既往史、家族史及其人格特征、社会关系和社会活动等诸多方面入手来寻找疾病的病因和诱因，并对患者进行及时的心理疏导，帮助其改善不良的行为方式，消除不良的情绪反应，养成良好的生活习惯，提高对疾病的认识，树立正确的战胜疾病的信念。此外，生物反馈疗法和放松训练对治疗心律失常有一定的疗效。Engel 治疗室性期前收缩患者时使用了生物反馈疗法[8]。第一阶段，他让患者做增加或减慢心率的训练。反馈有两种形式，一种利用黄灯显示患者的心率是增加或是减慢，并用这种信息学会增加心率；另一种利用仪表显示患者执行指定任务的情况。如果患者能够正确执行任务（如使心率增加），仪表便开动，相反则仪表停止。第二阶段，他让患者寻找心律变化与临床表现有关的经验。如果发生一个期前收缩则在仪表上显示心率（红灯亮起），紧接着期前收缩后有一个停顿，仪表上则显示心率慢（绿灯亮起）。这种红灯先亮绿灯后亮的情况出现时，患者就会立即觉察出现了一次期前收缩。如果患者能够学会使心率保持在一定的范围内（即控制红灯和绿灯的工作）就可以使期前收缩减少。1971 年 Engel 曾采用随意控制法训练了 8 例室性期前收缩患者，其中的 4 例有效控制了期前收缩的发生，且 1 年后随访仍能保持疗效[3]。后来他用生物反馈的方法对其他类型的心律失常如窦性心动过速、室上性心动过速、心房颤动、预激综合征以及Ⅲ度房室传导阻滞等进行治疗，结果均取得满意的疗效。

【专栏 3-1】

五招缓解心动过速

心动过速可以分为生理性心动过速和病理性心动过速。情绪激动、饮酒、跑步以及重体力劳动时的心率加快称为"生理性心动过速"；高热、出血、贫血、疼痛、甲状腺功能亢进、缺氧、心力衰竭以及心肌病等疾病引起心动过速，则称为"病理性心动过速"，其又可分为窦性心动过速和阵发性室上性心动过速。无心脏病者心动过速一般无重大影响，但发作时间长，心率在 200 次 / 分以上时，因血压下降，患者可出现眼前发黑、头晕、乏力和恶心、呕吐，甚至突然昏厥、休克。冠心病患者若出现心动过速，往往会诱发心绞痛。

突发心动过速时，常常由于情绪紧张会加重症状。可利用以下方法来缓解症状：

1. 呼吸憋气法：深吸气后憋住气，直至不能坚持屏气为止，然后用力做呼气动作。
2. 刺激咽喉法：用手指或压舌板刺激咽喉部，引起恶心、呕吐，可起到终止发作的作用。
3. 压迫眼球法：闭眼向下看，用手指在眼眶下压迫眼球上部，先压右眼，同时摸脉搏数心率，一旦心动过速停止，立即停止压迫。切勿用力过大。
4. 压迫颈动脉窦法：患者取平卧位，家属帮助压迫一侧颈动脉窦（在甲状腺软骨水平，颈动脉搏动处压向颈椎），每次10～20 s，无效时换另一侧。压迫时动作宜轻巧，不宜用力过猛，同时应摸脉搏以监测心率。
5. 潜水反射法：可强烈兴奋迷走神经，对小婴儿更为有效。用5℃左右的冰水浸湿毛巾或冰水袋敷整个面部，每次10～15 s，一次无效时可每隔3～5 min再试1次。

对成年人可取坐位，前方桌上放一盆低于5℃的冰水。嘱患者深吸气后屏气，立即将面部浸入冰水中，持续30 s左右，无效者休息数分钟后可重复。对不易控制的成年人阵发性室上性心动过速时常能奏效。

（文献来源：http：//120.39.net/0711/27/176724.html）

（三）脑血管病

1. 概述 脑血管病（cerebral vascular disease，CVD）指各种血管源性病因所导致的脑部疾病的总称。该病是由于脑血管破裂出血或血栓形成，以致脑部出血性或缺血性损伤，又称脑卒中、脑血管意外或脑中风。常见的类型有短暂性脑缺血发作（transient ischemic attack，TIA）、脑血栓形成、脑栓塞、蛛网膜下腔出血、脑出血。

长期从事矿山作业的人们由于日常承受更大的精神压力，尤其是在经历矿山灾难性事故后，常常引发紧张和焦虑的情绪。这些消极的情绪和在工作中遇到的意外伤害及人际矛盾所造成的心理冲突均是脑血管病的不利因素。此外，工作的压力往往导致他们形成不良的生活习惯，如酗酒。长期大量饮酒可以导致脑动脉硬化和颈动脉粥样硬化，最终导致脑血管病。有研究发现，矿工饮酒率极高，酗酒情况严重，每日饮酒的矿工人数占52.2%，平均每人每日饮白酒235 g，持续6～7年。这些矿工心身健康状况极差，呼吸、消化和神经系统等均有一定程度的损伤[9]。

2. 临床表现

（1）一般表现：脑血管病因病变部位、范围和性质不同，其临床表现也大有不同，可表现为头痛（蛛网膜下腔出血的典型症状）、头晕、恶心、呕吐（脑血管病的常见症状，特别是出血性脑血管病）、意识障碍（以脑出血多见）、视物不清、偏盲、偏瘫、感觉障碍、失语等。

（2）心境障碍：脑血管病与抑郁障碍之间关系极为密切。卒中后抑郁（post-stroke depression，DPS）是脑卒中常见的并发症之一，主要表现为焦虑、兴趣减退、情绪低落、郁闷忧伤、睡眠障碍、早醒、体重减轻，是对失望、丧失或者失败所产生的一种正常或异常的负性情绪反应，是目前阻碍脑卒中患者神经功能及日常生活能力恢复的重要因素。DPS不仅使神经功能缺损恢复时间延长、患者生活质量下降，还可以使死亡率增加。

与DPS相比而言，脑血管病后的躁狂比较少见，Robinson等于1988年报道急性脑血管病后发生躁狂障碍的患者不到1%[10]，其临床表现与没有脑器质性病变的躁狂患者的临床表现差异不显著，表现为情绪高涨、思维奔逸、精神运动性兴奋、行为轻率、自我感觉良好、睡眠减少等。

3. 治疗原则 一般以预防为主。消除脑血管病的各种危险因素，积极锻炼，保持正常体重，合理饮食，戒烟戒酒，劳逸结合，减少情绪波动。

根据脑血管病变部位和临床症状采用药物及手术的形式对症治疗，对并发抑郁障碍的患者给予抗抑郁药物。

由于该疾病具有高发病率和致死率，因此应向患者及其家属进行心理治疗，让他们了解疾病的病因、性质、特点和治疗等，积极和正确地看待疾病，并配合治疗。消除患者顾虑，建立对治疗的信心。

三、应激性消化道功能障碍

胃肠道是最能表现人体情绪的器官之一。目前，器质性病变如消化性溃疡（peptic ulcer，PU）和溃疡性结肠炎（ulcerative colitis，UC）等的心身关系研究已相当成熟。

（一）消化性溃疡

消化性溃疡（peptic ulcer，PU）包括胃、十二指肠溃疡。消化性溃疡病（peptic ulcer disease，PUD）是指多种因素引起的胃、十二指肠黏膜局部缺损，深度超过黏膜肌层，达黏膜下层，治愈后形成瘢痕。

其临床表现为腹痛、恶心和呕吐、食欲缺乏、胃灼热、嗳气、反胃。其临床体征为38%～90%的患者上腹部有压痛，直接压迫到活动性溃疡产生内脏性压痛；因局限溃疡穿孔或侵入浆膜而产生反射性压痛，伴有腹肌紧张。其他体征如贫血、消瘦等无特异性，出现并发症时可查及相应体征。

心理应激如失意、丧亲、离异、自然灾害、矿山事故、战争动乱等已被证实可促进消化性溃疡的发生。例如，矿难发生时期在矿山灾难性事故的经历者中消化性溃疡的发病率明显增高，无疑与事故带来的紧张、恐惧、苦难、严重精神创伤有关。

负性情绪和强烈的精神刺激作用于大脑皮质并使之兴奋，如果兴奋过度便转为超限抑制，从而导致皮质下中枢功能失调，自主神经的控制中心"视球下部"紧张性增高，继而发生功能紊乱和异常。起初为交感神经兴奋，致胃黏膜下小动脉、毛细血管前括约肌痉挛、收缩、动脉-静脉吻合支开放，黏膜血供减少；同时，黏液细胞分泌功能降低，胃液分泌增加，胃酸、胃蛋白酶原分泌增多，这样一来胃黏膜防御功能削弱而侵袭因子增加，若长期存在，常可促使消化性溃疡发生。

药物治疗在消除消化性溃疡的症状、促进溃疡愈合和防止并发症方面效果明显，但对复发问题尚不令人满意。虽然多数患者有较长的稳定期，但患者害怕复发，长期存在害怕癌变的心理压力，而且这种压力又会影响消化性溃疡的稳定和愈合，因此，切实有效的心理治疗对防止病情恶化，预防消化性溃疡复发至关重要[11]。

（二）肠易激综合征

肠易激综合征（irritable bowel syndrome，IBS）是临床上最常见的一种肠道运动功能性疾病，具有特殊的病理生理基础和独立性的肠功能紊乱。

1. 临床表现 患者以20～40岁中青年多见，女性居多，男女比例约为1∶2。其特征为整个肠道对刺激的生理反应过度或反常，而肠道壁并无器质性病变。表现为腹痛、腹泻或便秘、或腹泻与便秘交替发作，有时粪中带有大量黏液。患者大便习惯改变，呈渐进性，病程迁延不愈，症状长期困扰患者并严重影响其生活质量，给患者造成极大的经济和心理负担。

这种腹痛部位多不确定，以下腹和左下腹多见，可以移动，排便、排气后多缓解，无进行性加重，睡眠后无症状。患者可有急迫便意或排便不尽感。腹泻常为少量不成形便，有黏液但无脓血。有部分患者腹泻与便秘交替出现。也有患者伴有明显的焦虑、抑郁、失眠等症状。查体多无阳性体征，无固定压痛。有时患者因在左下腹触及"肿块"样物而感到紧张。实质上，这种"肿块"多为痉挛的肠管。本病由于缺乏特异性生化指标和查体所见，常常导致患者反复就医。约50%的患者出现消化道外症状，伴有尿急、尿频，甚至有些患者可出现阳痿、性交痛等性功能障碍表现。

负性生活事件是导致本病发生及恶化的重要因素，通常在某种人格特征基础上起作用。如矿山灾难性事故、各种纠纷、家庭关系及人际关系紧张、工作压力大、过度劳累、生活困难、亲子关系不和、婚姻危机等。目前可以证实的是IBS的发作和加剧与心理、精神因素关系密切。矿山灾难性事故导致的对外界各种反应过度敏感，严重的紧张、心烦、焦躁、激动、易激惹、恐惧和抑郁等情绪均影响自主神经功能调节，从而引起结肠运动与分泌功能障碍。国内有报告显示因情绪紧张等因素诱发的IBS占45%，国外则有研究显示此比例高达80%。由于心理因素在发病过程中起重要作用，因此IBS早期被称为"胃肠神经官能症"（胃肠神经症）。

2. 心理和行为治疗 症状严重和顽固的、经过一般药物治疗效果不佳的IBS患者应辅以心理行为治疗。对于伴有明显精神症状者，可适量给予抗抑郁药。心理干预的目标是缓解患者的思想顾虑，帮助患者形成良好的应对方式，树立信心。常用方法有以下几种：

（1）认知行为疗法：改变患者对疾病和症状的错误信念，帮助其树立恰当的、合理的信念，鼓励患者改变行为。通过治疗使患者正确认识紧张性刺激及观念与痛苦体验之间的关系。训练患者识别并改正与疼痛有关的错误认知，帮助其进行正确认知观念的重组。改变患者与疼痛有关的行为，例如，有些患者因避免在外面排便而不愿出门，不使用公共厕所。通常认知疗法与行为矫正结合运用效果较好，也可以使用放松疗法缓解紧张。

（2）人际疗法：很多IBS患者经历过工作、家庭、生活和社会环境等应激性事件，这些事件带来的不适与障碍常常与其肠道的紊乱症状相关，进一步造成患者的苦恼、不适以及人际关系恶化。因此，人际疗法的目的在于帮助患者识别人际关系中的问题并理解这些问题对胃肠功能紊乱的影响，从而帮助患者通过解决这些人际关系问题来改善肠道的功能状态。

此外，催眠疗法也能减轻IBS的症状和改善患者的生活质量。通过催眠，患者的肠道运动可以明显得到抑制，并降低焦虑，正性认知增强。生物反馈疗法对于治疗IBS也有一定的疗效。

（三）贲门失弛缓症

食管失弛缓症（esophageal achalasia）亦称为贲门痉挛，是由于食管贲门部的神经肌肉功能障碍所致的食管功能性疾病。主要特征为食管缺乏动力，蠕动减少，食管下端括约肌高压和对吞咽动作的松弛反应减弱。临床表现为吞咽困难、食物反流或呕吐、胸骨后疼痛以及由于食物反流误吸入气管所致的咳嗽、吸入性肺炎等症状。有些患者出现体重减轻、贫血、食管炎导致出血、食管压迫所致声音嘶哑等症状。本病多见于20～50岁的青壮年，其他年龄段也可发病，男女发病比例大致相同，病程较长。病程长且病情严重者可并发食管癌。

关于贲门失弛缓症的病因至今不明。矿山灾难性事故所致的精神应激可以诱发或加重病情。诊断该病应结合临床症状及X线、食管测压等检查来排除食管其他疾病所致的吞咽困难。本病的治疗除对症治疗、食管扩张术以及手术治疗外，还应辅助心理疗法，消除患者的紧张情绪。对有明显抑郁和焦虑障碍者可给予抗抑郁、抗焦虑药物。

四、应激性内分泌功能障碍

（一）糖尿病

糖尿病（diabetes mellitus，DM）是由于胰岛素分泌和（或）作用缺陷所引起的一组以慢性、长期血糖水平增高为特征的代谢性疾病。长期的碳水化合物、蛋白质、脂肪代谢紊乱引起多系统损害，如眼、神经、心脏、血管、肾等组织的慢性进行性病变、功能减退以及衰竭；当应激及病情严重时可发生急性代谢紊乱，表现为糖尿病高渗性昏迷和糖尿病酮症酸中毒（diabetic ketoacidosis，DKA）等。有研究显示煤矿工人糖尿病的发生率高于普通群众，这与矿工长期处于偏僻矿山地域、工作环境较差、劳动强度较大、生活习惯不良以及自身体质弱和免疫力差有关[12]。患者以2型糖尿病为主，这主要是由社会经济水平提高、人口老龄化和生活方式所造成的。糖尿病的高患病率给社会、经济和家庭均带来了沉重的负担。

1. 发病因素 糖尿病的病因和发病机制尚未完全明确。该病不是单一疾病，而是多种病因引起的一类综合征，与生理、遗传、环境、心理社会因素均关系密切。许多基因与糖尿病易感性有关联[13]。少数患者单基因突变，大多数患者多基因遗传。由于每个基因在糖代谢的过程中所起的作用不一样，因此，其在糖尿病发病中的作用也不尽相同。但目前已发现的糖尿病易感基因并不能详尽解释疾病发生的全部原因，但可以体现糖尿病症候群的不同。

张韬玉指出生活方式的改变在胰岛素抵抗的形成过程中所起的作用比基因的作用还要大。这种改变主要表现为饮食结构的改变、烟酒过度、运动减少和体重增加。当个体长期处于高胰岛素水平时（如饮食中含有过多的精制糖），可能导致机体细胞胰岛素识别系统的功能丧失。这样一来胰岛素不再发挥将糖类转移至细胞内储存起来的功能。此时，机体会陷入高血糖水平的恶性循环。

糖尿病患者往往具有如下人格特征：缺乏自主性，不易冲动，侵略性较低，需要更多的社会交往，较少公开自己和自我批评。我国学者研究发现糖尿病患者缺乏对压力和紧张的忍耐性，容易过分掩饰自我，善于使用压抑和否认的应付方式，过分关注身体健康，经常感到不愉快，以自我为中心，做事优柔寡断、被动、不自信，这些人格特点被称为"糖尿病人格"[14]。负性生活事件（矿山作业及矿山灾难性事故、离婚、家庭关系不和谐、家庭成员患病、贫困、缺乏社会支持、歧视等）以及由此导致的负性情绪（愤怒、焦虑、紧张、抑郁等）可使血糖水平升高，诱发或加重糖尿病[15]。

2. 临床表现

（1）代谢紊乱症候群：主要表现为"三多一少"症状，即多食、多饮、多尿和体重减轻；也可表现为皮肤瘙痒，尤其是外阴瘙痒的症状。许多患者无自觉症状，仅于查体或因其他疾病就医时发现。

（2）并发症：常见的并发症有糖尿病酮症酸中毒、糖尿病高渗性昏迷、糖尿病乳酸性酸中毒和各种感染症状，如体癣、甲癣、足癣及疖、痈等化脓性感染，严重时可造成败血症、坏疽（糖尿病足病）等；还可并发肺结核、肾盂肾炎、膀胱炎、胆囊炎、胆管炎、胆石症、牙周炎、牙龈溢脓及鼻窦炎等。糖尿病可引起各种眼部疾病，如角膜溃疡、青光眼、玻璃体积血、视神经病变，尤以视网膜病变最为常见。糖尿病视网膜病变的患病率，随糖尿病病程发展而有所不同。糖尿病还可并发心脏病和脑病。心血管并发症是引起糖尿病患者死亡的首要病因，脑部并发症即为糖尿病引起的认知障碍和大脑的神经生理及结构改变。

（3）心理表现：患者可表现为倦怠无力、失眠烦闷、敏感多疑、忧心忡忡、焦虑、抑郁、愤怒、恐惧、悲观、失望、回避、拒绝、认知障碍（注意力不集中、记忆力减退）等。其中最常见的为焦虑和抑郁症状[16]。

3. 诊断 除符合糖尿病的临床诊断标准外，还可以进行心理学晤谈，并做如下心理学评估。使用症状自评量表（symptom check list 90，SCL-90）了解患者的身心状况，使用抑郁自评量表（self-rating depression scale，SDS）、焦虑自评量表（self-rating anxiety scale，SAS）了解患者的抑郁或焦虑状态，运用人格测验［如艾森克人格问卷（Eysenck personality questionnaire，EPQ）］、行为量表了解患者的性格特征及行为方式。

4. 治疗 治疗原则主要为一般治疗、药物治疗和心理学干预。一般治疗主要是控制饮食，合理安排膳食，适当运动，控制体重，戒除烟酒不良嗜好等。药物治疗包括口服降糖药和胰岛素治疗。许多人在得知自己患糖尿病时会产生恐惧、焦躁或抑郁的情绪，心理负担极重。因此对患者提供必要的心理支持尤为重要，要同情和体贴患者，向患者及其家属耐心、细致地介绍有关糖尿病的知识，鼓励患者消除悲观情绪，正确对待疾病，帮助患者改变错误的认知，接受现实，建立战胜疾病的信心和希望。另外，要加强糖尿病患者的自我管理，帮助患者学会自我情绪训练，让患者意识到情绪影响血糖水平，可以运用放松训练和合理想象来调节自己的情绪，学会适应工作、生活和人际关系。

（二）甲状腺功能亢进症

甲状腺功能亢进（hyperthyroidism），简称甲亢，是指多种原因导致甲状腺产生和释放的甲状腺激素过多而引起的甲状腺毒症。其病因主要是毒性弥漫性甲状腺肿（Graves 病）、多结节性毒性甲状腺肿和甲状腺自主性高功能腺瘤（Plummer 病）。

1. 临床表现 甲亢的临床表现多种多样，与患者的年龄、病程、病前的性格以及产生的病变类型有关。症状可明显也可不明显，可轻可重；可能是暂时性的，也可能是持续性的。

临床上最常见的甲状腺疾病是毒性弥漫性甲状腺肿，即 Graves 病，也是甲亢最常见的原因。Graves 病以 20～40 岁患者居多，10 岁以前发病者罕见，极少的老年患者表现为"淡漠型甲亢"。主要临床表现如下：

（1）高代谢综合征及交感神经高度兴奋：怕热、多汗、多有低热、在甲亢危象时可高热、皮肤潮湿、多食、易饿、消瘦、疲乏无力、肌萎缩、肠蠕动加快、排便次数增多或腹泻、心慌、心动过速、收缩压升高、舒张压正常或者偏低、脉压增大、激动易怒、兴奋多语、多动、失眠、伸舌及双手平举有细微颤动。

（2）甲状腺肿：大多为对称性弥漫性肿大、质地软、随吞咽动作上下活动；也可表现为不对称性肿大或肿大不明显；部分患者可闻及血管杂音或扪及震颤。

（3）眼征：多为良性眼突、眼裂增宽、辐辏功能不足、瞬目减少或凝视，眼球向上运动时前额皮肤不能皱起，眼球向下运动时上眼睑不能随眼球下落；极少数患者为浸润性突眼且病情严重。

（4）其他：外周血白细胞总数减少、粒细胞比例下降、可有缺铁性贫血。女性可表现为月经周期延长、经量减少、不孕，男性表现为不育、阳痿、男性乳房增生。有些患者出现胫前对称性黏液性水肿或合并糖尿病。

（5）心理症状：情绪紧张或焦虑、失眠多梦、易惊醒、冲动易怒、敏感多疑，少数老年患者精神活动减少、情绪低落、悲观失望、表情淡漠等。部分患者情感高涨、活动过度。

2. 发病因素 甲亢的发生除与遗传因素和自身免疫因素有关外，还是一种与心理因素关系密切的心身疾病。法国人 Crawford 早在 1895 年就意识到甲亢与心理因素相关，他提出突然的惊吓和持续的焦虑可以引起疾病发生[17]。Means 于 1948 年报道在 1939—1945 年二战期间被占领的斯堪的纳维亚半岛中，因甲亢而入院治疗的患者人数是平时的 5 倍，并且战争结束后迅速恢复正常[18]。甲亢患者常具有一定的病前人格基础，如 Winsa 等在 1991 年发现甲亢患者大多具有"A 型行为"的性格特点[19]。岳晓玉等研究发现甲亢患者具有情绪不稳定、焦虑易怒、内向等特征[20]。发病前遭遇明显的负性生活事件是重要诱因，例如经历矿山事故、工作时间和条件的改变、失业、与领导或同事争吵、夫妻关系紧张、疾病或经济困难等。部分患者会在一次极度的情绪或创伤后几个小时内发病。与非甲亢患者比较而言，甲亢患者更容易采取负性的应对方式来处理遇到的问题，因此未能有效缓冲应激压力，不能合理改善患者的情绪状态。

3. 诊断

（1）临床诊断：诊断依据包括具有诊断意义的临床症状、甲状腺功能检查、^{131}I 甲状腺摄取率，以及抗甲状腺球蛋白抗体（anti-thyroglobulin antibodies，TGAb）等抗体的测量结果。

（2）心理评估：如采用 EPQ 对患者的人格特征进行测量，采用 SCL-90、SAS、SDS 对患者的情绪状态进行测量。

4. 治疗原则 甲亢的治疗原则包括一般性对症治疗、药物治疗、放射治疗、手术治疗、抗焦虑治疗、抗抑郁治疗以及心理干预。心理干预可以采用认知疗法、行为疗法以及生物反馈疗法稳定患者情绪、改善患者对疾病的看法以利于疾病的康复。

（三）肥胖症

肥胖症（obesity）指当进食热量超过人体消化而以脂肪的形式储存体内超过体重标准的 20%，或体重指数（body mass index，BMI）[体重（kg）/身高^2（m^2）] 高于 25 者。肥胖症可以分为继发性肥胖和单纯性肥胖。继发性肥胖多与下丘脑垂体的炎症、创伤、肿瘤以及甲状腺功能低下、库欣综合征、糖尿病和营养失调有关。继发性肥胖占肥胖的比例仅为 1%，其余 99% 为单纯性肥胖。单纯性肥胖也称为原发性肥胖，无明确病因，可能与遗传、饮食及运动习惯等因素有关，其确切发病机制不甚清楚。包括矿山灾难性事故在内的负性应激引起的烦恼、焦虑、压抑的情绪可影响食欲及饮食习惯，比如有些人以进食作为缓解心理压力的手段，并由此导致肥胖[21]。因此对于肥胖症患者应该加强心理干预，以控制饮食、加强体育锻炼、纠正不良生活行为方式、调整不良情绪、消除不良应激为主。可以采用认知疗法、言语解释和情绪疏导疗法、行为疗法以及暗示疗法等。

五、其他心身疾病

（一）勃起功能障碍

勃起功能障碍（erectile dysfunction，ED）指过去 3 个月中，男性在性刺激下，阴茎持续不能达到和（或）维持足够勃起以进行满意的性交，是男性性功能障碍中发病率最高的症状类型。

根据发病原因，可以将其分为心理性勃起功能障碍和器质性勃起功能障碍。勃起是一个复杂的过程，勃起功能障碍可能与大脑、激素、情感、神经、肌肉和血管等中的一个或多个因素有关。心理精神因素是导致疾病发生的重要原因，比如夫妻关系不和谐，不良的或创伤性的性经历，错误的性观念，由于分居、离异或丧偶所致的失落感，负性压力（如矿山事故）所致的情绪改变（紧张、焦虑、抑郁、恐惧）等。另外具有优柔寡断、循规蹈矩、缺乏自信、争强好胜等性格特征的个体在性生活失败后比较容易出现情绪低落、惊慌失措等反应，并产生对性行为的紧张和恐惧。

勃起功能障碍的临床表现为性欲正常的情况下阴茎不能勃起或不能维持勃起而不能完成性行为，并由此带来情绪和行为的改变，如情绪低落、失望、沮丧、自信心缺失、精力不集中、工作效率下降，有些患者出现腰腹部及会阴部不适、排尿困难。这严重的影响夫妻关系，甚至导致婚姻破裂。

应根据勃起功能障碍具体情况制订个性化的治疗方案，包括器质性疾病的治疗（药物治疗、物理治疗、手术治疗）和心理治疗两部分。心理治疗可以采用支持疗法，认知疗法，帮助患者正确认识疾病产生的原因，消除恐惧心理，指导正确的人格特点；也可以指导患者运用松弛疗法进行自我调节，消除紧张情绪。

（二）斑秃

斑秃（alopecia areata）是一种突然发生的、不明原因的局限性脱发，俗称"鬼剃头"。患者无自觉症状，常于理发时或者其他场景被别人发现。发作时有大量头发脱落，形成边界整齐、大小不等的脱发斑。

1. 病因 发病原因尚未明确，目前认为与遗传因素、自身免疫因素和精神因素有关：

（1）遗传因素：约25%的患者有家族史。

（2）自身免疫因素：在脱发前毛囊周围有以辅助性T淋巴细胞为主的浸润，在毛发再生时抑制性T淋巴细胞数量增加，有些患者可合并自身免疫性疾病[22]。

（3）精神因素：很多患者在发病前有精神过度紧张或者劳累的情况，或受到过矿山灾难性事故等不良负性生活事件的影响[23]。

斑秃可以发生于儿童到成年的任何时期，以青壮年居多。可表现为一块硬币大小或更大的圆形的脱发斑。少数情况下可以发展至整个头皮或身体其他部位的毛发全部脱落。除了脱发，患者的一般健康状况良好。若整个头皮毛发全部脱落，称为全秃（alopecia totalis）；若全身所有毛发均脱落，称为普秃（alopecia universalis）。在活动期，轻拉脱发斑边缘的头发，可感觉其出现松动，很容易将其拉出（拉发试验阳性），并能看到毛囊部位萎缩变细。脱发一般持续数月或数年，在大多数情况下，头发可再生，但也可反复脱发。一般而言，脱发面积越大，复发的概率越高，毛发再生的机会越小。

2. 治疗 严重的患者须就诊，进行药物治疗。对于迅速而广泛的脱发可口服泼尼松，亦可外用局部皮脂类固醇激素，或者局部封闭，也可采用光化学疗法（photochemical therapy）治疗。在药物治疗的同时，注意对患者进行情绪的调节，如催眠、暗示疗法。可采用系统脱敏疗法去除心理学过敏源；亦可采用生物反馈治疗，辅以全身放松，对缓解紧张、焦虑情绪有明显效果。此外，应将斑秃的病因和发病机制向患者做详细的说明，必须告知患者此病与心理因素关系密切，心理素质的提高对于防止疾病的发生或复发有重要意义，应注意培养健康的人格，养成开朗、乐观、大度豁达的性格；鼓励患者积极参加文体和社交活动，保持规律的生活和充分的休息，避免劳累，这对防治斑秃的发生十分有益。

（三）复发性口腔溃疡

复发性口腔溃疡（recurrent oral ulcer，ROU）又称为复发性阿弗他溃疡（recurrent aphthous ulcer，RAU）、复发性阿弗他口炎（recurrent aphthous stomatitis，RAS）、复发性口疮，指一类病因不明，以口腔黏膜各部位反复发作的溃疡为特征的疾病。该病具有自限性、周期性、无传染性的特点，溃疡以孤立的圆形或椭圆形为主。发作时出现"黄、红、凹、痛"的典型特征，即损害表面覆有黄色或灰白色假膜，周边有约1 mm的充血红晕带，中央凹陷，基底柔软，灼痛剧烈。本病好发于唇、舌、颊及软腭等角化较差的部位，是一种最常见的口腔黏膜疾病，其患病率居口腔黏膜疾病之首。病情较轻者数月发作1次，重者连续发作，无间歇期。由于反复发作导致瘢痕形成，甚至留有瘢痕，致使舌尖、腭垂等部位组织缺损乃至功能障碍，严重影响患者的生活质量。重症患者可伴有头痛、发热和局部淋巴结肿大等全身症状。临床上ROU分为轻型复发性口腔溃疡、重型复发性口腔溃疡（即复发性坏死性黏膜腺周围炎或腺周口疮）、疱疹样复发性口腔溃疡（即口炎型口疮）三种类型。

ROU病因复杂，至今尚未明确，患者存在明显的个体差异。学者认为本病与如下因素有关：如单纯疱疹病毒感染、细菌感染、局部创伤、应激性事件（如地震、矿山灾难性事故）导致的精神紧张[24]、微量元素及维生素缺乏、激素水平改变、系统性疾病（消化系统溃疡）、遗传、免疫因素等。

该病除局部药物治疗、注意饮食、补充维生素和免疫调节治疗外，还应当进行心理治疗。首先对患者进行疾病相关知识的讲解，说明情绪、应激等心理社会因素与疾病的发生密切相关；其次，帮助患者学会自我调节，舒缓紧张情绪，进行自我放松，以防溃疡的复发。

（王晓一）

参考文献

[1] 张瑞岭．心身疾病的临床心理康复．郑州：郑州大学出版社，2010．

[2] 王泰蓉．关注中老年女性心身疾病，减少急症应激性事件的发生．上海：第17届世界灾难及急救医学学术会议暨第14次全国急诊医学学术年会，2011．

[3] 朱志先，梁红．现代心身疾病治疗学．北京：人民军医出版社，2002．

[4] 苗丹民，游旭群，王家同，等．军校大学生应付策略有效性与身心状态．心理科学，1995，18（2）：112-114．

[5] 王富丽，秦天榜，范红敏，等．职业紧张与煤矿工人高血压的关系研究．工业卫生与职业病，2013，40（3）：87-93．

[6] 刘力生．中国高血压防治指南．中华高血压杂志，2011，19（8）：701-743．

[7] 陈战西，王晓峰．抑郁与女性冠心病的研究进展．新疆医学，2013，5．

[8] 许兰萍，郎森阳，姜凤英．心身疾病的诊断与治疗．北京：华夏出版社，2006．

[9] 鹿兴河，杨泉美，王丽华，等．钢厂矿山工人饮酒情况及对健康影响研究．健康心理学杂志，1999，7（1）：58-60．

[10] Robinson RG，Boston JD，starkstein SE，et al．Comparison of mania with depression following brain injury：Causal factors．American Journal of Psychiatry，1988（145）：172-178．

[11] 徐斌，徐文佳．心身疾病——心理生理障碍．北京：人民卫生出版社，2009．

[12] 王道信，塔依尔．新疆某煤矿职工糖尿病患病状况分析．中国煤炭工业医学杂志，2010，13（11）：1708．

[13] 李晓晶，苏燕．Ⅱ型糖尿病易感基因研究的进展．现代生物医学进展，2009，9（8）：1580-1587．

[14] 刘晓英，周晓歌，王秀荣，等．糖尿病患者自我效能感、应对方式及人格特征的相关性．中国老年学杂志，2011，31（1）：126-128．

[15] 杨爱萍．焦虑、抑郁情绪对血糖水平的影响．医学理论与实践，2007，20（3）：289-291．

[16] 张敏霞．2型糖尿病患者焦虑及抑郁状况分析．苏州：苏州大学，2013．

[17] 耿会霞．甲亢患者心理状况及相关因素分析．太原：山西医科大学，2010．

[18] 杨海晨．弥漫性甲状腺肿伴甲亢症的心身相关研究．中国心理卫生杂志，1999，13（5）：317-318．

[19] 张志超、于世鹏．A型行为对Graves病患者生活质量的影响，济宁医学院学报，2015，38（3）：162-167．

[20] 岳晓玉，黄继臣，陈佩筠，等．甲状腺机能亢进、糖尿病和个性特征．铁道医学，1986，14（2）：89-90．

[21] 冯居秦．心理因素对肥胖病的作用和影响，中国美容医学，2009，18（10）：1524-1525．

[22] 杨池梅．影响斑秃病情的相关因素分析．广州：广州医学院，2011．

[23] 杨建，赵莹，章星琪．精神应激事件与斑秃发病的相关性分析．岭南皮肤性病科杂志，2009，16（4）：247-250．

[24] 李刚，郭静，戴娟，等．都江堰市地震灾区人群应激口腔黏膜病损状况调查．现代预防医学，2010，37（21）：4061-4065．

第四章

矿山灾难性事故的心理救援形式

近年来，我国矿山灾难性事故频发。这些灾难性事故不但给国家的财产造成巨大的损失、给事故幸存者造成身体伤害，同时也给事故经历者的心理带来强烈的冲击和影响。及时有效的心理干预是预防创伤后应激障碍、适应障碍和心身疾病的重要手段。1976年唐山大地震过去近45年，仍有一些幸存者没有走出地震带来的心理阴影[1]；王怀海等于2009年报道了矿难后2个月幸存者（69人）创伤后应激障碍（post traumatic stress disorder，PTSD）的患病率及其心理健康状况[2]，结果显示，17人符合美国《精神疾病诊断与统计手册》第4版（Diagnostic and Statistical Manual of Mental Disorders Ⅳ，DSM-Ⅳ）诊断标准，患病率为35.42%，心理健康水平明显低于非PTSD组。由此可见，灾难性事故给事故经历者带来的心理影响是严重而持久的。心理救援在矿山灾难性事故应急管理中的作用在于帮助事故经历者找到应对危机的方法，缓解紧张情绪，促使他们进行有利的思考和行动，避免或减少创伤后应激障碍的发生，有利于渡过当前的危机，也有利于他们更好地适应未来。

第一节 个体访谈与辅导

矿山灾难性事故发生后，受到影响的不仅仅是幸存矿工本人，还有伤亡者的亲人、同事和朋友。他们会因为亲人或朋友的罹难、下落不明、受伤等问题出现过度恐慌、过度悲伤、行为冲动及各种心理生理反应。参加抢险救援的消防队员、医务工作者及其他参与救援的人员，由于目睹了矿山灾难性事故现场的惨烈场面或长时间的疲劳作业，容易出现一些心理、行为问题，如反复出现的闯入性画面，警觉性增高，伴有负面情绪等。尽管我们相信人有强大的心理修复能力，多数人在经历危机性事件之后，内心的创伤会慢慢修复，逐渐恢复内心的平衡。但是，也有一部分人会因此而出现急性应激反应或障碍、创伤后应激障碍以及其他生理心理问题，严重者会出现自伤自杀、伤人毁物等冲动行为。为避免事故经历者发生上述心理危机，可以采用小组的方式对上述人员进行集体心理危机干预。但对一些不适合做集体心理危机干预或不愿意参加集体活动的人，可以采用个体访谈与辅导的方式进行单独的心理危机干预。例如，2010年3月28日在山西王家岭煤矿的事故中，每位被救矿工住院的同时还配备一名心理治疗师，他们因身体的不便及一些其他因素而选择个体访谈与辅导，并取得了非常显著的干预效果[3]。

一、个体访谈与辅导的步骤

个体访谈与辅导是心理危机干预的主要方式之一，由经过专业学习和培训的心理救援工作者实施，强调专业与技巧，而不是仅靠爱心和同情就能完成的工作。但是，如果心理救援人员躲在角色的背后只用技术和技巧，而忽略了人与人之间最真实和最本质的、深层次的心灵沟通，忽略对人性的深刻理解，缺少情感的适度卷入，那么所有技术和技巧都显得苍白无力，也就不会达到干预效果。尽管对于矿山灾难性事故引起的心理危机与其他灾难导致的心理危机不尽相同，所采取的干预措施也不尽相同，但所有的心理危机干预策略中都贯穿了一套相对明确并且有效的步骤。

（一）危机干预的六个步骤

危机干预的六个步骤是由美国当代著名的危机干预家 B.E Gillil 和 R.K James 在《危机干预策略》（*Crisis Intervention Strategies*）一书中提出来的，他们把危机干预的六个步骤整合到危机干预的全过程中，现已被危机干预工作者广泛地采用，用于帮助遭受不同类型的灾难经历者，已取得了良好的干预效果[4]。这六个步骤分别是：① 确定问题，② 提供安全感，③ 给予支持，④ 提出并验证可变通的应对方式，⑤ 制订计划，⑥ 得到承诺，采取积极的应对方式。前三步的主要作用在于倾听、询问、了解情况、建立良好的沟通关系。后三步以行动工作为重点，采取一定的具体措施。

1. 确定问题　心理救援工作者应注意从灾难经历者的角度，确定和理解他们所认识的危机，这是心理救援成功的关键。如果心理救援工作者所认识的危机与灾难经历者所认识的不一致，并且还自以为是，那么，心理救援工作者所采取的访谈与辅导的策略就会带有很强的主观性、片面性。对于灾难经历者而言，这样的心理救援收效甚微或没有任何价值，甚至给灾难经历者带来不利影响或伤害。因此，在与灾难经历者的接触过程中，心理救援工作者要敏锐地观察其言行举止和表情，既应注意灾难经历者的语言信息，还应注意其非语言信息，以便于掌握灾难经历者心理、情绪状态，明确要解决的问题。访谈中，心理救援工作者还要细致地倾听，了解灾难经历者的内心感受和困扰；分析其自我心理调整能力，从而考虑采取何种有效的方式进行心理干预，才能使我们的心理救援达到预期的效果。这个阶段主要使用：倾听、共情、真诚、接纳及尊重、开放式提问等技术。

2. 提供安全感　在访谈与辅导的过程中，为灾难经历者提供安全感、保证其安全是首要目标。提供安全感就是指把灾难经历者的生理和心理危险性降到最低，以减少他们的恐惧不安，进而获得控制感。心理救援工作者要帮助灾难经历者获得基本生活必需品，如食物、衣服、安全的环境等，同时处理他们的情绪反应，如悲哀、焦虑、麻木、伤心、愤怒、突然失控等。

3. 给予支持　心理救援工作者给予灾难经历者主要是心理支持，不是支持灾难经历者的观点或行为。在实际工作中，心理救援工作者须评估灾难经历者需要什么，满足他的需要就是心理支持。例如，一个人非常伤心时，让他把情感表达出来，并给予陪伴和倾听，这就是心理支持。经历了灾难的人可能有很多情感需要表达，但是，在没有做好准备时，过早地表达容易出现二次心理创伤。当灾难经历者不想表达、不想说话时，陪伴在他的身边也是支持。支持的目的在于帮助灾难经历者渡过当前的心理危机，恢复情绪的稳定性。心理救援工作者与灾难经历者沟通与交流，通过语言和非语言来传递关怀、支持的信息，并使灾难经历者意识到心理救援工作者能够给予其温暖、关心和帮助。在个体访谈与辅导的过程中，心理救援工作者必须无条件地、以积极的方式接纳灾难经历者的情绪反应、心理过程等，不对他们的观点和行为进行评价、批评，不带有任何的偏见与歧视。让灾难经历者真实地感到救援工作者是可靠的支持者，是在用关心的、理解的方式提供心理支持。在表达关心时，心理救援工作者要表达的是非评价性关心和非侵入性关心，而非其他。

4. 提出并验证可变通的应对方式　处于在应激状态下的灾难经历者，注意范围相对狭窄，他们可能只关注当前灾难性事件的消极因素，对一些可用的资源视而不见，并且其思维也可能处于不灵活甚至混乱的状态中，因此无法判断什么是最佳的选择，也无法做出决定，有些人甚至认为已经无路可走。此时，心理救援工作者要帮助他们了解更多解决问题的方式和途径，帮助灾难经历者探索可以解决问题的替代方法，促使他们积极地找寻可以获得的环境支持和可以利用的应付方式。鼓励他们充分利用环境资源，采用各种积极的应对方式，最终确定解决问题的方法。

5. 制订计划　这一步是从危机干预的第 4 步发展而来。直接或间接地要求心理救援工作者与灾难经历者共同制订行动计划来调节情绪失衡的状态。计划应该包括：① 除心理救援工作者以外，还有个人、组织、团体和有关机构能提供支持；② 提供应付机制：灾难经历者此时能够采用的、积极的应付机制，确定灾难经历者能够理解和把握的行动步骤。根据他们的应对能力，制订计划应着重于切实可行以及系统地帮助灾难经历者解决问题。

计划的制订应与灾难经历者合作完成，要让他们感受到自己的权利、义务、独立性和自尊，让其明白这是他自己的行动计划，而不是心理救援工作者要求其应该做什么。合作制订计划就是要发挥灾难经历者的控制性与自主性，让他们将计划付诸行动，目的是恢复其自信、自制力，避免对心理救援工作者形成依赖。

6. 得到承诺、采取积极应对方式　如果制订计划这一步完成得比较好，得到承诺就比较容易。一般情况下，让灾难经历者复述一下计划，然后对他说："现在我们已经商讨了你计划要做什么，下一步将看你如何去做了。现在，请给我讲一下你将采取哪些行动来减少自己的恐惧感，避免症状加重。"在这一步中，心理救援工作者应该明确，在实施计划时双方是否达成同意合作的协议。帮助灾难经历者向自己承诺采取确定的、积极的行动步骤，这些行动步骤必须是其自己制订的，从现实的角度是可以完成的。在结束访谈和辅导前，心理救援工作者应从灾难经历者那里得到诚实、直接和适当的承诺，以便灾难经历者能够坚持实施为其制订的危机干预方案。

（二）启动社会支持系统

除以上六步之外，矿山创伤的心理救援还应及时启动社会支持系统，使灾难经历者得到更及时、有效的援助。社会支持系统主要包括事故经历者的父母、配偶、兄弟姐妹、子女、同事、同乡及其他方面如朋友和社区志愿者等。社会支持系统提供的支持不仅仅是心理支持，还包括一些实质的救助行动。有调查表明，从他人那里获得的社会支持具有可靠同盟、价值增进、陪伴支持、情感支持、亲密感等功能，这些功能对处于危机期的人具有重要作用[5]。

二、个体访谈与辅导的评估

对事故经历者的现状进行客观、正确的评估，是访谈与辅导顺利进行的基本保证[6]。而客观、正确的评估有赖于详细搜集事故经历者的基本资料。因此，在访谈之前，心理救援工作者要对事故经历者的基本状况有所了解，认真对待资料的搜集工作。

在访谈过程中，需要评估的内容包括：第一，事故经历者的心理应激处于哪个阶段，因为对处于不同阶段的心理应激有着不同的干预方式。如在幸存矿工被救上来的初期，主要心理干预工作就是安抚、陪伴与倾听，因此，切实做好评估是进行选择干预方式的前提。第二，可访谈性的评估，看看事故经历者是否可以或需要访谈与辅导。在当事人不需要或没准备好的情况下，不要进行闯入性访谈。因为当事故经历者不需要帮助或不想说话时，强加给他或非要让他开口说话，势必会引起反感和抵触，进而影响其自身的心理修复能力。除此之外，还要对以下内容进行评估。

(一)评估矿山灾难性事故的严重程度

在与事故经历者接触的早期阶段,就应迅速评估矿山灾难性事故的严重程度以及对他们影响的严重程度。一般来说,要从认知、情感和行为三个方面判断事故经历者的功能状态以及矿山灾难性事故严重程度对他们能动性的影响。矿山灾难性事故严重程度的评估包括两个方面:事故经历者的主观认识和工作人员的客观判断。客观判断是基于对事故经历者三个功能方面的评价:认知(思维方式)、情感(感受性和情绪反应)及精神活动(行为)。

(二)评估事故经历者目前的情绪状态

全面评估事故经历者的情绪状态,必须了解影响情绪稳定(现在的功能水平)的各种因素,如事故经历者的年龄、文化程度、家庭经济状况、婚姻状况、智力水平、生活方式、宗教信仰、人际关系、躯体健康状况等。客观公正地看待这些因素,有助于心理救援工作者决定事故经历者是否需要转诊(进行医学治疗或检查)、短期治疗、长期治疗或建议由特殊机构处理等。

(三)评估替代解决方法、应对机制、支持系统和其他资源

在评估事故经历者的替代解决方法时,必须考虑事故经历者本人的观点、能动性,以及应用这些方法的能力。替代的解决方法应将各种对事故经历者有益的资源考虑在内。即使他们可能只需要一两个具体的行动步骤,心理救援工作者也应与事故经历者共同讨论并列出一些可能的行动计划,最终由事故经历者根据自己的需要做出选择。

(四)危机干预的分类评估量表

对事故经历者的功能状态除了采用上述方式进行评估外,还可以采用问卷调查的方式进行。1992年,Myer 和 Williams 等提出三维筛选评估模型(the Triangle Assessment Form,TAF)和分类评估量表[7]。三维评定系统为危机干预中理解当事人的心理危机反应提供了一个框架,这个模型对多种资源进行整合,并假定危机事件中当事人的反应主要体现在情感、认知和行为方面:

1. 情感方面评估 包括愤怒/敌对、焦虑/恐惧、沮丧/抑郁3项内容。情感的变化范围从轻微到极其严重,并且不适的情感反应是个体经历危机的最大特点。

2. 认知方面评估 包括侵犯、威胁和丧失3项内容。侵犯通常被看作是为了减少对自我的攻击,一般发生在危机事件之初。威胁就是潜在的危机,即在未来可能出现的事件。丧失就是发生在过去并且不可能挽回的一种知觉。

3. 行为方面评估 包括接触、回避、无能动性3项内容。接触是指在危机事件发生后当事人主动尝试解决问题;回避是指当事人逃避或忽视危机事件中存在的问题而采取的方法;无能动性是指当事人丧失了能动性,或者不能保持一致的信念来化解危机。

4. 分类评估量表 分类评估量表由描述性项目和数量化评分项目组成(图4-1)。该量表在3个方面进行严重程度的评定,采用10级评分。检查方法如下:

(1)从认知、情感和行为三个方面对当事人的反应进行评定,对照情感(e)、认知(r)、行为(b)量表分别打出适当的分数(即在1~10数字上打圈);

(2)将 e,r,b 量表得分相加,即可评定当事人心理危机严重程度;

(3)依据当事人心理危机严重程度做出处理。

评定结果的处理:

$$总分 = e+r+b$$

(1)总分为3~12分,建议采用"非指导性心理干预或者不干预",即当事人不用直接接受心理干预或仅需要心理干预者的倾听便可解决问题。

(2)总分为13~23分,建议采用"合作型心理干预",即心理干预者与当事人需共同努力来解

决这个问题。

（3）总分为 24～30 分，建议采用"指导性心理干预"，即当事人很脆弱需要一定的社会支持系统，心理干预者需主动与当事人合作共同解决危机问题，并采取一定的指导方法。量表分数越高，越应采取直接心理干预。此外，当 3 个领域中的任何一个严重程度分数达到 10 分时，应该建议住院治疗。

危机干预的分类评估量表

1．危机事件
简要确定和描述危机的情况：

2．情感方面
简要确定和描述目前的情感表现（如有多个情感症状存在，请用＃1、＃2、＃3 标出主次）。
愤怒、敌对：
_____

焦虑、恐惧
_____

沮丧、忧愁：
_____

情感严重程度量表（e）

1	2	3	4	5	6	7	8	9	10
无损害	损害很轻		轻度损害		中度损害		显著损害		严重损害
情绪状态稳定，对日常活动情感表达透彻。	情感对环境反应适当，对环境变化只有短暂的负性情感流露，不强烈，情绪稳定，当事人能自控。		情感对环境反应适当，但对环境变化有较长时间的负性情感流露，当事人能意识到需要，能自我控制。		情感对环境反应有脱节，常表现出负性情感，对环境变化有较强烈的情感波动。情感状态虽然比较稳定，但需要努力控制情绪。		负性情感体验明显，情感与环境明显不协调，心境波动明显，当事人意识到负性情感，但不能控制。		完全失控或极度悲伤。

3．认知方面
如果有侵犯、威胁或丧失，则予以确定，并简要描述（如有多个认知反应存在，请用＃1、＃2、＃3 标出主次）。
（1）生理、环境方面（饮食、水、安全、居处等）：
侵犯：_____ 威胁：_____ 丧失：_____
（2）心理方面（自我认识、情绪表现、认同等）：
侵犯：_____ 威胁：_____ 丧失：_____
（3）社会关系方面（家庭、朋友、同事等）：
侵犯：_____ 威胁：_____ 丧失：_____
（4）道德/精神方面（个人态度、价值观、信仰等）：
侵犯：_____ 威胁：_____ 丧失：_____

图 4-1　危机干预的分类评估量表

认知严重程度量表（r）									
1	2	3	4	5	6	7	8	9	10
无损害	损害很轻		轻度损害		中度损害		显著损害		严重损害
注意力集中，解决问题和做决定的能力正常，当事人对危机事件的认识和感知与实际情况相符。	当事人的思维集中在危机事件上，但思想能受意志控制，问题解决和做决定的能力轻微受损，对危机事件的认识和感知基本与实际情况相符合。		注意力偶尔不集中，感到较难控制对危险的思考，解决问题和做决定的能力降低，对危机的认识和感知与实际情况所预计的某些方面有偏差。		注意力时常不能集中，较多地考虑危机事件，难以自拔，解决问题和做决定的能力因情感的恐惧而受支配和影响。对危险的认识和感知与实际情况可能有明显的距离。		沉浸在对危险的思虑，解决问题和做决定的能力大大降低，对危险认识和感知可能与实际情况有实质性差距。		除了危险外，不能集中注意力，丧失解决问题和做决定的能力，不仅对危险的认识与感知与实际情况明显不符，而且影响对其他事物的认识。不能逻辑思维和推理。

4．行为方面

确定和简要描述目前的行为表现（如有多个行为表现存在，请用＃1、＃2、＃3 标出主次）。

接触：_____

回避：_____

无能动性：_____

行为严重程度量表（b）									
1	2	3	4	5	6	7	8	9	10
无损害	损害很轻		轻度损害		中度损害		显著损害		严重损害
对危机事件的应付行为恰当，能保持必要的日常功能。	偶尔有不恰当的应付行为，能保持正常必要的日常功能，但需要努力。		偶尔出现不恰当的应付行为，有时有日常功能的减退，表现为效率的降低。		有不恰当的行为，但没有效率，需花很大努力方能维持日常功能，与当事人接触差。		应付行为明显超出对危险的反应日常功能明显受损，当事人明显回避。		行为异常，难以预料，且对自己和他人有伤害危险，当事人处于麻痹状态。

图4-1（续） 危机干预的分类评估量表

三、不同时期个体访谈与辅导的策略

对处于矿山灾难性事故发生后的不同时期的当事人，其访谈与辅导的方式也不尽相同，一般情况下，矿山灾难性事故事件发生后，按个体发生心理危机所处的时间和心理救援工作者所承担的角色，分为四个阶段[8]：

（一）第一阶段（父母阶段）

第一阶段是指矿山灾难性事故发生后的即刻至 1～2 天。刚刚经历了第一阶段的事故经历者，可能会出现身心功能的退行，如认知混乱、情感幼稚、紧张不安、恐惧、焦虑、行为变得像个孩子等。此时心理救援工作者就像妈妈一样关心这个"受到惊吓小孩"，不必急着谈什么事情，先安抚他的情绪，减少其恐惧，提供食物、饮料和安全的环境等最实际的帮助。尽量用最简单的句子进行沟通并向他们传达这样一个信息：我在这里，我愿意陪伴着你。

在这个阶段，心理救援者充当的是照顾者的角色，主要满足事故经历者最基本的生理需要、被呵护的需要，并给予情感上的支持与抚慰。心理救援者也可以给一些简单、清晰的建议，以促进他们社会功能的恢复。同时，在这一阶段的后期，应清楚地告诉他们可能出现的问题和困难，使他们能对某些症状的出现有一定的预见性，以减少症状出现时的不安与恐慌。并告诉他们，我们下一次会在什么时候再来看望和帮助他们，让他们始终感觉到自己是被支持的。

矿山灾难性事故中的幸存矿工被救上来的初期，主要的心理救援工作就是安抚与倾听。对许多人来说，及时地表达他们所经历的情感、事件是至关重要的。然而，如果事故经历者选择沉默，心理救援者要耐心等待，不能进行闯入性的访谈；如果事故经历者哭泣，救援者应尊重与接纳事故经历者的表现，因为哭泣的本身就有宣泄情绪的作用。

在这个阶段主要使用的技术有倾听、共情、内容反应、情感反应及建立关系等。

（二）第二阶段（心理健康教育工作者阶段）

第二阶段是指矿山灾难性事故发生后的2天～3周。处于这一时期的当事人可能会出现很多临床症状。因此，心理救援者在这个时期充当的是心理健康教育工作者的角色，向事故经历者传授一些心理卫生知识，向他们介绍：当人受到威胁或处于危险状态时，就会出现搏斗、逃跑、僵住（感觉敏锐、肌肉紧张）、完全顺从（使对手放松警惕后便于逃脱）等行为反应，这些反应都是在大脑中预先设计好了的程序，在遇到危险时就会自动运行，因此要理解自己的情绪、行为反应。同时，向他们传递正性积极的信息，使他们对自己的现状有一个客观正确的认识。在心理救援的过程中，要使事故经历者知道，矿山灾难性事故发生后，出现的一些心理生理症状是正常的。也就是说，告诉他们这些症状是正常人对异常环境做出的正常反应，以减轻他们的恐惧感。教给他们一些有用的应对策略，比如，找人倾诉、给害怕的危险设定一些边界（当时工作环境是危险的，现在所处的环境是安全的）、逐步增加行动计划、寻求社会支持、做一些力所能及的事情转移注意力、放松训练等。

这个阶段的主要任务是，在良好关系的基础上，实施稳定化技术，消除不良心身症状，疏泄不良情绪，理性的接受现实，重新建立心理平衡。

这个阶段主要使用的技术有放松训练、负性情绪处理技术、稳定化技术等。

（三）第三阶段（心理治疗师阶段）

第三阶段是指矿山灾难性事故发生后的3周～2个月。如果事故经历者经历了上述时期的心理调适与修复后，仍存在一些心理、情绪、行为问题，并且这些问题严重影响了他们的社会功能与生活质量，就应接受心理治疗与辅导。此时，心理救援工作者充当的就是心理治疗师的角色，采用各种心理治疗技术，帮助他们解决问题，治疗心理创伤，适应有创伤的生活。心理治疗过程中，每个人心理修复的速度不尽相同，所以要动态观察干预效果。

这个阶段的主要任务是，使事故经历者从灾难事件中发现积极意义，通过灾难性事件实现其个人的心理成长。处理某些个体出现的创伤后应激障碍的反应。

这个阶段主要使用的技术有：眼动脱敏与再处理、心理动力学治疗及认知行为治疗等。

（四）第四阶段（哲学家阶段）

第四阶段是指矿山灾难性事故发生2个月后，事故经历者仍存在各种心身症状，这意味着此时需与他们谈论关于人生意义的问题，安抚受伤的心灵。在这个阶段仍要对症状进行评定，并关注其生活的重建，将创伤性事件放到生活中去看待，寻找矿山创伤对生活的意义。

此阶段主要使用的技术有：认知行为疗法、心理动力学治疗、人本主义心理治疗、意义疗法等。

上述4个阶段的划分非常重要，关系到心理救援措施与方法的选择，进而影响心理救援效果。如果不知道这个分期，就很难知道自己该采用怎样的方式实施心理救援，或者对处于不同时期、不同状态下的事故经历者采用千篇一律救援方式进行心理救援,很可能会出现适得其反的效果,也可能给事故经历者带来二次伤害。因此,要将上述4个阶段的划分牢记心中。

有效的心理救援可以帮助经受灾难的人们重获安全感,缓解由灾难性事件引发的各种负性情绪,学到有效应对危机的策略,增进心理健康。与传统心理咨询与治疗不同,心理救援有着特殊的工作方式,需要使用立即、灵活、方便、快捷、有效、创造性的干预策略。同时,还需要心理救援工作者主动地深入到需要心理援助的群体中,帮助那些处于心理危机并且需要帮助的个体,协助他们渡过危机,而不是等待他们主动上门寻求帮助。

第二节　团体心理辅导

团体心理辅导是在团体情境下为成员提供心理帮助与指导的一种形式,即以团体为对象,运用心理学的策略或方法,促使成员在共同的活动中彼此进行交往、相互作用,个体在人际互动中观察、学习、体验、交流,从中认识自我、探讨自我、接纳自我,调整和改善与他人的关系,学习新的态度与行为方式,促进成员的人格发展和社会适应能力的改善。

在矿山灾难性事故的心理危机干预中,个体访谈与辅导和团体心理辅导之间并不互相排斥,而是相辅相成,他们的根本目的是一致的,都是为了帮助事故经历者度过心理难关,预防创伤后应激障碍及其他心身疾病的发生。但是二者各有特点、各有其适用范围。团体心理辅导是通过团体活动协助参加者发挥个人潜能,学习解决问题及克服情绪、行为上的困难。而且,团体辅导可以有效地利用有限的心理危机干预的资源,提供相互学习、相互了解的机会,同时又可以让成员在团体中获得心理支持,预防心理问题的发生。

一、紧急事件晤谈

(一)紧急事件晤谈背景简介

1. 紧急事件晤谈的概念　紧急事件晤谈(critical incident stress debriefing,CISD)[9]是心理危机干预中应用最广泛的方法之一,是一种基本系统的心理危机干预技术,通常在危机事件发生的几天内实施。实施形式有一对一晤谈方式和小组晤谈方式,目前大多采用小组晤谈方式。旨在帮助经历灾难的人们减轻因创伤事件引发的痛苦情绪,并预防、减少长期病理心理的发生,尤其是创伤后应激障碍。

CISD的理论依据是:事件的认知结构,例如思想、感觉、记忆和行为在复述事件并体验情感释放时都会得以修正。CISD的核心是通过公开讨论内心感受,给予支持和安慰,动员各类资源帮助当事人在心理上消化创伤体验。强调在"认知-情绪-认知"的框架下,小组成员一起讨论灾难发生时的经历,通过对创伤经验的倾诉性描述以及小组和同伴的支持来促使参加者从创伤性经历中逐渐恢复[10]。

2. CISD创立的过程　CISD是杰弗里·米切尔(Jeffrey Mitchell)博士于1983年提出的。其作为一种早期的心理危机干预技术,当时是用来缓解或消除参与救援消防队员、警察、急诊医疗工作人员和其他处于危机事件(即创伤事件)中人员的应激反应。米切尔博士相信,如果能够为急救人员提供系统的课程来帮助他们交流创伤事件和感受,那么对急救人员的心理健康大有裨益。米切尔博士还建立了国际危机干预基金会(ICISF),该机构旨在促进CISD并保证高质量的培训,同时编写并分发有关 CISD 的训练手册和视频录像，并资助相关工作室和研讨会。目前，CISD 已被广泛地应用于各种心理危机干预中[11]。

对于 CISD 在预防 PTSD 以及其他心理后遗症方面的效果如何，人们却争议不断[12]。一些研究者称，大多数接受 CISD 的人都认为这种方法很有效[13-14]；然而，一些 CISD 的批评者说，有效并不等同于能够预防精神障碍或减轻 PTSD；还有一些研究显示，疏泄过程也许不但无效，反而还会加重 PTSD 的症状，起到反作用；我国学者高雯等也从不同的角度综述了 CISD 的效果[15]。因此，CISD 是一直存在争议的心理干预方法。但是米切尔及其他心理干预的支持者则认为：700 个危机事件压力管理团队在超过 4 万次 CISD 的经验不能被忽视。

虽然 CISD 的支持者和反对者都反复争论其实证效度，但是，一些研究者已经解决了有关 CISD 的一些实际问题，即心理干预可能会改变个人的社会支持系统。个人可能不会像通常那样寻求家人或朋友的帮助，因为她/他可能觉得 CISD 能提供足够的帮助。

以上的研究都是基于心理学层面，现代的医学研究显示，PTSD 患者的海马功能活动下降、N-乙酰天冬氨酸的减少以及海马萎缩[16]。动物实验研究发现，经历高强度应激的动物大部分都有海马功能的损伤，其中包括突触的萎缩、电生理信号传导减少等。PTSD 患者在进行与创伤因子有关的活动时，杏仁核活动增强，这提示 PTSD 患者非陈述性记忆损伤的症状可能与杏仁核的活动有关。另有研究发现，PTSD 患者面对创伤暴露物时，能抑制脑中前额叶中央区的活动，致使 PTSD 患者闯入性记忆加强[17]。因此，可以认为 CISD 的效果也可能因受到大脑实质改变的影响而出现效果不佳。但无论如何，在社会文明程度提高的今天，对经历灾难性事故的人进行心理危机干预，不但可以降低其应激水平、减少应激性疾病的发生，同时也体现政府的人文关怀和以人为本的管理理念。

鉴于两种不同主张，心理救援工作者要谨慎选择小组成员，坚持自愿参加的原则，不强迫也不勉强任何人必须参加，以保证确实有效。同时，要做好鉴别与日后的随访工作，对那些症状持续不缓解或严重的人及时转接到精神卫生机构接受治疗。

（二）紧急事件晤谈实施过程

CISD 的目的：公开讨论内心感受，获得支持与安慰，资源动员，帮助当事人在心理上消化创伤体验。

CISD 的实施者：由受过训练的专业心理救援人员（如心理卫生工作者、精神卫生专业人员）实施；实施者必须要有集体心理辅导的经验，同时对应激反应综合征有着广泛的了解。

CISD 的时限：通常在灾难性事故发生后 24～48 h 内实施，24～48 h 是理想的晤谈时间。但是在灾难事件发生后 24 h 内不进行 CISD，6 周后效果甚微。根据参加人员的数量，整个过程需要 2～3 h。

1. 参与人数　一般以 8～12 人为宜。

2. CISD 的实施过程

（1）介绍期（introductory phase）：这一时期的主要工作的是建立基本规则，强调保密的重要性。实施者进行自我介绍，介绍 CISD 的规则、程序及整个晤谈过程所需的时间，回答可能的相关问题。强调紧急事件晤谈不是心理治疗，而是一种减少灾难性事故所致的正常应激反应的方法。如果小组成员之间有不认识的，引导他们自我介绍。

（2）事实期（fact phase）：这一时期的主要工作是让经历矿山灾难性事故的个体叙述自己的所闻、所见，还原事故的真相。实施者请每一位小组成员依次描述灾难性事故发生时或发生之后他们自己及有关事故本身的一些实际情况；询问小组成员在经历矿山灾难性事故的过程中的所在、所闻、所见和所为。这样做的目的是帮助每个人从自身的角度描述事故，每个人都有机会说出自己所知的事故细节，使事故的过程得以完整地重现，参加者会感到事故的过程由此而真相大白。实施者在操作过程中，要想办法打消参加者的疑虑，使每一个小组成员都尽量发言，但是如果有的成员感觉在小组里讲话不舒服或不想说话，也可以保持沉默。

（3）感受期（feeling phase）：这一时期的主要工作是确定和证实经历过的急性应激反应。实施者请每一位小组成员依次描述其对事故的认知、自己出现的应激反应的表现。询问有关感受的问题：事件发生时有什么感受？目前有什么感受？以前是否有过类似感受？主要目的是进一步促进参加者情感的表达。

（4）症状期（symptom phase）：这一时期的主要工作是确定成员的急性应激障碍的症状。实施者请参加者描述自己的急性应激反应的症状，如失眠、食欲下降、脑子不停地闪现事故现场的画面，注意力不集中，记忆力下降，决策和解决问题的能力减退，容易发脾气，易受惊吓等；询问事件过程中参加者有何不寻常的体验，目前有何不寻常体验？事件发生后，生活有何改变？请参加者讨论其体验对家庭、工作和生活造成什么影响和改变。

（5）辅导期（teaching phase）：这一时期的主要工作是有效的处理应激反应及心理健康教育。实施者尽力说明成员经历的应激反应是正常的，不是病理症状；提供准确的信息，讲解应激反应模式；告知应激反应的常态化。同时实施者提供应激管理技巧，强调适应能力；讨论积极的适应与应付方式，动员自身和团队的资源相互支持；提供有关进一步服务的信息；提醒可能的并存问题（如饮酒）；给出减轻应激的策略；自我识别症状。

（6）恢复期（re-entry phase）：这一时期的主要工作是协助当事人准备恢复正常的社会活动。实施者要帮助当事人澄清不正确的观念，总结晤谈过程，回答问题，提供保证，讨论行动计划，重申共同反应，强调小组成员的相互支持；分析可利用的资源。实施者对整个晤谈过程进行总结，同时评估哪些人需要随访或转介到其他服务机构。

CISD 后数周内进行随访，对干预效果进行评估。

3. CISD 的注意事项

（1）处于抑郁状态或以消极方式看待晤谈的人，可能会给其他参加者增加负面影响。

（2）建议晤谈与特定的文化性相一致，有时文化仪式可以替代晤谈。例如，2010 年 4 月 14 日玉树地震，当地喇嘛进行的仪式活动同样具有心理干预的效果。

（3）对于急性悲伤的人，如家中有亲人去世，不适宜参加 CISD。因为丧失亲人，他们的情绪处于极度悲伤中，集体晤谈可能会干扰其认知过程，引发精神错乱。除此之外，还可能会给同一晤谈中的其他人带来心理创伤，因此不鼓励这些事故经历者参加集体晤谈。

（4）世界卫生组织不支持只在事故经历者中单次实施。

（5）晤谈结束以后，危机干预团队要组织团队成员急性团队晤谈，以缓解干预人员的压力。

（6）自愿参加原则，在 CISD 过程中不能强迫参加当事人叙述灾难细节。

二、团体心理干预的其他方法

除了 CISD 外，对经历矿山灾难性事故的人进行集体心理干预的方法还有：危机下支持性工作坊、危机安心座谈会、危机心理减压工作坊、画说灾难艺术团体辅导、认知行为团体心理干预等。这些方法的共同之处在于：在心理救援工作者的组织下，在集体环境中，经历灾难性事故的人可以公开地讨论自己的感受，成员间相互交流、相互支持，共同度过心理危机。

（程淑英）

附：案例分析

本案例是本文作者为某高校辅导员做的 CISD。

晤谈对象：高校学生辅导员，他们管理的班级因车祸导致个别学生死亡或受伤，部分辅导员到事故现场参加辨认等工作。

晤谈人数：共 11 人，其中男性 6 人，女性 5 人。他们所管的班级均有遇难者或受伤者。

背景：晤谈 1 周前，"十一"长假结束后，同学们同乘一辆大巴车返校，不幸的是大巴车在行驶到某一路段出现意外，导致乘车学生遇难或受伤，部分辅导员接到通知后到现场辨别学生。当辅导员们听到自己班上有同学遇难或受伤的消息时，内心受到巨大冲击，不能接受这一事实，不相信这是真的；他们陷入了痛苦当中，出现了不同程度的失眠、食欲下降、焦虑、发抖、紧张不安等症状。

晤谈地点：某高校心理咨询机构的团体心理辅导室。

CISD 的过程如下：

1. 介绍期　首先，作者向团体成员进行自我介绍，同时介绍辅助自己工作的协作者，然后介绍 CISD 的规则、程序、所用时间及此次晤谈的目的，详细解释保密原则。同时告诉他们，在晤谈的过程中，谈什么内容、谈多少完全自愿，不想谈时可以不谈，不要勉强自己讲话。一个人说话时其他人要注意听，尊重每位说话的人、营造一个温馨、安全的晤谈气氛。当确定每位成员对如何进行晤谈没有异议时，作者请每个成员进行简单的自我介绍，然后过渡到下一个时期。

2. 事实期　让小组成员自由谈论，谈谈自己是怎么知道发生车祸及班上有学生遇难或受伤这一消息的，同时请他们介绍一下听到这一消息后自己的所在、所为。心理干预者在这个时期的主要任务是引导和倾听，引导每位成员发言，但对不想说的人不勉强。目的是让小组成员在一个相对安全的支持性环境中公开表达自己所经历的事情，用这种方式整理每个人知道这件事的整个过程，让成员彼此验证、确认自己班上学生遇难或受伤的事实。为下一步成员能够表达自己在面对学生遇难和受伤时的情感奠定基础。在这个过程中，有的成员不想发言、比较沉默，作者针对这一情况，进一步强调保密原则，使之增加对团体的信任，再引导其发言。有的成员仍不想说话的，感觉没什么好说的，作者没有勉强其讲话。

3. 感受期　在经历了上述的交谈后，干预者开始引导成员表达在得知车祸发生有学生遇难和受伤时和之后的感受。由于遇难和受伤的学生是在返校途中突然遭遇车祸，给老师们的心理造成了巨大的冲击，使这一阶段的晤谈遇到了阻力，部分成员开始沉默。干预者及时的表达对小组成员的理解，与他们共情。这时，一位成员说："我感觉非常的不真实，学生们放假走的时候还高高兴兴的，没想到他们永远回不来了……"另一位成员说道："他们刚刚熬过高考上了大学，竟想不到才 1 个月就发生了这样的事情，真是让人难以接受。"过了一会，又一位成员讲道："我的脑子里不断地出现那个同学的音容笑貌，同时还有惨不忍睹的事故现场画面，我的心里很是矛盾，怎么一个活蹦乱跳的人会变成那个样子，很难过……"大家纷纷的给他支持与安慰，他慢慢地平静下来，说："我会慢慢地接受这一事实，毕竟我还要面对班上的其他同学，同学们也需要我的帮助。"

这一时期，小组成员的情绪变化比较大，干预者敏锐的观察小组成员的情绪变化，及时调动小组成员进行相互支持与安慰。对没有准备好讲话的成员，允许保持沉默。充分发挥小组成员的力量为其他成员提供心理支持。在成员们进行了充分的情绪宣泄和表达后，开始下一个阶段的工作。

4. 症状描述期　这一阶段，干预者引导小组成员重点讨论自己在听到这个噩耗后出现的生理心理反应，如睡眠问题、饮食问题、工作状态、注意力和情绪问题等。除此之外，也请他们谈谈听到这一消息后出现的不寻常体验。

这一阶段的主要任务是，使小组成员能够将自己的变化与所遭遇的创伤性事件进行联系，不断修复组员认知、情感与行为之间的联系，修复组员由车祸导致所带学生遇难和受伤带来的心理创伤，使他们能够接受同学罹难的事实。小组成员还讨论了乘车时怎样规避风险，怎样做一个负责任的人等问题。

5. 辅导期　干预者针对在上述晤谈中发现的问题给予指导。首先，请每位成员谈谈参加这次晤谈的体会，从而获得一些反馈信息，对本次晤谈的效果有一个把握。成员们表达了对这种晤谈方式的肯定，认为这样他们可以对事情的经过有一个相信的了解，成员间的相互支持也使心情平静了一些。干预者从情感层面肯定了他们所谈到的各种感受，这些感受都是在得知同学们出车祸消息后产生的正常反应；从认知层面上他们也能接受自己的非真实感，能将此看成是受到心理冲击的一种正常反应。成员们一致认为要珍爱生命，为自己负责，也要为家人、周围人负责。

6. 恢复期　经历了上述讨论之后，成员们的情绪逐渐平静，并且能正确认识自己及他人的反应都是正常的。此时，干预者对整个晤谈过程进行了总结，回答了组员们提出的各种问题，与他们讨论进一步的行动计划，他们说：明天去参加学校组织的逝者告别仪式，告慰亡灵，以表达自己内心的哀伤与悲痛，同时也意味着要适应班级里不再有那个学生的工作。最后，每个人说一句共勉的话，结束本次CISD。

这个案例尽管不是有关于矿山灾难性事故发生后的团体辅导案例，但与之相比有一定的相似性。因为受到矿山灾难性事故影响的不仅仅是被救矿工，还有他的同事、领导、朋友、家人等。他们在某种程度上也出现了心理应激，因此也需要给予关注。从这个案例中可以看出，学生遭遇车祸突然意外死亡，给小组成员带来巨大的心理冲击，他们的认知、情绪和行为都受到了一定程度的影响。因此，及时有效的心理干预是避免急性应激障碍、创伤后应激障碍及其他心理问题的有效手段。本案例之后的1个月及6个月后的随访发现，成员的情绪稳定，工作状态如常，没有出现任何心理问题。

参考文献

[1] 王丽萍，张本，姜涛，等. 唐山大地震所致慢性创伤后应激障碍临床研究. 中国心理卫生杂志，2005，19（8）：517-520.

[2] 王怀海，谭庆荣，王志忠，等. "7·29"矿难幸存者心理状况初步调查. 中国神经精神疾病杂志，2009，35（7）：342-343.

[3] 刘艳华. 1例矿难后幸存者的心理危机干预分析. 中华护理学会论文集. 中华护理学会，2010：152-154.

[4] 郭微，等. 心理危机干预概论. 成都：四川科学技术出版社，2007.

[5] 徐磊，田水承. 矿难后矿工的危机心理分析及实施干预建议. 煤矿安全，2009，414（5）：118-120.

[6] 陈志坚. 浅析灾害性应激事件后的心理危机干预. 当代教育论坛（管理版），2010，（3）：46-47.

[7] 汪向东，王希林，马弘，等. 心理卫生量表评定手册. 中国心理卫生杂志，1999，13（增刊）253-255.

[8] 苏进昌. 军队抢险救灾中的心理危机干预程序. 中国首届心理咨询师大会暨心理危机干预研讨会论文集. 中国心理卫生协会，2008：163-163.

[9] 陶晓琴. CISD在心理危机干预中的应用. 四川教育学院学报，2011，27（12）：34-36.

[10] 倪春林，桑志芹. 严重事故应激汇报的效果. 中国心理卫生杂志，2011，25（4）：289-294.

[11] 栾明翰，李薇，李建明. 创伤后应激障碍的研究进展. 中国健康心理学杂志，2014，22（1）：142-

144.

[12] 危机事件应激晤谈（CISD）：真的有效吗？ 2014-03-13，https：//www.douban.com/note/336074670/

[13] 姜荣环，马弘，吕秋云．紧急事件应激晤谈在心理危机干预中的应用．中国心理卫生杂志，2007，21（7）：496-498．

[14] 吴玲，王立钢，殷松．紧急事件应急晤谈对爆炸事故目击人员危机干预效果评估．中国健康心理学杂志，2014，22（12）：1867-1868．

[15] 高雯，杨丽珠，李晓溪．危机事件应激管理的结构、应用与有效性．中国健康心理学杂志，2013，21（6）：953-957．

[16] 梁杰华，熊少青．紧急事件应激晤谈研究综述，科技展望，2016（20）：265-267．

[17] 谭红，施琪嘉．创伤后应激障碍的神经生物学机制．临床精神医学杂志，2004，14（6）：376-377．

第五章

常用心理救援的技术与方法

痛苦、可怕的经历会给人留下心理创伤，心理创伤看不到摸不着，但严重影响人的身心健康、社会功能和生活质量。经历了矿山灾难性事故的获救矿工、遇难者家属和由于长时间参与持续救援的人员或多或少会出现不同程度的急性心理应激。此时，选择快速有效的心理干预方法对他们实施干预、减轻获救矿工的心理反应和使救援人员尽快回复救援能力是迫在眉睫的工作。但应该引起注意的是，在实施心理干预前，一定要知道事故经历者心理危机所处的阶段，选择与之相匹配的干预措施，切不可随意选用干预技术；同时还要在事故经历者同意的前提下开展工作，也不能进行闯入性干预。

第一节 心理救援技术

心理救援工作者在实施心理救援的过程中，尽管在目标、事故经历者状况、操作形式等方面和心理咨询与治疗有所不同，但所采用的专业技术方面是相似的，心理咨询与治疗中所采用的一些基本技术同样适用于心理危机干预，如建立安全的沟通关系、倾听、共情、尊重与温暖、情感表达等。

一、建立安全的沟通关系

在讨论建立安全的沟通关系之前，先要说明涉及事故经历者的实际安全问题，也就是与生存有关的安全问题及亲友们的安全状况。如果这方面的安全感没有建立，心理救援的安全关系就很难建立起来[1]。因此，在实施心理救援前，首先帮助事故经历者恢复安全感和控制感。例如，当被困矿工获救时，及时给他们提供食品、衣物，帮助他们通过各种渠道联系家人，提供联络方式使他们与家人通话，家人的声音和问候能起到安抚心灵的作用，帮助他们尽快地平静下来。

要建立安全有效的沟通关系，就要向事故经历者传递一种自信和镇定的感觉，因为救援者的自信与镇定除了让事故经历者感到有力量和安全外，还暗示了心理救援工作者有能力帮助他们，同时还传递了"灾难已经过去，你现在所处的环境是安全的，我正在真诚地帮助你"等信息。这会带给他们积极的、正面的影响，事故经历者也会逐渐变得平静。心理救援者的自信与镇定不止是技术层面的问题，在一定程度上也反映了个人素养和良好的人格品质。因此，心理救援工作者在平时就要加强基本功的练习，不断完善人格，提高个人内在的素质。

安全感的建立要贯穿心理救援工作的始终，要不断地给事故经历者提供信息回馈，因为他们受矿山灾难性事故的冲击和影响，其心理与行为在某种程度上出现了退行，导致获得常识或相关信息的能力减退或丧失，所以要耐心地帮助他们获得必要的资讯。但是要注意，不能做空头保证，以免让他们失望，带来更多负面影响。

提供安全感需要一个安静、温馨、不受打扰的环境，因此在进行访谈与辅导时，尽量不要有其他无关人员旁听，最大限度地给事故经历者提供安全、私密的环境，便于他们放心表达内心感受与体验，释放压抑的情感。

二、倾听

（一）倾听的含义

倾听（listen）是指心理救援工作者通过言语和非言语行为向事故经历者传达一个信息，我正在认真、有兴趣地听着你的叙述，我理解和接纳你的各种感受和体验。倾听还包括身体传达的专注，以及内心的专注。

倾听并非仅仅是用耳朵听，更重要的要用眼睛、用心灵去听，去观察、去感受[2]。用耳朵听他们谈话的内容和方式，不仅要听他说什么，还要听他怎么说，听出他们谈话内容的潜在含义和背后隐藏的情绪。用眼睛观察事故经历者的表情、姿态及言行举止的变化，发现与之相联系的心理活动，去设身处地地感受事故经历者的恐惧、害怕和不安。

心理救援工作者在倾听的同时还要积极参与，要有适当的反应。反应可以是言语性的，也可以是非言语性的。例如，用"嗯""是的""然后呢""请继续"等言语来鼓励事故经历者继续说下去，或者用微笑、眼神、身体的前倾、点头等表示自己在认真的倾听。

倾听更重要的意义在于，理解事故经历者所传达的信息和情感，采取不排斥、不歧视的人本主义态度，把自己放在他们的位置上来思考和感受着他们，鼓励其宣泄，帮助其澄清自己的想法与观念。

（二）倾听的禁忌

1. 急于下结论 即对事故经历者的问题还没有了解清楚就急着下结论。这样做的后果是，除了导致结论与事实不符之外，还容易使事故经历者对来自心理救援工作者的关怀和理解产生怀疑，进而关闭心扉。

2. 轻视事故经历者的问题 对事故经历者表现出的应激反应等症状不能客观地看待，认为他们是大惊小怪、无事生非，表现出轻视、不耐烦的态度。

3. 干扰、转移事故经历者的话题 在访谈过程中，心理救援工作者不时打断他们的叙述而转移话题，使他们无所适从。

4. 做道德或正确的评判 心理救援工作者按照自己的想法或习惯，对事故经历者的言行举止和价值观念进行评价，发表评论。

5. 心不在焉 心理救援工作者在访谈过程中一边倾听，一边接打电话，不时地看表，表现出对事故经历者心不在焉的态度。这样就会使事故经历者出现不满情绪，使整个会谈失去连续性和投入性，因此在访谈期间，心理救援人员应禁止接打手机电话。

三、共情

(一) 共情的含义

共情（empathy）是指心理治疗师体会事故经历者的内心世界犹如体验自己的内心世界一般的过程，却永远不能失掉"犹如"这个特质。

1. 共情　以人为中心疗法的创始人卡尔·罗杰斯（Carl Rogers）[3]认为，共情是体验别人内心世界的能力，共情有助于促进来访者实现其潜能，并对自己有一个完整的认识。60多年前，卡尔·罗杰斯确定"准确共情"是有效心理治疗的三个基本特征之一（另两个是"无条件积极关注"和"真诚"），之后有大量研究证实了共情在心理咨询与治疗中的有效性。因此，心理救援工作者要不断提升个人的共情能力，在心理救援工作中能够准确地进入事故经历者的内心世界，以提高干预效果。

美国著名心理治疗家欧文·亚隆（Irvin D. Yalom）在《给心理治疗师的礼物》[4]一书中讲了一个关于共情的故事，这个故事对于帮助心理救援工作者学习共情有很大的帮助。

【专栏】

共情：从患者的视角看世界

亚隆写道：我曾经接待过一位患乳腺癌的患者，从青春期就开始和总是批判一切的父亲进行斗争。她十分期待着父亲开车带她去大学，因为这是一个难得的两个人单独相处的机会，她希望两人能够有某种程度上的和解。但是这次盼望已久的旅行却成了一场灾难：她的父亲总是在埋怨路边丑陋的、满是垃圾的小河。而她根本没有看到什么垃圾，相反看到的是一条没有受到污染、充满原野风味的小溪。她找不到任何语言回应她的父亲，最后只得沉默。结果整个旅途就是他们看着自己的车窗外，互不理睬。后来，她独自一人重游故地，非常惊讶地发现原来路两边各有一条河。"这一次我成了司机，"她十分伤感地说，"而从驾驶员的位置上看到的小河正如我父亲所描述过的那样丑陋而被污染。"但是当她学会从父亲的窗口看世界的时候，已经太晚了，她的父亲早就去世了。

——引自《给心理治疗师的礼物》Irvin D. Yalom 著，张怡玲译

共情有别于单纯的理解，理解是人们对事物主观的认识，共情则不仅仅是对人的心理有一定的认识，而且需要体验用当事人的视角看世界时，他们的感受、思想及情感，即透过来访者的视角看世界；共情不同于同情，同情是对当事人的遭遇怜悯和关切，共情没有怜悯的成分，是用心地体验当事人的心情、感受。

共情有很多种形式。从某种意义上说，给予支持是共情的一种特殊方式。共情是开展心理救援的基础，没有共情的心理救援不但虚弱无力、不被事故经历者接受，还可能给事故经历者带来伤害。

2. 准确共情的意义

(1) 设身处地理解当事人，准确地掌握有关信息。

(2) 当事人感到被悦纳、理解，从而会感到愉快、满足，对咨询关系有积极的影响。

(3) 促进当事人的自我表达、自我探索，达到更多的自我了解和咨询双方更深入的交流。

(4) 对于迫切需要获得理解、关怀和情感倾诉的当事人，共情更有明显的帮助效果。

(二) 怎样进行准确的共情

作为心理救援工作者要站在事故经历者的角度去理解他的内心感受和体验，通过语言把对他们

理解的信息传达给他们，使他们感受到被理解，在情感上获得支持。心理救援过程中准确地进行共情，应注意以下几点：

（1）放下自己的主观参照标准，从事故经历者的内心参照体系出发，设身处地地体验他们的内心世界。

（2）通过语言准确地表达对事故经历者内心体验的理解。

（3）可以借助非言语行为，如目光、表情、姿势等变化，表达对事故经历者的理解。

（4）表达共情要适时、适度、因人而异。

（5）重视信息反馈，及时了解共情的准确性。

四、真诚

真诚（genuineness）是罗杰斯提倡的。他认为在心理治疗过程中，心理治疗师不把自己藏在专业角色的背后，不戴假面具，以真我的面目出现于当事人面前，开诚布公，表里如一，真实可信地投身于治疗关系[5]。真诚是内心的自然流露，不是靠技巧所能获得，真诚建立在对人的乐观看法、对人有基本信任、对当事人充满关切和爱护的基础上，同时也建立在接纳自己、自信谦和的基础上。真诚是一种素质，是潜心修养不断实践的结果。

（一）真诚在心理救援中的意义

1. 提供安全的环境 心理救援工作者的真诚可以为事故经历者提供一个安全自由的环境，在这个环境中他可以毫无顾忌地表现出自己的软弱、吐露心声等使事故经历者切实感到自己被接纳、被信任、被爱护。

2. 榜样的作用 心理救援工作者的真诚对事故经历者来说具有榜样的作用。因而事故经历者受到鼓励，以真实的自我和心理救援工作者交流，坦然地表露自己的喜怒哀乐，宣泄情感，也可能发现和认识真正的自己，并在心理救援工作者的帮助下，掌握应对心理危机的方法。

（二）表达真诚时需要注意的问题

1. 真诚不等于说实话 心理救援工作者表达真诚应遵循一个基本原则，即对事故经历者负责，有助于事故经历者度过心理危机。

2. 真诚不是自我的发泄 心理救援工作者流露真情，表示真诚，目的是为了帮助事故经历者，而不是为了宣泄自己的情绪或宣传自己的主张。

3. 真诚应实事求是 心理救援工作者应了解自己，承认并接受自己的不足，不可虚假。心理救援工作者不能为了炫耀自己知识渊博或掩饰自己在某方面的欠缺，不懂装懂。不懂装懂不仅会失去信任，还会误导事故经历者，带来不良的后果，实际上经历者更愿意接受真实的心理救援工作者。

4. 真诚要适度 真诚建立在对人的乐观看法、对人有基本的信任、对事故经历者充满关切和爱护的基础上，也建立在接纳自己、自信谦和的基础上，因此在表达的过程中要适度。

心理救援中的真诚就意味着与事故经历者公开讨论自己的感受，不再躲在角色的背后单纯应用心理干预的技巧与方法，投入真实的情感去感受事故经历者的感受。

五、尊重与温暖

（一）尊重的含义

尊重（respect）是指心理救援工作者对事故经历者无条件接纳、关注与爱护，对他们的现状，包括价值观、情绪反应、人格特点和行为方式等予以接纳[6]。尊重是一种"非占有式"的关怀，事故经历者被视为有价值的人，因而受到尊重；心理救援者的态度是非批判性的，是对事故经历者没有保留的关怀，不是嘲笑、贬低。

尊重是建立良好沟通关系的重要条件，是实施心理救援的情感基础。尊重可以给事故经历者创造一个安全、温暖的氛围，从而使他们最大限度地表达自己；使他们感到自己受尊重，被接纳，获得自我价值感。

（二）温暖的含义

温暖（warm）是心理救援工作者真情实感的流露，只有对人充满爱心，对事故经历者充满关切，将帮助他人视为自己崇高职责的救援者才能最大限度地表达出对事故经历者的温暖和热情。温暖是救援者对事故经历者主观态度的体现，不是用语言来表达的，不是一种技能，而是存在于救援者心中，有待于救援者自己去开发，为事故经历者创造出一个有利于心理创伤修复的、安全的环境。

六、情感表达

情感表达（emotional expression）是指在心理咨询过程中，心理咨询师向来访者表达并让其知晓在倾听其经历的过程中自己的感受、情绪与情感等让来访者知晓，即为情感表达。情感表达在矿山创伤的心理救援中，既包括了心理救援工作者的情感表达，也包括了在心理救援工作者的引导下，事故经历者将隔离或压抑的情感表达出来，以减轻心理压力。

经历了矿山灾难性事故的一部分人可能处于情感隔离或压抑的状态，因此，在对这类人群进行心理访谈与辅导时，一项重要的工作就是促进他们的情感表达，帮助其表达浮现出的内在真实情感，适度宣泄负性情感，这样有利于事故经历者的心理整合和情绪稳定。有的事故经历者在矿山灾难性事故发生后，不停地讲述自己的各种感觉，如反复描述闯入性画面、看到惨烈的场景。表面上看，似乎有很好的情感表达，但此时他们好像是在叙述一个与自己不相关的故事，而没有融入自己的情感。他们的真实情感被隔离或被压抑了，这种只有言语的表达，并不能起到情感宣泄的作用。

当然，在某些时期，事故经历者不想表达或不急于表达情感，还有些事故经历者表现得比较沉默或谈论一些与情感活动根本不相干的话题，他们此时需要回避情感来暂时地维系心理平衡。如果强行让其谈论情感，可能会唤起事故经历者的焦虑和阻抗，使双方的关系紧张，甚至给事故经历者带来二次创伤，所以要尊重他们是否进行情感的真实表达意愿。

事故经历者的良好的情感表达与宣泄，离不开安全稳定的关系作支撑，同时准确地共情和积极地倾听也是必不可少的条件。所以在个体访谈与辅导的过程中，要充分运用专业的心理干预技术，同时更不能忽视对人性的深刻理解，只有这样，才能协助事故经历者面对现实、处理创伤。

附：个体访谈与辅导中禁忌的语言

1．"我知道你的感觉是什么？"
2．"你能活下来已经是很幸运的了。"
3．"你还年轻，只要活着就能够继续你的生活。"
4．"你爱的人在死的时候并没有受太多痛苦，你不用难过。"
5．"她/他现在去了一个更好的地方/更快乐了。"
6．"你坚强点，会走出来的。"

7. "不会有事的,所有的事都不会有问题。"
8. "你不应该这种感觉。"
9. "时间应该会治疗一切的创伤。"
10. "你应该要回到你的生活,继续过下去。"

第二节 稳定化技术

有研究显示,对于某些类型创伤后应激障碍(post-traumatic stress disorder,PTSD)的患者,有时只做稳定化干预就可达到治愈。因此,对经历了矿山灾难性事故并且出现明显应激反应的人,当务之急是使之情绪稳定下来,提高他们的抗挫折能力[7]。

心理救援过程中稳定化技术显得非常重要,毫不夸张地说,对经历心理危机并且需要心理援助的人,从始至终都是以稳定化技术为基础,稳定化的状态伴随整个干预过程。

一、关于稳定化技术

稳定就是在事故经历者的内心创伤和积极体验之间找到一个平衡点,包括躯体的稳定化、社会性功能的稳定化(尽量保证与平时一致的日常生活,与社会保持联系)、心理上的稳定化(包括自我照顾,自我安抚;提高抗挫折能力,增进情绪的调控能力等)和心理教育。该项技术包括三项内容,即将负性情绪、负性画面隔开;创造好的客体、建立积极的内部形象;自我抚慰[8]。

(一)稳定化技术的作用

1. 消除事故经历者的极端想法 经历了矿山创伤的人可能会出现极端的想法,如自杀和杀人的念头与行为、冒险行为等,稳定化技术可以帮助他们通过想象练习达到身心的稳定,获得对自身的控制;内在的好的图像可以作为心理资源,用于解决心理危机中的心理创伤及其带来的痛苦,稳定工作是整合创伤和重新定向的基础,帮助事故经历者重新找到生活中愉快的感觉,强化其体验正性经历的能力。

2. 缓解痛苦 由于对创伤经过或情感的回忆,事故经历者可能会在干预过程中体验到突然的惊恐不安,创伤画面的再次体验,甚至短暂的精神病状态。在这种情况下,心理救援工作者有必要把事故经历者的注意力重新引到当前的干预情境中。对于心理救援工作者而言,心理救援过程中自始至终都要以稳定化技术为基础。掌握稳定化技术,可以帮助事故经历者与创伤保持适当距离,帮助事故经历者获得内心的平衡和稳定,恢复事故经历者的力量感和控制感。

3. 使用成熟的防御机制 经历矿山创伤后,事故经历者可能会出现一些不成熟的心理防御机制,如否认、隔离等,以获得自身相对稳定的状态,而当他们再次面临危机情景时,原有的平衡状态就又会被打破。所以心理救援工作者对事故经历者进行心理救援时要鼓励他们积极应对、学会寻求帮助,多使用成熟的防御机制,以提升心理功能。

(二)稳定化技术工作的目的

1. 建立内在的稳定性,以保证事故经历者能够面对创伤。
2. 寻找内心的正性资源,增加可控制感,增强面对创伤的能力。
3. 为以后把创伤经历整合到新生活中打好基础。

(三)稳定情绪技术要点

1. 倾听与理解　以共情性理解的心态与事故经历者接触,给予倾听和理解,并做适度回应,不要将自身的想法、观念强加给对方。

2. 增强安全感　为事故经历者提供心理支持,增强其控制感,提供准确信息。减少他们对当前和今后的不确定感,使其逐渐情绪稳定。

3. 适度的情绪宣泄　运用言语及非言语行为支持事故经历者,帮助他们适当释放宣泄,恢复心理平静。

4. 释疑解惑　对于事故经历者提出的问题给予关注、解释、解答及确认,减轻其疑惑不解。

5. 实际协助　给事故经历者提供实际、有效的帮助,协助他们调整和接受因灾难改变了的生活环境及状态,尽可能地协助他们解决面临的实际困难。

6. 重建支持系统　帮助事故经历者与家庭成员、朋友、同事、社区等建立联系,以获得所需的实际帮助。

7. 心理健康教育　为事故经历者提供灾难发生后常见心理问题的识别与应对知识,帮助事故经历者积极应对,恢复正常生活。

8. 联系其他服务部门　帮助事故经历者联系可能得到服务的其他部门,使之生活能有切实的保障。

二、常用的稳定化技术

稳定化的具体技术非常多,可以根据具体情况灵活运用,但要切记,每一种技术的运用都是为了帮助事故经历者摆脱负性情绪与感觉的困扰、建立起积极正性的内部形象,从而恢复心理平衡。屏幕技术、保险箱技术可以用于隔离负性情绪与画面;内在帮助者、安全岛技术协助个体创造好的客体、建立积极的内部形象;放松训练、抚育内在儿童的方法可以用于自我抚慰。

(一)放松训练

1. 放松训练的概念　放松训练(relaxation training)是按一定的练习程序,学习有意识地控制或调节自身的心理生理活动,达到降低机体唤醒水平,调整因紧张刺激而紊乱的心理[9]。古今中外属于此种的方法有很多,其共同特点是:松、静、自然。

放松是主动去除紧张,这种紧张可以是肌肉紧张或精神紧张。通过放松,改变了肌肉中的神经传达到脑部的信号类型,这些不同的信号可导致躯体和精神两方面的平静感。肌肉放松在神经系统会产生广泛的效应,因此被认为是一种躯体治疗,与心理治疗同样有效。

2. 放松训练的实施　在放松训练过程中,心理救援工作者可以引导事故经历者从表象、感觉、情绪、认知等多个角度建立正性体验,从而暂时离开负性体验。对于某些无实形的负性体验可以将其物质化,通过想象练习,帮助事故经历者在内心建立一个安全的地方,强化其安全感,使之在心理上远离造成创伤的痛苦情境。

放松技术是稳定化技术的前提,在引导事故经历者进行想象练习之前,应对其进行放松诱导,使其能够达到完全放松的状态,从而更易于进入想象练习中。

放松练习的指导语:

"现在请你按自己觉得最舒服的方式放松身体,把你的注意力放到呼吸上来,它平静、均匀,一呼一吸,身体也随之满满在动……"

"注意你的胸腔,它缓缓的,一升一降……肚皮也在一伸一缩……"

"仔细体会，你会发现空气顺着鼻腔的内壁，缓缓流过，摩擦着鼻腔，仔细体会，鼻腔对这种微小的运动有什么感觉……"

"体会几秒钟身体在呼吸的时候的感觉……"

"每次呼气都排除一些东西……愿意的话，就想象着，每一次的呼气，都让你变得越来越放松，并多了一点舒适和安宁……"

渐进性放松：美国生理学家 Jacobson 创立的一种通过对肌肉反复的紧 - 松练习，促进肌肉放松和大脑唤醒水平下降的方法，包括手臂 - 头 - 躯干 - 腿等部位的放松。舒适的坐位或卧位，从上到下渐次对各部位的肌肉先收缩 5～10 s，同时深吸气和体验紧张的感觉，再迅速地完全松弛 30～40 s，同时深呼气和体验松弛的感觉。从几分钟到 30 min。

放松的原则：有目的地使肌肉紧张以便识别紧张的感觉；放松肌肉，让身体摆脱紧张；一次充分的训练约需 20 min。

放松技术很多种，心理救援工作者可以根据具体情况选择适合自己的技术。

（二）容器技术

1. 容器技术的概念　容器技术是指在心理救援工作者的引导下，事故经历者通过想象主动将与创伤性事件有关的不舒服的感觉分离，并将其放到一个想象的容器中封存的过程。

经过放松训练，事故经历者在想象练习中，通过分离技术对创伤性的内容和不舒服的感觉主动进行排挤，将其搁置在适当距离的某个地方。

容器技术帮助事故经历者学会控制自己的创伤性经验，将创伤性经验"打包封存"，让自己能够从压抑的状态下暂时解放出来，使创伤性记忆暂时封存，这对帮助事故经历者掌控自己的创伤性经历十分有益。心理救援工作者要求事故经历者将创伤性材料锁进一个容器，而钥匙由他自己保管。他可以自己决定是否愿意以及何时开这个容器，探讨相关的内容，想象面前有一个保险柜或者类似的东西，并仔细观察保险柜的细节。例如，检查保险柜的牢固程度；打开保险柜把所有带来压力的东西统统装进去；锁好保险柜，想想如何处理钥匙；将与问题放在他认为合适的地方。

2. 容器技术的实施　在具体操作过程中，引导事故经历者注意，放入容器的东西必须是实体的物质性东西，心理救援工作者需要把感觉、气味、声音先进行"物质化"转化（比如将气味吸入软木塞塞好，再锁好；或将某种念头写在一张纸条上，将纸条放入等），随后才能放入容器内。

保险箱技术指导语：

"请想象在你面前有一个保险箱，现在请你仔细看看这个保险箱：它有多大（多高、多宽、多厚）？它是用什么材料做的（钢、铜、玻璃）？（外面、里面）是什么颜色？这个保险箱里面分了格还是没分格？仔细观察保险箱：箱门好不好打开？开关箱门的时候有没有声音？你会怎么关上它的门？锁是什么样的？钥匙是什么样的？"

"当你看着这个保险箱，试着关一关，你觉得它是否绝对牢靠？……如果不是，请你试试把它改装到你觉得百分之百地可靠。也许你可以再检查一遍，看看你选择的材料是否正确，保险箱的壁是否足够结实，锁是否足够牢固……"

"现在请你打开你的保险箱，把所有给你带来压力的东西，统统装进去，锁好保险箱的门，想想看，你想把钥匙藏在哪儿（最好不要把钥匙藏在治疗室，也不要把它扔掉或弄丢，如果这样你就失去了寻找创伤性材料的途径）。"

"请把保险箱放到你认为合适的地方，这地方不应该太近，而应该离你力所能及的范围尽可能地远一些，并且在你想去的时候，比如以后什么时候你想和我一起再来看这些东西的时候，就可以去。"

事故经历者可将保险箱放在任何一个地方，比如可以把保险箱发射到某个陌生的星球，或让它沉入海底等。但是事故经历者事必须先考虑清楚，他/她怎样才能再次找到这个保险箱，比如通过运用某种魔力或特殊的工具等。不要将保险箱放在自己的治疗室里，也不要将其放在别人能找到的地方。

（三）安全岛技术

1. 安全岛技术的概念 通过想象练习，在事故经历者的内心世界构建一块安全区域，称之为安全岛，使其远离恐惧不安的情绪及减少创伤画面的再体验，从而建立起内在的稳定性，缓解矿山灾难性事故给他们带来的心理应激。

安全岛技术是帮助事故经历者重新获得内心的安全感，在其内心建立一个没有压力、使之感到舒适和惬意的地方。想象中的这个地方是具有领地效应，并且是有边界的，这个领地只属于事故经历者，他自己可以自由进入，这块领地的边界可以阻止外来物的侵入。事故经历者可以在此获得自己想要的任何东西，并随意修改，从而使事故经历者获得控制感和安全感。

2. 安全岛技术的实施 在安全岛建立以后，通过言语对事故经历者进行引导，使之感觉内在图像更为清晰；引导事故经历者认真感受，并做出必要的调整；反复确认环境的安全性；帮助事故经历者与这个安全岛建立联系，逐渐恢复心理平衡。

在对该技术进行解释、一般性准备、放松诱导后，可以进行安全岛技术练习。

安全岛技术指导语：

"请闭上眼睛，慢而深地呼吸，慢而深地呼吸……"

"请从头到脚扫描一下自己的身体，找到一个最温暖、最放松、最舒服的部位，感到这种温暖、放松和舒服的感觉向你的全身扩散……"

"再扩散……再扩散……直到这种温暖、放松和舒服的感觉充满了你的整个身体。"

"下面，我想邀请你，为你自己构建一个安全岛，构建一个只属于你自己的安全岛，它在你的想象中，它是有边界，是属于你自己的，任何人未经你允许不可以拜访。你可以带一些你喜欢的物品放到你的'安全岛'上，这个地方能够给你安全、舒服、放松的感觉的……"

"如果在寻找安全岛的过程当中，出现了不舒服的画面或感觉，别太在意，告诉自己，现在，你只是发现好的、内在的画面，处理不舒服感受可以等到下次再说。现在，你只是想找一个只有美好的、使你感到舒服、有利于你康复的地方……"

"你可以肯定，肯定有一个这样的地方，你只需要花一点时间，一点耐心……"

"有时候要找一个这样的安全岛还有一些困难，你可以动用一切你可以想得到的器具，比如交通工具、日用工具、各种材料，当然还有魔力和一切有用的东西……"

"当你到达安全岛时，就请告诉我。如果你愿意，可以向我描述一下这个地方，让我和你一起感受这个温暖、安全的岛屿。"

"在安全岛上，让自己完全放松。请你自己检查一下……有一点很重要，就是你感到完全放松、安全、惬意。"

"你的眼睛所看到的东西让你舒服吗？如果是，就留在那里；如果不是换个视角，直到你觉得舒服为止……"

"很好，下面我们来看看你的安全岛具体是什么样的呢？"

"边界是什么样的？"

"岛上都有什么物品？是什么形状的？颜色如何？大小如何？质地如何？"

"听见什么声音了吗？"

"闻到什么气味了吗？"

"你的皮肤感觉到了什么？"

"你的呼吸怎么样？"

"安全岛上是否有温暖阳光、微风轻拂？"

"现在，请你尽量仔细地体会当下的感受，这样你就知道，到这个地方的感受是什么样的？"

"如果你在这个岛上感到安全，请你自己设计一个特殊的姿势或动作，用这个姿势或动作，你可以随时回到安全岛上。在以后的日子里，每当你感到需要的时候，只要你摆出这个姿势，你的想象中迅速带你回到这个地方，安全就会立即回到你的身上。"

"很好，下面请你带着安全、舒适、放松的感觉，以及你为你的安全岛设计的手势，慢慢地回到这间屋子，回来以后，你的心情会更愉快，你的身体会更轻松，你的感觉会更好……"

"下面，我会从3数到1，当我数到1时睁开眼睛回到这个房间。"

"好，我开始数数，3——深吸一口气，2——呼气并动动手指，1——睁开眼睛。"

（四）内在观察者技术（自我觉察训练）

1. 内在观察者技术的含义 内在观察者技术是指通过引导事故经历者进行自我意识的内在觉察，拉开现实与创伤距离，恢复心理平衡。内在觉察的过程是寻找一种平时无法意识到特定的感受和观念。通过内在的观察可以获得意外的收获，有的人减轻了过度的紧张焦虑，有的人放下了不合理的期望，有的人获得了顿悟，更普遍是现象时个体是获得了某种程度的身心整合，应对危机的能力得到提高。

2. 内在观察者技术的实施 在对内在观察者技术进行解释、一般性准备、放松诱导之后，可以进行以下练习。

内在观察者的指导语：

"当你把一部分注意力从外部转向自己时，请你观察一下自己丰富的内心世界，了解一下自己的内在智者……"

"请关注你的观察能力，认真仔细地浏览自己的身体，从头顶一直到脚尖。体会一下，身体有没有什么地方疼痛或紧张……"

"请花几分钟……告诉自己，我可以观察我的身体，我可以观察我的心灵，我可以观察我的一切……"

"想象一下，当你动用观察自己的功能的时候，对你会产生怎样的作用……"

"仔细感受一下你如何思考问题，观察一下你如何思考问题。有些时候，当你要开始观察自己如何思考问题时，你会停止思维，脑子里似乎一片空白。但是不久，你会发现思维还是会继续下去的……"

"你可以给自己的思维设定一些规则，以便自己能区分过去、现在和将来。同时，你也可以因此而注意到，你究竟都在想些什么……"

"通过这个练习，你可以对观察自己的能力更加明了……"

"在观察自己的时候，可以让自己明白：我可以察自己的思维，我的想法、观念……"

"现在我想邀请你，观察你自己目前的情绪状态怎样，有没有什么变化，这样可以使自己明白，我可以观察我的情绪，就是说我的情绪还不是我全部……"

"然后，花一点时间观察自己的感觉，现在都有些什么感觉？"

"我可以观察自己的感觉，就是说，我的感觉还不是我的全部……"

"最后，你终于明白，你也终于观察到：你在观察。观察到我们在观察到的这一部分，我们称之为内在的目击者。它是一个中立者，观察着正在发生的现实，你也可以利用这一部分功能在你觉得自己有些不清晰的时候，你可以再把这种对观察者进行观察的能力请回来，并由此可以与事件本身保持距离，只要你么做，就可以做到……"

"现在请把注意力再集中到这个房间里来……"

第三节 眼动脱敏与再加工疗法

眼动脱敏与再加工疗法（eye movement desensitization and reprocessing，EMDR）是通过刺激眼动激活存在于事故经历者大脑内的适应性信息加工系统，使其在创伤中形成的非适应性的或功能障碍的信息（表象、情绪、认知、躯体不适）转化为适应性的应对方式，形成健康的应激反应模式，接受并适应随之而来的丧失等问题，重新建立与社会的情感联系。EMDR对情感和认知的转变比传统形式的心理干预效果好，故常被用于创伤后早期的心理干预。

一、眼动脱敏与再加工疗法概述

（一）眼动脱敏与再加工疗法的创立背景

1987年，加利福尼亚心理学家 Francine Shapiro 在一个偶然的机会发现，随意的眼球运动能使自己负性情绪的强烈程度减轻。这一发现启发 Shapiro 创立了眼动脱敏再加工疗法[10]。之后，Shapiro 开始探索把 EMDR 用在治疗越战老兵和遭受躯体、性攻击受害者中 PTSD 患者的研究。1989年，Shapiro 的研究成果发表后，全世界的临床工作者和研究者都对 EMDR 进行了研究。研究发现，不仅仅是眼球运动，在 PTSD 患者专注于一个记忆内容的同时，让他听一种音调或感觉手的节拍运动都可以使其与该记忆内容相关联的情绪、思维、感觉和行为发生快速的适应性变化。

1995年，由 Shapiro 编写的专业教科书出版，2001年该教科书再版发行。目前，美国、荷兰、瑞典、英国和澳大利亚都以这类疗法作为创伤后第一线心理干预措施。研究显示，EMDR 是一项行之有效的早期心理创伤的干预方法，2000年，国际创伤应激协会将 EMDR 列为治疗"创伤后应激综合征"的最有效方法。EMDR 能很快处理急性应激障碍（acute stress disorder，ASD）和 PTSD 的各种症状，尤其是"闪回"症状，显著改善了脑功能水平，提高机体生理功能水平。

（二）EMDR 的含义

Shapiro 认为，EMDR 是"由一个模式、一套原则、治疗程序和协议组成的一种新的心理治疗方法"。这种治疗方法被认为能够帮助处理当事人的创伤性记忆，而且通过对当事人痛苦情绪的脱敏、相关认知的重新建构和伴随的生理警觉性的降低，使创伤性记忆得到适应性的处理。

EMDR 是在短暂晤谈之后，在不使用药物的情况下，面对当事人的创伤性回忆，使用引发当事人眼动的刺激方式，有效减轻心理创伤及恢复心理平衡的过程。

EMDR 在实施过程中，通常要求事故经历者在脑中回想自己所遭遇到的创伤画面、影像、痛苦记忆及不适的身心反应（包括负性情绪），然后根据心理救援工作者的指示，当事人的眼球及目光随着心理救援工作者的手指来回移动15～20秒。完成之后，请其描述当下脑中的影像及身心感觉。同样的程序多次重复，直到痛苦的回忆及不适的生理反应（心搏过快、肌肉紧绷、呼吸急促等）减轻或消失。若要建立新的认知结构，则在实施过程中，由心理救援工作者引导，以客观的观念和愉快的想象画面植入当事人心中。

EMDR 是一种整合的心理干预技术，它借鉴控制论、精神分析、行为、认知、生理学等多种学派的精华，建构了加速信息处理的模式，帮助当事人迅速降低焦虑，并且诱导积极情感、唤起事故经历者对内心的洞察、观念和行为改变以及调动内部资源，使他们能够达到理想的行为状态和人际关系改变。EMDR 的特点是高效、快速、没有文化程度的限制。

二、眼动脱敏与再加工疗法的理论及治疗机制

到目前为止，我们还不能确切知道 EMDR 通过怎样的机制发挥作用，但一些假说可以帮助我们理解 EMDR 的有效机制。

（一）"锁定"假说

当一个人经历一场创伤性事件时，当时的场景、声音、思想、情感、感觉就会被"锁定"在神经系统中。

研究证实[11]，人的左右大脑半球有着不同的分工，左半球一般主管逻辑、推理、演算、判断等要依靠言语来进行的活动，是建立在逻辑思维基础上；右半球则主管视觉经验，对颜色、线条、节奏等较为敏感，是建立在主观刺激基础上。一般认为重大的刺激，如突发事故、大灾难、强烈应激反应等，有可能使当事人的逻辑思维能力暂时性丧失——可以认为左脑"死机"了，一时失去了正常思维和判断能力。而此时关于灾难事故等刺激的第一印象以原始的直接刺激形式停留在右脑中，不能转化为意识刺激，这也就是为什么很多人在经历创伤后脑海中会经常闪现当时的创伤场景。

（二）活化

在某种特定状态下，心理救援工作者让当事人的眼球随自己手指移动数十次，可以有效地解开神经系统的"锁定"状态，并使当事人将创伤的经验在大脑中进行再加工。

在 EMDR 过程中，快速眼动将创伤性信息封存起来，同时激活了大脑中的天然治疗系统。"所谓的天然治疗系统就像睡眠的机制一样"，Shapiro 说，"EMDR 和快速眼动睡眠相似，快速眼动睡眠时人在做梦，这也是修复记忆的一段时期。"这种修复就像清理电脑磁盘的碎片，是为了维护电脑的正常运行。EMDR 就像是一个"格式化"的过程。

EMDR 基本理论假设：人在遭遇到不幸事件时，有一种内在的本能去冲淡和平衡不幸事件所带来的冲击。虽然 EMDR 疗法的有效机制尚未完全明确，但可能与增进左右大脑半球之间的神经顺畅运作及沟通有关。研究显示，创伤记忆和负面资讯常被储存在大脑右半球的身体知觉区，使大脑本身的调适功能和正常的神经传导受到阻碍，因此造成了想法上的执着和知觉、情绪上的不适。在这样的情形下，让双眼的眼球有规律地移动，可以加速脑内神经传导活动和认知处理的速度，起到"解锁"的作用。

三、眼动脱敏与再加工疗法的神经机制

（一）Shapiro 的 AIP 模型（adaptive information processing model）

Shapiro 认为，人们之所以会出现各种各样的 PTSD 的表现，是因为大脑对创伤事件的信息加工没有达到适应性的状态。创伤记忆的信息被"堵"。导致了闪回、梦魇、警觉性增高等症状表现。EMDR 能够让当事人对创伤信息进行重新加工，并基于此建立正确的认知和积极的情感[12]。

（二）双重表征加工理论和 EMDR

人对创伤的记忆包括两方面的内容表征：其一是可以陈述的成分，称之为语言进入记忆；其二是只能在特定的提示下才能唤起的记忆成分，称之为情景进入记忆。人类对创伤事件的情绪加工需

要在两种水平下同时进行。如在任何一个水平上出现问题都会表现出各种创伤后应激障碍的症状。EMDR 正是在帮助当事人在两个水平上进行正确的情绪加工，从而起到治疗的作用。

Shapiro 认为，眼动激发大脑的自然机制，将创伤性记忆（那些非常生动，并伴随有过往情绪和躯体感受的记忆）转换为正常记忆[12]。EMDR 通过对记忆意象、消极想法和躯体感受进行工作，旨在促进对创伤事件的信息加工过程，促进创伤相关的负性认知重构。

四、眼动脱敏与再加工疗法的治疗程序

为了方便学习和操作，Shapiro 把 EMDR 总结了 8 个步骤。Shapiro 认为每一个治疗步骤都是产生有效治疗效果所必不可少的过程。在整个治疗过程中，EMDR 都始终关注正在发生的情感和生理上的变化[12]。

（一）诊断性访谈

与事故经历者建立真诚和互相信任的沟通关系，了解其个人信息和心理痛苦资料、事情发生的经过，以及矿山灾难性事故带给事故经历者的痛苦和意义。评估其对采用 EMDR 干预的合理性，向事故经历者介绍 EMDR 治疗的作用和过程，并在访谈过程中使事故经历者理解创伤事件及创伤的意义，向事故经历者讲述 EMDR 有关资讯和有效的机制，便于打消疑虑并积极配合。

（二）心理救援工作者和事故经历者的准备

主要包括确定二者的位置和示范眼动过程。一般心理救援工作者坐在事故经历者右方，椅子与地面成 45°，二者距离以让事故经历者感觉合适为宜。要求事故经历者双目平视，心理救援工作者用并拢的示指和中指在事故经历者视线内有规律地左右、上下、斜上、斜下或划圈运动（晃动间距约 60cm，约每秒运动 1 次），要求事故经历者始终注视着心理救援工作者的手指，眼球跟随手指左右转动。可对二者距离、手指晃动间距及频率做相应调整，以事故经历者感到舒适为好。在正式开始前要约定停止信号，干预过程中信号出现干预停止。

引导语："一件让人难受的事情发生后，它原始的图像、声音、想法、感情和身体感觉会被锁在大脑里。EMDR 看起来会刺激这些信息，让大脑加工这些体验。这就和快速的眼睡眠或者睡觉做梦时的情况是一样的，这是你自己的大脑在做治疗的工作，而且你是控制这一切的人。"

（三）评估

评估的目的是找到事故经历者和心理救援工作者达成一致的、作为心理救援计划的和创伤事件直接相关的记忆。这一步中，事故经历者要选择想处理的一个特定记忆，并且选定与事件有关、最使其感觉痛苦的视觉图像。心理救援工作者与事故经历者一起讨论和评估主观不适感觉单位（subjective units of discomfort，SUD）的水平和他们认知准确性（validity of cognition，VOC）的程度。前者是指那些与事件有关的闯入性的表象、印象、思绪、情绪、观念想法、声音、感觉、闪回，对周围事物的麻木、反应迟钝等所引起来访者心理痛苦的程度，分为 0～11 级。后者是指事件的发生使经历者产生了哪些负性的信念和价值，或使经历者过去的哪些信念、价值发生了负性改变、怎样改变及其程度，分为 1～7 级。

（四）眼动脱敏

眼动脱敏主要是针对诱发事故经历者创伤性痛苦的"扳机信息"（一般是诱发闯入性或再体验的负性信息）。心理救援工作者让事故经历者集中注意于视觉映象和甄别出的负性信念、情绪，以及伴随的躯体感觉，同时在心理救援工作者的手指带动下做 10～20 次眼球运动。此后完全放松，让其

闭目休息，排除头脑中的各种杂念。休息 2～3 分钟后提示事故经历者体验和评价躯体有何不适感（如头胀、胸闷、肩痛等）。并按上述对 SUD 重新进行评估。如果分值较高或痛苦感觉较严重，则带着"目前状态"重复做上述眼球运动。这种负性状态会在眼动过程中逐渐淡化或消失。做几次眼球运动需要根据痛苦缓解的程度来定。如果 SUD 降到 1～2 级，则可进行"积极认知及情绪导入"。然后进行眼球运动、体验与重新评价，过程同上，评估指标为 VOC。

（五）经验意义和认知的重建

与事故经历者就主要痛苦体验和诱发痛苦体验的因素进行讨论，以便促使事故经历者对矿山灾难性事故、创伤性反应以及创伤所带来的负性信念和价值进行领悟，促使事故经历者对消极信念进行重新评价与建构，以期发展出适应的应对方式。积极或正性认知重建的效果可以用 VOC 评估，直至对 VOC 的评分升到 7 分。

（六）躯体感觉检查

心理救援工作者要求事故经历者在想象视觉映像和正性认知的同时，"检查"全身各部位的感受，注意是否还有其他身体紧张或不适感。因为痛苦情绪往往会以躯体不适的形式表现，所以只有当创伤性记忆出现在意识中且没有情绪和躯体上的紧张时，干预才被认为完成。如果事故经历者报告有身体不适，可以针对这些不适继续进行眼动处理，直到不适感减轻或消失为止。

（七）疗效的再体验和评估

心理救援工作者和事故经历者一起就双方在整个干预过程的内容、体验、收获和遗留问题进行讨论。可以使用 SUD、VOC 和躯体感觉自我报告的评估，重点在于强化干预对象在本次治疗所获得的效果和影响。

（八）治疗结束

告诉事故经历者治疗将要结束，解答他的疑问，并要求事故经历者做好干预后记录。然后共同制订下一步的目标和心理干预计划，结束本次干预。

可以对事故经历者说："今天我们所做的加工可能在结束后还会继续。你可能注意到一些新的想法、记忆和梦，也可能不会注意到。请力图关注你所体验到的东西并记录下来，下一次我们可以使用这个新的材料。同时请记住每天使用一次自我控制技术，在你完成了日志后也使用一次自我控制技术。"

经过成功的 EMDR 治疗后，事故经历者痛苦的经验被修通，最终达到"适应性解决"（adaptive resolution）。事故经历者终于理解创伤事件已经过去，是谁或是什么应该对事件的发生负有责任，而且更加确定地感觉到现在是安全的，感觉到自己有能力做出更好的选择。事故经历者可能仍然会记得曾经发生的事件，但是伴随的痛苦感觉已明显地减轻。此时，事故经历者会发展出新的、更灵活的行为方式。

五、眼动脱敏与再加工疗法的注意事项

1．有引起眼内压升高的疾病的事故经历者不适合使用 EMDR。若眼动中出现眼痛，需要立即停止。
2．有癫痫史患者的事故经历者有可能出现癫痫发作。
3．脑部受损者 EMDR 可能无效。
4．物质滥用者需要首先戒除滥用物质。
5．治疗室要准备好足够的物品（水、纸巾、垃圾桶）和做好隔音。

第四节 认知行为治疗

对处于不同阶段的事故经历者采取不同的干预策略是心理救援工作者的共识,在矿山灾难性事故的 30 天后,对仍然存在某些心理症状的个体开展 4～12 次的认知行为治疗,这是目前普遍使用的治疗方法,也是目前认为比较有效预防 PTSD 的方法[13]。

一、认知行为治疗概述

在认知行为治疗专家看来,心理的紊乱总是以个体对现实的歪曲理解为基础,片面地判断现实与推测未来,进而导致社会适应不良。发现并纠正错误的思维方式是重返心理健康的有效途径。认知行为治疗专家主张,对某些存在认知歪曲的人综合利用经典行为疗法和认知疗法技术,针对当事人认识过程的不同方面(如信念、态度、期望和应对手段)进行矫正,是恢复心理健康的重要措施。

(一)认知行为治疗的概念

认知行为治疗(cognitive behavioral therapy,CBT)是一组治疗方法的总称,是认知疗法与行为治疗相结合的一组通过改变人的不合理思维或信念,达到消除不良情绪和行为的心理治疗方法[14]。在治疗过程中既采用各种认知矫正技术,又采用行为治疗技术,故称之为认知行为治疗。所谓认知,是指人认识外界事物的过程,或者说是对作用于人体感觉器官的外界事物进行信息加工的过程。包括个体对某些事物所持的信念和信念体系、思维的倾向性等。具体来说,就是指一个人对人、对事、对周围环境认知和看法、见解等。

(二)认知行为治疗的基本理论

Albert Ellis 和 Aaron T. Beck 认为适应不良性认知(maladaptive cognition)是造成适应不良性情绪和行为的根源[15],只要矫正了歪曲的认知,由其派生的不良情绪和行为也随之矫正。适应不良性认知可能来源于现实,也可能来源于以往经历,还有可能源自当前的病态。例如:某位事故经历者对工友的罹难感到深深的自责,认为是自己没有及时帮助他脱险所致,便是由于他的不合理认知,而导致负性情绪反应和行为表现。

认知行为治疗的理论观点认为[16]:危机反应与认知之间存在着密切的联系,对危机事件的认知评价直接影响个体的应对活动和最终的心身反应性质和程度。很多研究都证实,认知行为治疗适合危机发生时的早期心理干预。这是因为在危机中,人们容易产生一些不合理的信念和认知,由此产生严重的情绪反应和行为问题,通过转变不合理的认知,达到改变情绪和行为的目的。

(三)认知行为治疗与其他心理救援技术的区别

认知行为治疗既是一种常用的心理治疗方法,也是一种行之有效的心理干预技术。与其他心理危机干预方法比较,认知行为疗法具有以下特点:

1. 灾难性事故发生后的 1～3 个月时,如果事故经历者仍然存在精神症状,可以采用认知行为治疗。因此,认知行为治疗属于针对灾难事故发生后的心理干预而不是即刻性的紧急心理救援。一些对照实验研究发现,某些特定的认知行为治疗可以降低暴露在危机事件中人群的 PTSD 发病率。

2. 认知行为治疗着重解决危机过程中当事人有关灾难性事件的不合理信念,帮助人们意识到危机并改变自己对危机的看法和态度。认知行为治疗中最基本的原则是帮助危机中的人们通过改变认知重新获得控制感,确认并消除认知中不合理的和自我挫败的部分,重获理性认知并专注于自我提升,这对危机后的恢复具有至关重要的作用。

二、认知行为治疗技术

对于经历了矿山灾难性事故且仍然存在各种心理症状的个体采用认知行为治疗技术是使其恢复健康的重要手段,认知行为治疗技术主要包括心理卫生教育(psycho-education)、暴露(exposure)、认知重建(cognitive restructuring)、焦虑管理训练(anxiety management training)四种[17]。

(一)心理卫生教育

心理卫生教育是教导事故经历者及其家人了解关于PTSD的症状表现和他们可以得到的援助与干预。提供应激反应的正确知识,使他们明白自己的症状是突发事件下的正常反应。让他们了解到经过一定的治疗程序和时间是可以克服这些症状的,同时告知可能采用的心理干预的方法及原理。

(二)暴露技术

暴露技术指让事故经历者面对曾经令人害怕的情境,通过放松训练,逐渐控制这种情境引起的情绪反应。可以通过想象和回忆调出曾经害怕的情境。主要技术包括系统脱敏、EMDR、延时暴露(prolonged exposure)、想象暴露、虚拟实境(virtual reality)。

1. 系统脱敏技术 系统脱敏技术是使用放松训练,通过对由低至高不同等级的恐惧刺激进行暴露的方式对恐惧刺激进行脱敏。

2. EMDR 在EMDR治疗中,事故经历者根据治疗师的指示,其眼球及目光随着治疗师的手指移动,直到痛苦的记忆及不适的生理反应被成功地减弱为止。

3. 延迟暴露 延迟暴露疗法是基于情绪处理理论,由传统暴露疗法发展而来,通过修改恐惧结构中的病理性元素的一种专门用于PTSD的干预方法。主要聚焦于与创伤有关的情绪和认知。在干预过程中要求危机经历者反复回忆创伤性事件,大声用语言描述,目的是使其创伤性记忆与恐惧、痛苦情绪之间的连接习惯化,并且对创伤认知进行加工,直至主观上不觉得困扰为止。

基本流程:延迟暴露疗法分三个阶段进行,第一阶段为建立关系和收集资料阶段,一般在1~2次完成,主要任务是搜集资料,建立良好的信任关系,初步评估,讲解本疗法的基本原理,与事故经历者一起构建现场恐惧等级;第二阶段,包括每次45~60 min反复的想象暴露和本阶段最后一次的30分钟的现场暴露。第三阶段为结束阶段,主要任务是回顾和总结,讨论未来症状再次出现应该如何应对,将学到的技能运用于生活。在实施暴露过程时,要考虑患者的生理、心理承受力,使其逐渐地适应焦虑情境。

4. 想象暴露 想象暴露让事故经历者在脑海中再现创伤情景,同时详细叙述创伤情景,时间为45~60 min。将暴露过程制作成录音带,让事故经历者每天听。

(三)认知重建

认知重建注重对患者的思维、推理和信念中的不合理成分进行矫正。尽管各种认知重建法都关心当事人的认知,但不同的认知疗法学派在治疗技术上各有差异。如Ellis的合理情绪疗法认为[18],当事人的不良情绪和不适应行为是由不合理信念造成的,因此在治疗时通过与不合理信念进行辩论来重建信念系统。而Beck则认为[19]认知疗法法通过矫正当事人歪曲的思维模式进行认知重建。Meichenbaum的自我指导疗法[20]是通过指导患者用正面、积极的自我对话取代消极的内部语言,以此达到治疗目的。

(四)焦虑管理训练

焦虑管理训练,即通过为当事人提供应对技术,帮助他们获得对恐惧的掌控感,降低其唤醒水平。包括放松训练、积极的自我陈述、呼吸训练、生物反馈、社会技能训练等。最常用的焦虑管理训练是应激预防训练（stress inoculation training）。这种训练方法包括3个阶段：第一是教育阶段，在这个阶段让当事人理解应激现象是自然现象，并了解正常的应激反应；第二阶段是提供应对特殊情境的专门技术，如放松、思维阻断法、改变认知的自我对话、模仿、角色扮演等；第三阶段是应用所接受的训练。

第五节 心理动力学心理治疗

对于持续存在心理症状的事故经历者来说，减轻症状、恢复社会功能是当务之急，而每一种心理干预的方式都有其局限性。在经历矿山灾难性事故后，存在创伤后应激障碍的人群中，既有"普通感冒"，也有难以治愈的"癌症"。作为一名优秀的心理救援工作者，要熟知心理干预的艰难性，并对不同的心理干预技术有所了解，并能根据当事人的不同人格特征及心理特点选择与之相适应的干预策略，以保证干预的有效性。

一、心理动力学心理治疗简介

心理动力学治疗是现代西方心理学的最主要流派之一，其概念来自苏里番学派（H.S.Sullivan）[21]。以精神分析理论为指导的心理治疗、动力性心理治疗和探究性心理治疗均是对该治疗方式的描述，即其总的特点与精神分析理论密切相关。

（一）心理动力学心理治疗的概念

心理动力性心理治疗（psychodynamic psychotherapy）是通过言语交流，探索患者内心情感、内心世界和人际交流中的关系模式，将其过去的体验与现在的症状联系起来进行理解，从而改变其现在的行为模式，以达到治疗目的。所谓心理动力是指在人格三大系统（本我、自我和超我）中，精神能量的分布和转移的过程。心理动力学假定心理症状产生于情感压抑，将症状视为大量能量转换的产物。

心理动力性心理治疗的焦点是患者过去的体验对现在行为（认知、情感、幻想和行动）的影响，治疗目标是理解在治疗关系中患者出现的防御机制、移情反应。心理治疗师运用治疗联盟、自由联想、阻抗和移情的解释、定期有规律的会面等技术来达到治疗目标。

心理动力学心理治疗主要分为3个阶段：第一阶段是加强患者的安全感、稳定感，使患者足够坚强，有能力面对创伤性经验和人格问题；第二阶段是帮助事故经历者回忆痛苦的经历，将对丧失和创伤的痛苦体验表达出来，在事故经历者的分离性症状解除后，进入第三阶段；第三阶段是重建创伤记忆，这时对事故经历者的自我、人际关系和社会功能进行连接、整合和修复[22]。

（二）心理动力性心理治疗的特点

与经典精神分析治疗相比，心理动力性心理治疗具有以下特点：

1．心理动力性心理治疗的设置有自由的空间，自由联想、行为、愿望、幻想、梦及其他内容都可以作为治疗主题加以讨论。这种开放的形式对治疗过程的发展至关重要。

2．治疗师的行为较为灵活，治疗态度积极，治疗目的明确。

3．将对生活事件的回顾与现实（此时此地）结合。

4．治疗的重点是了解当事人的人格特征、心理冲突及适应不良的行为模式；治疗目标是缓解或消除症状，改善与之相关的社会范畴的交互模式及现实的人际关系。

5．移情过程的意义在于帮助治疗师理解冲突，并对冲突进行工作，促进治疗工作的顺利进行。

6．治疗师的反移情对治疗起到帮助作用。

7．治疗师的"节制"不是"无动于衷"，而是鼓励患者增加表达与控制并战胜无助感和恐惧感[23]。

（三）心理动力学心理治疗的理论基础

心理动力学心理治疗以最初由弗洛伊德（Sigmund Freud，1856—1939年）创立的心理功能的原理和心理治疗的技术为基础。弗洛伊德是精神分析理论的创始人。他最初用催眠疗法治疗患者，当他发现催眠的局限性后，转向了自由联想技术。在弗洛伊德看来，自由联想是理解患者未意识到的（潜意识）心理冲突的方法，这些冲突源于早年的心理发展过程，并延续到了成年期的生活。此种冲突是行为的模式，即在儿童期植入脑中的情感、思维和行为的模式。

心理动力学心理治疗的基本观点是假设无意识的心理活动可以影响有意识的思想、情感和行为；心理动力学心理治疗是指以心理动力学观点为基础的心理治疗方法。

总体来说，心理动力学心理治疗的理论基础包括以下内容：① 潜意识心理学；② 冲突与客体心理学；③ 移情与反移情理论和治疗应用；④ 防御工作的理论与治疗应用（阻抗）；⑤ 治疗目的限定的设定，退行过程的限制；⑥ 具备帮助的关系作为治疗过程的基础；⑦ 对与精神分析总体理论的联系加以限制，多元理论不被接受。

二、心理动力学心理治疗的两种治疗模式

心理动力学心理治疗在发展的过程中，根据患者冲突模式、自我强度的不同，分为两种不同的治疗模式[24]，分别是表达性心理动力学心理治疗（expressive psychodynamic psychotherapy）和支持性心理动力学心理治疗（supportive psychodynamic psychotherapy）。

（一）表达性心理动力学心理治疗

表达性心理动力学心理治疗是通过分析患者的防御机制和阻抗来揭示患者的内心冲突，通过解释和内省来解决冲突。此种治疗扩展了分析技术（如澄清、解释、建议等），但是摒弃了经典精神分析的自由联想和梦解析，也不去过分追究造成现在心理痛苦的早年经历。运用该项治疗技术时，患者应有足够的自我强度、领悟力，并能忍受冲突带来的焦虑。

（二）支持性心理动力学心理治疗

支持性心理动力学心理治疗是通过增加患者自我强度的各种方式来减少外在的（情景的）或内在的（本能的，驱力相关）压力。支持性心理动力学心理治疗旨在增强患者的内在能力，解决其内心的冲突和焦虑，或者是症状性的表现。通过非解释和内省的方式促成有效行为的发生和症状的缓解。

支持性心理动力学心理治疗的一个原则是唤起患者对治疗师的一种正性的依附关系。这种关系是其他支持性机制合理起作用的基本前提，也可称为移情性治疗的基础。在支持性心理动力学心理治疗中，患者和治疗师之间的关系在更多时候不是解释型或分析型的模式。

所采用的治疗技术有：宣泄疏导、建议、巧妙处理、澄清、广义的解释。治疗师可以灵活运用这5项技术来处理患者的特殊需要。而且在适应证上，所有不能用经典的精神分析或表达性心理动力学治疗的患者都可以适用于支持性心理动力学心理治疗。可见其比经典的精神分析的治疗范围要宽广得多。

三、心理动力学心理治疗的过程

在心理动力学治疗中,理解患者生命早期的认知和情感模式(防御机制)以及患者在治疗关系中与治疗师的关系模式(移情)是治疗带来改变的基础。良好的治疗设置可以促进这些关系模式的再现,使其可以被分析,而不是与现实的医患关系混淆或被忽略[25]。

(一)评估阶段

评估包括一般的医学评估、心理动力学倾听与评估。

1. 医学评估 医学评估首先要评估患者是否存在器质性疾病、是否需要药物治疗以及意外情况的风险等,以判断患者是否适合做心理治疗或心理动力学心理治疗。

2. 心理动力学 心理动力学倾听要求治疗师采取好奇的态度倾听意义、寓意、心理发展序列以及患者经历过的人际关系及医患互动关系方面的细微特征。要特别注意倾听患者对现在和过去经历之间的关系的描述,这些经历涉及情绪、愿望、自尊调节、人际关系等方面[25]。

3. 心理动力学评估 心理动力学评估的资料来源于询问和心理动力学倾听。评估是为了整合患者的主诉、现病史、既往史、家族史、发展史、创伤事件、精神状态检查结果、医患互动模式、移情和反移情等。通过评估,实现从心理动力学的视角理解患者主观描述的、过去的和现在的经历。根据心理动力学的解析,治疗师可以对潜在的医患互动、患者的防御模式和人际互动做出预测。

(二)开始治疗阶段

向患者说明心理动力学治疗的目标和过程,通过解释使患者了解心理动力学治疗,告诉患者治疗过程中可能出现的对治疗的失望,患者需提前做好心理准备;同时要详细介绍设置的内容,因为好的设置是治疗成功的一半。

此阶段最重要的是要建立安全的治疗氛围,治疗师的任务是让患者理解过去是现在的模板,了解移情、防御和阻抗的概念、解释治疗师的节制、保持关切和建立治疗联盟、处理开始治疗阶段的失望。

(三)治疗阶段

这是治疗的关键阶段,在这个阶段要做的工作有:

1. 阻抗进行分析 不管患者治疗的动机有多强烈,但在患者的潜意识中对恢复健康都持有矛盾情感。因为情感症状总是伴随潜意识冲突,这些冲突是由创伤性记忆和痛苦体验等组成,导致患者症状的某些力量会阻止这些记忆、体验和冲动在意识中出现,阻碍患者将痛苦的情感内容带入意识,因此阻抗和防御必然会在治疗过程中产生。

解释阻抗的原则是承认现实因素对阻抗的作用,设身处地地理解患者的阻抗和防御,通过解释分析使患者觉察到阻抗与防御的存在,然后再解释其与患者产生阻抗的原因。

2. 移情分析 移情(transference)是指在心理治疗过程中患者将过去与重要他人的关系转移到与治疗者的关系上的过程。移情分析是心理动力学治疗的核心,是治疗师最重要的工具之一。

强烈的移情提供了一个理解和修通患者早年重要生活经历的机会。治疗师帮助患者识别移情,协助其理解在所有情境中个人的反应模式。当移情充分展开并被仔细探索后,患者才最有可能成功地维系幸福感和触控感。并且,在探索过程中,患者将会掌握自我探索的技巧,这些技巧在治疗的结束阶段会进一步得到强化。

3. 梦的分析 心理动力学心理治疗更强调患者近期的经历,因此早期治疗师更关注梦的日间残留,即患者近期生活中发生的事情,构成梦的素材来源于此。接下来,治疗师可以帮助患者识别和说明梦中的防御机制和阻抗，运用梦来揭示潜意识的愿望、恐惧和冲突。

（四）结束阶段

帮助患者识别结束阶段的到来，心理动力学心理治疗结束的标准是：体验到症状的缓解，理解自身的特征性防御和移情反应，能够自我探索并将其作为一种解决内部冲突的方法。

在结束治疗阶段，患者需完成4项主要任务，包括：回顾治疗，有助于自我认识和自我探索；体验和治疗师分离，丧失体验转变为成长的机遇；重新体验和掌控移情，是别人练习新掌握的技能和知识的机会；开始自我探索，解决当前已被充分理解的内部冲突。

第六节 意义疗法

经历矿山灾难性事故后，部分事故经历者的心理创伤持续存在，可能因长期处于抑郁或其他的负性情绪中而不能自拔。因此，寻找生命的意义是帮助事故经历者树立生活信心、提高生活质量、恢复社会功能的重要举措。

一、意义疗法简介

（一）意义疗法的概念

意义疗法（logo therapy）是一种在治疗策略上着重于引导来访者寻找和发现生命的意义，树立明确的生活目标，以积极向上的态度来面对和驾驭生活的心理治疗方法。

（二）意义疗法的理论基础

意义疗法是由美籍德国心理学家弗兰克尔（Victor Emil Frankl）倡导的[26]。该疗法以存在主义哲学为思想基础。弗兰克尔认为："人是由生理、心理和精神三个方面的需求满足的交互作用统合而成的整体，生理需求的满足使人存在，心理需求的满足使人快乐，精神需求的满足使人有价值感。"对生命和生活意义的探索和追求是人类的基本精神需要。努力探索生活的意义和目的，是人类的一个独有心理特征，也是心理健康的重要标志，这种探索会增加在已经达到的和应该达到的目标之间的张力，即在"我现在是什么样子"和"我应该是什么样子"之间保留着一个空间，而设法填补这个空间正是我们健康人永远追求着的目标，这个目标给人的生活带来积极的意义。

弗兰克尔指出，当人们在追寻生命的意义时，必将会遭遇各种各样的挫折，这些挫折会动摇人们的行动与决心，如果不能按照最初的设想去实现目标，很有可能出现各种神经症症状。此时就需要意义疗法来帮助人们克服这些困难，帮助他们发现这些存在的挫折背后所隐藏的意义。

弗兰克尔认为，人生的意义建立在精神层面的价值感的获得。意义疗法的核心就是帮助事故经历者寻找失落的生活目标和三种需求的满足，建立明确而坚定的、乐观的人生态度。

追寻生命的意义是意义疗法的核心内容[27]。弗兰克尔认为"生命中存在着意义"能帮助人在恶劣的环境中生存下来。哲学家尼采曾说过："知道为何而活的人，可以忍受任何如何活的问题。"

二、治疗策略

（一）介绍存在主义的基本思想

向事故经历者讲授存在主义对待人生的基本态度和观点，帮助他们寻找和发现生命的意义。具体可从以下4个方面着手：第一，引导事故经历者回顾和参加原本擅长的活动或劳动，发现和体验创造的价值；第二，通过参加劳动、观赏自然风光和艺术作品，从平常的生活中体验生活的美好与价值；第三，通过阅读名人传记和回顾自己过去的成功与失败的苦乐经验，讨论生活态度在对待人生逆境中的巨大作用和价值；第四，引导事故经历者认识到他的健康与存在对家庭乃至整个家族的重要性，使之感受家庭的温暖及支持。

（二）寻找存在的意义

引导事故经历者从上述4个方面寻找自己生活的意义和存在的价值，同时引导事故经历者做"转向思考"和"反向思考"的心理练习，明确自己有决定如何存在的自由，确定一个属于自己的人生目标。

（三）鼓励与支持

在持续的治疗中，及时地对事故经历者在生活上迈出的任何一步都给予鼓励和支持，对其任何生活意义的新发现都给予鼓励性的评价，帮助他们树立生活的信心。可以建议他们写生活随笔，随时记录生活中的感想和体会，帮助他们找寻存在的意义。

三、意义疗法注意事项

（一）协助事故经历者找寻存在的意义与价值

心理救援工作者的作用并不是告诉事故经历者他们生活意义是什么，而是鼓励他们寻找和发现自己存在的意义与价值，切不可用自己的价值观指导他们。

（二）寻找新的存在意义

有的事故经历者在没有经历矿山灾难性事故之前有着积极正性的价值观，但在经历了这场事故之后放弃了原来的价值观，这时心理救援工作者应鼓励事故经历者尝试用新的价值观念来重新体验和感受生活。

（三）提供心理支持

经历了矿山灾难性事故的人，内心十分脆弱，执行力、行动力也随之下降，因此，心理救援工作者要不断地肯定他们的能力以增强他们的自信和勇气，这样有助于他们改变原来的生活模式和行为方式。心理救援工作者应为不断追求意义和有承诺行为的事故经历者提供充分的心理支持。

第七节 负性情绪的处理

经历灾难的人们大多有一些负性情绪[28]。这些情绪包括焦虑、恐惧不安、警觉性增高、恐惧、激惹性增高、个别人出现冲动行为等，大部分人的这些情绪会随着时间的推移逐渐消失，直至恢复平时的情绪状态。但是还有一部分人中，这些负性情绪不但没有消失，反而对正常生活构成了严重的影响，因此需要根据事故经历者的实际情况选用合适的心理救援方法对其实施干预，对这些情绪进行处理。

一、负性情绪的含义

顾名思义，负性情绪就是那些给事故经历者带来痛苦或造成不良影响的情绪。这些情绪需要及时处理与疏导才能维系事故经历者的正常生活。

负性情绪的处理可以是以团体的形式进行，也可以是一对一地开展工作。工作的要点是：建立良好的沟通关系，当事故经历者建立起对心理救援工作者的基本信任后，心理救援工作者鼓励他们对所经历的悲惨画面进行描述，重点是表达画面给事故经历者带来的痛苦体验；心理救援工作者要给予情感上支持和鼓励；同时关心事故经历者谈完上述内容之后的感受。然后，让每位事故经历者谈一个经历过的温暖画面，如一家人在一起其乐融融，或与某人在一起相互帮助与鼓励等，同时表达其内心的感受。心理救援工作者对其进行正性理念的引导，使之负性情绪减轻或消失。

二、负性情绪的处理

（一）负性情绪的处理技术

负性情绪处理技术通常以小组形式开展工作，一般由两名心理救援工作者参与主持工作，其中一名为领导者，另一名为协作者。领导者介绍工作的目的、开展工作、提出要求等；协作者配合完成，并全面观察活动现场，帮助领导者控制场面及工作进程，及时地补充领导者表达不充分的地方。参与的小组成员随机发言，不做强制发言的要求。某人在表达时，其他人认真倾听。小组成员控制在15人左右，小组成员发言时间一般在 40～90 min。

第一阶段：负性情绪的处理

在建立彼此互信的沟通关系后，鼓励小组成员对他们的创伤经历或者具体的创伤情景进行表达，表达的过程有助于事故经历者对创伤体验的整合。因此在鼓励表达时，领导者要引导他们重点描述那些让他们有痛苦体验的经历，因为一些事故经历者的体验大多以闯入性刺激画面的形式保留在大脑中。所以，在表达时可以让他们结合自己的创伤经历，重点地描述那些强刺激性画面，要求画面的描述具体、清晰。需要强调的是，纯粹叙事性的表达没有干预效果，有时还会造成二次伤害。所以，在表达过程中，鼓励他们表达创伤经历及刺激画面所诱发的痛苦情绪，使负性情绪外化是处理负性情绪的关键。

负性情绪的处理是一个创伤经历表达及负性情绪宣泄的过程，可以将它描述为"语言加泪水"。在这个过程中，领导者可以对每个事故经历者的创伤症状进行评估，并筛查出创伤程度比较严重的个体，以便随后进行个体干预。

第二阶段：传授放松技巧

领导者向事故经历者简单介绍放松的原理和一些放松的方法，如呼吸放松等，并用口述指导语的方式示范放松步骤，让他们体验放松带来的身心舒适的感觉，并习得某种放松技巧。

第三阶段：正性资源替代

在此阶段，领导者要对事故经历者所经历的事件进行引导，调动其自身资源，找到能让他们感动的、感受到人性光辉的、带给他温暖和有力量感的画面或正性事件，同时体验与这些温暖画面相联系的正性情感；使其对创伤记忆的认知和体验更加积极，以完成正性资源对负性情感的部分替代，从而达到负性情感与正性情感之间的平衡。

（二）图片-负性情绪打包处理技术

对那些因经历灾难性事故有明显心理痛苦，表现出明显急性应激反应（如强迫性的闪回、反复体验创伤情景、睡眠饮食受到严重影响等）的个体，可采用图片-负性情绪打包处理技术来处理症状。研究结果表明，该技术能够有针对性地处理急性期容易诱发未来发生PTSD的核心症状闪回、创伤体验等症状，最大限度地降低被干预者未来PTSD的发生率[29]。

1. 建立良好的沟通关系　任何心理救援技术的实施都是建立在相互信任的基础之上，建立积极的治疗联盟是心理救援取得成功的重要保证。

2. 图片-负性情绪打包处理技术的具体操作流程

（1）图片-负性情绪联结：各种灾难场景往往以图片的形式出现在被干预者的脑中，这些图片会引起很多的情绪反应，如恐惧、紧张、悲伤、内疚等。让被干预者想象在"负性情绪处理"时表达的各种创伤场景，以图片的方式进行描述，然后准确体验每个图片背后的情绪，逐个将图片和情绪一一对应联结。

（2）功能分析、图片分离：对大脑中的图片进行功能分析，有些图片是纯负性的刺激，如分离的残肢、变形的躯体等，这些图片是负性资源，保留无益；有些图片是正性的，可以作为成长资源利用的，建议保留；此外，同一幅图片，有可能既有负性部分也有正性部分，这时候要进行细致的功能分析，谨慎地切割分离。有些图片尽管是负性的，但被干预者看成自身重要的人生经历而愿意保留，此时，我们要尊重被干预者的意愿，从长期看来，这种资源对被干预者是有利的。所以，在功能分析时，不仅要从专业角度来分析其功能是负性还是正性的，而且更应询问被干预者处理某个画面的意图。

（3）图片-负性情绪打包：通过功能分析，干预者和被干预者已经找到了共同的工作目标，即被干预者反复闯入的刺激性的负性图片，而且，这个图片是被干预者非常想处理的。接下来，要求被干预者把注意力集中在大脑中出现频率最高、能引起强烈痛苦体验的刺激画面上，让被干预者通过表达或体验与之相联的负性情绪，从而完成负性情绪与图片的黏合和打包过程。

（4）快速眼动技术：利用快速眼动技术，修通受损的大脑神经通路，阻断创伤记忆与痛苦情感之间的联系。眼动时可以借助其他物件，但要注意移动的距离、频率、幅度。每次眼动后，需要进行放松、情绪状况的评估，并询问被干预者头脑中刺激图片的变化情况。

（5）温暖画面与正性理念的植入：利用其自身资源，让被干预者找个替代性的温暖画面，该画面可以带给他力量。接下来，干预者对其进行正性理念的引导、植入，使其对创伤体验的认知更加积极。之后，干预者对被干预者进行评估，例如，可以询问其感受，观察其面部表情的变化等指标，以达到预期效果，结束此次干预。

3. 图片-负性情绪打包处理技术注意事项　在干预过程中，根据被干预者的需要，干预者要随时运行放松与评估。此外，如果能将整个干预过程进行细化的记录和档案保存，不仅能够提高干预者的实践水平，积累经验，还有利于提高心理危机干预工作的科学性。

（三）温暖画面植入技术

温暖画面植入是早期心理危机干预的一种方式，就是事故经历者在心理救援工作者的引导下进入一种比较放松的状态，然后由心理救援工作者讲述一个轻松温暖、并且可能是事故经历者熟悉的画面（作者经常讲述的是鲜花盛开的公园，因为绝大部分人都去过公园），并不断地重复讲述，使事故经历者达到身心放松的状态，以减轻急性应激反应，恢复心理平衡。

这是作者在长期临床工作的实践中，结合催眠治疗，发现并摸索出的一种快速心理干预的方法，在工作中应用效果明显。其可能的机制是：经过放松，中枢神经系统内的抑制性神经递质分泌增加，增强了他的控制能力，使事故经历者逐渐恢复平静；同时温暖画面的植入使其在感受心理救援者的支持与关怀的同时激活了曾经有过的美好体验，因此临床症状得到有效缓解。

具体技术操作：

1. 温暖画面植入前的准备工作

（1）与事故经历者进行一般的访谈，了解事件发生的过程及事故经历者在此过程中所受的伤害、心理反应等，建立良好的沟通关系。同时在访谈过程中进行汉密尔顿焦虑量表的评估。

（2）告诉事故经历者将要进行的干预方法及作用，打消其疑虑。然后用下述指导语引导事故经历者进行和治疗：

"我知道您刚刚经历了一场惊心动魄的灾难，内心充满恐惧和不安，接下来您只管找一个舒服的姿势坐好（或躺下），然后跟着我说的去想象就行了，其他的您什么也不用做，可以吗？"当事故经历者准备好时就可以进行引导了。

2. 温暖画面植入的实施 用温暖、轻柔且有节奏的语言做如下引导：

（1）"用你自己习惯的方法做3个深呼吸，让自己感到放松。"然后用放松训练的方式引导事故经历者进行全身放松，当感觉到其全身都放松了的时候，为其脑海中植入一副美好而温暖的风景画。

（2）可以如是说："请您想象着您来到了一座美丽的公园，沿着公园里的林荫小路您在漫步，您看到了小路的两旁绿绿的草坪，远处的花园里开满了格式的鲜花，鲜花散发出沁人心脾的芬芳，闻着花香您来到了花园，和您一样被鲜花吸引过来的还有一些孩子，他们看着盛开的鲜花叽叽喳喳地说着、笑着，您在静静地看着他们，内心非常放松、平静、舒适……"可以再进一步描述，然后反复，整个过程持续20～30 min。目的是使事故经历者充分放松。恢复体力。

（3）用催眠唤醒的方式将其唤醒，如："您的大脑记住了这幅美丽温暖的画面，您的身体记住了这种放松的感觉，每当生活中需要您放松的时候，您就会很快进入现在的这种状态。现在我说1、2、3，当我数到3的时候您就回到这个房间。"然后进行数数，当数到"3"的时候，声音要短促有力。

（4）与事故经历者交流感受：直到结束后静静地等待，等事故经历者完全觉醒后再与之交流。通常事故经历者会首先报告他的感受。此时，应顺着他的思路，进行正确理念的引导，然后结束干预。

（程淑英）

参考文献

[1] 陈健．早期心理危机干预在特大火灾救援中的应用．解放军护理杂志，2011，28（12 B）：13-15．

[2] 沈永江．心理咨询中的"倾听"策略研究．教育理论与实践，2004，24（12）：30-32．

[3] 杨凤池．咨询心理学．北京：人民卫生出版社，2013．

[4] Irvin D. Yalom．给心理治疗师的礼物．张怡玲，译．北京：中国轻工出版社，2004．

[5] 张婷婷．咨询关系中的真诚、积极关注和共情．时代教育，2008（10）：3-4．

[6] 马立骥，张伯华．心理咨询学．北京：北京科技出版社，2005．

[7] 顾瑜琦，孙宏伟．心理危机干预．北京：人民卫生出版社，2013．

[8] 马辛．心理危机干预指导手册．北京：中国劳动社会保障出版社，2008．

[9] 周永奇．放松训练的研究现状与分析．中国成人教育，2008（33）：149-150．

[10] Shapiro，F. EMDR：In the eye of a paradigm shift．Behavior Therapist，1994，17（7），153-156．

[11] 沈政．生理心理学．北京：开明出版社，2012．

[12] Shapiro F, Maxfild L．Eye Movement Desensitization and Reprocessing EMDR：Information Processing in the Treatment of Trauma，a Psychotherapy in Practice，2002，58（8）：933-946．

[13] 曲晓英，刘豫鑫，廖金敏，等．汶川震后孤儿创伤后应激障碍认知行为治疗的初步观察．中国心理卫生杂志，2013，27（7）：502-507．

[14] 李丹．认知行为治疗．牡丹江医学院学报，2007，28（3）：66-69．

[15] 郭东．创伤后应激障碍认知行为治疗的疗效观察．亚太传统医药，2010，7（10）：158-159．
[16] 时勘，秦弋，刘晓倩，等．灾难心理学的理论基础．国际中华应用心理学杂志，2010，7（1）：3-26．
[17] 李成齐．创伤后应激障碍的认知行为治疗研究进展．医学与哲学（人文社会医学版），2011，3（1）：35-36．
[18] 陆明．合理情绪疗法的理论与实践．长春工业大学学报（社会科学版），2008，20（6）：118-120．
[19] JudithS．Beck．认知疗法．翟书涛，等译．北京：中国轻工业出版社，2001．
[20] 郭念峰，虞积生．心理咨询师（二级）．北京：民族出版社，2012．
[21] 胡佩诚．心理治疗．北京：人民卫生出版社，2013．
[22] 赵冬梅．心理创伤的治疗模型与理论．华南师范大学学报（社会科学版），2009（3）：125-129．
[23] Muller N．Mechanisms of relapse prevent ion in schizophrenia．Pharmaco psychiatry，2004，37（2）：141-147．
[24] 吴江．心理动力学心理治疗概述．http：//www．psychspace．com/psych/viewnews-8016．
[25] Robert J．Ursano, Stephen M．Sonnenberg, Susan G．Lazar．心理动力学心理治疗简明指南．林涛，王丽颖，译．北京：人民卫生出版社，2010．
[26] 杨雅琴．追寻生命的意义 - 弗兰克尔意义疗法述评．黑龙江教育学院学报，2008，27（1）：77-79．
[27] 邢军，赵静波，张小远．创伤后人群心理应激反应的意义治疗．医学与社会，2009，22（11）：53-54．
[28] 冯春微，周朝虹．甘仙雯负性情绪在突发事件患者中的影响及危机干预措施．海南医学，2012，23（19）：118-119．
[29] 中国就业培训技术指导中心．心理危机干预指导手册．北京：中国劳动社会保障出版社，2008．

附：案例分析

案例1：

2008年"5·12"汶川大地震后。一项非常艰巨而危险的工作就是抢救埋在废墟中的幸存者和扒出遇难者的遗体，面对如此惨烈的场面，抢险救援的武警战士们尽管经历过很多救灾工作，但眼前一幕幕惨不忍睹的画面仍然给他们的内心带来强烈的冲击。大多数人经过调节之后会恢复内心的平静，但是也有人会产生困惑。及时的心理救援既可以缓解他们当前的痛苦症状，又可以预防PTSD的发生。

小李，男，28岁，某武警消防队员，最近2天在救援现场总是闻到尸体的味道。但是，之后即便没去救援现场，仍能闻到尸体的味道，同时感到不论在什么地方，这种味道始终存在。这使得小李非常恐慌，担心这种味道会始终伴随自己、不能确定自己是不是患上了精神病，一时不知该怎么办。

小李是随某省武警总队来到汶川地震灾区参加抢险救援的一名武警战士，浑身憋着一股劲，希望能多救出一些幸存者，到了现场之后非常努力地工作。然而，救出来的多数不是幸存者。随着时间的延长，在废墟下找到越来越多遇难者的遗体。尽管他并不为此感到害怕，也能正常参加现场搜寻与救援工作，但是无论他走到哪里都闻到尸体腐烂的臭味，甚至吃饭、睡觉的时候也分不清是战友的脚臭还是尸体的臭味。当作者了解到上述情况时，主动找到小李并与之进行了很有成效的沟通交流。具体做法是：

1．请小李谈谈在现场搜救的感受，目的是促进其表达，宣泄负性情绪，减轻心理压力。认真地倾听与回应，表达对小李的理解与支持。

2．听完他的叙述后，向他介绍之所以出现这样的症状是因为长时间在现场救援，不但要克服体力的疲劳还要面对惨不忍睹的工作场面，因此出现这样或那样的症状就不足为怪了，告诉他不要排斥这种感觉，如果能够充分休息，这种感觉慢慢就会消失。对其进行心理卫生知识的辅导，帮助小李打消疑虑。

3．建议他如果方便的话，经常和队友交流，或经常给家人、朋友等打电话，以得到他们的支持，缓解心理压力。

4．充分利用一切可以利用的时间进行休息，恢复体力。告诉他健康的心理孕育在健康的身体中，生理功能的正常对保持精神健康有着非常重要的意义。

经过近 1 h 的交谈，小李紧缩的眉头舒展了。离别时他说："经过与你交流，我才明白这是一种正常现象，我也不再担心自己会患精神病了。现在虽然还有感觉，但我的心情好多了，不用再担惊受怕了。"

这是本文作者在 2008 年"5·12"汶川地震心理救援时接触到的案例。半年后随访，小李的精神活动如常。

案例 2：

某女士，41 岁，工人，已婚。3 天前的早上，该女士骑电动自行车去上班，在行驶到一个"十"字路口中央时，被一辆急速行驶的闯红灯的大货车撞到了路旁，正当事故经历者坐在地上在惶恐中不知所措时，大货车司机走了过来，对其大吼大骂，责怪她说："你是不是不想活了？"此时事故经历者感到更加的无助、恐惧，心里想："怎么没有人救我、帮我，我是不是要死了？"

很快，该女士被救护车送到医院治疗。经检查，该女性除了腿部有一点皮伤外，没有任何其他部位的损伤。但她的情绪极度不稳定，不时地哭闹、恐惧，在综合医院无法处理的情况下，转入精神科门诊治疗。

与她交流时，她讲道："当时自己被吓懵了，不知道自己和电动车一起怎么会从马路中央回到自己刚走过的路边，坐在地上起不来，真希望老公能接自己回家。"讲到这里，突然大哭了起来，称："自己不能控制地总是想哭，脑子里反复出现货车司机大骂时愤怒的面孔和大货车朝自己驶来的刹那。"接着她又说道："很多人都劝我，说我已经很幸运了，被大货车撞飞了，还没有受伤，等于是捡了条命，应该高兴才是。我也知道这些，可就是控制不住。"

心理救援工作者认真倾听该女性的叙述，并通过语言和非语言信息鼓励其继续表达，心理救援者把对她理解的信息及时传递给她，使之感到被理解和被接纳。比如，当该女士讲到货车司机对着她大骂时，心理救援工作者说："被大货车撞倒已经吓着你了，这时非常需要有人安慰和保护你，而这个司机又来指责你，使你更加感到孤立无援和害怕，这样的事不管是谁经历了都会有你这样的感觉。"

该女士又说："大夫，我真的都要被吓死了，现在仍然非常害怕，脑子里就像放电影一样，不停地出现那些大货车向我驶来、司机大声呵斥等恐怖的画面。听你这样说，我的心里平静了一些，有没有什么好办法让我别想这些了？"

该女士当前的主要症状是：一提起自己被大货车撞到就开始哭泣，浑身发抖，出现闯入性回忆，有明显的焦虑、恐惧不安等负性情绪。因此，心理救援工作者在心理救援的过程中主要采用了负性情绪处理技术。

具体做法是：首先让该女性充分地放松，当确认其完全放松时，请其回忆反复出现在脑海中的恐怖画面。当观察到情绪出现波动时，引导她慢慢地放松下来，进入到放松状态。然后，心理救援工作者通过言语描述给她呈现一幅温暖的画面，让她进行想象。心理救援工作者给她呈现了一幅：翠绿的山上树木郁郁葱葱，小鸟在欢唱；山脚下小河流水、鱼儿畅游、孩子在水边玩耍、嬉笑的温馨画面。重复多次讲述这个画面，她慢慢地平静了下来。心理救援工作者接着说道："请你记住这个温暖、温馨、愉快的画面，它会让你感到安全、平静和快乐，任何时候想起这个场景，你都会感到温馨、平和。"

治疗结束后，该女士说的第一句话就是："我现在不害怕了，感觉到你这个房间是那么的安静，刚进来时的恐怖感没有了。"接着她又说道："你刚才说的那个画面就是我前几天刚去过的地方，前几天带着女儿去公园玩，就是这样的一幅场景，那时我和女儿非常开心地玩着，小河里的鱼儿在欢快地游着，看到这些我开心极了。现在，我的脑子里都是刚才你说的那个场景，感觉不再害怕。"此时，事故经历者的身体放松了下来，面目表情中的惊恐消失了。

一周后电话回访，该女性目前状态良好，睡眠、饮食恢复正常，准备再过几天就去上班了。

这是一个处于心理健康教育阶段的案例，主要采用了心理健康教育和负性情绪处理技术，成功地消除了闪回症状及由此引发的情绪问题。步骤包括：搜集资料，评估该女性所处的心理危机时期，并据此确定采用负性情绪处理技术的心理救援措施；访谈中，引导其宣泄负性情绪；运用放松技术以平复情绪，稳定心态；向该女性介绍灾难事件发生后，出现上述症状是正常的，使之不再对出现的症状恐惧；用温暖画面的植入处理其闯入性的恐怖画面及由此引发的负性情绪。在此强调一点，在植入温暖画面时，要用正性、积极的语言反复强化，同时不断地引导当事人放松，使之一直处于比较好的放松状态，只有这样才能达到理想的干预效果。

以上技术操作在早期心理救援过程中，对消除闯入性画面以及与之黏合的负性情绪的效果显著，这一点在很多次心理危机干预中得以验证。闯入性恐怖画面及由此引发的负性情绪给灾难的受害者带来不利影响，如果不及时消除，不但对当前的生活有影响，还可能为创伤后应激障碍埋下祸根，因此要及时消除。

第六章

矿山灾难性事故中获救矿工的心理救援

矿山灾难性事故的发生，不仅带来巨大的经济损失和严重的人员伤亡，更重要的是给当事人造成严重的心理伤害和精神伤害。近年来，人们开始重视人类自身应对灾难的脆弱性问题，灾难对获救矿工的心理行为影响成为关注热点。有研究显示：重大灾害后 2 周，有 20%～30% 的获救矿工发生急性应激障碍（acute stress disorder，ASD）；而灾后 6 个月，有 28%～36% 的获救矿工出现创伤后应激障碍（post-traumatic stress disorder，PTSD）现象[1-3]。心理危机干预不仅可以缓解获救矿工的痛苦、调节情绪和整合人际系统，而且还能塑造社会认知、调整社会关系和校正不良行为，预防 PTSD 的发生，提高生活质量。

第一节 矿山灾难性事故中获救矿工常见的身心反应

矿山灾难性事故中的获救矿工经历了死的考验，其身心受到严重影响，可能会出现身体不适感及精神症状。其症状表现除了与其他灾难经历者相似外，还有其独特性，因为矿山的安全事故绝大多数发生在地下，矿工们很难自行逃生，只能默默等待地面人员实施生命救援。在等待中时时感到死神将要来临，自己又毫无办法。无助、无奈、愤怒等各种情绪油然而生……一旦获救，悲喜交加，各种各样的身心症状也有可能会随之出现。

一、矿山灾难性事故中获救矿工常见的生理和心理反应

（一）矿山灾难性事故中获救矿工常见的生理反应

经历了矿山灾难性事故的获救矿工由于受到惊吓或身体受到损害，常常出现一些生理反应。这些生理反应在不同的时期有着不同的表现。在获救的初期由于被困井下引起的恐惧导致失眠、噩梦、身体发抖、食欲缺乏、恶心呕吐、呼吸困难、胸闷气短、心悸、肌肉疼痛（包括头、颈、背痛）等症状[4]。经过恰当干预，这些症状会随之减弱或消失。但也有一部分获救矿工持续地精神紧张，上述症状不但没有缓解，还可能出现身心疾病，如高血压、糖尿病、溃疡病等。

(二)矿山灾难性事故中获救矿工常见心理反应

矿山灾难性事故获救矿工不但有生理反应,而且会出现各种各样的心理反应。在不同的时期,获救矿工的反应也不一样。了解获救矿工不同时期的心理反应是心理救援工作者选择心理救援措施的指标,也是取得良好干预效果的基本保证。获救矿工常见的心理反应有"最初的震惊""短期反应"和"长期反应"三个心理应激反应阶段。

1. 最初的震惊 经历了矿山灾难性事故,获救矿工最开始出现的心理反应就是强烈恐惧,他们由于刚刚经历了灾难,还没有从当时的情绪状态中走出来,对矿山灾难性事故还心有余悸,因而非常恐惧不安,害怕自己被矿山灾难性事故吞噬。同时还可能有无助、怀疑、困惑、麻木、不言不语等。个别人以否认眼前所发生的事实作为主要的心理防御手段。

2. 短期反应 在经历了最初的震惊之后,获救矿工可能会出现否认事实、警觉性增高、短暂的幻觉妄想、强迫思维、强迫行为等心理反应。除此之外,还可能出现下列反应:

(1)侵入性反应:侵入性反应是创伤经历重新被获救矿工感知的过程。侵入性反应包括令人痛苦的想法或意象(如曾经看到灾难事故的现场),以及关于已发生事件的噩梦。侵入性反应也包括对引起回忆体验的事物所产生的不安情绪或躯体反应。

(2)回避和退缩反应:回避和退缩反应是人们用于保持远离侵入性反应或针对侵入性反应做出的保护性反应。这些反应包括尽量回避交谈、思考有关创伤事件的感受,回避可引起事件回想的任何事物,包括地点以及与发生事件相联系的人。

(3)躯体唤起反应:躯体唤起反应是一些躯体功能的改变,表现为各种疼痛、不适感。躯体唤起反应的意义在于使个体仍然感觉到危险,进而觉察危险,防止危险事件的发生。让身体做出反应,仿佛危险仍旧存在一般。这些反应包括持续"处在岗哨上",心惊肉跳,入睡困难等。

3. 长期反应 如果上述反应过于强烈,持续时间超过1个月或更长时间,这种强烈的焦虑和恐惧最终将表现出不同程度的抑郁、悲伤和绝望。对未来、对生命也失去了继续下去的信心,很多时候会频繁出现自杀意念,同时可能出现持续的生理反应(如心率加快和血压升高),以及持续的睡眠障碍、噩梦不断、经常在梦中惊醒、惊叫等心理病理反应[5]。

二、美国精神医学协会对灾难获救矿工的反应分类

1. 正常反应 表现为发抖、大量出汗、面色苍白。症状可很快消失。

2. 急性恐惧反应 表现为无判断力,行为反常,想逃脱。虽然已脱险,但他还以为自己在危险中,企图逃离"险境",有时又重新跳入困境中。

3. 压抑反应 表现为迟钝、麻木状,无视周围事物,凝视前方,缺乏自制力。

4. 过度活动反应 表现很活跃,歇斯底里的笑,开不适当的玩笑,注意力不集中,不易限定或固定于一处不动。

5. 严重身体反应 四肢活动不自如,站立不稳,常有呕吐。

三、矿山灾难性事故中获救矿工的心理经历

(一)死亡的印记

获救矿工亲眼目睹工友、同事在自己身边的无助和罹难,同时自己也因身陷囹圄而无力营救,这样一幅惨烈的画面会在获救矿工的脑海中留下深刻的烙印。这幅画面往往在获救矿工的脑海中盘

旋、闪现，形成一种挥之不去、赶之不走的死亡印记。萦绕脑海中的死亡印记给获救矿工的内心带来了严重的影响。如果这种现象持续存在，那么对他们造成的心理伤害是十分严重的。

（二）自我负罪感

获救矿工面对同事或工友的不幸离去，在侥幸的同时往往伴随着罪恶感。例如，他们会认为："为什么这样的事情偏偏落在自己的同事身上，偏偏是他们而不是自己？"或者获救矿工面对自己工友的罹难痛哭："我明明感觉到了灾难，而他们就在我身边，为什么我没早点提醒他们？"这样的自我罪恶感若未能适度处理，有可能转化为潜意识的压抑情绪，加剧自我无助感，并且对自己的幸存感到责备与不安，从而改变自我概念与人生观[6]。

（三）心理的麻木

一般来说，当最初经历创伤事件的时候，经历者会有一段时间的表现看似十分冷静、镇定，好像可以勇敢面对灾难性事故，但这往往是"暴风雨前的宁静"。也就是说，此时的获救矿工处于心里麻木期，还没有对灾难性事故做出应有的反应，是被灾难性事故"吓着了"，所以他们呈现出的是震惊、困惑、麻木的初级反应，非专业人士往往认为这是冷静、意志坚强。其实，心理麻木是一种心理防卫机制，可以降低获救矿工早期直接面对灾难事件的能力，可能出现崩溃状态和严重的身心反应，降低对灾难事故的承受能力。如果长期用这种方式应对灾难事件带来的伤害，会造成更大的心理问题或心理不健康。

（四）关爱的冲突

获救矿工是矿山灾难性事故的见证者，所以，他们对灾难性事故的描述往往是厘清灾难事件的宝贵经验。最初外界的探询访问，获救矿工会高度配合并叙说事故的经过。但当获救矿工一再被要求"经验再现"时，反而会产生心理厌倦和心理疲惫，甚至对外界的探访产生厌烦和不信任感。这时，获救矿工可能会产生"受害者意识"的认同，认为自己的经历是"外界所无法了解的""一再叙说经验只是更加深自己幸存的惭愧"，因此对外界的关爱产生趋避冲突。其实，获救矿工所经历的可能是人生中最严重的灾难性事故，他们往往无所适从，还没有从震惊当中缓过神来。面对陌生人的访问要一再地叙说，他们也可能会伴随着怀疑、担心甚至愤怒的情绪反应。所以，以专业的方式介入获救矿工的社会支持，并严格遵守专业伦理道德，是访视灾难亲历者的基本守则[7]。

（五）意义的追问

获救矿工在经历了生死考验之后，开始思考生命的意义。他们需要在适当时机尝试解释自己的经历，并且能够慢慢赋予灾难性事故新的意义，肯定生命的价值，重建社会网络与维持社会功能，这部分涉及获救矿工对生命意义的重构与新生活的开展。"活出意义来"是获救矿工的终极目标，而这同时攸关创伤家庭的生活质量，这是漫长却是必要的心理复健工作的一个环节。

第二节　矿山灾难性事故中获救矿工的心理危机干预

矿山灾难性事故发生后，矿工在井下还没有被救出来之前，这段时间的心理救援工作实际上大多由工程救援人员承担，这时政府和急救员的策略本身就会让遇难的矿工感到温暖和被关怀。因此，此时的心理救援工作实际是由政府主导的、工程救援人员实施的早期心理救援。而心理救援工作者的心理救援工作是矿工获救并升到地面以后开展的心理救援。获救矿工在井下经历了生死考验，克服了恐惧，战胜了各种困难重新回到我们中间，他们的内心可能是五味杂陈，及时的、不闯入的心理救援是使他们度过心理危机的基本保证。

一、矿山灾难性事故获救矿工的即时心理救援

矿山灾难性事故获救矿工的即时心理救援是指矿工从事故矿井中被救出到救出后第2天的时间段内的心里救援。此时，他们还惊魂未定，大多处于心理麻木期，因此，心理救援工作者的主要工作就是做一些类似好妈妈应该做的工作。

（一）无言的陪伴

刚刚被救出的矿山灾难性事故矿工多数会因为受到惊吓而出现恐惧情绪，他们的精神高度紧张，可怕的画面时时在脑海中闪现，内心的恐慌和不安油然而生。此时亲人的陪伴是增加其安全感和真实感的最好方法，同时也是对获救矿工最大的心理安慰。因此，在这个时期心理救援工作者的陪伴就是最好的心理救援。在心理救援的早期，陪伴能增加事故经历者的安全感和稳定感，进而能帮助他们做一些力所能及的事情，这本身就是心理救援。

（二）认真的倾听

如果获救矿工想表达内心感受，就让他尽可能地多去表达，让他一吐为快。而此时的心理救援工作要做的就是倾听。倾听是心理救援过程中一个看似简单、实则最为重要的步骤，让获救矿工把内心深处的感受和想法不加掩饰地说出来，才能引导他们摆脱灾难性事故带来的心理阴影。

（三）无限的关怀

矿山灾难性事故发生后，获救矿工一方面因为自己幸免于难而感到万幸，另一方面又因为自己身边的同事罹难而感到内疚、自责，他们特别渴望有人能理解他们此时的心情，希望人们给予足够的关怀。因此，作为心理救援工作者，要了解他们此时的心理状态，尽其所能给予他们所需的关怀与爱护。其实，有时为他们倒一杯温水胜过千万言语。

（四）无条件的接纳

矿山灾难性事故的获救矿工可能会出现各种各样的心理反应，有的人可能沉默不语，有的人可能情绪激动，还有的人提出一些难以回答的问题。此时，作为心理危机干预工作者要知道这是他们面对灾难的心理反应，无论出现怎样的反应都应无条件接纳，视他们是有价值的人，随着时间的推移和心理救援工作的深入，他们就会逐渐恢复常态。不能因为他们的过度反应而表现出不满和气愤。

二、矿山灾难性事故获救矿工的早期心理救援

矿山灾难性事故获救矿工的早期心理救援是指在获救后2天到3周的时间内实施的心理救援。获救矿工在经历了最初的麻木、震惊反应后，一部分人的心理逐渐恢复平静，并不需要心理援助，一部分人还需要一段时间的自我调试来度过心理危机。但是还有一小部分人出现了心理应激反应，比如有的获救矿工出现焦虑、恐惧、愤怒、悲伤等情绪反应。此时的心理救援工作者就要承担起心理健康教育工作者的责任，在获救矿工知情同意的情况下，适时地送上灾难发生后获救人员所需的心理卫生知识，告诉他们，如果这些反应持续干扰他们的生活和社会功能1个月以上，就应寻求专业的心理治疗。同时，调动获救矿工自身的积极因素，使之能够通过自身能力的发挥，应对心理危机。实施心理救援的过程中，切不可进行闯入性会谈。

心理救援工作者在实施心理健康教育时应注意遵循心理救援的基本原则，同时运用心理救援的基本技术开展工作，但不能躲在职业角色的背后，要表现出真正的热情与关切。

常用的技术有：倾听、真诚、热情、尊重、积极关注。

三、矿山灾难性事故获救矿工的中期心理救援

矿山灾难性事故获救矿工的中期心理救援是指矿山灾难性事故发生 3 周到 2 个月的时间内开展的心理援助活动。如果获救矿工经历了上述阶段的心理干预，仍存在焦虑、抑郁、愤怒、回避社交等症状，并且这些症状严重地影响了日常生活，此时应该接受专业的心理治疗。可以将获救矿工介绍到相应的精神卫生机构，采用有效心理治疗技术，帮助他们解决心理冲突、平复情绪，治疗心理创伤，重建心理平衡。

这个阶段的主要工作是，使获救矿工从灾难事件中发现积极意义，重建心理平衡。可以采用心理动力学治疗、意义疗法及认知行为治疗等。

四、矿山灾难性事故获救矿工的后期心理救援

矿山灾难性事故获救矿工的后期心理救援是指矿山灾难性事故发生 2 个月后的心理援助活动。实际上，在这个时期开展的心理救援在严格意义上讲就是专业的心理治疗。因为经历了 2 个月的时间而获救矿工的心身症状仍然存在，并且已严重影响了他的日常生活。这个时期的心理治疗工作就要和他们讨论人生意义、存在的意义、创伤的积极作用等，这个阶段的主要工作在于心理重建、生活规律的重建以及认知的改变等。

五、灾难性事故救援中的心理急救技术

心理急救是一种以循证为依据的模块式心理干预方法，用以帮助灾难性事故经历者减轻灾难性事件所导致的初期痛苦，并促进其短期和长期的心理和社会功能的恢复。它以获救矿工的长处、优势或资源为出发点，结合其受教育水平，正常化其灾后的感受，帮助他们重建社会支持，尽量避免给他们贴上患有某一精神疾病的标签[8]。

心理急救强调对不同年龄和社会背景的人，要采用恰当干预的方式，强调循序渐进和尊重（不同）文化。心理急救包括分发资料，提供康复过程中的重要信息。

（一）心理急救的基本目的

1．心理救援工作者要以不冒昧、感同身受的方式与获救矿工建立联系。加强他们即时和持续的安全感，提供身体和精神上的安慰。稳定和保护那些由矿山灾难性事故引起的情绪失控的获救矿工。

2．提供实际的帮助和信息。让获救矿工说出他们目前的需要和担心的具体的事情，用适当方式收集其他信息。尽快使获救矿工与社会支持网络建立联系，包括家庭成员、朋友、邻居和社会救助资源。

3．促进获救矿工提高应对的能力。心理救援工作者帮助获救矿工认识到自己应对危机的潜能与资源，提供心理支持与援助；鼓励家庭成员在获救矿工的康复中扮演积极的角色。提供给获救矿工积极应对灾难性事故的方法与讯息，帮助他们度过危机。

4．心理救援工作者在适当的时候为获救矿工联系当地的心理救援机构、精神健康服务、公共卫生部门的服务和其他组织。

（二）心理救援工作者在心理急救时应遵循的原则

1．心理救援工作者应礼貌观察，不要贸然闯入获救矿工的精神领域。问一些简单问题并用尊重

的话语以确定如何进行对获救矿工实施心理救援。只有确定心理救援工作不会对获救矿工造成侵扰时，才能进行最初的交流。

2．心理救援工作者为获救矿工提供实际、适时的援助（在获救矿工需要的前提下，对其搀扶、按摩身体、协助料理生活等）。因为与获救矿工进行交流的最好方式就是满足他们当下的需要。但要防止获救矿工的过分依赖。

3．心理救援工作者要充满自信、感同身受地与之交流。交流的过程中耐心、认真地用简单、具体、获救矿工听得懂的语言。禁止使用缩略语或者专业术语。

4．做好倾听的准备。当获救矿工想要说些什么时，要注意倾听他们想要告诉我们什么，以及需要我们怎样帮助他们。积极回应获救矿工为寻求安全而做的努力。

5．为获救矿工提供准确的并符合其年龄水平的信息。当通过翻译进行交流时，要对着获救矿工说话，而不能对着翻译。

6．心理急救的目的是帮助获救矿工顺利渡过心理危机，满足其当前的生理及心理需要，而不是引导他讲出创伤的经历和损失，因此并不鼓励让获救矿工在没做好心理准备的时候回忆或再现创伤经历。

（三）心理急救核心行动

心理急救的核心行动制订了灾难性事故发生后几天或几周内的早期心理救援的基本目标。心理救援工作者应灵活掌握，并根据每位获救矿工的特殊需要和相关情况制订核心行动实施的时间计划。

1．联系和接触

（1）重视首次接触：与获救矿工的首次接触非常重要。心理救援工作者应以一种尊重的、感同身受的方式与获救矿工进行交流，以便建立有效的心理援助关系。因此，在心理急救过程中，心理救援工作者要向获救矿工介绍自己的姓名、专业背景、专业胜任能力，征得他们的同意后，再进一步说明我们想帮助他的愿望和想法。心理救援工作者要对获救矿工的提问给予富有建设性的共情性回应，使获救矿工尽快地建立起对心理救援工作者的基本信任，以保证接下来的工作得以顺利开展。

（2）了解获救矿工的文化背景：对于不同年龄阶段、不同文化背景的人来说，能够接受援助的方式、方法和类型是不同的。例如，身体距离的远近、目光接触的多少、是否碰触对方肢体等，这些都因年龄的不同、文化背景的不同而大相径庭。心理救援工作者除非与获救矿工的文化背景相同，否则不要与其靠得太近，也不要长时间地盯着对方的眼睛，更不要触摸对方的身体，以防止给获救矿工带来不利的影响。但可以通过某些线索发现获救矿工所需的"个人空间"的大小，进而了解其心理的防御程度（个人空间越大，心理防御程度越高）。心理救援工作者如果去与自己文化背景不一致的地区实施救援工作，还可以请团体中了解地域文化的人或当地居民给予文化规范方面的指导。

（3）保密：保护获救矿工的隐私是每个心理救援工作者必须遵守的职业道德，特别是在那些缺乏私密空间的医院多人共住一间的病房中交谈的时候，更要重视对隐私的保护。同时要向获救矿工介绍保密原则，使之能够放心地向心理救援工作者吐露心声。

2．安全和舒适 恢复获救矿工的安全感和控制感是矿山灾难性事故发生后心理救援工作的重要目标之一。增进安全感和给予安慰可减轻获救矿工的心理痛苦和忧虑；向获救矿工提供情感抚慰和支持是协助其度过心理危机的主要手段。

提供安慰和安全的方式有许多，例如：协助获救矿工做一些积极的、实用的和熟悉的事情，使之恢复控制感，进而获得安全感；也可以提供当前的、准确的、最新的信息，让他们觉得越来越安全。除此之外，还可以建立与其他有类似经历的人的联系，增加人身安全和情感安全。

为了帮助获救矿工稳定情绪和提供安慰，要提供下面的信息：救援工作下一步做什么，正在采取哪些行动来帮助他们，目前所了解的事件真相，可以利用的服务，常见的应激反应，自我照料、家庭照料以及应对方法。

同时要了解他们有没有什么特殊的需要，努力为获救矿工提供有关解决这些关切问题的信息。

3. 促进获救矿工的社交活动 在适当的时候，为获救矿工组织小组互动或社交互动活动，成员之间相互交流、相互支持，可以使他们得到慰藉，感到安心。

在适当的时候，鼓励那些应对能力良好的获救矿工去与感到痛苦或者应对不良的获救矿工谈谈。让他们相信，与别人谈话，尤其是谈一些大家共同经历的事情，有助于他们相互帮助，这往往能够减轻双方的孤立感和无助感。

4. 避免增加创伤体验及避开创伤记忆提醒物 除了保证获救矿工身体安全之外，防止他们暴露于精神创伤以及创伤记忆提醒物的环境中也同样十分重要，其中包括避免看见、听到、闻到那些令人恐惧的事物。帮助保护他们的隐私，帮助他们避开记者、其他媒体工作人员、旁观者及律师。告诉他们可以拒绝媒体采访，如果他们希望接受采访，身边应该有一位可信赖的人陪同。

5. 稳定情绪 大部分经历矿山灾难性事故的人并不需要特殊的情绪处理，他们自己都有着良好的调控能力。但是个别人可能出现高强度的情绪唤醒状态，还有的人出现崩溃状态。对这些出现情绪异常的获救矿工及时采取措施，使之情绪逐渐恢复到比较稳定的状态是心理救援的重要工作。

为使高度情绪唤醒状态或崩溃的获救矿工尽快地缓解崩溃反应，将注意力转移到外部世界，远离负性感受，可以采用"着陆（grounding）"技术。所谓着陆技术就是通过言语引导和表达技术使获救矿工的情绪达到一个基本稳定的状态。

技术的具体操作：获救矿工要保持睁着眼睛，环视房间，并打开灯，始终与当下保持链接。

指导语："您经历了一次重大的灾难性事故之后，有时候会发现自己的情绪过于激动，或者不可抑制地回想或想象发生了什么。你可以用'着陆'的方法来放松自己的情绪。着陆技术的原理是把你的注意力从你的内心转移到外部世界。接下来就是您要做的了……"

"以一个你觉得舒服的姿势坐着，慢慢地深呼吸……看看您的周围，说出5个您能看到的让人不感觉难过的物体。例如，您可以说：我看见了地板，我看见了一只鞋，我看见了一张桌子，我看见了一把椅子，我看见了一个人。慢慢地深呼吸……"

"接下来，说出5个您能听到的不让人感到悲伤的声音。例如：我听到一个女人在说话，我听到自己的呼吸声，我听到关门的声音，我听到打字声，我听到电话铃声。慢慢地深呼吸……"

"接下来，说出5个您能感觉到的不让人悲伤的事情。例如：我能用手感觉到这个木质的扶手，我能感觉到我鞋子里面的脚趾头，我能感觉到我的背靠在椅子上，我能感觉到我手里的毛毯，我能感觉到我的双唇紧贴在一起。"

"慢慢地深呼吸……"

干预结束后要与获救矿工一起讨论干预效果。如果效果不佳，获救矿工出现极端激动、焦虑、恐慌以及精神错乱，或者对己对人都构成威胁时，必须由精神科医师对其实施医学干预。

第三节 矿山灾难性事故获救矿工的自我心理调适

矿山灾难性事故的获救矿工除了接受来自社会各界的心理援助之外，其自身也存在大量的资源，充分认识和调动这些资源可以帮助自己较快地恢复心理、社会功能。

一、矿山灾难性事故获救矿工的生存之道

（一）接纳现实，适应有创伤的生活

矿山灾难性事故就像突如其来的恶魔，给矿工的心理带来严重的心理阴影，失去工友、身体的残疾使他们一时难以接受这样残酷的事实。尽管灾难已经过去，他们仍不相信悲剧会发生在自己的身上。但是它真的发生了！这就是事实。在经历了重大的灾难性事件后感到恐惧、焦虑、痛苦……这些都是正常人对异常环境做出的正常反应，因此要学会与恐惧、焦虑、痛苦情绪相伴，接纳自己的情绪、身体的各种反应。当获救矿工体会到自己的感觉之后，重要的是去表达它们，接纳它们，建立起新的应对机制，逐渐恢复以往的生活。

（二）认识到自己存在的价值

矿山灾难性事故使矿工失去了身体的完整性、心理的完整性，但他们仍然是有价值的人，因为矿工不但是矿山工作者还是其母亲的儿子、妻子的丈夫、孩子的父亲……所有这些都因为矿工的存在而显得完整。也就是说，矿工在家庭中是不可或缺的家庭成员。即使矿工自己忽视了这一点，心理救援工作者也需要提示获救矿工：你的存在对很多人来说是重要的，即使你现在可能感受不到这点。

心理救援工作者可以对获救矿工说："有时可能忘了自己是一个有价值的人，可能有满心忧虑、愤愤不平、不安全感。所有这些情绪和想法，都只是你现在生活的一部分。它们只是你在目前情境下自然会产生的状态，并不是你个性的成分。请记得过去你所拥有的正面特质，你曾有的积极行动。"

（三）制订生活计划，避免做重要的决定

休息、工作和令人愉悦的活动交替进行，会对获救矿工的康复更有帮助。适当的休息不等于一天到晚躺在床上或逃避现实。当一个人仍处在混乱中时，依循一套严谨的时间表生活，会感觉生活有平衡感、有所依靠。了解自己当下的心理状态：敏感、易怒、心不在焉、决策能力下降……因此，这段时间避免做重要的决定。

（四）接受关怀，寻求支持

在经历创伤后，坦然接受朋友、邻居、亲友、专业助人者的关怀与支持，并不能代表人的软弱。从外界汲取营养及能量可以加快心理康复。因此可以采取行动加入或自己组织一个支持团体，以获得支持，同时也为其他人提供心理支持。通过静坐沉思来与自己对话，了解自己的所思、所想和内心感受。

（五）再次确认自己的信念

试着找出以往能给自己带来力量的、并且是自己所相信的精神信念。如果想不出来，去找那些愿意与人分享信念的人们。帮助自己找出生命的意义和生活信念。

（六）了解自杀

经历心理创伤后，有些人容易产生自杀观念。如果频繁出现这些想法，或担心自己失去控制，应立即到精神卫生机构寻求帮助。此刻，出现一些负性情绪如悲伤、愤怒是正常情绪反应，但如果自杀观念强烈就需要引起注意和警惕了。毕竟，获救矿工刚经历了一次令人难以忍受的恐怖体验[9]。

二、矿山灾难性事故获救矿工的复原之路

（一）善待自己

心理救援工作者要引导获救矿工接受这个事实：你的心灵受到创伤，需要一段时间来疗愈。假

设你的朋友正经历相似处境,你会如何帮助他呢?就请用同样的方法照顾你自己。你遭遇严重的矿山灾难性事故,因此心身都会出现相应的反应。如果你有浑身疼痛、怪异的念头、失眠、做噩梦、沮丧、淡漠、注意力无法集中、疲倦、易怒等现象,你要明白这些现象都是为了应对外在情境而产生的身心反应,不必担心害怕。

教会获救矿工自己关怀自己,可以这样对他们说:"悲伤或沮丧的时间长短并不等于你爱的深度或失落的强度,它不能证明任何事。你不需要超乎常理地、永远地受伤。真爱会帮助你发现满足、快乐和愉悦。"

有些获救矿工会为没有及时救助自己的工友而自责。心理救援工作者应引导他们,使之明白:矿山灾难性事故的发生有着比较复杂的原因,我们要做的是在保证自己安全的前提下帮助别人摆脱险境,工友的逝去是由灾难性事故引起,我们不需要为此负责,我们已经做了自己能做的所有事情。因此要善待自己,避免自责。

(二)学会面对现实

矿山灾难性事故已经发生,时间不能倒流,要想回到过去没有任何可能。因此要鼓励获救矿工学会面对现实,活在当下。沉湎于痛苦中不仅会阻碍获救矿工的康复,更会浪费宝贵的时间和精力,面对现实是当下获救矿工最难做到的事情。因此通过心理干预使之明白:面对现实意味着以后就会出现脚踏实地的真实感,专注于此时此刻,将时间和能量都用于安抚自己的心灵。吸取以往的精华,重新建构属于自己的现实生活。

(三)运动

运动是改善情绪状态的重要手段。身体运动能产生脑内啡肽(endorphins)、5-羟色胺。前者具有镇痛作用,后者具有改善情绪的作用。因此,身体运动可以提高中枢神经系统内上述物质的含量,进而可以改善躯体症状和情绪状态。有专家指出,每天做20分钟的心血管加速运动和3分钟的伸展活动,对心身健康有极大的益处。可以做自己喜欢的运动,如:快步走、骑单车、爬楼梯、带宠物慢跑、和孩子一起玩动态的游戏等。

(四)接受自己的悲伤,疏通愤怒

面对康复中获救矿工,心理救援工作者可以和他们讨论痛苦的意义、愤怒的价值,以增进获救矿工对自己的理解。可以对他们说:很多人可能会要你振作起来,因为不忍心看到你一直受苦,而且他们不想因为看见你受苦而觉得痛苦。不管人们说什么,一段时间的沮丧是正常、自然且必要的。哭泣是疏通、清除悲伤的好方法。暂时的悲伤对恢复健康是很有帮助的,只要它不变成慢性的自哀自怜或永久性的悲哀。

在面对愤怒的获救矿工时,心理救援工作者要逐渐让他们明白:每个人在面对严重的生活事件时都会觉得愤怒,每个人都会!不要听信那些"你不该有这种感觉"的言论。获救矿工可能对以下这些东西生气:突如其来的矿山灾难、目前所处的环境。他们身体的或言语的暴力可以是宣泄愤怒情绪的方式,但这么做不但会伤到亲人,也会伤到自己。如果获救矿工正觉得生气或怒不可遏,可以鼓励其试试以下方法:打枕头、大叫、自己一个人发脾气等。当找到了表达愤怒的渠道,以健康的方式发泄愤怒时,就能避免无谓的争辩、意外和伤害。处理愤怒最好的方法其实是和支持团体谈一谈,请求大家的援助,找到正确疏泄负性情绪的渠道。

(五)了解自己的恐惧情绪

经历了矿山灾难性事故的人,内心有恐惧、害怕、警惕性增高的情绪是正常的反应。心理救援工作者要试图使获救矿工明白:害怕能有效地警告人避开危险。如果恐惧情绪严重影响了生活可以和支持团体共同分享恐惧情绪的体验,获得他们的支持与安慰;也可以读一些启迪心灵的书籍;经常自己重复一些正向的念头（例如：我有能力战胜它）等。随着时间的推移，当了解那些非理性的恐惧只是过去的阴影在作祟时，它们就会消失了。

（六）为了康复而进食，避免上瘾

心理创伤的修复有赖于好好照顾自己的身体。鼓励获救矿工每天尽量做到吃得健康、营养均衡，一天三餐。增加蛋白质的摄取。

在人生命中的特殊时刻，很容易产生物质依赖或成瘾。因此要提示获救矿工尽量避免使用成瘾物质。学会面对现实，接受现实，而不是通过成瘾行为逃避现实。酒精和药物能使痛苦短暂消失，但随即会带来更为严重的成瘾问题[10]。

（七）记录自己的心情

另一个很有用的策略是每天记下自己的想法和感觉。这个方法可以有效地引发获救矿工观察到自己的情绪、行为、思维的变化，进而加快康复的进展。如果可以的话，和支持团体或其他友人分享笔记不但对他们有用，对团体成员或其他友人也会很有帮助。

三、矿山灾难性事故获救矿工的成长之旅

（一）继续前进，专注于光明面

获救矿工明确地知道自己经历了一场生死劫难，正走在康复的道路上。但若就此安于存活和康复是不够的。这些经历可以帮助获救矿工变成一个更完全的人，因此他还需要继续前进。

随着痛苦消减，获救矿工会找到更好的观点来看自己的处境。他们会发现：即使灾难会带来许多负面影响，但改变和分离都是生命的一部分，而且对康复也是必要的。在灾难发生前，生活有许多美好的方面，那也是人如此怀念以往生活的原因。想想看，即使有过许多痛苦的时刻，但也因为这样的生命经验让今天的生活变得丰富一些。

（二）准备新生活，学些新东西

对处于这个阶段的获救矿工来说，鼓励他们调整一下自我，开始新征程是十分必要的：准备好调整一下，一个新的生命阶段已经开始。今天正是未来生活的第一天。新生活意味着要有所改变。给自己机会去认识新朋友，做以前不曾做过的事，去不曾去过的地方，体验新的想法和生活。

该是有信心和希望的时候了！想做哪项新的运动呢？想看哪本书？学哪些新东西？开始逐渐做些不一样的事情。

（三）重新发现自己的创造力，追求全面的成长

此刻正是改变生活的好时机，正适合改善生活质量和其他事物。在生理层面：可以增加体重，戒烟，减少对酒的依赖，形成规律运动等的最佳时机。在心理和情绪层面：多读些书，处理仍然在困扰自己的情绪，更了解你自己的最佳时机。在社交层面：多交些新朋友，分享新的社交活动，改善和伙伴的关系的时机。获救矿工可能想要寻求支持团体或者专业人员的协助，以帮助自己达成这些目标。

（四）欣赏周围的所有事物

当获救矿工继续疗愈之旅时，他们将会开始对身边的事物有不同的认识。每件事都是生活的惊喜：耀眼的夕阳、雨后的味道、潺潺的溪流声等；现在仍然活着，并且再次和宇宙合而为一。因为克服了危机，获救矿工现在变得更坚强更积极、有智慧、有信心。因为个人的成长，获救矿工现在变得更负责任、快乐、独立和愉悦。

(五) 感恩，为自己做选择

获救矿工对自己的生存、康复和个人成长负起了责任。一路走来，有许多人在帮助他们。他们可以感谢帮助他们度过危机的朋友家人、支持团体和自己——因为你有力量和勇气去生存、疗愈和成长。

现在获救矿工又能够控制自己的生命。他们能善于利用机会去安排今天的活动地点、时间、方式和理由，以及自己以后的每一天；可以决定组织、清除、修复、摆脱和取得。他们的世界已恢复秩序。他们能安排周边环境以创造自己的世界。任何东西都可能被夺走，唯有一样不会：即选择用什么态度去面对劣境的自由。

(六) 体验成功，庆祝成功

现在每件事都已成了过去的回忆。获救矿工曾经迷失过，康复了，也成长了，此时是承认他们自己成功的时候了。他们可以讲述自己是如何做到的，如此可以让他们从整体的观点来看此过程，也可以帮助其他人。

现在这件事都已过去了。请获救矿工向自己和全世界再次展现自己的能力，包括攻克难关、成长、自我实践、给予爱、享受、理解和成功达成任务的能力。该是庆祝他们的成功和生命的时候了！他们值得好好庆祝[10]。

(杨绍清)

参考文献

[1] So-kum C. Trajectory of traumatic stress symptoms in the aftermath of extreme natural disaster：A study of adult Thai survivors of the 2004 Southeast Asian Earthquake and Tsunami．J Nerv Ment Dise，2007，195（1）：54-57．

[2] Klitzman S，Freudenberg N．Implications of the World Trade Center attack for the public health and health care infrastructures．Am J Public Health，2003，193（3）：400-406．

[3] Galea S，Vlahov D，Resnick H，et al．Trends in propable posttraumatic stress disorder in New York City after the September 11 terrorist attacks．Am J Epidemiol，2003（158）：514-524．

[4] 阳光易德心理科研研究中心．事故后的心理危机干预．现代职业安全，2010（3）：94-95．

[5] 章志红，朱小康，熊艳，等．突发灾害性事件的人群心理应激反应．中国临床研究，201，24（4）：340-341．

[6] 梁军．危机干预与创伤治疗方案．北京：中国轻工业出版社，2004：1．

[7] 金宁宁，左月然，罗敏，等．突发灾难事件的心理危机干预．护理管理杂志，2005，5（1）：35-38．

[8] 李建明，苑杰．矿难后心理危机干预．北京：人民卫生出版社，2011：92-124．

[9] 郭薇．心理危机干预概论．成都：四川科学技术出版社，2007：17-21．

[10] G．Lbert Brenson-Lazan，Maria Mercedes Sarmiento Diza．幽谷之光——情绪疗愈指南．张碧琴，译．台湾：开拓文教基金会，2008．

第七章

矿山灾难性事故丧亲者的心理救援

生命是宝贵的,但在矿山灾难性事故发生的时候生命却变得如此脆弱,矿山灾难性事故会在瞬间夺走一些矿工的生命。每一位矿工都来源于家庭。在家庭中,他们是父母的儿子,是孩子的父亲,是妻子的丈夫。他们是家庭的顶梁柱,他们的离去无疑会给温暖的家庭以沉重的打击。帮助在矿山灾难性事故中失去亲人的丧亲者重建心理平衡、恢复新的生活秩序是摆在心理救援工作者面前迫在眉睫的任务。

第一节 矿山灾难性事故丧亲者的反应

矿山灾难性事故发生后,矿工的家属对矿工的担心会急剧增加,在得知亲人遇难时,会立刻陷入强烈的悲伤与极度的无助体验中。这种突如其来的亲人罹难严重扰乱了矿工家庭的生活秩序、心理平衡。对于丧亲者而言,无疑是一个巨大的心理创伤。

一、丧亲者常见的反应阶段及表现

听到自己的亲人遇难,大多数人的第一反应是否认(不可能),并且拒绝接受已发生的事实;或者在震惊之余仍感觉难以置信,希望那不过是误传而已,是一场醒来就会消失的噩梦[1]。一旦丧亲的事实被证实后,丧亲者的心理通常无法承受这突如其来的打击,巨大的悲痛和无助会压倒一切,丧亲者会不自主地沉浸在悲痛欲绝的情绪之中,丧亲者的具体哀伤反应阶段及表现见表7-1。

表 7-1　丧亲者的哀伤反应阶段及表现

	第一阶段 震惊与逃避期 （数小时至数周，甚至数月）	第二阶段 面对与瓦解期 （数月至 2 年）	第三阶段 接纳与重建期 （数月、数年，甚至一生）
生理反应	麻木、呼吸急促、心慌、肌肉紧张、多汗、口干、失眠、对声音敏感	疲倦、无力、头痛等躯体不适，失眠，体重减轻，幻视或幻听	饮食、睡眠逐渐恢复如常，躯体不适减轻
认知反应	否认、怀疑、无法接受、反应迟钝、难以做决定	注意力不集中、健忘、考虑问题缺乏条理、思念、反复回忆有关逝者的往事、自我否定、自杀念头	注意力转移至外部世界、恢复自信、态度逐渐积极、接纳生活中的改变、怀念过去的美好时光、获得对未来的希望
情绪反应	失去体验情感的能力、麻木	悲伤、绝望、内疚、抑郁、失落、孤单、愤怒、担心、恐惧、轻松、愉悦	负性情绪逐渐减轻、情绪恢复平稳
行为反应	失控、发呆	模仿逝者的生活习惯、寻找逝者身影、自言自语、与逝者对话	积极工作、建立新的社交关系、计划未来、可能延续逝者的梦想
社会功能	无法正常生活与工作，也可能与以前无异	社会退缩	正常生活、工作

二、丧亲者哀伤的异常表现

（一）过度否认

1．丧亲者表现出对罹难亲人怀有强烈的内疚、自责，并拒绝接受他们已死的事实。丧亲者常常认为他们还活着，并且想象如果在矿山灾难性事故发生前，自己做某些事情的话，他们可能就会幸免于难。丧亲者认为亲人的死亡是因为自己没有做相应的事情，因而丧亲者会表现出强烈的内疚。

2．丧亲者强烈感到罹难亲人仍然活着，甚至会长期保存他们的遗体或遗物。在亲人死后，一些不能接受这一事实的丧亲者会在衣食住行等方面仍然保持罹难亲人活着时的习惯，比如吃饭时仍然给罹难亲人留出位置，并摆上碗筷；睡觉时仍然捂上罹难亲人的被子等[2]。

（二）持续、长期的哀伤

1．在矿山灾难性事故发生后的很长一段时间内，丧亲者依然对失去的亲人产生强烈且无法消退的哀伤反应。

2．丧亲者在矿山灾难性事故发生后相当长的一段时间内仍然不能恢复正常的社交或工作能力。

（三）延迟、压抑、夸大的哀伤

1．丧亲者在得知自己亲人丧失生命的时候并未有适当的悲伤反应，但在之后却表现出夸大或超出预料程度的情绪反应。

2．丧亲者在过分压抑自己的哀伤后可能会引发各种身心症状（如背痛、胸痛、胃肠疾病、皮肤敏感等）。

3．丧亲者表现出的症状符合精神疾病的诊断（如抑郁症、创伤后应激障碍、焦虑障碍、哀伤引发的短暂性精神障碍、饮食障碍等）。

4．丧亲者的症状一直持续，直至哀伤得到某种程度的缓解。

（四）伪装的哀伤

1. 丧亲者会表现出高涨的情绪、过度活跃的行为、冲动控制问题（如冲动的决定、药物滥用、违法行为、不理智的投资、愤怒及暴力行为、躁狂的表现等）以掩盖自己内心的哀伤。
2. 有的丧亲者可能发展出与罹难亲人死前相似的行为表现。

第二节　矿山灾难性事故丧亲者的哀伤过程

失去亲人会给人们的心灵带来巨大的伤痛，哀伤是人们应对强烈刺激的突发事件的正常心理及生理反应，只有经过哀伤，丧亲者才能从丧失亲人的悲痛中走出。哀伤本身并不可怕，感受哀伤，接受哀伤，有助于人们尽快走出丧失亲人后的情境。当一个人因为无法接受丧失亲人的现实时，在其内心一直去抵抗悲伤，而没有充分感受和表达的悲伤，就会对这个人造成更长久的困扰，甚至可能被悲伤击垮。美国心理学者史坦丝说："悲伤如果久久不减轻，其原因之一很可能就是我们忽略了它的存在[3]。"而当一个人不拒绝、不回避自己的真实悲伤时，他的心理复原也就开始了。

一、哀伤过程的三阶段学说

一些学者认为，哀伤过程分为3个阶段和6个步骤，具体见表7-2。

表7-2　丧亲者哀伤过程的3个阶段和6个步骤

3个阶段	6个步骤
回避阶段	1. **承认丧失**　承认死亡事实，了解死亡原因
面对阶段	2. **对分离的反应**　体验痛苦，经历、识别、接受并通过某种方式将丧亲导致的所有心理反应表达出来，识别并继发性的丧亲并进行哀悼 3. **回忆逝者，重新体验与逝者的关系**　会以实际发生的事情，回顾并重新体验内心的感受。可以在内心里问以下几个问题： 　a. 你是怎么知道这件事的？ 　b. 你当时的感受是什么？ 　c. 你现在的感觉如何？ 　d. 你做了些什么？ 　e. 你是怎样表达自己感受的？ 　f. 他/她的离去给你带来哪些启示？
适应阶段	4. **停止对逝去矿工生前以及对自己原来假想的眷恋** 5. **重新调整**，在保留对过去环境的记忆的同时，适应新的外界环境 　a. 修正自己对外界的一些假想 　b. 与逝者建立一个新的关系 　c. 使用新方法融入外界环境 　d. 转换自己的身份 6. **尝试新生活**　将情感能量放在令自己愉快的人、物、信念或活动上面，从新的尝试当中获取满足感

二、哀伤过程的四阶段学说

也有学者认为，哀伤过程应分为以下4个阶段。

（一）丧亲者不能接受失去亲人的事实

不少丧亲者接受不了这个事实，甚至有的丧亲者常常会产生追寻逝去亲人的愿望，常常想到要去什么地方寻找失去的亲人；有些人还会有这样一种感觉：亲人出差去了。丧亲者表现出从心理上和感情上都不肯承认亲人已死亡的事实；也有的丧亲者把自己引进了另外一条死胡同，比如有的丧亲者会对自己说，"他以前并不是个好父亲""我们以前并不那么亲近""我并不真的想他"等，用以否认亲人离去的事实；还有的丧亲者甚至希望死者会回来。这些否认的、不能接受逝者已去的情绪将使这些在矿山灾难性事故中失去亲人的丧亲者在悲伤过程的第一关就停滞了。让丧亲者接受失去亲人这个事实需要时间，因为这不仅是理性上的感受，还包含情感上的感受，失去亲人后，一般人们在理智上比较容易承认这个现实，但在情感上却需要经过相当长的一段时间才能完全接受。

（二）丧亲者经历悲伤和痛苦

亲人的逝去不但使丧亲者心理痛苦，生理和行为上也有相应的痛苦反应。虽然每个丧亲者会因年龄、性别以及和遇难亲人的"依附"程度不同，感受到的痛苦程度和方式各有不同，但失去自己深深爱着的亲人，完全没有痛苦是不可能的。有的丧亲者试图用某种方法逃避痛苦，以避免不舒服的感受；有的则让自己深深地投入工作中，使自己没有时间去痛苦；也有的借饮酒、吃药或者到处旅行来逃避悲伤的情绪。

事实上悲伤是无法逃避的，逃避比正视的危害更大。医学实践证明，那些试图逃避悲伤的人迟早会崩溃，最常见的就是抑郁状态，也有一些会发生创伤后应激障碍或其他严重的精神疾病。心理辅导可以帮助人们学会正视现实，避免一生都背负这种痛苦。

（三）学会适应亲人已经离去的生活

亲人离去，打破了原有的家庭互动模式，少了一个顶梁柱，其他人的责任就会无形间增加了许多。罹难矿工的家属当下的首要任务就是扮演一个以前所不习惯的新角色，并发展出以前不具备的一些生活技巧，从而迈向新的生活。如果丧亲者不能认识到环境已经改变，不能重新界定生命的目标，就容易长期陷入痛苦中而不能自拔。

（四）将情绪的活力重新投在其他人际关系上

就如精神分析学家弗洛伊德（Sigmund Freud）所说，哀悼需要完成一项特定的心理任务：就是"让生者不再将希望与回忆依附在死者身上"。只有在日常生活中，丧亲者不再总是强烈要求恢复罹难矿工的形象，哀悼过程才算结束。就如一位丧失丈夫的妻子所说的："直到最近，我才注意到生活中有些事物仍为我开放，让我快乐。我知道终我一生，我仍会为我的丈夫哀悼，我对他的爱和回忆会永远保存，但是生活会继续下去，不管喜欢与否，我必须健康地活下去。"

三、丧亲阶段丧亲者的心理任务

国内外学者均认为，丧亲者在哀悼过程中依据实际情况要做好以下几个方面的工作：

（一）接受事实并且接受处于痛苦中的自己

在矿山灾难性事故发生后的初期，丧亲者可能会觉得自己被痛苦紧紧地包围着，心中是"昏天黑地，没有着落"。丧亲者认为没有谁能理解自己的感受，也没有谁能帮助自己支撑精神。总而言之，此时对于丧亲者来说好像"天塌了、大树倒了、一切都垮了"。这时，最恰当的做法是让丧亲者学会不否认，不遮盖，勇敢地面对现实。既然悲伤来临，就让丧亲者与其共处。悲伤是复原的必经之路，除了面对它，别无选择[4]。

(二)倾诉与宣泄

对于丧亲者来说,找身边的亲戚朋友一起分担自己的悲伤、宣泄负性情绪,有利于心理重建。尽管丧亲者以往在亲戚朋友心中的形象是坚强的、勇敢的,或者是家人的主心骨,但是此时,丧亲者的心灵正在遭受重大创伤,他们完全有理由接受亲朋好友的支持、安慰与呵护。当人们处于悲痛情绪的时候,倾诉是宣泄不良情绪的最好办法。宣泄出"痛苦因子",使身体免受其害。作为聆听者,要认真对待丧亲者所面临的重大失落,给予其尽可能多的理解或帮助。在这个时候,强有力的社会支持能够帮助丧亲者,使他们看到生活的希望,提高面对生活的勇气,加速心理复原的进程。

(三)适当的体育活动

处于悲伤中的人一般会无心做事,也不愿接触外界。而这种封闭状态又十分不利于其走出悲伤。在遭遇严重创伤时,出于良好的意愿,周围的人们往往希望受到创伤的人停下手中的事情,专门利用一段时间来调养心情。然而,正确的做法应该是:丧亲者只可短期休整,不能在较长的一段时间内无事可做。因为忧伤的表现是长期沮丧,而沮丧又会造成悲伤挥之不去;只有让丧亲者活动起来,他们才会发现自己对这个世界依旧有所期待,从而发现生活的意义,鼓励自己振作起来。为此丧亲者需要活动,甚至可以工作。一旦丧亲者心有所属,情有所系,他们复原就指日可待了。

(四)求助于专业人员的帮助

处于悲伤中的丧亲者特别需要他人的理解和抚慰,需要找到善解人意的人作为倾听者,而专业的心理救援工作者恰恰符合这个要求。在心理救援的过程中,心理救援工作者会给予丧亲者充分的理解和帮助,使丧亲者学会接受丧失,并且从另一个角度重新解释和评价矿山灾难性事故对人们的影响,寻找自己复原的方法。心理学者史坦丝说过:"受过良好训练的心理咨询者不是在审判人的情感,而是接受你以及帮助你去接纳自己[5]。"

(五)渡过特殊的日子

所谓"特殊的日子"是指罹难矿工的生日、忌日及清明节等易于引发丧亲者痛苦的日子。人们在这些日子里会更感伤、寂寞,有的丧亲者甚至还会担心这些日子的到来。所以当这些时刻到来时,丧亲者就应注意做到不独自渡过,不压抑思念之情。同时也要接受这些日子是要触及悲伤的这个事实[6-8]。

第三节 矿山灾难性事故丧亲者的心理救援措施

对矿山灾难性事故中的丧亲者实施心理救援,目的是帮助他们度过正常的哀伤反应;使他们能正视痛苦,承受痛苦,表达对罹难矿工的哀伤情感,找到新的生活目标。

一、居丧期心理救援的原则

矿山灾难性事故发生后,亲人突然逝去,丧亲者的心灵受到了重创,失去了生活中重要的依附对象,内心的悲哀、痛苦和无助常人难以理解。帮助他们心理重建,预防创伤后应激障碍的发生,是心理救援工作者义不容辞的责任。心理救援工作者在对居丧期的丧亲者心理救援的过程中应遵循的原则有[9]:

(1)个体化原则,针对"此时此地此人",从丧亲者的独特立场出发认识问题。

(2)现实的态度,心理救援工作者虽然没有回天之力,但他们存在本身就是对丧亲者的一种给予和帮助。

（3）心理救援工作者自己会有无能为力的感觉，但不要使它影响心理救援工作。

（4）学会正确处理矿山灾难性事故中丧亲者指向自身的强烈情感和愤怒，要明白这只不过是丧亲者对灾难性事故的愤怒甚至敌意情绪的转移。

（5）促进丧亲者以健康的方法进行哀伤。尽可能不要使用借酒浇愁、暴力发泄和自杀等不健康的行为。

（6）随时让丧亲者看到生活中的期望，慢慢地让丧亲者感受到痛苦在逐渐减弱，生活将赋予新的意义。

二、矿山灾难性事故丧亲者不同反应时期的心理救援

（一）震惊与逃避期

这个时期，心理救援工作者要与矿山灾难性事故中的丧亲者建立支持性关系，要注意倾听和陪伴丧亲者，维系和增强丧亲者的社会支持系统，提升丧亲者的安全感，指导其亲人恰当地照顾丧亲者的日常生活，满足其生理需要。

（二）面对与瓦解期

这个时期，心理救援工作者要帮助矿山灾难性事故中丧亲者认识、接受、适应丧亲的事实；引导丧亲者识别、体验和表达丧亲之后不同层面的负性情绪，从而预防丧亲者产生适应不良行为及创伤后应激障碍等相关问题。

（三）接纳与重建期

这个时期，心理救援工作者应鼓励矿山灾难性事故丧亲者重新适应逝去亲人的新环境，探索积极的应对策略，帮助丧亲者与外界建立联系，重建生活的目标和希望。

三、矿山灾难性事故居丧期心理救援的步骤

矿山灾难性事故后，对丧亲者的居丧期心理救援要注意避免对丧亲者的二次伤害，可以按以下步骤进行工作：

（一）通过支持和帮助，建立良好的沟通关系

突发的矿山灾难性事故带给丧亲者突发的、不可预测的创伤和损失，心理救援工作者与他们第一次的接触将直接影响到整体的心理救援效果。居丧之初，丧亲者多处于情感休克期，表现为茫然、麻木，这时心理救援工作者的工作目标应放在与丧亲者沟通，为他们提供心理支持上；为此在与丧亲者接触之前，心理救援工作者需大体了解此次矿山灾难性事故的性质、伤亡程度、对丧亲者的刺激强度等基本情况。接触时，心理救援工作者首先要冷静观察丧亲者目前的状态及周围的环境，判断现在接触是否会让丧亲者感到唐突或者反感，然后再采取非侵入的、温暖真诚的态度与丧亲者进行接触。

初次接触时心理救援工作者的声调、语气要注意与丧亲者的需求相吻合，尽量少说话、多倾听，通过眼神、表情、点头等肢体语言来表达对丧亲者的理解和共情。在接触过程中要遵循保密原则，避免二次创伤及既往创伤的唤起，同时避免媒体及无关人员在场，以提高丧亲者的安全感[10-11]。

此外，并非每个矿山灾难性事故丧亲者都乐意接受心理干预，如果丧亲者明确拒绝，心理救援工作者一定要尊重他们的决定，并且向其明确表明，在他们需要帮助的时候可以随时联系。

(二) 评估丧亲者的心理状况

在心理救援的初期，心理救援工作者主要通过开放式的提问，来了解丧亲者的感受。可以从几个方面对丧亲者的哀伤进行全面评估：

(1) 丧亲者与死者的关系如何，亲密的程度怎样？
(2) 丧亲者以往是否有过类似的哀伤经历，以往的应对方式如何？
(3) 丧亲者在丧亲之后的社会支持系统是否完善？
(4) 目前最困扰他的问题是什么，丧亲者希望得到哪些帮助？
(5) 丧亲者目前的情绪状态如何，其情绪反应是否属于正常范围？
(6) 丧亲者目前属于哀伤的哪一个阶段，是否属于复杂性哀伤？

(三) 制订心理救援方案

心理救援工作者在对丧亲者评估的基础上，制订符合个体实际情况的心理救援方案。设计可以解决目前的危机或防止危机进一步恶化的方法，确定治疗者应提供的支持。

(四) 实施心理救援

制订好适合的心理救援方案后，在丧亲者同意的情况下，就可以对其实施心理救援了。

1. 引导丧亲者接受丧亲事实　帮助丧亲者认识、面对、接受丧失亲人事实，是成功干预的第一步。居丧之初，丧亲者往往存在否认事实的倾向，为了接受丧亲的事实，需要心理救援工作者与丧亲者围绕矿工去世的事件，开放式地谈论矿工的离世，包括当时具体的情况，是否瞻仰死去矿工的遗容，打算如何处理死者的遗物，如何安排葬礼，是否已经拜访死者的墓地……这些都有助于丧亲者接受亲人离世的事实。鼓励丧亲者用言语表达出内心的感受及对死去矿工的回忆[12]。

告诉丧亲者在悲痛时哭泣是一种很自然的情感表现。鼓励丧亲者反复地哭泣、诉说、回忆，并且这种表达方式不限丧亲者的性别和年龄。心理救援工作者在与丧亲者交流时避免说"去了天堂""远走了"等缺乏现实性的词语，而是直接说"死亡""去世"等词，这有助于增强丧亲者接受丧亲的现实感。

2. 对丧亲者实施哀伤的心理教育　在没有任何心理准备的时候，面对亲人的突然离世，有的丧亲者会表现出很强的情绪反应，丧亲者的正常生活模式也被完全打乱。而丧亲者对此往往认识不够，同时丧亲者看到心理救援工作者的参与，这时候丧亲者可能会感觉"我要疯了"或者产生耻辱感。因此，心理救援工作者有必要帮助丧亲者了解到，这种特殊的体验和"快要发疯"的感觉是在经历丧亲之后的"正常"反应，这有助于缓解丧亲者担心自己发疯的恐惧，从而接纳自己目前看似异常的表现。

丧亲者能否很好地处理哀伤，与其家庭成员之间原有的沟通模式有很大关系。如果丧亲者在丧亲之前与家庭成员保持着不沟通、不表达的行为模式，丧亲之后看起来他们表面比较平静，但很有可能他们将痛苦深深隐藏起来，从而陷入冲突与逃避的模式里，导致身心疲惫、精神崩溃。对于那些反复告诉心理救援工作者"我没事"的丧亲者，要重点进行相关的心理教育，心理救援工作者要明确告诉他们丧失亲人是每个人一生中都可能会经历的悲痛体验，单纯的压抑和逃避并不能让这种悲伤消失。相反，如果表面上乐观坚强，但是内心很痛苦压抑，反倒容易影响自己以后的健康，这是已故亲人不愿意看到的。只有放下自己的防御，认真体验并正确表达哀伤过程中的感受，才能有助于丧亲者的成长。

3. 鼓励丧亲者用言语表达内心感受及对逝去矿工的回忆　在处理哀伤时，心理救援工作者帮助丧亲者发现、接受和表达悲伤过程中的各种复杂情感十分关键。如果丧亲者能清晰具体地表达不同层面的情绪感受，就有很大可能顺利渡过哀伤期。丧亲者在哀伤期通常会有很强的内疚、自责、悔恨、羞愧等情绪，这些情绪反映了丧亲者对已故亲人去世的哀伤，渴望与已故的亲人重新建立联系。心理救援工作者要表示理解逝去矿工在丧亲者心目中独一无二、无可替代的重要地位，鼓励丧亲者停留在感受层面，进行探索与分担。

如果丧亲者还没有情感层面的适度表达，不要直接上升到理性层面，不要先告诉对方"你要坚强""节哀顺变""我知道你的感受""尽管他去世得很突然，但是没有受很多苦，从这点上来说你要想开些""我相信你会坚强地面对这一切"等类似的表达，这样会给对方造成过大的压力，阻碍了丧亲者表达感受、表达脆弱。

此外，心理救援工作者要切记，能给一个心理受伤的人最有力的帮助就是倾听和陪伴。心理救援工作者可以多用开放式的提问来询问丧亲者对已故亲人离世的感受，给丧亲者创造情感层面的适度宣泄，与其一起聊天、表达、痛哭、沉默、回忆，并给予恰当的反馈。

4. 向死者进行仪式性的告别　在丧亲者体验和表达哀伤情绪之后，心理救援工作者可以鼓励丧亲者去寻找纪念亲人的标志，与死者做仪式性的告别（如采用空椅子技术、冥想技术、祭奠仪式等），使丧亲者真正从心理上接受逝者已死的事实，并与丧亲者共同探讨关于遗物处理的问题。由丧亲者自己考虑决定是否保留遗物，并建议丧亲者如果遗物带给他的是美好的回忆，不影响正常的生活，就可以保留。

另外，也可以采用仪式性的活动来与死者告别，例如以写信的方式把内心想对死者说的话都写下来，与丧亲者商讨如何处理所写之信，比如烧掉或者丢在河里、放在氢气球里放飞、埋在墓地里等方式，或者在网上建一个亲人的网上陵园等纪念方式[13]。

5. 完善社会支持系统　社会支持是指个体在应激过程中从社会各方面能得到的精神上和物质上的支持。矿山灾难性事故会大大影响丧亲者社会支持系统的稳定性，增加创伤后应激障碍的发生概率。在对丧亲者的心理干预过程中，完善丧亲者的社会支持系统，是帮助他们从灾难中复原的最重要、最有效的方面。

（1）提供具体的帮助与支持。心理救援工作者通过陪伴、握手或其他的身体接触，能使丧亲者感受到他并非独自面对不幸，而是与大家共同面对，会让他们觉得自己并不孤单。矿山灾难性事故发生后，丧亲者将面临的事情还有料理后事、处理遗物等，心理救援工作者可以帮助安排亲友暂时接替丧亲者的日常事务，如代为照看孩子、料理家务等。必要时，干预者还需指定专门人员，提醒丧亲者的饮食起居，保证他们得到充分的休息，这可极大地缓解丧亲者的心理压力，使其产生被理解和被支持的感觉。这也是至关重要的一种支持形式。

（2）建构社会支持网络图。作为心理救援工作者，要指导丧亲者主动利用和寻求社会支持。帮助丧亲者画出他们的社会支持网络图，按亲近程度由近到远，分别列举出目前在这个网络图中各位置的人员，写出他们的名字，并注明哪个成员能给予自己何种具体的帮助和支持，尽量具体化，如情感支持、建议或信息、物质、金钱和权力方面的支持等，并讨论如遇到某一问题将会在网络图中的何人那里得到帮助[14-15]。这样，一方面能让丧亲者确认外界有多少人可以帮助自己，提高他们的安全感；另一方面，能使丧亲者更有效地利用自己的社会资源。

（3）强调社会支持的相互性。由于在矿山灾难性事故面前，个体易丧失自我控制感，所以应鼓励丧亲者力所能及地互助，这样能够帮助丧亲者重建控制力信心。当控制力再次浮现在丧亲者面前时，丧亲者可以将焦虑控制到最小限度。心理救援工作者要以心理教育的形式，向丧亲者强调社会支持是相互的，不能只收获，不播种，可以在适当的时机为他人提供力所能及的帮助。这时帮助别人不仅可以分散紧张的注意力，得到情绪的舒缓，还可以恢复自己的独立意识，增强自我肯定感。

6. 提供积极的应对方式　面对突如其来的矿山灾难性事故，丧亲者通常会处于一种心理情绪失衡状态，如悲伤、焦虑等。大多数丧亲者会觉得自己已无路可走，他们原有的应对机制和解决问题的方法不能满足他们当前的需要。因此，心理危机干预的工作重点应该放在稳定丧亲者的情绪方面，使他们重新获得丧亲前的平衡状态，重新获得应对和解决问题的能力[16]。

(1) 回忆既往积极的应对方式。每个人都有自身发展出的、适合他自己的适应性应对行为，因此心理救援工作者最好让丧亲者自己叙述他既往的应对方法，把他们的自我能动性充分发掘出来。鼓励丧亲者回忆他们以前用过的、有效的处理负性情绪的方法，干预者给予他们充分的肯定与强化，归纳总结后再提供给丧亲者，鼓励丧亲者继续使用。

(2) 建立适应性行为。面对丧亲的现实，丧亲者很难不痛苦，但却可以带着痛苦去适应丧失，并逐渐投身于新的生活，做自己该做的事，从而在活动中减轻痛苦。心理救援工作者可以直接向丧亲者提供多种方法，帮助丧亲者建立适应性应对行为，如充足的睡眠、均衡的营养、尽可能保持有规律的作息时间、与他人共处、向他人诉说心中的苦闷、与他人沟通联系、从正常渠道获得所需的信息、计划当下能做的一件事情、适量的体育锻炼或运动、自我安慰、听音乐和写日记等。心理救援工作者要和丧亲者就这些方法进行讨论，帮助丧亲者识别他们自身可以运用的方法，并让丧亲者将这些方法具体化复述，以强化这种应对方式。

(3) 问题处理。首先让丧亲者思考自己当前有哪些事必须要做，并讨论事情的轻重缓急，安排好时间，然后一一去完成。如果丧亲者自愿或在建议下同意做一些事情，则心理救援工作者要与其一起讨论，做这些事带来的有利及不利影响，权衡利弊后选择一件事情来做，并且要具体分析做这件事情可能会遇到什么困难或阻碍，将如何处理。必要时，心理救援工作者要参与并帮助丧亲者完成做这件事情过程中的某个环节。值得注意的是，让丧亲者安排活动，以感受到充实是有益的，但丧亲者也需要时间来感受经历悲伤的过程。如果总是让他们很忙，没有自己单独的时间来感受悲伤，也会阻碍丧亲者经历悲伤的过程。

(4) 放松技术。学会一种简单的放松技术，如呼吸放松、想象放松、肌肉放松等，可以帮助丧亲者减轻精神和身体上的紧张感。呼吸放松简单易学：首先让丧亲者选择一个舒适的姿势，平静下来，闭上双眼；然后用鼻子慢慢吸气，想象凉凉的气流缓缓充满肺部到达腹部，轻轻地对自己说："我的身体非常平静。"屏气3秒，慢慢地用嘴呼气，想象暖暖的气流从腹部、肺部完全呼出去，轻轻地对自己说："我所有的烦恼、紧张都随着气流呼出去了。"重复练习，直至掌握。

(5) 识别消极的应对方式。心理救援工作者帮助丧亲者识别消极的应对方式及其导致的负面影响，这样可以避免丧亲者适应不良行为的产生。消极的应对方式有回避亲朋及他人、回避公众活动、过度自责或责备他人、暴力发泄、暴饮暴食、借酒浇愁、滥用药物、放任自流、不吃不喝、整日睡觉等。

7. 重建有益的思维方式 经历矿山灾难性事故的丧亲者，观念会产生巨大的改变，思维方式容易产生扭曲，产生"我是没用的人""一切都完了"等想法，从而产生悲观的生活态度，甚至自杀。心理救援工作者要帮助他们意识到自己认识中的非理性思维，重新获得思维中的理性和自我肯定的成分。而此项干预更适合丧亲应激反应逐渐恢复的丧亲者。

(1) 矫正过度的自责。通常丧亲者在认知层面上会有深深的自责和内疚感，因此要帮助丧亲者分析对自己的要求是否恰当、是否现实，从另外一种思维角度来看待自己的不幸遭遇，亲人的亡故在这次矿山灾难性事故中是已经发生的，之前自己并没有得到关于矿山灾难性事故的任何信息，自己对死亡事件并不承担责任，这不是自己的错。

(2) 正视改变，适应生活。丧亲者可能会高度关注当前和今后持续存在的困难，非理性地夸大矿山灾难性事故带来的影响，并对此过分担忧或悲观绝望。丧亲者要面临由于丧失亲人而带来的各种改变。针对丧亲，心理救援工作者和丧亲者讨论并重点强调目前他们仍拥有的人和物等资源，帮助他们建立另一种有益的思维：自己并不是孤单一人，自己也并不是一无所有，自己的将来并不是没有希望。

针对丧亲者面临各种改变的担忧，心理救援工作者帮助他们逐一列举并分析出这些改变带来的困难，正确地评估困难，通过分析及提供解决办法的过程，来矫正他们的非理性思维。强调他们对自己命运的控制感，提供给丧亲者一种有益的思维："我的生活不再与以前相同，这些改变确实会带来痛苦，我今后会面临很多困难，但还是有很多办法去应对解决的，我能够重新开始新的生活。"

（3）展望未来，注入希望。对于新的生活，心理干预者要给予其对未来的期望，利用丧亲者现存的资源，引导他们展望未来，帮助他们重新发现生活中有意义并能给予他们积极回报的事情，干预者在这一过程中要给丧亲者随时注入希望，传达这样一个信念：痛苦终将减弱，未来的生活将会赋予新的意义，生活中仍然会有积极、幸福的一面。最后给予总结、肯定、鼓励和强化。

8. 评估转介 心理救援工作者如果发现丧亲者存在复杂性的哀伤反应，或者丧亲者的哀伤情绪的程度严重、持续时间超过 4～6 周、影响到丧亲者的日常生活功能，则需要转介至精神医疗专业人员接受治疗。

四、矿山灾难性事故居丧期心理救援的注意事项

矿山灾难性事故后，对丧亲者实施心理救援需注意以下几点：

1. 使用标准问候语。

2. 使用和丧亲者类似的声调 提供帮助的心理救援工作者从一开始就应注意与丧亲者的声调相匹配，如果丧亲者的声音听起来平缓而悲伤，你应该轻声说话；如果居丧者的声音愤怒而响亮，你的声音应该与其接近，但音调应稍低，然后慢慢地把你的音调调到正常水平，这样丧亲者会慢慢配合你的音调。

3. 尽量使用丧亲者的用词、用语与其交谈 例如，丧亲者说："我想结束自己的生命。"心理救援工作者说："您已经制订了结束自己生命的计划吗？"

4. 做好的倾听者 好的倾听者要掌握以下技能：用心理解和领会丧亲者的思想与感情；允许丧亲者口误或用词不当；允许其停顿和沉默，搁置自己的需要与看法。不合格的倾听者会有以下表现：打断对方的谈话，随意转换主题，说教，匆忙下结论，回避问题等。

5. 避免给予建议 给丧亲者提供直接建议是件很危险的事，要避免这样做；心理救援工作者要明确交流目标是帮助丧亲者发现重建生活的资源，让其自己做出决定；如果干预者的建议无效，你将为这一失败承担责任；如果干预者的建议有效，成功可能属于心理救援工作者；不管成功与否，问题的关键是丧亲者没有真正学会独立解决问题的方法，心理救援工作者过于主动为丧亲者做决定不利于丧亲者独立解决问题能力的恢复。

6. 避免在心理救援过程中评判丧亲者 例如："你不应该那么想""你不应该伤害你自己""你怎么能那么做呢？"

7. 避免转换话题 心理救援工作者如果在心理救援过程中随意转换话题或是按照自己的思路与丧亲者沟通，就会给其造成一种干预者有意避开谈论此话题或对此话题不舒服的感觉。

8. 影响哀伤的因素 哀伤的内涵和历程会明显受到家庭、文化、宗教信仰及哀悼相关仪式的影响，干预者在干预之前须了解当地的文化习俗。

9. 心理救援工作者的心态 心理救援工作者的心态要保持平和，不一定必须为丧亲者实施专业

的救援行为。本着"不指导、不随从、只陪伴"的基本原则,心理救援工作者陪伴的本身就是对丧亲者的支持和给予。

10. 特殊情况的处理 对于某些有强烈愤怒甚至冲动行为的丧亲者,需要心理救援工作者与其建立沟通,好让他们有适当的情感表达。丧亲者的愤怒情绪并非指向心理救援工作者,而是这种情绪的一种转移方式。

五、丧亲者常用的自我心理调整的方法

(一)半个月内勿做重大决定

经历了矿山灾难性事故后,人的应激反应分为不同时期,先是麻木,再是后怕、恐惧,这个反应期一般正常为15天,这个时期丧亲者不能冷静地思考问题,所以勿做重大决定。

(二)做感兴趣的事缓解情绪

发生了这样的突发性灾害,丧亲者不要总是回想,应该放松心情,做些自己喜欢做的事情,缓解紧张情绪,减少心理压力。

(三)让生物钟恢复正常

遇到这么重大的突发事件,丧亲者一般都有失眠症状,这时候丧亲者应该从信念上强制自己休息,使生物钟恢复正常,这样对于处理问题和自己的身体都有好处。

(四)家庭支持体系也很重要

矿山灾难性事故的当事者还可以通过邻居、亲属、朋友等家庭支持体系得到帮助,以聚会、谈心等方式找到归属感,这样也可以缓解恐惧心理,减少孤独感。

(五)善意的谎言不利于解决问题

矿山灾难性事故发生时,对丧亲者隐瞒消息,不利于解决问题,应着眼于帮助丧亲者如何坚强地面对事实,学会应对和解决问题,否则,消息一旦泄露,丧亲者受到的打击会更大。

第四节 对儿童和青少年的心理救助

相对于成人而言,儿童和青少年各方面的发育尚未成熟,其心理承受力和身体抵抗力还比较弱,对事物反应更敏感,在遭遇重大突发事件时更容易产生较严重的心理问题,尤其是面对自己的父亲遇难时受到的心理打击更大[17]。矿山灾难性事故是指采矿过程中发生的事故,往往会造成矿工的伤亡,而矿工的伤亡也就是矿工家庭的"伤亡",可见矿山灾难性事故带来的影响是深远的,尤其是对于矿山灾难性事故中受灾家庭里的儿童或青少年的身心健康的影响。许多相关研究发现,儿童期出现的心理阴影或心理创伤,如果没有及时得以缓解,将会严重影响未来身心的健康发展,甚至导致人格的非完整性以及行为的不正常性[18]。因此,对这些家庭中的儿童和青少年进行及时适度的心理干预尤为重要。

一、矿山灾难性事故后儿童和青少年常见的反应

矿山灾难性事故后儿童和青少年表现出很大的差异性和多样性。在矿山灾难性事故中,有些孩子可能失去了父亲,有些孩子的父亲可能受到不同程度的伤害。已有研究发现,无论这种灾害程度

如何，均可导致不同程度的精神损害[19]。因此，矿山灾难性事故发生后会引起受灾家庭的孩子精神紧张、心理冲突，以致影响心理健康。矿山灾难性事故的突发性、威胁性、不确定性、紧迫性和震慑性，不仅干扰或破坏了儿童和青少年每天正常的生活秩序和生存模式，而且使他们产生对环境的失控感和不确定感，从而破坏他们的心理安宁，甚至引发儿童和青少年的心理危机。而儿童和青少年生活阅历还不充足，所以容易把生活中的问题和事件严重化，导致过高估计矿山灾难性事故的不良后果。与成人相比，儿童和青少年的生命观是不成熟的，他们难以对生命有深刻的理解，对死亡也没有更深的体验，甚至以为人死了还能复生。矿山灾难性事故会让儿童出现心理异常等症状，从而导致其人际关系、角色或日常生活的混乱，使儿童受到更大的创伤[20]。

（一）矿山灾难性事故中受灾家庭儿童和青少年的常见反应

矿山灾难性事故后，孩子们无论在生理、心理和行为上，均会产生许多反应。由于儿童和青少年对灾后事故（如死亡）的想法与成人不同，他们会表现出不同于成人的反应。

1. 学龄前（1～5岁） 因为比较缺乏紧急处理压力的语言和思考能力，对于这个年龄段的儿童，亲人的突然逝去导致他们失去温暖的亲情和安全感，或是亲人受到灾害事故伤害，导致儿童依赖感和归属感降低，很容易出现下列现象：吮吸手指头，尿床，睡眠紊乱或者害怕黑暗，出现分离性焦虑而纠缠大人，畏惧夜晚，大小便失禁，便秘，说话困难（口吃），食欲减退或增加等。

2. 学龄儿童（5～10岁） 这个年龄段的儿童在遇到父亲受伤或遇难时出现的典型反应是行为退化，他们往往会出现拒绝上学，易怒，哭诉，依赖性增加，在家或学校出现攻击行为，明显地与弟弟妹妹竞争他人的注意力，畏惧夜晚，做噩梦，害怕黑暗。在同伴中退缩，在学校失去学习兴趣或不能专心学习，行为退缩。有的失去父亲的孩子，甚至表现出不相信亲人已经永远离开；出现身体不适（如食欲减退、呼吸困难）；觉得自己被抛弃，对过世亲人生气；对亲人的死亡自责；模仿过世亲人的行为或特征；变得容易紧张；担心以后没人照顾自己；出现跟以前很不一样的举动（如特别乖或特别顽皮）。

3. 青春前期（11～14岁） 青少年在遇到父亲受伤或失去时，往往出现喜欢独处，睡眠失调，食欲减退，在家里"造反"，不愿意做家务事，学校问题（如打架、退缩、失去学习兴趣、寻求注意的行为），生理问题（如头痛、不明原因的其他疼痛、皮肤湿疹、腹泻等），失去与同伴进行社交活动的兴趣，丧失现实感。

4. 青春期（14～18岁） 在遇到父亲受伤或罹难时，他们往往出现身心症状，如排泄问题、气喘、头痛、食欲减退、睡眠失调、月经失调、烦躁或活动减少、冷漠、对异性的兴趣降低，对父母控制的反抗减少，注意力不集中，疑病症（担心自己有病痛，但无医学上的证据），出现不负责任或者违法行为等。

已有研究显示，儿童重复某种游戏是闪回或闯入性思维的表现。儿童和青少年的反应不同于成人，如果忽视而未及时进行心理干预，可能导致其成人后产生相关的心理障碍，如焦虑症、边缘型人格障碍等[21-23]。

（二）矿山灾难性事故中受灾儿童和青少年易出现的心理问题

矿山灾难性事故后，儿童和青少年出现的心理问题具有很大的差异性和变异性，但总体来说可从以下几个方面进行归类：

1. 生理性心理问题 这类问题主要表现为退行或退缩行为，他们的行为比实际年龄更为幼稚，如吸吮手指、尿床等，分离性焦虑，表现得害怕离开母亲或是其他监护人，亲人要离开时哭泣、抱紧不放，拒绝其他人接触，处事夸张（如小题大做）等。此外还有害怕与灾害有关的情境或场景，如阴暗、下雨、打雷、刮风、闪电等。这类问题是由人的动物本能引起的。

2. 情绪性心理问题 这类问题包括神情呆滞、沉默寡言、情绪低落、缺乏情感表达、沮丧、冷漠、缺乏兴趣、自闭。此外还有抵触、易激惹、易怒、情绪变化反复无常等。

3. 精神性心理问题 经过矿山灾难性事故这种重大创伤性事件后，儿童的认知形式或认知模式发生改变、扭曲甚至变形，其思维与逻辑表现得不符合常规，并且经常抱怨头痛、胃痛或其他方面的身体疼痛，常伴有幻想、幻视、幻听和妄想等。

二、儿童和青少年心理危机的心理救援策略

从理论上说，矿山灾难性事故后的心理救援开展得越快越好。应尽可能用最短的时间，让丧亲的儿童和青少年的心理健康水平恢复到往常的状态。在发达的西方国家，心理危机干预是应急救助体系中的重要组成部分。一旦外部环境安全稳定后，心理专业人员马上会对其进行专业的筛查和诊断[24]。针对矿山灾难性事件中儿童表现出的问题情况的不同（可能是痛失亲人，也可能是亲人在矿山灾难性事故中受到了严重的伤害），心理救援工作者会根据具体情况进行具体分析，制订出相应的干预计划，并且马上进行干预，及时帮助他们说出内心感受，宣泄消极情绪。干预越及时，被干预者心理康复得越快[25]。对儿童和青少年心理干预方式归纳起来，主要有以下几种。

（一）哀思传统表达训练

哀思传统表达是我国传统文化和现代心理技术相结合的一种调节心理创伤的技术方法。利用我国传统的祭奠仪式，在逝者的纪念日或者清明节这样的特殊节日，把传统的祭奠仪式（如祈祷、祭酒、悲叹、挽歌、哀诗等）与哀伤辅导的心理技术结合，达到对哀伤者的心理修复[26]。

训练的目的是使能进行有效交流的受灾家庭儿童的负性情绪得到疏解，进而恢复正常的心理行为模式[27-28]，重建信心与生活目标，可分为以下步骤：

1. 冥想 让儿童和青少年闭目冥想要对逝者说的话（想好后，通过活动前规定的方式如举手示意），然后分享（可以先介绍自己的失去亲人情况，并做出解释，充分宣泄与共情）。

2. 归纳与引导 心理救援工作者向丧亲的儿童和青少年说明，他们对逝者想说的话是自己内心真情实感的表达，寄托哀思，鼓励儿童和青少年说出来，并告知说出来之后会有一种轻松、释然的感觉。

3. 播放轻松的音乐或视频 让儿童和青少年闭目冥想逝者对他（她）的希望，然后分享。目的在于树立新的生活目标，明确今后的努力方向。

4. 归纳指导 心理救援工作者向丧亲的儿童和青少年说明铭记逝者的期望是对逝者的最好纪念（着重肯定其中具有典型意义的正向、积极的目标和方向），过去一些非理性的信念，是可以理解但却是应该改正的。引导儿童和青少年在积极心态与非理性信念之间思辨，帮助其在灾难性事故中成长。

5. 调整心态、回到现实、强化目标 播放深情、有力、面向未来的视频音乐或歌曲（必要时可重复1～2次），丧亲的儿童和青少年闭目聆听，音乐结束，渐渐睁开眼睛，可以与孩子共同歌唱，并简要强调1～2位"逝者的期望"加以共勉，结束训练。

（二）哀伤辅导

哀伤辅导（grief work，GW）是针对较大的、能进行交流的儿童和青少年而言的。强调在悲痛面前，不能沉溺于痛苦中，而应让自己感受和经历痛苦，通过哭嚎、呐喊等方式发泄情感，通过交流消除罪恶感、羞耻感及孤独感，进而接受丧亲的现实，找到生命的意义[29]。

1. 哀伤辅导的目标

（1）协助丧亲的儿童和青少年面对丧亲；

(2) 协助丧亲的儿童和青少年处理已表达的或潜在的情感;
(3) 协助丧亲的儿童和青少年克服失落后再度适应正常生活的障碍;
(4) 以正向的方式鼓励丧亲的儿童和青少年向逝者告别,并坦然地重新将情感投入新的关系里。

2. 哀伤辅导的 4 个阶段及任务

第一阶段:接受死亡的真实性。不要在接受事实和拒绝事实之间摇摆不定,承认并接受已经发生的事实。

第二阶段:经历悲伤的痛苦。强调在悲伤面前,不能沉溺于痛苦中,而应让自己感受和经历痛苦,通过哭等方式发泄感情,消除罪恶感、羞耻感、孤独感,进而接受事实,找到生命的意义。

第三阶段:重新适应一个逝者不存在的新环境。鼓励求助者灵活应用解决问题的方式,自己处理危机,自己调整心理失衡状态,提高自我的心理承受能力和适应能力。

第四阶段:将情绪从已逝者身上转移到生活上。积极引导情绪发泄,及时调整心态。

倾听在哀伤辅导中必不可少。倾听需要用心听,并通过搂抱、抚摸等"形体语言"与丧亲的孩子"交谈",表达注意和关爱,理解丧亲孩子言语所传达的信息。可使用以下问题引导与丧亲孩子的交谈:

(1) "告诉我发生了什么事?"仔细倾听儿童叙说,了解其对矿山灾难性事故的知晓情况、对丧亲的感受等。心理救援者视孩子的理解能力及对事件的看法和感受进行辅导,澄清事实,以便消除孩子的恐惧、担心及误解等。

(2) "现在大家都在做什么?"要告诉丧亲的孩子大家都在努力,还可适当地告诉他们一些解决问题的办法。

(3) "你最担心的是什么?"有时这种担心与关于矿山灾难性事故的误解有关。可以利用这个机会向他们保证你和其他人会尽其所能保证灾后的安全,尽快恢复正常的生活。

(4) "你还有什么事要告诉我或想让我知道?"使丧亲的孩子知道你愿意跟他谈话,他(她)不必保留任何问题,没有什么不可以讨论的问题。

(三)心理宣泄法

心理宣泄法即主动倾听丧亲的孩子心中积郁的苦闷或思想矛盾,鼓励其将内心情感表达出来,并通过观察和讨论他人及自己的反应,帮助他们在心理上消化创伤体验,较好地适应社会环境,避免引起更严重的后果[30]。不要把痛苦疑虑长期积压在心中,而应采取不危害他人和社会的方式宣泄出来。在进行宣泄时,让他们畅所欲言而无所顾忌,使得他们因不良情绪得到宣泄而感到由衷的舒畅。同时,心理救援工作者要保证保守秘密,并在心理宣泄的过程中及时、温和地给予正确指导。

(四)绘画疗法

绘画疗法是让求助者通过绘画的创作过程,利用非言语工具,将潜意识内压抑的感情与冲突呈现出来,并且在绘画的过程中获得纾解与满足,从而达到诊断与治疗的良好效果[31]。绘画主要包括涂鸦画、自由画、续笔画、画人测验(D-A-P)、动态"房-树-人"测验(K-H-T-P)、家庭动态图(K-F-D)、学校动态图等。绘画疗法对于处理情绪冲突、创伤和丧失有很好的疗效。绘画疗法还可以促进自我完善和社会技能的提高。

(五)死亡教育

死亡教育(death education)是让孩子们知道死亡是生命历程中自然的一环,是不可避免的。死亡教育主要是向未成年人解释死亡的概念,教授如何正确面对死亡等的一种另类教育。我们无需对死亡忌讳甚至避而不谈,它同性教育、艾滋病教育等一样,应在中小学教育中开展。许多专家和学者认为，儿童对死亡问题应该有观察、发问、表达记忆及感受的机会。死亡教育的主要目的有 4 个：①使孩子们获得死亡的知识；②使孩子们对死亡有一个科学的认识；③提高孩子们为濒死患者提供帮助的能力；④减少青少年的意外死亡。

美国的生命教育起初是以死亡教育的形式出现的，将死亡教育视为教育的一种形式。然而在我国，死亡教育极度缺乏。我国没有关于死亡教育的书籍，学校也没有开展关于死亡或者生命教育的课程。在对 111 位丧亲人群的调查中发现，多于 70% 的人遇到失眠、健康变差等问题，82% 的人在亲人去世后常感孤独、寂寞，1/3 的人透露曾有自杀念头。中国传统文化避讳谈死亡，主要是因为内心恐惧死亡，不谈论它是最好的心理防御。但不去探讨它，我们又如何去对待将离开的亲人，既不触碰禁忌又希望亲人没有遗憾地离开，这不可能办到。

总而言之，死亡教育可以帮助人们正确地面对自我之死和他人之死，理解生与死是人类自然生命历程的必然组成部分，从而树立科学、合理、健康的死亡观。儿童对于死亡的概念是无法接受也无法否认的，会产生一些不切实际的联想和担忧，所以死亡教育不应忽略[32]。

死亡教育的目标可分为认知、情感、行为、价值四个层面：

1. 认知层面目标 为儿童提供各种有关死亡的事件和经验的信息，通过提供实例以及案例讨论，使儿童了解并整合这些信息。

2. 情感层面目标 在面对死亡、濒死和丧恸这三种情况时，让儿童学会如何控制自己的感情与情绪，其重点在于教导儿童在面对丧恸时如何正确处理哀伤情绪，分享与讨论哀伤的情绪体验是重要方法。

3. 行为层面目标 让儿童知道什么反应是正常的，如何表现自己的哀伤和悲痛是合理的，在他人有类似情况发生时自己应该如何处理和应对。

4. 价值层面目标 帮助儿童澄清、培养、肯定生命中的基本目标与价值，通过死亡的必然终结性来反思生命的意义和价值。通过死亡教育让儿童认识生命、领悟生命、珍惜生命。

（六）社会支持系统

社会支持系统主要包括父母及其他亲人、老师和同学、社会各方面的关爱等。有调查表明，儿童和青少年从重要他人那里获得的社会支持具有可靠同盟、价值增进、情感支持等调节功能，这些功能对处于危机中的儿童和青少年来说是非常重要的。

社会支持对处在危机中的儿童来说非常重要。主要须注意以下几个方面：

1. 加强与孩子之间的联系 矿山灾难性事故后儿童最容易出现无助和恐惧，害怕亲人的失去，他们急切需要和亲人团聚，得到家人的支持和安慰。

2. 家长与儿童进行情绪上的分享与支持 要信息互通，并对儿童激烈的情绪波动表示容忍。矿山灾难性事故导致父亲遇难或受伤的事情会激发儿童很强烈的情感爆发，如愤怒、恐惧、悲伤、负罪感等。当痛苦、无法接受的感情得不到表达和支持时，则容易出现情绪骚动、厌世、破坏性行为、药物或酒精滥用。

3. 扩展家庭的社会网络 受灾家庭获得亲人、社区、社会网络在心理、情绪、行动和经济上的有效支持。这种社会支持对于儿童来说，尤其是对失去父亲给予的安全和保护这种双重存在的儿童来说至关重要。

（七）社区危机干预

社区心理健康服务活动最早兴起于美国，其历史发展遵循两条传统路线：第一，各个心理理论和治疗理论的发展，给社区心理健康服务提供了理论基础。第二，从社区活动中发展起来。国外社区心理健康服务分为三级预防：初级预防，也称为预防阶段，指采用一系列措施预防心理问题，保持心理健康，尽可能消除产生心理障碍的环境因素，消除心理方面的问题，如合理的家庭教养，青少年心理健康、老年人孤独问题等。次级预防，指及早发现社区居民心理障碍和精神疾病并及时干预和治疗，包括早期进行心理健康诊断或定期进行身心健康调查；对已经处于早期阶段的患者实施治疗。另外对危机事件进行及时干预，如危机干预。目前危机干预已经日益成为临床心理服务的一个重要分支。三级预防，指使社区中有心理障碍和精神疾病的人数减少，为他们创造良好的社会回归环境。

社区卫生服务在我国已经开展多年[33]，其在预防、医疗、健康教育及计划生育技术服务等方面发挥了重要作用，却很少涉及心理卫生服务项目，尤其是针对心理危机的及时干预。针对儿童和青少年的社区心理危机干预可以从以下几个方面着手：

（1）通过加强社会支持体系，建立联合体，共享支持体系和资源，并把它作为儿童康复的重要基础。

（2）让儿童加入到有关创伤和应对的故事讲述中，故事应该尽可能包括不同的经历。如美国在Katrina飓风之后，社区为儿童组织了"我的Katrina故事"社区活动。活动中提供了各种信息和故事，帮助儿童记住并完整地看待创伤生活事件。这其中不仅包含了悲痛、糟糕、恐惧的部分，更包括了人们所做的善良、勇敢的行为[34]。

（3）安排儿童多参加各种活动，举行集体康复仪式，把悲痛赋予意义。除了官方有组织的正式仪式及之后的纪念活动之外，还可以举行一些非正式的仪式和纪念活动。

（4）带给儿童积极的远景目标，重燃对未来的希望。

三、儿童和青少年心理危机的心理救援步骤

面对突然发生的重大矿山灾难性事故，心理救援工作者可从以下几个步骤及时给予受灾家庭的孩子心理上的支持。

（一）实现及时的心理救援

当儿童和青少年因家庭遭受重大矿山灾难性事故而出现心身反应时，心理救援工作者闻讯后应立即赶赴现场，并立即报告给相关部门。各相关部门在接到通知后应派人立即赶到现场，进行紧急援救。心理救援可以按照以下的方式进行：

1．接触和参与　倾听与理解并应答，或者以非强迫性的、富于同情心的、助人的方式开始与其接触。

2．安全确认　增强当前的和今后的安全感，提供情绪放松的环境。

3．稳定情绪　使在情绪上被压垮或定向力失调的孩子得到心理平静、恢复定向。

4．释疑解惑　找出立即需要给予关切和解释的问题，立即给予可能的解释和确认。

5．实际协助　提供实际的帮助给儿童和青少年，比如询问目前实际生活中还有什么困难，协助儿童和青少年调整和接受因矿山灾难性事故改变了的生活环境及状态，以处理对现实的需要和关切。

6．联系支持　帮助儿童和青少年与主要的支持者或其他的支持来源（包括家庭成员、朋友、社区的帮助资源等）建立短暂的或长期的联系。

（二）后期跟踪

我们也应在孩子接受心理干预后对其学习生活进行妥善安排，帮助其建立良好的支持系统，引导其避免与周围的人发生激烈冲突。同时，心理救援工作必须系统化，不能当成独立事件。尤其是在遭遇矿山灾害性事件时，心理危机干预、个体周围环境的营造和社会工作服务是紧密结合在一起的[35]。

四、儿童和青少年的心理救援工作应注意的问题

针对儿童和青少年的心理救援应该以维护儿童和青少年最基本的需求为主要原则，干预过程中应注意以下几点：

（一）帮助儿童和青少年建立安全感

年龄较小的儿童通常无法有效地用语言来表达自身的需求，而期待身边亲近的大人给予积极和适当的安慰。建议可以进行以下活动来建立儿童的安全感与自我效能感：

（1）提供给他们足够的玩具、道具，不只限于真实的玩具，随处可见的石头、沙子皆可以替代。

（2）多给予儿童和青少年身体的拥抱与接触，或提供需相互接触的团体游戏等。

（3）鼓励孩子绘画。最好提供一张大墙报纸，让孩子在纸面上尽情表达感受，之后再进行分享。需要提醒的是，此时要鼓励孩子画出具体的人物和场景。

（4）儿童和青少年食欲减退时，建议以多餐的方式为他们提供营养，以使其生理与情绪保持稳定。

（5）用一些不具危险性或低危险性的活动来鼓励他们玩保护自己的游戏。

（6）告知家人，在孩子睡前要多安排一些睡前活动，以建立更高的安全感。

（二）给予适当的心理援助

青少年是人生发展的重要阶段，一方面生理上和心理上的逐渐成熟，使他们逐渐有了自己的想法和观点，另一方面由于其不成熟以及经验不足，导致面对一些特殊事情时会显得束手无策[36]。因此对他们必须采取适当的方式进行心理危机干预，如果某个方面或某个细节的处理不当，都会影响受灾家庭中孩子心理危机干预工作的成效。

（三）尽量陪着他们

对于那些处在恐惧中的孩子，陪伴在他们身边是非常重要的，如果他不停诉说失去亲人的痛苦，不要阻断他的叙述，耐心倾听，并让他感觉到你能够感同身受。

（四）适度的肢体接触

对于儿童，握着他们的手，或者给一个温暖的拥抱，都会让他们脆弱的心理得到很好的安慰。

（五）让他们尽量地发泄自己的情感

遇到极度悲伤的孩子，比如正在痛哭的孩子，不要阻止他们的痛哭，而要在旁边安慰，哪怕不说一句话，只是默默地拥抱他们，都是很好的支持。尽量让他们把痛苦的情绪释放出来，因为这种极度的情绪释放对于平复他们的情绪帮助很大。

总之，让孩子听到最权威、最及时、最准确的信息，这是很重要的心理支持和安全感的确立。孩子是祖国的花朵，是每一位父母的牵挂，是家庭的核心，因此，保护儿童和青少年身心健康极其重要。对于矿山灾难性事故后失去亲人或亲人受伤的儿童和青少年，我们要正确引导，确保其身心健康。

附1：团体辅导示例

针对儿童和青少年心理危机的团体辅导示例：

辅导对象：13～16岁孩子，人数6～10人。

基本情况：矿山灾难性事故后，有些孩子的家人虽然在身边，但受了重伤；有些孩子的家人已经确认死亡，而有些孩子的家人至今失联，下落不明。

设计理念：在辅导之前，要先对孩子们所受的危机情况做一个评估，包括性质评估、程度评估和后果评估。性质评估需要判断是什么性质的危机，是丧失危机还是受伤暂时不能在身边的危机。这个团体里面有一些是创伤性问题，有一些则是丧失危机，因此是一个异质团体。团体领导者需要顾及到两个方面的情况，但是共同点是他们都需要充分的安全感，需要得到支持、理解、包容和建立信任。因此所有活动要围绕这个共同需要来选择和进行。

设计目的：

（1）给他们创造情感表达的机会，包括愤怒、悲伤和恐惧等；

（2）对他们所表达的情绪给予充分的理解和支持；

（3）引导他们述说与亲人在一起的经历；

（4）建立团队信任感。

辅导者：团体领导者1名，助手2名。

道具：帽子或布条、高低不同的椅子凳子、白纸、水彩笔、录音机、放松训练专用音乐。

辅导过程与步骤：选择周围干扰比较少的空地或者在比较大的空教室，让小朋友手拉手围成一个圈，然后坐下来。

1. 通过"名字串联"的活动做自我介绍　活动规则：从最小的孩子开始，先说出自己的名字，如"我叫李晓云"，第二个孩子就要先重复第一个孩子的名字，然后说出自己的名字，如"李晓云，许自强"；第三个孩子就要先重复前两个孩子的名字，最后说出自己的名字，如"李晓云，许自强，江洪涛"……这样依次下来，每个孩子要边听边用脑子记，轮到自己的时候先依次说出之前全部人的名字，最后说自己。（这个活动适合年级较高的孩子们，可以在短时间内记住团队每个人的名字。）

2. 小游戏"故事接龙"　游戏规则：主讲人先提供一句话（最好是与矿山灾难性事故的情景相关），然后从一名孩子开始，接着这句话往下讲一句话，下一个孩子再接下去讲一句，使这个故事不断扩大延伸。限时10 min，最后要给这个故事设计一个结局。（这个游戏看似与主题无关，但其实是一个投射游戏，孩子们在讲故事的时候会把自己的部分经历投射进去。考虑到这个团体辅导的针对性，最好限定第一句话为与矿山灾难性事故相关的情景，以免偏离主题，例如"那天我在教室里，老师告诉我爸爸所在的矿井出事了，爸爸伤得很重……"再由孩子们往下接。这个游戏一方面可以活跃团队气氛，另一方面能通过孩子的讲述和对他们的观察，发现需要重点辅导的孩子。）

3. 活动"谈谈你的故事"

（1）在上一轮中发现需要重点关注的孩子，比如亲人丧失、目睹亲人惨状，明显情绪不安等，请他们来发言，讲述自己的故事。

（2）对不善言辞的孩子，团体领导者可以通过多提问来引导他讲述自己的故事。对于丧失亲人的孩子，请他（她）回忆与亲人在一起时的美好时光。

（3）鼓励孩子们宣泄自己的负性情绪，给他们创造流泪的机会。如果说不出来，也不流泪，可以使用绘画的方式来表达。

（4）说出自己的故事后，其他孩子要给予支持鼓励。

这一环节的目的在于让他们进一步宣泄自己的情绪，在"故事接龙"的基础上，更深入地讲述自己的经历和感受。其中引导他们说出与亲人在一起时的美好时光，目的在于重新建构他与亲人之间的心理联结。

4. 简单的放松训练　进行放松的基本步骤是：播放放松训练的专用音乐，让他们选一个最舒服的姿势坐好，闭上眼睛，想象自己在一个鸟语花香的森林中，天上挂着美丽的彩虹，有阳光照在自己身上，小鸟在身边唱着歌，小松鼠在脚边睡着了，远处传来叮咚叮咚的水声。多重复几次。配合着有规律的呼吸，慢慢地吸气，吸满气，腹部鼓起来，再全部呼出去……一起一伏，一起一伏。

这个活动的意图在于控制孩子们的情绪不要过分外溢。在上面的环节中，给予孩子们宣泄情感的机会，但是如果不加控制、过度宣泄，可能会造成二次创伤。通过使用放松的方法，让孩子们的情绪平复下来。然后进行引导，回到此时此地。大家一起讨论我们现在可以做些什么，如何帮助别人等。

5. 小游戏"信任行走" 游戏规则：先选择一条线路，然后使用高低不同的凳子椅子在路上设置障碍物，也可以让团队中的孩子来扮演障碍物，他们可以做出各种姿势固定不动，也可以手拉手形成一扇小门或一座小桥。然后一个人被布条或帽子蒙住眼睛，另一个人扶着他跨越所有的障碍物，走完全程到达终点才算胜利。带路的人只能用语言来引导，不能拉着他走。到达终点后，全体队员欢呼鼓掌以示鼓励。活动时要注意安全性，障碍难度不能设置太高。每一个人都要体验当"盲人"和"指路人"的感觉，游戏结束后请每个人谈一下感受。团体领导者总结发言，强调"信任"的重要性，并希望团队中的每个人能够成为朋友，在困难的时候互帮互助，互相支持鼓励。让他们相信在大家的共同努力下，一定可以渡过生命中的每一次难关。

这个游戏的目的是培养信任感，增强团体凝聚力，在困难的时候能够相信别人的帮助和集体的力量，也愿意帮助他人，从而减少孤单感、无助感。

附2：案例分析

小强，男，17岁，初三学生，长相帅气，性格开朗，人际关系良好。成绩在班级里属于中下游，各方面表现良好，无行为问题。该生家境贫寒，家里主要劳动力是父亲，母亲残疾。在某次矿难中父亲遇难，家中的顶梁柱瞬间倒塌，此后该生不但成绩直线下降，行为上还出现诸多问题。如上课睡觉，与老师顶嘴，无心学习，不交作业，考试交白卷，时常逃课等。据一些同学反映，小强还在校外和一些社会上的青年混在一起，抽烟打架。

经初次接触，了解到目前小强还存在以下问题：第一，不相信父亲真的走了。父亲的突然去世，让他一时无法接受。他说："我觉得爸爸还在我身边，我不敢相信爸爸已经离开了。"他害怕独处，害怕一个人时疯狂地想念爸爸，这也是他到社会上拉帮结派的原因之一。另一个原因是他希望通过让自己变坏，也许爸爸就会突然出来管教他了。第二，他对未来没有了方向和目标，没有了学习、生活的动力，不想读书了。爸爸生前是家里的经济支撑，也是在学业上给他最大鼓励和支持的人。爸爸的离开，带来了太多现实问题——没有足够的钱来支付他的学费，成绩又不理想，就算考上大学也没有经济来源可以提供给他继续深造。所以他开始自暴自弃，以麻木自己对父亲的想念和对未来的思考。第三，来自亲戚、邻居等各方面的过度"怜悯"，让他想要逃。由于家庭发生的不幸，小强的亲人、邻居只能把更多的怜悯和同情给予这个孩子。这时的小强已经有强烈的自我意识，他宁可独自疗伤也不愿将自己的悲伤暴露出来，这也是为什么在爸爸去世到葬礼结束他都没有哭的原因。针对这种情况，我们制定并实施了下面的干预过程：

第一阶段：建立良好的关系，宣泄情绪，正视悲伤反应。

这个阶段主要通过无条件积极关注，耐心倾听，理解他，并且尊重他，并不给予"过度关心"，建立信任的关系，慢慢地他愿意在我面前更多地敞开心扉，逐渐地他就说到了父亲去世的事情，尽管从他的眼神中可以看出他有些逃避，但他还是愿意在我的询问中慢慢地叙述着，再现了听到丧讯时的情境，此时泪流满面。我告诉他这一切情绪都是正常的，是人在丧失亲人时的一种自然反应。当这些情绪再次出现时，不要回避它，要面对更要懂得宣泄。

回忆父亲生前留给他的印象最深刻的片断和画面（冥想回忆策略）。在父亲去世的这段日子里，他害怕回忆，他更怕想起爸爸，他把自己的情感压抑着无处宣泄。因此，我引领他在舒缓的音乐里做了简单放松训练，让他伴着音乐做冥想回忆，回忆他和爸爸之间发生的故事。他断断续续地说着，其间多次哽咽无法继续，这时我再次引领他进行放松训练，鼓励他继续去面对爸爸，并在肢体上给予安慰和勇气，比如握着他的手，并视情形拍拍他的肩膀。

告别（空椅子技术）。由于父亲离开时他不在身边，亲戚为了保护他，也没有让他为父亲单独守灵，只是见了最后一面，对于小强来说，这样的告别是仓促的，因此内心一直自责不已。从心理学的角度来讲，要使人积极地面对现实和健康成长的一个重要手段就是干预他完成内心中的那些"未完成事件"。

"告别仪式"可以干预他更快地走出情绪的困扰，也能干预他更快地接受爸爸已经离去的事实。

通过使用空椅子技术以及冥想技术，给他创设一个虚拟的场景，让小强敞开心扉。首先我让他进入冥想状态。在他面前摆着一把椅子，对他说："小强，现在爸爸就在你对面的椅子上，他对你微笑，很和蔼很亲切，他向你挥手，但他似乎要慢慢地远去，你想跟爸爸说什么？"

这时，冥想状态中的小强已泣不成声。在我的鼓励下，他哭着说："爸爸，你别走，别离开我，爸爸，我需要你，爸爸，请再爱我一次。"终于把他多日以来的所有悲伤宣泄了出来。

我继续引导他、鼓励他跟爸爸告别，告诉他："小强，爸爸已经离开人世，他要走了，你不能再逃避了，但他的爱还在，并且将会永远留在你心里，记住爸爸的这份爱，小强，让爸爸安心地走吧。"并且暗示他："小强，你转头看看，你身后还有亲人、同学、老师关注的目光，他们也在向你招手，你可以跟爸爸告别了吗？"

他在沉默流泪，我耐心等待并给他时间等他开口。过了好久，他终于开口说："爸，再见！你放心地走吧，我会好好地活下去。"

小强的话很少，但可以看得出他的内心斗争是激烈的，最后的告别是成功的。用他的话说"老师，我一下子轻松了很多"。面谈结束时，他已经筋疲力尽，需要休息和自我调整。这次面谈也是哀伤辅导里最重要的一步，在完成后。还给他布置了一个任务——每当他想起爸爸时，就把感受写下来，并且把每天自己发生的变化以日记的方式写下来，下次面谈时带过来。

第二阶段：再次认识自己，构建应对方式。

在这个阶段，又进行了3次面谈，运用了认知疗法，让他清楚自己的困境，并且找到正确的应对方法。

请他罗列出由于爸爸的离开给他的生活带来的变化。他思路很清晰，能够做到清楚描述。例如：没了经济来源，带走了自己的希望等。

让他回忆这段时间自己都是如何应对这些变化的。他开始叙述自己这段时间的不良表现，他总结自己是倾向于放弃自己。此时，开始具体运用三种心理疗法，让他意识到自己认知上的偏差，引导他面对现实，确定不再使用自我放弃的方式去应对，干预他面对痛苦和回忆，学会控制和宣泄情绪。

构建应对方式，制订计划，获得承诺。在与他商量后，根据具体情景分别列出正确的应对方式，并且制订一套可行的计划，干预他更快地回归到学习生活的轨道上，这一计划获得了他的承诺。

第三阶段：树立自信，感受无限爱意。

在这个阶段，我们又进行了一次面谈，借着学校举办现场作画比赛的机会，鼓励他积极参与其中。他同意了并高兴地告诉我："现在不管做什么，我都可以感受到爸爸对我的爱，感受到他在天堂对我微笑，我不想让他失望。"最后他的经济问题也得到了解决，由几位亲戚共同资助他完成学业。

心理危机干预的一个重要原则是——必须有家人或朋友参与。保持与小强关系密切的亲人的联系，让他们了解他的表现，观察他的情绪，多进行情感交流，这在一定程度上可以弥补他失去父爱的伤痛。我也特别地跟他的母亲进行了多次沟通，并通过他的几个至亲的努力，让他的亲戚、邻里在带给他亲情暖意的同时，避免补偿心态，避免过度"关心"。

（杨绍清　李丽娜）

参考文献

[1] 房秋燕，李妮，陈红．突发灾难事件中遇难者亲属的心理危机干预．护理研究，2007，21（2）：438-440．

[2] 戴金媛．对丧亲者心理护理的探讨．井冈山医专学报，2002，9（5）：59-59．

[3] 马英伟，马英明．丧失亲人的心理危机．班主任，2009，(8)：69-71．

[4] Young Bruce H, Ford Julian D, Ruzek Josef I, et al. Disaster mental health services: A guidebook for clinicians and administrators. Menlo Park, California: National Center for Post-Traumatic Stress Disorder, 1998, (6): 53-58.

[5] 李建茹．走过哀痛．健康，2001（05）：15-16．

[6] Gordon N S. Children and Disasters: The Series in Trauma and Loss. Philadelphia, PA: Brunner/Maze, 1 1999.

[7] Huleatt W J. Pentagon family assistance center inter-agency mental health collaboration and response. MilitaryMedicine, 2002, (167): 68-70.

[8] 郭薇．心理危机干预概论．成都：四川科学技术出版社，2007．

[9] 崔杨．心理危机干预方法和心理危机干预模式．卫生职业教育，2009，27（2）：142-144．

[10] Eaton Y M, Ertl B. The comprehensive crisis intervention model of Community Integration, Inc. CrisisServices. //A R Roberts. Crisis Intervention Handbook: Assessment, Treatment, and Research(2nd ed.). London: Oxford University Press, 2000: 373-388.

[11] Doherty G W. Cross-cultural counseling in disaster settings. Australasian Journal of Disaster and Trauma Studies, 1999（2）：86-88.

[12] 张黎黎，钱铭怡．美国重大灾难及危机的国家心理卫生服务系统．中国心理卫生杂志，2004（6）：395-397．

[13] 张振娟．绘画在心理治疗中的作用及其应用．中国临床康复，2006，10（26）：120-122．

[14] Dodgen D. Coordinating a local response to a national tragedy: Community mental health in Washington, DC after the Pentagon attack. Military Medicine, 2002, 167: 87-89.

[15] 顾瑜琦，孙宏伟．心理危机干预．北京：人民卫生出版社，2013．

[16] 陈美英，张仁川．"桑美"台风心理应激反应调查与丧亲干预．福建医药杂志，2007，29（3）：142-144．

[17] 王海英，唐佶．灾后儿童心理问题的干预研究．东北师大学报（哲学社会科学版），2010，(4)：210-213．

[18] 张英萍．2008年度灾后儿童心理危机干预研究述评．浙江师范大学学报（社会科学版），2009，(6)：41-44．

[19] 王秀珍，郑直，陈国锋．10～11岁儿童行为问题集体心理干预．中国行为医学杂志，2007，(16)：316-318．

[20] 李晓军. 灾后儿童心理干预策略. 中小学心理健康教育, 2008 (15): 129-130.
[21] 果青. 闪回: 儿童电视剧的儿童时代. 当代电视, 1988 (06): 23-24.
[22] 莫秀锋. 儿童的重复行为: 正常与异常的辨析. 中国特殊教育, 2014 (04): 77-82.
[23] 张艳玲. 儿童绘画图式期内重复现象之研究. 北京: 首都师范大学, 2006.
[24] 于海英. 美国关于灾害发生后儿童心理救助的理论与实践. 全球科技经济瞭望, 2008, 23 (10): 321-324.
[25] 杜姗姗. 灾后儿童的心理反应及护理. 护理研究, 2009, (21): 421-426.
[26] 张亮, 曲巨龙. 哀思传统表达的哀伤处理与新意. 学理论, 2012 (23): 152-153.
[27] 金宏章. 5·12心理重创学生哀思传统表达方法. 中国健康心理学杂志, 2008, 16 (8): 959-960.
[28] 肖旭, 张亮, 金宏章. 浅谈哀思传统表达方法在灾后心理援助中的应用. 吉林省教育学报, 2012, 28 (8): 129-130.
[29] 刘经兰, 王芳. 儿童心理危机干预的启示. 赣南师范学院学报, 2010 (6): 246-249.
[30] 扶长青, 张大均, 刘衍玲. 儿童心理危机的干预策略. 心理科学进展, 2009, 17 (3): 521-523.
[31] 薛飞, 张绍刚. 粘贴画疗法在灾后儿童心理危机干预中的应用. 现代中小学教育, 2009 (8): 346-348.
[32] 石淑华, 杨玉凤. 关注灾后儿童精神创伤的心理援助与干预. 中国儿童保健杂志, 2008 (8): 315-317.
[33] 季卫东, 周国权, 方文莉, 等. 社区心理危机应对干预实验模型的初步建构及其作用. 中国健康心理学杂志, 2010, 18 (2): 162-164.
[34] 苑大勇. 灾难后的儿童心理干预: 来自澳大利亚的经验. 基础教育参考, 2008 (8): 17-21.
[35] 刘艳华. 1例矿难后幸存者的心理危机干预分析. 中华护理学会第2界护理学术年会暨"医改新政下护理改革之路"系列研讨会 (六) 暨全国护理新理论、新方法、新技术研讨会暨全国自然灾害护理研讨会论文集, 2010 (10): 152-154.
[36] 张舒, 史秀志, 赵艳艳, 等. 我国灾害事故心理干预现状研究. 中国视角的风险分析和危机反应——中国灾害防御协会风险分析专业委员会第四届年会论文集, 2010 (8): 320-326.

第八章

矿山灾难性事故发生后矿工的心理自救

虽然人类已经进入了21世纪,但是灾难似乎并未远离我们。像海啸、地震等这样的天灾,恐怖袭击、人质事件等这样的人祸,还有更多我们不愿意看到的大大小小的矿山灾难性事故……人类在灾难中发展,心灵在创伤中成长。

矿山灾难性事故发生后,逝者安息,摆在我们面前的更为重要的课题是那些在矿山灾难性事故中幸存下来的生者要怎样走出矿山灾难性事故的阴影,重新面对新的生活。心理问题有个显著的特点,当我们能够意识到它是心理问题并且能够了解它的特点和规律时,问题可能已经解决了一半[1]。

第一节 矿山灾难性事故发生后矿工的生理和心理反应

矿山灾难性事故发生时,矿工往往因无助和无法应对而感到惶恐不安,从而引发一系列生理和心理反应。已有研究显示,在经历了灾难性事故发生最初的恐惧、害怕、焦虑后,获救矿工普遍比较兴奋,有很强的倾诉欲望,急于把自己的经历说出来。他们对于今后的安排和归宿感到迷茫,普遍缺乏安全感[2]。

矿山灾难性事故发生后,矿工可能会出现各种各样的生理和心理反应,包括感觉自己要"发疯了",或者好像不再是从前的自己了。有的人会退缩不语,有的人会寻求情感支持;有的人感觉精疲力竭,不能得到充足的睡眠;有的人则觉得精力充沛,很难独自一个人安静下来;有的人则沉湎于设想当初应该做些什么来防止矿山灾难性事故发生;有的人则对矿山灾难性事故发生于自己身上的不公怀着满腔愤怒,或者从内心里感到无奈和无助。

每个人都会以自己独特的方式对矿山灾难性事故做出反应,其反应的程度取决于对事故细节的了解程度,以及每个人独特的自我和成长经历。在矿山灾难性事故发生期间及以后,矿工的情绪特点,个人和家庭的经历,矿工的年龄,社会关系,既往的应对方式,事故发生之前及之后可能得到的支持等,所有这些因素都影响着事故对矿工的意义,影响矿工对事故的反应。矿山灾难性事故还可能会动摇一个人的生活基础,甚至还可能会影响到矿工整个人的身心发展,包括身体、智力、情绪和行为的改变。

一、矿工对矿山灾难性事故的常见反应

"自从哥哥在煤矿事故中遇难后,每次下矿井我都提心吊胆,心上蒙着厚厚的阴影。每次走到工作面,总不自觉地想起哥哥死时的情景,感觉说不定哪天灾难会降临到自己头上。"重庆某煤矿掘进一队某矿工曾经这样说[3]。

以下列出了矿山灾难性事故发生后幸存矿工常见的反应,但这不是一个完整的清单。在这个清单中,可能有的矿工未看到自己的一些情绪、想法或体验,但并不意味着矿工的那种体验是异常的,它只是说明可能出现的反应太多,无法全部一一列出。

表 8-1　矿工对矿山灾难性事故常见的一些反应

身体反应	认知反应	情绪反应	行为反应
精力旺盛,身体颤抖,肌肉紧张,消化不良,胃部不适,心率快,头晕,失眠、做噩梦、易醒,容易疲劳,呼吸困难,窒息感,容易出汗、口干等	看待自己的方式改变,考虑他人的方式改变,看待世界的方式改变,对环境的警觉性增强或下降,难以集中注意力,注意力差或记忆力出现问题,表现为否认、自责、罪恶感、自怜、不幸感、无能为力感、敌意、不信任他人等	恐惧、害怕、无安全感,悲观、忧愁、抑郁、内疚,愤怒、麻木、无感觉,失落,对什么事情都没兴趣,失去信心,失去自尊,感觉无助,与他人感情疏远,长期感觉空虚,紧张、焦虑、沮丧等	喜欢独处、逃避、退缩或远离他人,容易被惊吓,回避与矿山灾难性事故有关的场合,打架、骂人、变得敌对或好攻击,饮食习惯发生改变,体重减轻或增加,坐立不安,性活动发生改变,常想起灾害事故发生的情形,过度依赖他人等

(一)身体反应

矿山灾难性事故是一个重大的应激,身体通常会做出反应。幸存矿工可能会有一些身体症状,如心跳加快,肌肉紧张,神经过敏,睡眠困难,或者是表中所列出的其他反应,甚至是表中未列出的任何可能发生的反应。

(二)认知反应

矿山灾难性事故发生后,矿工看待自己的方式会发生改变。以前认为自己是坚强、独立、乐观、开朗的,在事故发生后,可能会认为自己再也不能控制自己的命运了。矿工可能会觉得自己比以前更胆小、脆弱、悲观了,甚至认为自己再也不能掌控自己的命运了。

矿山灾难性事故发生后,矿工看待世界的方式也发生了改变。有些事情如果未亲身经历过,看起来根本不可能被理解。例如,如何向幸存矿工解释为什么他的工友在矿山灾难性事故中丧生?为什么一个本来身强体壮的男人变成了生活不能自理的残疾人?

矿山灾难性事故发生后,事故的影像可能会在事先无任何预感前提下突然闯入矿工的大脑。矿工似乎无法停止这些矿山灾难性事故的影像在大脑中一遍一遍地重演。有的矿工会出现思维混沌,记不清矿山灾难性事故是在什么时候发生的,可能也弄不清矿山灾难性事故的发生顺序,也不清楚实际事故发生的某些细节了。

在矿山灾难性事故发生之后,矿工对周围环境的警觉性会增强。当走进一个场所时,可能会对四周进行仔细的检查,看看有无潜在的危险。或者出现另一个极端——警觉性下降,当感觉过于强烈,而且摆脱掉引起这种感觉的处境看起来不可能时,人的保护性的反应是切断这种感觉。矿工可能感受到自己的精神游离于身体"外面"、非常空旷,与自己的感觉失去联系,或者注意不到自己周围发生的事情。

(三）情绪反应

经历过矿山灾难性事故这种对人身安全有着强烈威胁事件的矿工会始终感觉不到安全，即使现在的环境中已经不再有危险了。矿工会感觉没能力保护自己，也得不到他人的保护，主要表现在矿工对自己或任何人都失去信任。矿山灾难性事故不管是偶然的事件，还是违章操作导致的突发事件，都可以造成深刻的不信任感；矿工可能会觉得对他人、对事件不会有特别的指望，他们不再相信自己的能力或判断。

矿山灾难性事故幸存者可能觉得，自己对所发生的事故负有责任。他们认为只要自己当初再多遵守一些规则，矿山灾难性事故可能就不会发生了。这种想法导致矿工会痛恨自己而失去自尊。

矿山灾难性事故可能会使矿工意识到自己是多么的无助，尤其是重大矿山灾难性事故之后，矿工可能会感觉自己的行为不可能改变任何现状。

经历矿山灾难性事故后，矿工可能会感觉空虚、精疲力竭或麻木，甚至无法具体描述自己的感受。作为矿山灾难性事故的幸存者，对于发生于自己身上的事情，矿工可能只是迟钝或麻木地感觉到恐惧、惊骇、害怕或愤怒，但又觉得无法表达这些情绪。这种状况可能会使矿工突然地、料想不到地涌起强烈甚至破坏性的情绪。有些幸存矿工可能会在这两个极端情绪之间摇摆不定。当因情绪太强烈而无法控制时，可以试着鼓励矿工将这些情绪表达出来；当矿工将自己与情绪彻底隔离开时，可能意味着矿工被强烈的情绪压倒了。

（四）行为反应

经历矿山灾难性事故后，矿工会变得退缩或远离他人，原因可能是一个人待着会感觉更安全、更舒服。他们表现在回避发生矿山灾难性事故的任何场所。即使身体已经恢复了，也会寻找各种理由不去工作，即使这样意味着矿工的工作生活受到影响。

矿工可能会发觉自己经常向别人或者亲人挑衅，或激怒别人。他们发现自己挑头吵架的次数可能比以前增多了。此外，还表现在饮食方式改变或者其他行为改变。他们可能发现自己吃得比以前多了或少了，体重可能会增加或减少。其他行为，如睡眠习惯和性活动也可能会发生改变。

总之，经历矿山灾难性事故，目睹工友离去使矿工产生了巨大的恐惧、焦虑、悲伤、无助与绝望，矿山灾难性事故不但挑战了矿工生命的极限，而且挑战了他们心理的极限，因此对获救矿工的救治工作不仅要重视机体代谢平衡的重建，更要重视心理平衡的重建。

二、矿山灾难性事故发生后受伤矿工的心理活动表现

（一）精神紧张反复无常、思想矛盾痛苦

经过突发事故的惊吓以及抢救过程中的手术创伤，受伤矿工的神经系统处于高度敏感状态，任何不良刺激都会导致他们明显的情绪波动，出现各种精神症状。尤其是严重致残的矿工，他们生活不能自理，悲观绝望，认为社会地位降低，前途渺茫，丧失生活信心，有时甚至产生轻生的心理[4]。

（二）自责、自罚与迁怒别人

有些受伤矿工会对受伤前自己在工作面上的作为和周围环境进行回忆和检讨，有时会因为自己操作失误或有违章作业现象而自责，还有的受伤矿工是因他人失误或违章作业所致，因而对他人产生怨恨情绪，心中闷闷不乐。

（三）担心与牵挂

矿山灾难性事故发生后，有的受伤矿工精神萎靡、情绪低沉，特别是年轻人，未婚的担心致残后将来找对象困难，已婚的担心老人的赡养、爱人和孩子的生活问题等，形成心理上巨大的压力，

从而影响饮食、睡眠和相关治疗。

（四）需要治疗和安全

大多数受伤矿工在住院后有恐惧感，怕打针、怕手术、怕感染、怕出血、怕病情恶化等。在治疗过程中，他们总希望由资深的医生诊疗，由有经验的老护士值班。

三、受灾矿工弄清自己的反应：区分事实和反应

当矿山灾难性事故发生后，矿工对灾难性事故的反应，矿工的思维、情感和行为，不只是由灾难性事故本身引起的，更多的是由他们所理解的事故的意义造成的。虽然无法改变已经发生的事故，但是矿工从灾难性事故中得到的解读并不是唯一的。任何事实往往都有一种以上的意义，因为灾难性事故并不是在真空中发生，它是在每位矿工的生活背景下发生的，包括他们现在和过去的经历。不好的经历可能会使发生的灾难性事故更令人苦恼。矿山灾难性事故发生后要使矿工获得新的观点，使矿工能够从不同的角度看待这些事实，从而加快他们的心灵痊愈。

当矿山灾难性事故发生时，矿工感觉害怕是因为他们当时确实处于危险之中，但是有的矿工在事故发生后仍然感觉害怕，这可能意味着他们认为现在仍然处于危险之中。的确，害怕是一个重要的信号，表明可能不安全，然而害怕并非总能准确地反映目前处境的危险程度。它报告的只是危险的一种可能性，这种可能性需要进一步核实。事实上，感觉害怕但是非常安全，或者不害怕但实际上有很大危险，这些都是可能发生的。不管实际上是否安全，认为自己不安全都可以引起害怕的感觉，害怕的感觉会导致不安全的想法，但是这些想法和情感往往与每个人的过去经历或者想象中的未来有关。情感有时候提供了如何行动的重要信息，不过这时候矿工需要问问自己，这种害怕是当前危险的警告，还是来源于自己的过去或者是对将来的担心。

第二节　矿山灾难性事故发生后矿工的心理应对

当矿山灾难性事故真的发生后，幸存矿工要怎样做呢？回避似乎不是恰当的解决办法。这个时候需要的是矿工积极地面对，运用他们所有能够调动的资源来积极地面对。

一、矿山灾难性事故发生后矿工对自己应对方式的识别

这里所说的"应对"，是指为了使矿山灾难性事故引起的创伤变得容易忍受而付出的任何努力。对于矿山灾难性事故幸存者来说，他们所承受的苦难可能会超过事故本身，从而造成随之而来的、令人烦恼的不良反应。有的矿工甚至觉得不可能继续生活下去了，这时候需要鼓励矿工想方设法度过每一天、每一周，甚至以后的每个岁月。这就是应对方式。

人们的应对方式可以是退缩，责备自己或他人，喝酒或药物滥用，用某种方式自伤，吃东西，睡觉，求助，获取信息，锻炼，放松，走进大自然，阅读或写作。这些应对方式有些显然是有益的，而有些则是不利的，甚至是明显有害的。有些应对方式曾经有过一些小的作用，至少它们在某些特定情况下起过作用，导致仍然被继续使用。但是随着情况变化，继续使用可能就不会有良好的效果了。

大多数人在成长过程中不知不觉地学会了应对方法，他们可能习惯于采用某种应对策略，但是

并未意识到它们已经不再起作用了,或者未意识到它们有了明显的缺陷。对于不同的灾难性事故,我们可能会采用不同的策略,这取决于灾难性事故带给我们的压力大小。我们拥有的应对技巧越多,在不同的情况下做出反应时就越胸有成竹。当一个人倾向于依靠同样的策略应对不同的情况时,就会形成一种僵化的应对模式。例如面对矿山灾难性事故,有的人会重新振作起来,有的人则会寻找可以信赖的人暂时得到安全的保护,有的人则可能抱怨企业或任何与事故发生有关的人或事,甚至有的人因此仇恨社会。每一个人通常会形成一种典型的应对模式,如直接处理问题或者只要有可能就回避等。虽然每个人可能同时形成多种应对模式以处理不同的情境,但越是发生重大灾难性事故,人们越是倾向于使用最熟悉的应对模式。但是熟悉的应对模式可能不太适合面临的灾难性事故,这时候需要让矿工认识到他们的应对方式有一定的缺陷,需要寻找更能帮助他们从灾难性事故的阴影中走出来的新的应对方式,下面列举了一些常用的比较有效的应对方法。

(1)直接面对这种处境。
(2)找到身体放松的方法。
(3)学习和发展其他有效的方法改变现状。
(4)寻找愿意听自己讲述的人。
(5)承担属于自己的责任。
(6)制订摆脱现状的计划。

下面请矿工仔细回顾自己在矿山灾难性事故发生后曾经选择的应对方式,自问下面的两个问题:

1. 这种方法管用吗?这样做会使自己的境况变得容易一些吗? 如果这种方法不管用,就需要鼓励矿工寻找其他的方法。如果这种方法管用,需要提醒矿工思考采用这种方法需要付出什么代价?代价如果太大,可以鼓励矿工寻找代价较小的方法。

2. 什么时候这种策略最有用?它是一直有用,还是有时候有用? 也许一种应对方法在一种情况下最管用,但在其他境况下则不管用;或者在某个时间段管用,而在其他时间段内则不管用。帮助矿工了解这一点,有助于他们寻找应对策略发挥作用的方式,从而确定什么时候用这种策略,什么时候不用这种策略。

通过以上问题的回答矿工就能慢慢地看清自己的应对模式。鼓励矿工慢慢调整自己的应对模式尽量符合下面的一般应对方式:喜欢采取行动,直接面对事情,努力解决问题;当遇到情绪困境时,喜欢告诉他人等。

二、矿山灾难性事故发生后矿工对压力的有效应对

矿山灾难性事故的发生会给矿工带来许多压力,灾难性事故引起的创伤还会使矿工的灵活性下降。这个时候有一些提供支持的重要他人是最有价值的压力缓冲器之一。下面列举了几个应对压力的策略。

(1)尽量不要同时改变太多事情,特别是在矿工承受灾难性事故带来的重大压力时。
(2)与经历过类似矿山灾难性事故的人探讨自己的情绪和反应。
(3)寻求能够倾听、给予反馈或给予帮助的重要他人的支持。
(4)允许自己为矿山灾难性事故带来的损失而伤心,不要轻视或低估它对自己的影响。

有的时候,在矿山灾难性事故的重创中前进的最佳方法就是缓慢,也就是说静静地等待一段时间对矿工来说可能是有益的。

此外也可以教给矿工放松训练来舒缓身心的压力。放松训练可以直接消除肌肉的生理性紧张,

使压力感降低。但是在试图放松时,不同人的反应可能会不同,这是正常的。有的矿工可能会认为它们不会有太大的帮助,但是心理学研究发现,在同一时间既紧张焦虑又完全放松是不可能的。学会放松可以直接减轻一个人的紧张和焦虑,可能有助于自己感觉更有控制力,更平静。放松训练可以帮助一个人对抗和处理目前看起来失去控制的压力和负性情绪。

在做放松训练时,一定要找一个感觉十分舒适、安全的地方。第一次学习放松时,有些人可能会有不舒适的感觉。随着练习次数的增多,就能够更完全地达到放松状态。一定要坚持做下去,不要因为开始感觉困难或无效而放弃。

对于大多数人来说,放松训练是令人愉悦的。此外放松训练也是灵活的,矿工也可以根据自身感觉对它们进行某些修改。

下面是放松训练的一般指导语,也可以根据矿工的实际情况自行修改。

"接下来我们试着做个放松训练,来感受一下。下面的时间是一段彻底放松的时间。请你选择一个自己感觉最舒适的体位,闭上眼睛。将注意力集中在你的呼吸上,深深地吸气,然后让紧张随着呼气排出。再深深地吸气,将紧张呼出。再深吸气……排出紧张。"

"尝试想象和感觉你的肺,感受吸气时肺的感觉……感受你的肺好像完全扩张了……你现在的做法没有对错,不论你得到什么结果,对于你来说都是完美的。现在这段时间你不必为以前发生的任何事情所烦恼。这段时间只属于你自己。你在控制你自己。"

"现在,再来一次,将注意力集中在你的肺上。在大脑中想象你的肺,吸气,看看你肺内充满了丰富的氧气。现在呼气,想象你放松时肺的样子。"

"如果你的思想走神了,而且你想这么做,那么请将你的思想慢慢带到你想去的任何地方。你没有做错什么事情,你做的任何事情都是允许的。"

"你可能会听见的任何噪音只会加深你的放松程度。"

"这是一个学习过程……学习放松……学习休息……学习平静地对待自己。"

"如果你的注意力跑到了别的地方,没有关系,只要你非常舒服、放松就行。"

"现在,想象你自己站在时空隧道里,时空隧道将带你进入你自己的内心深处,通向你的安宁与和谐的内部空间。这个时空隧道缓缓地向下走,每走一点,你都会更放松一些。随着时空隧道不断地往下走,你的放松程度就会不断地加深。"

"现在是放松的时候。你如果想睡觉也没有关系,你的思想跑到了别的地方,也没有关系。你做的事情无对错之分。"

"时空隧道缓缓的下降,在你的周围环绕着'放松'。"

"时空隧道停止了,你走出时空隧道,处在自己平静而舒适的内心。现在的你站在缓缓流动的河流前,河水流动的声音非常悦耳,你可以倾听到流水的声音……叮咚,叮咚……暖暖的阳光洒在你的身上,照得你全身暖洋洋的。你感觉有一缕微风拂过你的身体,多么令人欣慰。微风掠过树林时,你可以听见树叶沙沙地响着。在你的脚下是温热的土壤,在你的身后是一片起伏的草地,草地上开满了盛开的鲜花,五颜六色,姹紫嫣红。记住,你听见的任何声音只会使你更加放松。这种放松的感觉深深地印刻在你的身体里,你身体的所有细胞都深深地记住了这种感觉。以后当你需要时,这种感觉就会来到你的身体里,只要你想,任何时候你都可以回忆起这种满足安全的感觉。那是完全属于你自己的……让自己在这种感觉中停留1分钟。"

"好,现在,时空隧道将带你缓缓地回到原来开始的地方,但感觉比开始时放松很多。保持完全放松的感觉。你回到了原来开始的地方,但感觉比开始时放松得多。你现在可以睁开眼睛,舒服地清醒过来……"

三、矿山灾难性事故发生后矿工对情绪的有效应对

矿山灾难性事故对矿工情绪的影响可能是破坏性的。矿工可能会觉得情绪无法控制。矿山灾难性事故发生时,矿工可能感觉控制不了所发生的事情和自己的反应。但是如果所发生的矿山灾难性事故实际上已经过去了,矿工那种无助的感觉依然存在,就需要矿工首先改变自己的情绪状态,方法是提醒自己现在所处的时间和地点与最初经历的矿山灾难性事故不同了,自己现在比那时候有更多的控制能力和选择余地。

(一) 知道如何安慰自己

肯定句是对自己或他人的积极描述。肯定句可以帮助人们恢复安全和平静的感觉。反复讲述肯定的描述,还可以消除在大脑中自动出现的负性想法的影响。肯定句可以帮助矿工改变一些有关自己的基本观点。

关注肯定句的想法需要实践。在与矿山灾难性事故有关的想法和感觉的内部噪音中,可能很难听见积极的描述,所以建议矿工要事先准备好肯定句。有效的肯定句应该具备下面两个性质:①措辞必须采用积极的词语;②必须是有可能的。

积极的肯定句应该包括自己已经在做或可以做的事情。对于自己不想做或者不允许做的事情,其描述并不是积极的。如果句子中有"不"字,那么这个句子不是肯定的。例如,"我周围有安全、亲爱的人"是肯定的句子,但"我不会让我感觉不安的人进入我的生活"则不是肯定句。

肯定句必须是可能的,它们必须是一些自己实际上通过想象就会在生活中起作用的事情。例如,矿山灾难性事故发生后,矿工会觉得完全无安全感,那么"我周围有安全、亲爱的人"对于矿工的处境可能是一个有安慰作用的肯定句。而"不管我在哪里都非常安全"这句话就与矿工刚经历的矿山灾难性事故发生了矛盾。毫无疑问,这句话难以置信,因此矿工不太可能从这句话中得到很大安慰。表8-2中列举了一些消极想法的例子,并提出了与之相对应的肯定句。

表8-2 可能的肯定句

痛苦的想法	可能的肯定句
我太孤独了	我可以选择找其他人倾诉 有些人能够理解我
无人关心我	我的配偶爱我 我是有一定价值的人
事情永远不会有进展	我可以干完这件事 事情有时候会发展变化的
即将发生一些可怕的事情	此时此刻我是安全的 我可以处理出现的部分事情 我可以度过这个苦难的时刻

(二) 知道什么时候安慰自己

自我安慰可以减轻负性情绪的强度。自我安慰的前提是矿工必须留意自己的情绪和反应,要在负性情绪还未变得不可抗拒时,就及时发现并阻止它们。矿工越早发现不舒适的情绪,就越能快速地采取行动来安慰自己。

(三) 学会自我检查

当感觉不舒服时,大多数人不想对其加以注意,甚至想让这种感觉尽快消失。然而,这种尽量

忽略的解决方法只是暂时的，以后可能会造成更大的问题，痛苦可能会增强，并干扰我们的日常生活。对于情感痛苦，最好的办法是在它造成更大的破坏之前对其进行疗愈。减轻情感痛苦的第一步，是在它还相对轻微的时候识别它。在矿山灾难性事故发生后，矿工通过关心自己，可以有效地减轻痛苦。但是，如果矿工习惯于避开或者忽视不快的情绪，那么矿工可能会发现减轻痛苦并不容易，所以一定要提醒矿工关心自己。当注意到需要关心自己时，就花一些时间立即这样做。矿工需要时刻留意自己在什么时候需要自我关心和安慰。如果矿工不直接认可和承认自己的情感，它们就会间接地表达出来，这是因为得不到一定安慰的情感不可能被彻底关闭。虽然有时候回避情感是有效的，但是对于遭受重大灾害后引发的最糟糕的情感，回避往往会导致崩溃。

注意和识别情绪的能力是一种技巧，这需要不断地进行练习。练习得越多，就越能更好地掌握这种技巧。现在，停下来正在做的所有事情，安静地待一段时间。试着将注意力转向身体的感觉，注意身体的任何紧张。例如：紧咬牙关，腹部收缩，呼吸紧促，背部发紧等。注意自己现在感觉到的情绪，如心烦意乱、忧愁、生气、孤独等。注意自己的思维是否加快，或者是否难以集中注意力。

如果矿工注意到上述任何情绪和身体反应，那么请考虑做一些事情来帮助减轻不适。如果矿工已找到了适用于自己的自我安慰的方法，那么他们就不会无能为力了。能够享受独处的时光是一种天赋，自我安慰是可以恢复这种天赋的方法。自我安慰不是躲开负性情绪，而是有所选择。自我安慰意味着自己在关心自己。有的人会认为自己不需要自我关心，而这恰恰是导致许多不良情感的原因。人类习惯于花费精力照顾他人，而感觉关心自己不太容易做到。但是如果矿工因为未给予自己足够的关心而被矿山灾难性事故打垮，也就再也没有能力照顾他人了。

第三节　矿山灾难性事故发生后矿工的心理自救

对于多数经历矿山灾难性事故的矿工来说，得到身体和经济的救助是顺理成章的事情。但是矿山灾难性事故在每个矿工心里都会留下或大或小的伤痕。每个人都不希望矿山灾难性事故发生，但事实摆在面前，矿工必须勇敢地面对，并且要尽快地从矿山灾难性事故的心理阴影中走出来。这仅仅依靠他人的救助似乎很难真正的解决，更为重要的是矿工要学会心理自救。

一、矿工对矿山灾难性事故进行全面考虑

（一）矿工识别自己的基本信念

信念（belief）是每个人非常深刻地信任和依赖自我、他人和世界的意义。每个人根据自己遇到的、别人告诉自己的以及观察自己周围发生的各种事件形成自己的信念。儿童往往相信父母这样的话"陌生人是危险的"，而有的经历可能也会让有些人认为自己总是安全的，别人是值得信赖的。

信念产生的基础是证据、过去的事实和经验。它们是人们成长历程中得到的宝贵财富，用于帮助人们在面对不同处境时如何恰当应对。一旦人们形成了自己的核心信念，它们就会在头脑中成为自动化的理念，但是重大的矿山灾难性事故可能会改变矿工们的这些核心信念，它会冲击矿工对以前所相信的事物的信任程度，甚至完全崩溃。

每个人所相信的事物是一面镜子，它可以照出自己的一些基本信念。例如，你和一位朋友约定会面，但超过约定时间半小时朋友还没来。这时候你会如何反应呢？你可能将朋友的迟到理解为你对自己原来的感觉的证实。如果你以往的经历使你认为"我不重要"，你可能会认为"她不重视

我""我对于她并不重要"等。这种猜想会导致你自尊心下降，从而非常生气而怒气冲冲地离开。如果你的信念是"人们喜欢和我在一起"，你可能会猜想，朋友的迟到可能是由于发生了意外情况，这样你就会等待朋友的到来，听她解释迟到的原因。这些情况似乎使人们的一些信念得到了证实，但事实上它们并未得到证实。两种不同的反应最终的根源就是人们的基本信念。

当人们学会识别自己的基本信念时，也就开始了解自己了。知道我是谁，我实际上处于什么位置。对于每个人来说，开始认识自己不是一件轻松的事情。如果人们害怕发现自己不愿意看见的东西，识别基本信念就更困难了，因此识别自己的基本信念要缓慢，采用自己能够承受的进度。

（二）识别和评价基本信念的基本步骤

（1）觉察矿工对某种处境做出反应时的思维和情感，并认清该处境的真实状况。

（2）识别矿工用来反映事实的信念，评价每个具体信念的正反两方面。

（3）对于同样的事实设想其他解释，评价其他解释的正反两方面。

（4）考虑如何验证这些信念的准确性。

（三）矿山灾难性事故发生后矿工的支持性关系可能会改变

当矿山灾难性事故发生后，他人提供支持是治愈创伤的主要方法。但是矿山灾难性事故可能会挑战和改变矿工原有的关系。即使矿工有支持自己的朋友、家庭和伴侣，在灾害事故发生后有的矿工仍然可能会感到孤独。以前在生活中支持他们的人可能不知道如何帮助他们。老朋友和家人可能并不了解矿工所经历的事情，这可能会极大地增加矿工的失落感。矿工周围家人和朋友关系如何帮助他们，下面列出了一些建议：

（1）所爱的人（幸存矿工）遇到身体伤害，这本身对你自己来说就是创伤，所以首先要照顾好你自己，否则你对矿山灾难性事故的幸存亲人将爱莫能助。

（2）尽量多了解与矿山灾难性事故创伤及其影响有关的信息，以便更好地了解幸存亲人的反应。

（3）问幸存亲人你能帮什么忙，然后努力去做。每个人对创伤的反应不同，每个人在创伤后的需要也不同，不要认为你比幸存亲人更了解他们需要什么。

（4）不要试图解决幸存亲人的问题，或者试图消除他们的情绪。幸存矿工可能会认为你不能容忍他们的挣扎，这样会导致他们封闭自己的情感，从而疏远你们之间的关系。

（5）尽可能用心倾听幸存矿工讲话，尽量耐心一些，创伤过一段时间才能愈合，这个过程需要时间。

有些矿工可能会发现一些人对他们有新出现的、陌生的，甚至未加掩饰的情绪，因而觉得不自在，特别是当那些人还不习惯于用那种方式看待他们时。这时候矿工可以让别人知道：你理解别人不可能解除你的痛苦，但是你需要有人听你讲述和支持你，而不必给你提出劝告。这么做有助于关爱你的人更好地了解如何帮助你。此外矿工要明确地认识到：关心你的人并不是心理学专业人士，可能无法提供你在矿山灾难性事故发生后不同阶段所寻求的各种恰当的支持。

有的矿工可能会回避某些交往，甚至在已经维持下来的一些关系中，也可能觉得失去了原有的亲密感。对于矿工感觉对自己有害的关系，避免接触是正常的。这时候矿工可以试着先和他人谈一下自己与这种关系的斗争。例如，矿工可以说："我知道你关心我，你确实在努力地帮助我，但是我现在需要保持某些距离来让我感觉安全。"在困难的时候，应该尽量保持安全的和支持性的关系，这最终会对矿工非常有用。如果可能的话，矿山灾难性事故发生后的矿工应该保持与他人的联系，采用的方式尽可能让自己舒服，这样既让他人知道自己感激他们对自己的关心，又让他人认识到，需要慢慢等待矿工自我疗愈，以便有足够的力量去主动找他们。矿工应该关心自己的需求，同时与他人保持联系，这也是人类共同的基本需求。

二、矿山灾难性事故与五个基本需要

矿山灾难性事故会使矿工变得思维混乱。因为它改变了矿工对人类的五个基本需要的核心信念。这五个基本需要是：安全、信任、控制、自尊和亲密关系。一般情况下，人们需要最低限度地满足这五种基本需要。当得不到需要时，人们就会感到痛苦。

如果经历矿山灾难性事故后，矿工有让自己感觉非常苦恼的行为反应，那么就有可能是矿山灾难性事故使矿工对这五种基本需要的看法发生了改变。他们可能不再有安全感，或者不再能够信任别人，甚至可能觉得自己有些失控，或者感觉自己是孤独的。这就需要帮助矿工寻找出矿山灾难性事故破坏了他们的哪种需要的基本信念，然后试着恢复他们的需要[5]。

（一）安全的需要

安全（safety）的需要包括：自己的安全和他人的安全。自己的安全是指认为自己得到适当的保护，不受自己、他人或环境的伤害。他人的安全是指认为重要他人得到适当的保护，不受自己、他人或环境的伤害。

人们都需要有安全、不容易受到伤害的感觉。人们还需要自己的重要他人有相对安全和不容易受到伤害的感觉。矿山灾难性事故可能会剥夺矿工在现实中的安全感。事故发生后，有的矿工可能会仅仅暂时觉得缺乏安全感，有的矿工则不再感觉到任何安全感。如果有的矿工是在不安全的家庭环境中长大的，他们的安全感可能就相对比较脆弱，在他们遇到矿山灾难性事故后的很长一段时间，可能会完全失去安全感，而失去安全感会使他们感到迷茫不知所措，甚至开始怀疑他们自己和周围的一切。

一般情况下，人们或多或少都处于危险中，这是许多人不愿相信的事实。生活不可能没有一点危险。绝大部分人尽管知道有一些危险，但是仍然能够拥有相对安全感。

矿山灾难性事故的幸存矿工曾经这样谈论安全：安全就是遵守规章或正确使用设备，如戴好安全帽，工作时采取必要的防范措施。如果他们记着遵守规章，或者正确使用设备，那么他们就是安全的。这样谈论安全似乎听起来很有说服力，但是仔细分析这种安全是外在的，它取决于现实世界中遇到的情况。实际上人们最需要但也最难达到和保持的安全是内在的安全感。

现在请幸存矿工先试着做一个有关安全感的小练习。试着回答下面的问题，选择最适合矿工现状的答案：

(1) 我从来不担心自己的身体安全。　　　　　是（　）否（　）
(2) 我非常担心自己的身体安全。　　　　　　是（　）否（　）
(3) 我的感觉有时候让我害怕。　　　　　　　是（　）否（　）
(4) 我非常担心我所关心的人的安全。　　　　是（　）否（　）

如果矿工对这些问题的回答均为"是"，那么矿山灾难性事故可能破坏了矿工的安全感。

安全不是绝对的，它有不同的程度区分。对于不同的人，安全的意义可能是不同的。有的人认为安全感是在防守严密的坚固城堡中受到保护；有的人认为安全感指自己有逃生的能力；有的人认为安全感指有自己值得信任的依赖者；而有的人认为安全感仅仅意味着依靠自己；当然也有的人认为安全感可能意味着知道如何通过小心谨慎来避免危险，也可能意味着采取正确的保护措施后安全地接近危险。

对于大多数人来说，觉得安全意味着不害怕，而不害怕意味着无危险；感觉害怕是有危险的信号。如果害怕有这样的作用，它对人们来说是非常有用的，它的提醒可以使人们采取步骤保护自己。

但是，矿山灾难性事故可能会破坏矿工的内在安全感与客观安全之间的一般联系，其最终结果有两种：一种是在无任何大的危险时仍然觉得害怕，另一种是在确实有危险的情况下觉得自己是安全的。这两种结果都是将安全看成一种全或无的状态，但是事实上安全或不安全并非是全或无的状态。安全感仅仅意味着在"此时此地"是安全的。随着生活环境的变化，随着时间的推移，安全的程度也会有所变化。矿山灾难性事故发生后，即使现实情况变得安全了很多，但有的矿工的恐惧感可能仍未消失。

有的矿工可能觉得内心的消极情绪极其危险，甚至有破坏一切的冲动，并且极其害怕自己失去控制，这时可以想办法让自己觉得更安全一些。自我安慰、自我关心可以帮助一个人在独处时获得安全感和保证安全。当矿工感受到自己内心情绪的危害时，可以选择使自己变得安全一些的适合自己的办法。当矿工明确了解了什么可以安慰自己且使自己感觉更安全时，他们就可以在必要时使用这些策略。

人们都需要与他人交往时感觉安全。有的矿工在矿山灾难性事故发生前认识的人可能会因为此次事故的发生而受到影响。矿工可能会觉得现在的他们很难理解自己，或者感觉与以前很信任的人在一起时不再安全了。此时结交新朋友对矿工来说更危险一些。在矿山灾难性事故的创伤被愈合前，矿工至少要有一个自己认为安全的关系支持。不过这时候矿工也需要慎重地考虑自己的安全感在多大程度上是正确的？自己的恐惧感在多大程度是客观的？了解自己的安全感可能是不客观的这种想法本身虽然不会改变矿工的感觉，但它是创伤后成长的第一步。

下面请矿工先试着回答下面的问题，慢慢理清自己现在的安全感：

（1）"安全"对于你意味着什么？和谁在一起时你觉得最安全？这个使你安全的人为什么可靠？

（2）安全的场所是指让你有舒适感觉的地方。那个地方的情景、声音、气氛等会给你带来安全的感觉。你的安全场所在哪里？如果你有一个现实的安全场所，试着想象让它更安全的方法。如果你没有一个现实的安全场所，试着想象出一个使你感觉最安全的地方。仔细识别你具有的现实的安全场所或者想象的安全场所，总结出对你来说安全场所必须具备的条件。

总之，安全的感觉对于矿山灾难性事故发生后的矿工来说是很重要的，矿工可以尝试在放松的状态下到达他们想象的安全场所，经常想象他们的安全场所，完善它的声音、颜色、气味等特征，练习越多，就越容易在必要时到达那个地方。

现实社会中，绝对的安全是没有的，安全和危险是同时存在的。绝大部分情况是既潜藏安全又潜藏危险。矿山灾难性事故发生后，有的矿工对现状的反应程度不一定符合客观事实。接下来需要矿工区分自己的反应和当前的客观事实相符的程度。

询问矿工现在有什么感觉，并在下面选出与矿工当前感觉到的安全程度相对应的数字：

十分安全（危险性为零），1，2，3，4，5，6，十分危险（安全性为零）。

如果矿工圈出的数字是1或6，那么他可能把危险和安全看成是"全"或"无"了。很可能这种极端的感觉并不符合客观事实。知道这一点可能不会改变矿工的感觉，但是知道自己的感觉不符合现状是矿工需要改变的第一步。如果矿工圈出的数字是1和6之间的数字，那就说明矿工将安全看成并非"全"或"无"的，这有利于矿工更好地恢复安全感。事实上，在不同的现实情况下，安全和危险的比例会有所不同。

下面请矿工再做几个小小的练习。

练习一：评定矿工对安全程度的感觉。

表8-3列出了若干日常情景。请矿工注意最近在这些不同情景中的感觉。根据对安全或不安全程

度的感觉，选择最符合自己感觉的数字。请矿工注意自己的情绪反应，练习过程中请矿工尽量不要考虑曾经经历过的矿山灾难性事故。

表 8-3　评定矿工感觉安全程度量表

我感觉到的安全程度	十分安全	中度安全	有点安全	有点不安全	中度不安全	十分不安全
在家里与朋友或家人在一起	1	2	3	4	5	6
独自在家	1	2	3	4	5	6
在工作单位	1	2	3	4	5	6
在交通工具上	1	2	3	4	5	6
与家人在外面	1	2	3	4	5	6
与朋友在外面	1	2	3	4	5	6
与陌生人一起在外面	1	2	3	4	5	6
独自在外面	1	2	3	4	5	6

如果矿工在上表中选择的数字并不全是 1 或 6，而在不同的行选择的数字会有所不同，那么说明矿工能够识别在不同情况下会有不同程度的安全。

练习二：评定矿工对安全程度的看法。

恐惧或安全的感觉是重要的信号，但是有时候它们并不能反映当前的客观现实，接下来请矿工做个练习，这个练习可以帮助矿工找出感觉与现实中间的差距。这次同样是考虑上面的相同情境，区别是这次请矿工将自己的感觉放在一边，尽量忽略感觉，客观地考虑自己处于这些情境中实际的安全程度，也就是客观评价自己在这些情境中受到伤害的可能性。

表 8-4 列出了若干日常情景。请矿工注意最近在这些不同情景中的实际看法。练习过程中请矿工不要考虑曾经经历过的矿山灾难性事故，并且尽量忽略你的感受，根据你对安全或不安全程度的理性看法，选择最符合你的数字。

表 8-4　评定矿工实际安全程度量表

我的实际安全程度	十分安全	中度安全	有点安全	有点不安全	中度不安全	十分不安全
在家里与朋友或家人在一起	1	2	3	4	5	6
独自在家	1	2	3	4	5	6
在工作单位	1	2	3	4	5	6
在交通工具上	1	2	3	4	5	6
与家人在外面	1	2	3	4	5	6
与朋友在外面	1	2	3	4	5	6
与陌生人一起在外面	1	2	3	4	5	6
独自在外面	1	2	3	4	5	6

两个表格的回答可以看出矿工的实际看法与感觉的情景是否一致。如果一致，说明矿工的感觉和看法共同起作用，它们是"同步"的。

当矿工的想法和感觉不一致时，对于面临的真实危险，很难知道矿工的想法和感觉哪个更准确。

这是因为矿山灾难性事故发生后，矿工以前觉得安全的情景现在可能不再给他们安全的感觉了，他们可能很难知道自己的想法和感觉的正确性。最好的解决办法是寻找矿工自己的想法和感觉以外的证据。矿工的想法和感觉可能会被矿山灾难性事故扭曲，这时候注意外部证据非常重要。如果矿工的想法和感觉一致，并且与有效的证据相符，也许就可以相信它们。如果矿工的想法和感觉不一致，哪个与证据相符，就应该倾向于相信哪个。

如果人们有办法保护自己，就可以使自己觉得更安全。矿山灾难性事故幸存矿工需要保护，他们往往会受到两种不同来源的伤害：一方面是来自他们自身内部负性情绪的伤害；另一方面是来自他们的重要他人或环境的伤害。有些人、场所、声音、气味甚至天气变化都可能会触发矿工有关矿山灾难性事故的记忆。如果矿工感觉不舒适，应暂时停止一切活动，尽量恢复一定程度的平静。能够做到这一点就是对矿工自己的一种保护，使矿工对痛苦或可怕的感觉有一些控制感。有一些控制感就可以减轻危险的感觉。下面列出了一些保护自己的方法：

（1）用手握住熟悉的安全物体。
（2）将自己的双脚稳固地放在地面上，最好能够直接用双脚感受温暖的地面。
（3）做放松练习。
（4）允许自己为曾经遭受的矿山灾难性事故引起的损失伤心。
（5）尽可能全面地了解将要发生的事情，事先做出计划。
（6）避免冲动性改变。

通过以上对安全感的讨论和练习，矿工已经知道了保护自己的方法，以后在必需时学会主动使用它们，这些方法可以帮助矿工度过心理的困境。但是这些方法仍然不可能让矿工感觉有足够的安全。这里足够的安全所指的就是矿工对安全的基本需要得到满足。

每个人都需要最低限度的安全感，也就是说一个人要相信：自己有"适当"的安全，重要他人有"适当"的安全。注意这里"适当"加了着重符号，意思是告诉人们不应该认为自己或所爱的人有"绝对"的安全。"适当的安全"是指对于实际的危险水平，人们有足够的能力接受，并且在那个危险水平中仍然可以享有相对安全舒适的感觉。不过，对于什么是"适当"的安全，不同的人有不同的标准。一些人可以接受的危险对于另一些人来说可能不可以接受。在这方面无对错之分，因为可以接受的安全和危险的程度对于每个人来说都是独特的。

经历了矿山灾难性事故的矿工可能很难感觉到拥有足够的安全，这个时候矿工需要重视自己的想法和感觉，要服从它们，不要试图强迫改变自己的感觉，更不要设法忽视这种不安全的感觉。随着时间的推移，矿工还是会找到安全感的。

总之，安全是人类的一种基本需要，它是矿工目前最需要拥有的最重要的需要。不管矿工现在对安全的信念如何，这些信念也许对矿工应对现有处境有帮助，也可能会将矿工置于危险之中，也许还可能妨碍矿工恢复矿山灾难性事故引起的创伤。如果不通过证据的验证，矿工能相信自己是安全的吗？如果是，矿工就容易受到更多的伤害，矿工认为安全和危险不能并存吗？如果是，就可能会妨碍矿工的成长。

如果想回到安全的轨道上，矿工必须首先知道自己目前的现实处境，然后考虑"安全"更全面的含义，更好地理解自己需要怎样来拥有安全。我们无能力告诉矿工应该相信什么，但是也要尽力避免让矿山灾难性事故引起的创伤成为矿工唯一的向导。

（二）信任的需要

信任（trust）的需要包括对自己的信任和对他人的信任。对自己的信任即相信自己的判断力。对他人的信任即相信他人。

信任与安全是相连的。如果人们能够相信自己和他人，就可以获得更安全的感觉。当人们相信自己时，就会感觉自信；而当别人证明值得信任时，就会有更少的孤独感。但是矿山灾难性事故发生后，受灾矿工很难建立信任。这是因为在矿山灾难性事故发生的时候，他们所信任的一些重要的事情被证明是不可靠的，这足以摧毁矿工的信任感，就像摧毁他们的安全感一样。

下面请矿工先做个小测试，按照自己的实际想法回答下面的问题：
(1) 我一般相信自己做决定的能力。　　　　　　　　　　是（　）否（　）
(2) 我凭自己的感觉知道我喜欢什么，不喜欢什么。　　　是（　）否（　）
(3) 我有可以依靠的朋友。　　　　　　　　　　　　　　是（　）否（　）

如果这些问题中矿工的回答是"否"，那么矿工的信任能力可能遭到了矿山灾难性事故的破坏。如果矿工相信他人，但不相信自己的感觉和判断，矿工可能会在并不安全的时候却给予了他人信任。如果矿工相信自己，但不依靠他人，那么可能矿工正挣扎于与他人的关系之中。只依靠自己是一个巨大而不必要的负担，它使一个人费心耗神，每个人都需要他人，需要对自己和他人有一定程度的信任感。人们还需要信任自己的判断力，对自己的能力有信心，并相信自己的直觉。当一个人需要帮助的时候，还需要信任他人可以给予自己适当的帮助。

矿山灾难性事故可以破坏矿工对自己或他人的信任程度。当矿山灾难性事故的发生与自己或他人的疏忽有关时，对自己或他人的信任可能就会更成为问题，这是因为当自己或他人将矿工置于危险之中时，矿工又怎能再对自己或他人有信任感呢？在矿山灾难性事故创伤之初，最安全的反应可能是不相信任何事、任何人。上一部分所说的安全不是绝对的，同样信任也不是绝对的。人无完人，即使是平时最循规蹈矩的人，也不敢保证能始终如一地保持各项操作的规范；即使能够始终如一地保持各项操作规范，也不敢保证机器不出现故障；即使能够百分之百保证机器不出现故障，也不敢保证井下不出现任何意外。那么信任到底是什么呢？什么时候信任是安全的，什么时候是不安全的呢？

信任是人们根据自己的经历和需要做出的对自己、他人或事物环境等的判断，它不仅仅是一般的判断，而是人们对其具有的某种依赖的判断，它与每个人的需要有关。比如矿工需要在工作时无瓦斯泄露，那么他们在多大程度上相信工作期间无瓦斯泄露呢？对这种情况不会发生的信任应该不是盲目的。盲目的信任有很大的危险性，它是基于运气以及本人寄予的希望上的。事实上信任是争取来的，每个人的信任是建立在既往证据的基础上的。

信任包括指望人或事在将来的表现与以前相同，可以说一致性和可靠性是信任的核心成分。一个人越是始终如一，就越能足够信任他，这就是经常所说的"争取"他人信任的原因，它说明人们在过去的行为中提供了值得信任的证据。同样如果过去的决定始终能够得到较好的结果，那么人们就倾向于相信自己的决策力。但是谁也不能准确预测未来，所以也就预示不可能永远绝对地信任自己或他人，危险总是会有的。与安全和危险会以不同比例混合一样，信任和失望同样如此。

需要有多少证据才能让人有十分的信任感呢？如果一定要有铁的证据，那么也许任何人或事都不会有令人满意的信任感。同安全感一样，信任也不是全或无的，它也有多种等级。例如，信任一位同事并和他相约一起在某个时间工作，并不意味着在其他事情上或者其他时间都必须信任他，也就是说，对某人或某事的信任要有时间和空间等条件的限制。

对于同一个人我们可以既信任他又不信任他，比如我们可以高度信任一位朋友的方位感，但是完全不相信她对衣服的品位，我们对这位朋友的信任感会随着境况的变化而发生变化，我们可以踏实地找她作为旅游伙伴，但不会寻找她成为购物伙伴。在具体情况下，每个人对自己或他人的需要是不一样的。在我们决定是否给予信任的时候，一般会从正反两方面加以权衡。这种权衡可能简单，也可能复杂。危险程度是影响这方面的重要因素。有些情况可能使我们不想给予信任，但现实要求必须给予信任，接受帮助需要对对方有一定程度的信任，同时也意味着存在一定程度的危险。当危险和需要帮助的程度都很大时，这时候的信任可能就非常脆弱。是否决定给予信任将取决于下面的因素：需要帮助的程度，危险的程度，自己过去的经验，能够收集到的任何其他证据。

脆弱的信任仍然是信任，不确定的信任仍然是信任，有限的信任也仍然是信任。换句话说信任具有不同的程度。当我们尝试第一次做某件事情时，就会涉及我们对我们能力的最低限度的信任，当结果证明它们值得信任时，我们就会增加对自己能力的信任。信任需要时间以及过去的经验和证据的支撑。

信任错误的原因是多种多样的，意义也有很大的差别。当信任错误时，你不得不用其他办法来满足自己的需要，或者根本就无法满足需要。而当这种需要是情绪需要时，造成伤害的危险性就会更大。为了能够得到情绪上的安慰，我们一般必须向他人暴露自己情绪的不安，我们必须相信他人不会将这些信息重复给其他人。矿山灾难性事故幸存矿工对于这种情况可能会更敏感，他们已经知道了将自己的信息告诉别人并非总是安全的。这也是很多矿工在回答问题时不说真话的原因。

相信他人会遵守诺言是信任的另一个重要组成成分。每个人都可能会遇到过有人不履行诺言的情况，也许他们是出于好意，但是可能会使我们产生对信任的失望。如果矿山灾难性事故破坏了矿工的信任感，这时候对于矿工来说给予信任的危险性就会很大。矿工们可能会觉得最好不要再相信自己以及任何其他人或事。尽管他们有时还会有一些人或事可以依靠，但是矿山灾难性事故发生后，需要有新的证据表明哪些仍然是值得信任的，这种状况是正常的，矿工在受到矿山灾难性事故的创伤后，他们的需要可能已经改变，亲人或朋友在支持他们时所用的方式可能不符合他们当下的需要了。这时矿工们可能会发现，可以将自己对矿山灾难性事故引发的创伤的感觉和想法告诉某些人，但是对另一些人却需要保持沉默。

为了重新建立矿工的信任，必须让他们敢于接受证据。当我们第一次遇到一些事情时，我们会有直接的反应，我们称之为直觉。我们可能不知原因地喜欢或讨厌一个人，我们也可能莫名地觉得舒服或不舒服。现在可以试着让矿工觉察自己对一个人或一种情景是否有过以上类似的直觉反应。觉察有这种直觉反应时，是根本不考虑它们，不把它们当回事，还是十分相信它们，但先观察能证明它们正确性的证据，或者是十分相信它们，并立即采取行动。

接下来请矿工认真思考以下问题：

（1）对于你来说，值得你信任的他人有什么特点？列出你在生活中最信任的人？是什么原因使他们值得你信任？你在哪些方面可以依靠他们？

（2）你列出的这些人共同构成了你的支持系统。你觉得自己有可用的支持系统吗？

（3）你一般在什么时候请这些人帮忙？是请求帮助实际问题还是请求帮助情绪问题？

（4）你如何决定什么时候可以信任某人，什么时候不行？你是慢慢地，还是很快地开始信任别人？

通过回答以上问题，总结每位矿工对他人的信任程度。

信任指依靠某人做某事。如果我们曾经受到过欺骗，我们可能会尽量不依靠别人。能够依靠自己是重要的，但是完全独立也是不可能的。如果经验告诉我们永远不要依靠别人，当又不得不依靠别人时可能就会感觉很纠结，我们可能会感觉依靠他人就意味着完全从属于对方。依靠这个词对于有的人来说就暗示着无助，暗示着对自己的生活失去了控制。婴儿完全依靠他人来满足自己的基本生活需要，如果他人不能满足，就会威胁婴儿的生命。然而，对于大多数成年人来说，既不能完全无助，也不能完全独立。如果一个成年人以一种完全的方式给予他人信任是非常危险的。

矿山灾难性事故发生后，受灾矿工可能不再相信自己的决定、直觉和能力了。请矿工们回答以下问题：

（1）你认为自己必须非常能干，才能什么事情都依靠自己吗？

（2）不论你对一个人知道多少，你都会认为他是非常值得信赖的吗？

（3）你认为信任别人意味着任何事情都要信任他们吗？

（4）你认为如果自己不能完全信任别人，就根本不能再给予信任了吗？

如果矿工对这些问题中的任何一个回答为"是"，那么说明他也许是用全或无的方式考虑信任。也许他觉得自己必须完全信任别人，或者不再对任何人有信任感。他在有意地让自己在这两个极端中选择一个。事实上，信任也不是全或无的，在这两个极端之间还有很大一部分空间。随着境况的改变，信任的含义和程度也会改变。在某种具体情景中，信任或不信任的程度本身并不重要，重要的是信任程度是否符合实际情况。我们可以有充足的理由不信任某个人，但如果从中得出谁都不能信任的结论，恐怕就不是很恰当了。决定给予信任来自以下4个因素：需要信任的程度，信任引发的危险程度，以前在信任方面的经验，拥有的关于某人或某事的任何其他证据信息。

如果矿工在信任方面出现了问题，需要了解是相信自己方面有问题，还是相信别人方面有问题。下面的练习是用来评定矿工对自己和他人的信任程度。

练习三：评定矿工对自己和他人的信任程度。

在表 8-5 列出的若干情景中，请矿工根据认为自己或他人值得信任的程度，选出最适合自己的数字。

表 8-5　评定矿工对自己和他人信任程度量表

我感到的信任程度	十分值得信任	中度值得信任	有点值得信任	有点不值得信任	中度不值得信任	十分不值得信任
你相信自己的程度：						
你的感觉	1	2	3	4	5	6
知道你喜欢的东西	1	2	3	4	5	6
知道你不喜欢的东西	1	2	3	4	5	6
跟着你的直觉走	1	2	3	4	5	6
做出决定	1	2	3	4	5	6
解决自己的问题	1	2	3	4	5	6
知道什么时候给予他人信任	1	2	3	4	5	6
知道给予多大程度的信任	1	2	3	4	5	6
知道信任谁	1	2	3	4	5	6
对家庭成员的信任程度：						
提供实际帮助	1	2	3	4	5	6
在我有个人问题时提供支持	1	2	3	4	5	6
给予情绪上的安慰	1	2	3	4	5	6
对朋友的信任程度：						
提供实际帮助	1	2	3	4	5	6
在我有个人问题时提供支持	1	2	3	4	5	6
给予情绪上的安慰	1	2	3	4	5	6

如果矿工对练习中所有条目都不能给予信任或者完全给予信任，那么这是一个重要的信息，说明他很可能就是以全或无的方式考虑信任问题。

总之，信任是一种人类基本需要，但它不一定是完整的。信任可以是部分的，它会随着每个人自己的需要和面临的危险而改变。如果想重新返回信任之路，就必须承认危险。没有危险的信任是不存在的。觉察信任他人得到我们需要的东西以及让他人为我们付出是什么感觉。如果矿工能够知道信任是什么感觉，他就可以重新获得信任。

（三）控制的需要

控制（control）的需要包括控制自己和控制他人。控制自己就是感觉在控制自己的行动和想法。控制他人就是感觉自己对他人存在一些影响。

每个人都需要一定程度的自我控制感。但是当矿山灾难性事故发生的时候，外来的力量可能击败了矿工的这种自我控制感，这是因为矿山灾难性事故这个事件太强大了，它压倒了矿工控制它们的任何努力。在这种重大灾害事故面前，矿工的唯一选择可能只有服从，也许他们也曾想过反抗，但最终还是被这种难以预知的强大灾难性事故制服了，矿工们不得不无可奈何地等待着突发事件的任意肆虐，这个时候的他们真切地感受到了无助和失去控制的感觉，甚至在矿山灾难性事故发生之后的很长时间，他们可能仍然感觉无能为力。

矿山灾难性事故发生后，矿工可能感觉对自己的思维和情绪的控制减少了，情绪的突然闯入在心理学上叫作情绪闪回。矿工有时候可能感觉自己要发疯了，害怕无人能理解他们，甚至担心可能会因为他们的表现而遭受指责。矿工可能害怕，如果讲述他们自己的经历，会使他们变得更加失去控制。这些想法使许多矿山灾难性事故幸存矿工保持沉默，但是情绪闪回或非真实感是受灾矿工对异常事件的正常反应。了解矿山灾难性事故带给矿工的创伤体验，有助于消除他们发疯的感觉。他们对自己及所发生的事情了解得越多，他们认为自己失去控制的程度就越小。

我们每个人都会有这种感觉：自己的情绪、行为都十分重要。我们也希望自己能对他人的决定和行为有一些影响。当矿山灾难性事故发生的时候，矿工可能在某一个或多个方面完全无能为力了。矿山灾难性事故发生后，有些幸存矿工失去了影响他人或事件的感觉，他们可能会觉得自己无能，觉得无论他们做什么都不会改变任何事情。这种无力的感觉可能会继续下去。但是他们内心深处还是会有一些力量来源的，如果能够让他们找出这些来源，矿工就会慢慢在以后的生活中恢复一些控制感。

力量是使某事发生的能力。这个力量包含两部分：第一部分是能够采取行动；第二部分是造成影响。造成影响的任何人类行为都含有力量。然而，这种力量并不是全或无的。在任何行为中，力量的程度可以很小、很大或者居于二者之间。力量的数量是一个连续体。力量的变化可能不仅仅是强度或程度的变化，力量还有方法上的变化。有许多不同的方法可以使某事发生。力量不一定是破坏性的或压制性的。根据所发生的事情和发生的方式，力量和控制可以有各种不同的含义。力量可以失去控制，但失去控制并不意味着没有力量。人们往往将控制想象成克制或完全知道正在发生的事情，但事实上这是不存在的。

每个人的控制感和力量感来源于了解和接受自己的程度。力量的基础不是控制，而是自知之明。试着让矿工回答这些问题：你对自己的想法和感觉了解多少？你喜欢什么？不喜欢什么？你在接受自己的情绪时有困难吗？你经常试图改变它们吗？如果矿工知道自己的真实感觉和想法，并且知道如何使用它们，这些感觉和想法就会成为矿工个人力量的来源。但是当矿工试图改变他们的实际感觉，就像试图控制实际上不受控制的事情那样，矿工就很可能觉得完全失去了控制。

试图强迫控制感觉和想法往往会让矿工们迷失自我，这是因为感觉和想法来自"我们实际上是谁"。通过注意我们的想法和感觉，我们了解自己，知道我们需要什么，不需要什么，什么对我们重要、什么不重要。控制是使我们所希望的事情发生，而与我们真正需要的东西失去联系就是失去控制，接触我们内心深处的感觉和想法，并根据这些采取行动是我们最终对自己的控制。虽然我们不是总能够控制自己的感觉和想法，但是我们可以控制对这些信息的利用。我们可以选择是否表达自己的想法和感觉，也可以选择如何表达它们。

一个能够控制自己行为的人，不一定能控制他人的行为，这个时候可以尝试让矿工对他人说出自己的要求，并且表示希望自己的要求会影响他人，但是矿工一定要切记他人是否接受自己的影响是由他们以及彼此之间的关系决定的。

力量与责任都与选择有关，当我们处于一种情境中且没有选择的权利时，我们没有力量去影响所发生的事情，这个时候我们对所发生的事情无责任，矿山灾难性事故就是如此。虽然在这种事故中承认人类的力量非常微不足道是极不情愿的，但事实上大多数矿山灾难性事故都有意外、混乱的成分，它会使正常人因过分恐惧而麻木。所以矿工们要认识到，在那种情况下做任何事情都无法改变意外的发生，所以请原谅自己，放弃自己的责任感。在那种灾害事故面前无能并不意味着自己现在无能。矿工的无助和失去控制感是特定灾害事故下的产物。当灾害事故过去了，处境改变了，矿工的力量和控制感就会重新获得。

如果矿工们在阅读这些内容时一直不断地审视自己的内心想法，那么矿工们就会越来越了解自己。如果矿工们在觉得自己需要自我关心时，就能够采取自我关心的行动，那么矿工们已经赋予了自己力量。赋予力量开始于识别和重视矿工们需要和想要的东西。当矿工们学会处理自己的情绪，并开始选择自己的行为时，他们所赋予自己的力量就在不断增大。

个人力量的运用，是指决定自己是否采取行动。每个人可以说出你想要什么，也可以对于你不想要的说不，或者沉默也是一种选择。能够说出矿工们的感觉和需要就会赋予自己力量。在可能的情况下，大声说出自己的感觉和希望可能有助于更好地了解自己。矿工们并不能够总是得到他们想要的东西，但是只有将它们大声说出来，得到它们的可能性才会变大。矿工们在表达自己的感觉和需要时，有两种选择：一种是沉默和被动，一种是提出要求和主动。还有，所谓温柔的坚持是指制止别人的不正当行为时，可以试着以一种平静、友好但坚定的语气要求对方纠正错误行为。这样对别人的控制是一种技巧，是可以学习和实践的。

每个人的个人力量感需要他自己去发现。这取决于他自己在多大程度上了解自己以及自己的情感和能力。请矿工们记住：力量存在于能力中；力量存在于知道自己的感觉和想法；力量存在于知道如何安慰自己；力量存在于能够表达自己的需要；力量存在于表达自己的技巧；力量存在于对自身局限性的了解。

（四）尊重的需要

尊重（respect）的需要包括尊重自己和尊重他人。尊重自己是指重视自己的感觉、想法和信念等。尊重他人是指重视他人的感受和想法等。

每个人必须重视自己和他人，只有这两方面都具备才可能有控制和归属的感觉。矿山灾难性事故可能毁坏矿工对自己和他人的尊重感觉。一个人有自尊时才可能对自己充满信心，以积极的方式考虑自己，而且也会感觉自己得到了别人的理解和尊重。当一个人缺乏自尊时，可能就会感觉自己不愉快、无价值、被伤害，并且还可能认为别人也会这样看待自己。

矿山灾难性事故发生以后，矿工可能会感觉一下子从世界之巅跌入万丈深渊。他们可能对自己非常失望，以至于再也感觉不到自己的基本价值。情绪和感觉的巨大波动使他们感觉自己好像没有了坚实的根基。尤其是灾难性事故发生后，如果矿工的家人和朋友不能支持和接受他们的表现，他们的自尊可能受到更大的伤害，他们甚至开始怀疑自己是否值得家人和朋友关心。

每个人都可能偶尔感觉羞耻，因为我们都是不完美的人类。健康的羞耻感是对人类缺点和不完美的认识。健康的羞耻感不会消灭一个人的自我价值感。但是如果羞耻感变得过于强烈就会破坏一个人对自身价值的认识，甚至可能希望自己从其他人的眼中消失。

矿山灾难性事故发生以后，矿工的羞耻情绪可能不恰当，他们可能虽然有很大价值，但感觉不到自己有价值。接下来，心理救援工作者需要努力帮助矿工们想起自己有价值的地方。矿山灾难性事故幸存矿工感觉羞耻的一个原因是，他们觉得自己对所遇到的灾害负有某种责任，他们会认为当时如果跑得再快点、喊得声音再大些就会更好了。矿工为当时没能及时保护自己和工友而深深的自责。事实上，接受自己的缺点和不完美是走向自我接纳和自尊的必备步骤，将自己的不完美告诉别人可能会使我们与他人建立更牢固的亲密联系，我们在不完美的情况下感觉良好是可能的。事实上，矿工原谅自己所受的伤害与接受所发生的事情是自己不能控制的紧密联系。

当矿山灾难性事故发生时，巨大的恐惧使矿工本能地将注意力完全放在逃命以及其他保护自己的努力上，他们已经做了当时能够做的最大极限，矿工需要直接面对自己的局限性，如果一味地将注意力放在想控制实际上无法控制的事情上，矿工可能就会忽略自己还能控制的东西。此外，矿工因创伤而责备自己的另一种方法是对自己感到愤怒，这样可以避免自己的其他更不舒服的感觉。

人们评判自己和评判他人是正常的，人们一般都会按照自己的标准来评价一些行为，一般情况的评判不仅不会破坏人们的基本价值感，还会刺激人们做更大的努力。但是当矿工的基本价值感遭到矿山灾难性事故的破坏时，就要慎重考虑评判对矿工的意义了。不同的人对于同一个行为可能会做出截然相反的两种评判，这是因为价值往往取决于评定者需要的东西，而这种评判不一定是我们想要的。如果一个人仅仅将自我价值建立在别人的评判上，就像将大厦建立在流动的沙子上一样。只有当一个人知道自己到底需要什么时，才可能对自己的价值有一个稳固的看法。请矿工们记住，我们的价值仅仅取决于我们对自己的想法和感觉以及对自己的重视程度。矿山灾难性事故的幸存矿工可能会有这样的错觉：认为他们不再值得尊重，不再值得快乐。如果一个人认为自己是没有价值的，别人就会也这样对待他。当我们遇到认为我们是毫无价值的人时，我们不必接受他的看法，我们有权选择自己的价值，因为生命是属于我们自己的。

建立稳固的自尊的基础是对自己可能不喜欢但无法改变的那部分做出让步。自尊并不意味着喜欢自己的所有方面。有自尊是指：总体来讲感觉自己的价值超过了自己的缺点。在做这种判断的时候，人们必须给自己基本的人权，且要排除自己不能控制也没有责任的那些方面，虽然矿工们无法改变那些方面，但是可以改变那些方面对于他们自己的重要程度。

前面介绍了肯定句对矿山灾难性事故幸存矿工的帮助，肯定句是对自己或他人造出的肯定的句子，肯定句有助于重新看待自己的实际能力。下面列举了一些有关控制和自尊的肯定句：

（1）对于有些事情我有一定的控制能力。
（2）有些事情的发生与我无关。
（3）我接受客观发生的事情。
（4）我可以为自己做出积极的选择。

仅仅因为活着，矿工就值得自己和他人尊重，这是一种基本的权利，而不是一种奖赏，矿山灾难性事故可能会剥夺矿工的一些东西，但不会失去作为人的基本价值，矿工只有给予自己基本的人类价值和尊重，与其他大多数人给予的相同，对矿工来说才是公平的。

（五）亲近的需要

亲近（endear）的需要包括亲近自己和亲近他人。亲近自己是指了解并接受自己内心的情感和思维。亲近他人是指自己被他人了解和接受。

矿工需要感觉到与自己和他人的情感联系，这种联系是建立在矿工对自己各方面的了解和接受的基础上。但是矿山灾难性事故改变了矿工，他们会认为对自己的了解发生了改变，很可能会体验到自己以前从未体会到的某些方面，因此会对它们感觉奇怪甚至陌生，这就导致矿工与自己和他人的亲密关系很可能遭到破坏。

在矿山灾难性事故发生以后，矿工会体验到强烈的混沌感觉，这种感觉与以前的感觉截然不同，如果矿工不想办法去了解这种感觉，他们可能就会认为这种感觉不应该属于自己，从而想办法摆脱它。这时候如果问矿工是什么感觉，他们就会回答"我什么感觉也没有"抑或"我不知道"。他们的感觉和行为方式可能会觉得自己是陌生人。

矿山灾难性事故的幸存矿工往往会不了解自己的感觉，或者有意忽视它们，这是一种保护自己免受情绪打击的方法，他们试图在麻木中生活，从而避免某些痛苦，但是这样做会切断矿工和外界的联系，导致矿工无法获得外界的重要信息，隐藏自己的感觉还会通过心理疾病表现出来。事实上，矿工所感受到的恐慌、焦虑、忧郁、空虚等情绪是他们在矿山灾难之后的必然表现，只有慢慢地了解这些感觉带给他们的信息，按照自己的节奏逐渐学会承受和解决这些情感，矿工们才能得到康复和成长。

与他人的亲密关系取决于我们允许别人了解我们的程度，不过这么做总是有些风险，这是因为我们无法控制别人对自己做出什么反应，所以与他人建立亲密关系的能力受我们自身的安全感、信任感、控制感和自尊感的影响，破坏这些需要可能会破坏我们建立亲密关系的能力。矿工可能害怕再与他人建立深厚的感情，为了保护自己，矿工只允许他人与自己保持一定距离。一旦经过一段时间亲近开始自然加深，他们就可能马上结束这种关系。这种隔离的机制虽然有一定的保护作用，但是它会让矿工感觉孤独，还可能强化矿工的一个信念，即与他人建立亲密关系是不可能的。

亲密关系是来自和他人在一起时情感上感觉到的温暖、亲近、关心和支持。亲密关系几乎是每个人都重视和关心的一种安全和信任的关系。不过，不同的情况对于不同的人亲密关系的含义可能会有所区别，这取决于每个人对亲密关系的需要。我们都希望得到别人的重视和接受，并且从我们内心最深处的想法和感受出发与他人建立情感联系。事实上，亲密关系还会使他人了解和接受我们自己实际上是什么样的人——具有缺点的真正的自己，这对于每个人来说始终是一个危险的过程，因为我们不能控制别人对自己的反应，并且也不能保证每个人都能接受真正的自己。正因为亲密关系包括被拒绝的危险，所以需要我们觉得能够保护自己，并且认为这种危险值得冒险，虽然我们不能决定他人对我们的反应，但我们可以控制暴露自己的程度。

一般来说，亲密关系是争取来的，并通过与他人的相互交往逐渐加强。亲密关系的建立过程有两个基本步骤：第一步让别人了解自己，第二步得到别人的接受。人们可以控制第一个步骤，包括透露什么、何时透露以及透露多少关于自己的信息。第二步被接受则不是自己能控制的。事实上，当一个人得到别人的接受时，很可能非常容易错过它或误解它，这就需要得到别人的接受时要学会识别它。与他人建立亲密关系的重要部分还包括接受别人，同样自我接受也可以帮助培养与自己的亲近感。与他人建立亲密关系的基础是了解自己，了解自己可能很困难，了解自己的过程可能会涉及了解自己不喜欢或不想承认的地方，而不仅仅是自己的优点。对于幸存矿工来说，与他人建立亲密关系的影响因素有：知道和相信自己对事情的感觉和想法；知道对于自己来说，感觉什么东西是十分安全的，并且实际上也是安全的；知道什么时候信任他人，有多大程度的信任；知道对于自己来说什么是重要的，并且能够将它们表达出来；知道自己能够接受他人哪些方面。

当矿工和他人建立亲密关系时，先回答这些问题：你可以真正接受的需要？在亲密关系的建立中，你可以接受的危险程度？只有当矿工们的某些需要获得满足时，才能发展出真正的亲密关系。在人际交往中，表达自己的需要是每个人的权利，在这个过程中矿工们最能控制的环节是暴露自己，如果矿工们感觉不安全，且不知道自己能控制和不能控制的内容，那么与他人建立亲密关系的过程就会受到妨碍。

真正的亲密关系要求每个人做出诚实的反应，但是当我们喜欢一个人，但不喜欢那个人刚才对我们说的话，我们如何做出反应呢？接受的实质是不作评判。与亲密关系类似，接受也不是全或无的，我们可能接受一个人的工作作风，但不喜欢他的具体人格特性。如果双方都非常重视彼此，则可能会寻找到适应两个人的最佳沟通和交往方法。这就需要矿工们明确了解自己什么问题可以忽略，什么问题可以适应，什么问题是原则性的。接受还可能与无能、顺从和无选择相混淆。当两个人的需要发生矛盾时，只要两个人都从不同程度确定他们的需要，亲密关系的建立就会更容易一些。

虽然接受的实质是不作评判，但是人们互相表示接受的方式却有区别，程度也有不同，亲密关系需要双方共同努力，这是一个给予和接受的互动过程，在给予的过程中可能会获得一些东西，但是单纯给予并不能满足人们对亲密关系的基本需要，还需要互相接受，这是一个双向动态平衡的过程。亲密关系的成长需要时间，为了让矿工的亲密关系成长，矿工们必须冒险让别人了解自己，当向别人展示自己且别人表示接受时，要学会识别它。

三、矿山灾难性事故发生后矿工的心理自救

Alexander Chalmer 曾经说过："快乐的三要素是有事可做，有人可爱，有所期盼。"矿山灾难性事故发生后，为了能够尽快地达到身心恢复，受灾矿工需要力所能及地行动起来。

（一）矿山灾难性事故发生后矿工的心理自救方法

心理自救的第一步是学习接纳自己，矿山灾难性事故发生后出现的否认、冷漠、幻觉、愤怒等反应甚至产生自杀念头都是正常的。不论矿工正体验着哪些情绪和感觉，都可以试着按照下面某个适合自己的方法行动起来。

1. 写成长日记 心理学有一个术语叫做"未完成事件"（outstanding event，OSE），它是指未表达出来的情感。虽然这些情感没有表达出来，但它却与鲜明的记忆及想象连接在一起。由于这些情感在知觉领域里并未被充分体验，因此就会在潜意识中徘徊，并在不知不觉中被带入现实生活中，从而妨碍了自己与他人之间的有效接触。未完成事件常会一直持续存在，一直到本人勇于面对并处理这些未表达的情感为止。写日记可以完成这种"未完成事件"，学会正视自己的情感[6]。矿工在日记中可以复述曾经发生的矿山灾难事件，复述经历除了能调节人的心情，还可以改变人的思想观念。矿山灾难性事故发生后，矿工可能处于情感崩溃的边缘，越早描述发生的事情，越能及时宣泄积压心中的负性情绪能量。日记中也可以叙述矿山灾难性事故带给矿工的情绪感觉。面对苦难最好的办法是表达出来，对于受灾矿工来说，用语言描述可能有些困难，用写的方式表达可能更容易一些。此外，也可以写一些自我积极暗示的日记，就是写出对自己有力的积极的叙述，这样可以用一些更积极的思想和概念来替代过去的否定性思维模式，它可以在短时间内改变一个人对生活的态度。人需要不断的激励才能最大限度地发挥潜能。心理学家威廉姆士（William James）曾将说过，"一个未受到情感激励的人，仅能发挥其能力的20%～30%，一旦受到情感激励，其能力可能发挥到80%～90%，相当于激励前的3～4倍。"

"成长日记"与普通日记不同，需要以心理学的方法为指导，以心理健康为目标，突出成长。在写作时不必强调语言的流畅，文字的优美，只要能把想说的话写出来就是成功的。"成长日记"包括

"宣泄型日记"和"自我激励型日记"。

"宣泄型日记"可以使矿工的不良情绪得到很好的宣泄,方法得当的表达性写作能够起到心理咨询疏导作用,可以帮助受难矿工度过他们人生中这一灰暗时期。那么应指导受难矿工写些什么"宣泄型日记"呢?首先要复述事件,也就是写出发生了什么。描述问题和复述经历除了能调节心情外,也能改变人的思想观念。重大灾害事故发生后,矿工处于一种情感崩溃的边缘状态,这时候,让矿工做的不是回避发生的灾难,而是描述发生的事情,这样才能将内心的负性情绪产生的心理能力减弱,让矿工早日摆脱灾害事故在心中留下的阴影。其次描述情绪认识,也就是帮助受灾矿工了解灾害事故给自己带来了什么感觉。面对矿山灾难性事故,最好的办法就是用自己的语言表达心中的真实感受,它可以使矿工把淤积的情感释放出来,这个过程被 Freud 称为精神宣泄。最后要对为什么有这种感觉进行情绪分析,引导矿工深入探索自己感受的来源和形成原因,这样他们的心理健康水平将得到更大的提升。

自我肯定是对某种事物的积极叙述,能让人用一些更积极的思想来替代否定性的思维,这是一种可以在短时间内改变人们生活态度的技巧,而"自我激励型日记"可以让矿工获得前进的动力,获得更多的自我心理成长能量,还可以使他们掌握增进个人心理健康的技能,从而使他们更有信心面对今后的生活,为他们今后的人生历程保驾护航。"自我激励型日记"的写法更灵活,首先让矿工记录积极事件,强化积极情感,多留意记录一些自身感觉到温暖和鼓励的事件,并无限地放大这种感觉,这种日记可以迅速提升矿工的自信心。其次记录自我激励的话语,国外的许多研究显示自我激励的话语可以改变一个人的人生轨迹。可以引导矿工告诉自己"我要对生活充满信心,我要让人生有意义""我要好好的生活下去,我可以克服困难"等[7]。这些话语反复默念,慢慢地可以让矿工有更大的勇气面对今后的生活。

2. 自我暗示法 心理学研究表明,暗示作用对人的心理活动和行为具有显著的影响。内部语言可以激发或抑制人的心理和行为。自我暗示就是通过内部语言来提醒和安慰自己[8],如幸存矿工可以提醒自己"要有信心""要沉着""事情会过去的""事情还有回转的余地"等,以此来缓解心理压力,调整不良情绪。也可以用生活中的哲理或某些明智的思想来安慰自己,鼓励自己同逆境进行斗争。一个人在痛苦和打击面前,只要能够有效进行自我鼓励,就会感到有力量,就能在痛苦中振作起来。

3. 回避法 俗话说"惹不起躲得起",虽简单但有实效。在心理困境中,人的大脑里会形成一个较强的兴奋中心,不在灾害事故现场驻足,回避了相关的外部刺激,可以使兴奋中心让位给其他刺激引起的新中心,这就是所谓的避免"触景生情"[9]。此外还有主观回避法,即在矿山灾难性事故过后比较痛苦愁闷的时候,矿工可以集中精力去干一件对自己有意义的事情,也就回避了心理困境。

4. 认知改变法 认知风格是个体在长期的认知活动中形成的稳定的心理倾向,表现为对一定的信息加工方式的偏爱。矿工对事故的态度与价值观决定着矿工受灾之后的反应,不同认知风格的矿工对矿山灾难性事故的认识各有差异,对自己受伤状况的认识也会有所不同。事实上,并不是所有的客观现实都可以回避。同一情境,从一个角度看可能引起消极的情绪体验,如果从另一个角度看,就可能化消极为积极情绪。首先,幸存矿工了解并发现自己,形成正确的自我认识,对自身状况有一个客观的认识,这样可以帮助矿工达到自我和谐。其次,给予幸存矿工正性信息的传递,反复强化现实,倡导幸存矿工顺其自然,接受现实并欣赏自己生命的顽强,感恩团队的力量,感谢党的领导等,这些都有助于幸存矿工顺利度过特殊时期[10]。

5. 行为疗法 幸存矿工感到孤独时,可以给自己布置不同难度的交往任务,既要在交往过程中尊重别人的特点和习惯,又要善于求助于他人,通过别人的帮助,使自己的心情变得开朗。幸存矿工可以尝试着做一些放松的，对自己身心有益的活动，如唱歌、读书、与工友交流等。做些力所能及的事情是尽快回归生活，体现自我价值的较好途径。每天为自己安排一些具体可以做的小事，以便恢复受损伤的"控制感"[11]。

6. 宣泄法 心理学认为，当矿山灾难性事故发生后，用意志力压抑情绪，表现出正常情况下的谈笑自如，这种做法虽然可以减轻焦虑，但只能缓解表面的紧张，却难以压抑内在的情绪纷扰，这样不仅不能从根本上解决问题，还会陷入更深的心理困境，带来更大的身心伤害，产生心理和躯体疾病。善于自救的矿工，要学会选择合理的方式宣泄心中的痛苦。例如，不断地反省，大哭一场，让泪水横流；找人倾诉发生的灾害事故；抑或在相对比较安全的环境大声吼叫，任凭负性情绪喷发等。

7. 内因升华法 把负性的心理压力转化为进取的动力，内因是事物发展变化的关键，把负性心理激起的能量引导至对社会、对自己都有利的方面，确实难得又可贵，正所谓"失之东隅，收之桑榆"，如司马迁遭到宫刑而著《史记》；居里夫人在丈夫横遭车祸后，用努力工作克制自己的悲痛，完成了镭的提取……这跟一个人的修养、觉悟密切相关。挫折和困境并不是人们所祈求的，它会给人带来心理的焦虑和压抑，而善于心理自救者，却可以将这些负性情绪升华为一种力量[9]。矿山灾难性事故发生后，要鼓励幸存矿工满怀信心的正视现实，正视灾难，迎接挑战，走向未来。

佛祖释迦牟尼在圆寂前曾经说过："当自求解脱，切勿求助他人。"当然，我们不一定都要皈依佛门，我们也不必拒绝周围人提供的所有帮助，在必要时寻求专业心理咨询人员的帮助是人格成熟的标志。但是当一个人身陷困境时，首先应该做的是自救。

（二）矿山灾难性事故发生后矿工的心理自救原则

矿山灾难性事故对矿工形成的心理创伤会持续很久，但只要遵循一定的原则，依然可以慢慢让创伤愈合。

1. 不要拒绝帮助 我们每个人在一生中都要帮人，也需要人帮，矿山灾难性事故发生后矿工接受自己的所有感受，并将这些感受说给其他人听。要学会倾诉，与亲人朋友或有共同经历的人们一起分担悲痛。不要封闭自己，要多和亲人、朋友或有类似经历的人保持联系，多与他们交流，学会倾诉和倾听。尽可能将自己不舒服的感受说出来。心理治疗的一个常用方法就是将一些有类似问题的人形成一个小组，让大家一起说出各自内心的体会。这样可以相互倾诉、相互鼓励[12]。经历了矿山灾难性事故的矿工现在的情绪是真实的、痛苦的，而且会使他们变得脆弱。请矿工们坦然地接受亲人朋友的关怀与理解吧！

2. 面对和接受悲伤 眼泪可以治疗心灵的创伤，矿工可以选择合适的地点，借助一些悲伤的音乐或电影让自己痛哭一场，把积压在内心的悲痛发泄出来。如果以后不好的情绪再次袭击自己时，也不要担心，那仅仅是还没释放的悲痛。照料情绪伤痕的程度应该就和照料身体的伤口一样，其他任何事情都可以缓一缓，允许自己有充足的时间去感受痛苦，当矿工拖延着不去面对痛苦，也就拖延了复原的时间。明明不快乐还要假装快乐其实对矿工的复原是无益的。不要勉强自己遗忘痛苦。伤痛会停留一段时间，这是不可避免的。矿工要承认自己的价值。不要用这样的话来骗自己："如果我说出来……就好了；要是我再多……就好了。"请注意，这些"如果""要是"并不存在，从来不会，以后也不会存在。在悲伤、愤怒、罪恶感或者恐惧之下，幸存矿工的存在本身就是珍贵而美丽的。这种存在对很多人来说是重要的，虽然有的矿工可能感受不到这些。

3. 尽可能保证睡眠、休息和基本饮食 良好的体力、营养储备是矿工战胜伤痛和康复的物质保证。相反体力虚弱会加强心理创伤的负面影响。尽量做些力所能及的事情，每天为自己安排一些具体可以做的事情，尽快恢复自己的正常生活作息[13]。注意要慢慢来，这时候的矿工需要休息。复原是需要时间的，矿工的失落越大，就越需要更多时间才能复原。此外也需要给矿工所爱的人时间，他们也需要慢慢适应矿工的改变。

4. 避免做不必要的决定　矿山灾难性事故发生后，矿工会变得敏感易怒，有时又仿佛心不在焉。这个时候矿工对于那些不必要的变动一定要三思，矿山灾难性事故以后的日子已经使矿工变得痛苦了，实在不需要再给自己制造更多的痛苦了。这段时期矿工可能会有许多事情要面对和处理，可以试着先从最重要、最容易完成的事情入手，注意不要一次处理太多的事情。

5. 认识和了解自杀　矿山灾难性事故造成的巨大创伤很容易使人产生自杀的念头，灾难性事故中经历的痛苦使一些人有这样的想法是正常的，但如果这些想法出现的频率明显增加，请立即寻求专业帮助。灾难后矿工的愤怒是很正常而健康的情绪反应，但如果将愤怒的情绪转向矿工自己，就不妙了。请记住：活着是唯一不需要正当理由的。最重要的是自杀很傻，那就好像一个人用停止呼吸来避免咳嗽。

6. 避免上瘾　想要挽回过去不但徒劳无功，还会让人更痛苦，想要建构一个不可能的未来更是如此，活在过去或等待不可能的未来，不只会阻碍矿工的复原，还会浪费矿工宝贵的时间和精力。矿山灾难性事故发生后的特殊时刻，很容易产生物质依赖或上瘾，所以要小心任何使矿工上瘾的东西。面对并处理自己的痛苦时，不要试图用药物或酒精来逃避，它们仅仅可以让痛苦短暂消失，但接下来会使矿工的情绪更加恶化，也会让矿工的现实处境更糟。请记住矿工自己才是复原的最强大的依靠者。

7. 积极寻找专业的心理帮助　对于心理咨询和心理治疗，有些人可能会有所顾虑，认为看心理医生是丢人的，是有精神疾病的表现，这些是错误的认识。当矿山灾难性事故使矿工很长时间不能进行心理平复的时候，建议找专业的心理咨询师进行专业的帮助。

此外，夫妻之间的情感支持是矿工复原的力量来源之一。沟通是理解的桥梁，它可以使人与人之间心灵贴近，当处于烦躁情绪时向家人或亲朋好友倾诉，敞开心扉取得帮助。当开始自怜时，就试着为别人做些事情，施予和分享会给人带来满足感，而满足感可以产生促进康复的脑内啡。被爱是让人愉悦的，给别人爱时也会感到满足。

有许多事情并未因为矿山灾难性事故的发生而改变，有许多事情即使发生了矿山灾难性事故也可以做。当灾难发生以后，人们经常忘记曾经拥有的快乐生活，也忘记了曾经喜欢的事情，或者忘记了曾经拥有的优良品质，我们或许没办法回到过去，但是我们可以决定那些过去的快乐日子能够再回来。矿工越能清楚地思考、想法越现实，也就越能感受真实的情绪。

矿山灾难性事故发生后的日常生活对于矿工来说可能很难，但是可以试图让自己的生活变得容易一些。在恢复的这段时间里，矿工可以对一些日常事情提前做好计划，这样能够处理事情更从容一些。此外，在这个过程中矿工也要避免做出一些冲动性的改变，冲动性的改变可能会再次将自己置于危险之中。尽量在做出改变以前将事情考虑全面，不要同时做出太多的改变，即使是良好的改变也会再次增加矿工的压力和焦虑情绪。在这个阶段，可以提醒矿工试图多注意自己的感觉和反应，与其他有过类似经历的人交谈，寻求可以给予自己支持的人，允许矿工为自己曾经的遭遇悲伤。

总之，从矿山灾难性事故的创伤中恢复意味着重建矿工的生活，而要做到这一点需要时间。不要着急，要让矿工认识到，不管他们现在的身体和情绪状况如何，幸存下来这个事实本身就反映了他们自己的力量，不管以后的路途多么困难，已经能够生存这本身就是一个事实，在这个前提下，矿工会慢慢地认识到自己的力量和恢复力，也会慢慢地发现自己比想象的更坚强。

（马红霞）

附：创伤应激问卷

指导语：该问卷可以帮助您全面了解自己的生活质量。请根据最近 1 个月您的实际情况，逐项回答下列问题。根据以下标准在相应的条目后面的选项里画勾。

条目	无	偶尔	有时	经常	持续
1. 反复考虑与灾难有关的事情	1	2	3	4	5
2. 晚上入睡困难，易惊醒	1	2	3	4	5
3. 心跳加快，呼吸困难	1	2	3	4	5
4. 学习或工作时注意力不集中	1	2	3	4	5
5. 回避与灾难有关的话题	1	2	3	4	5
6. 感到有点害怕，预感有什么可怕的事情要发生	1	2	3	4	5
7. 学习和工作兴趣下降	1	2	3	4	5
8. 对同事、朋友变得冷淡	1	2	3	4	5
9. 易激怒好发脾气	1	2	3	4	5
10. 过度警觉，易惊慌	1	2	3	4	5
11. 烦躁或活动减少	1	2	3	4	5
12. 害怕与发生灾难相类似的地方	1	2	3	4	5
13. 无缘无故地感到害怕	1	2	3	4	5
14. 看到或听到与灾难有关的事情担心灾难再度发生	1	2	3	4	5
15. 缺乏安全感	1	2	3	4	5
16. 容易疲倦，出现心悸、出汗、胸闷等不适	1	2	3	4	5
17. 回避灾难发生的地方	1	2	3	4	5
18. 担心家人或朋友出事	1	2	3	4	5
19. 对未来充满了迷茫	1	2	3	4	5
20. 害怕一个人待着	1	2	3	4	5
21. 情绪低落，易伤感	1	2	3	4	5
22. 早晨醒得很早，想睡又睡不着	1	2	3	4	5

每个条目根据创伤事件发生后的心理感受分为无影响到很重 1～5 级评定，累积 22 个条目的得分为总分，得分越高者应激障碍越重。如果您的总分超过 80 分，说明您的生活质量受到了灾难的影响，建议您去咨询一下心理医生，希望您能及时从灾难的阴影中走出来，恢复正常的生活。

参考文献

[1] 张结海. 灾区群众心理自救他救手册. 农家女，2008（6）：16-18.
[2] 李栗，王晓燕. 灾害事故后矿工创伤的心理状况及护理. 中国煤炭工业医学杂志，2009，12（8）：1293-1293.
[3] 田文生. 矿工心理问题易酿成安全事故. 安全与健康（警钟长鸣），2005（12）：8.

[4] 宋丽萍,杨辉,罗锦秀,等."3·28"透水事故获救矿工住院期间的心理干预.护理研究,2011,25(2B):420-422.

[5] Dena Rosenbloom,Mary Beth Williams,Barbara E. Watkins.精神创伤之后的生活.田成华,司天梅,孔祥泉,译.北京:中国轻工业出版社,2001.

[6] 刘占全."成长日记"引领学生走出心灵的阴霾——如何辅导地震灾区学生进行心理自救.中小学心理健康教育(一线快递),2009:34-35.

[7] 朴春姬."空巢"老人的常见心理问题及心理自救.求医问药,2011,9(10):7.

[8] 马云龙,王海名.濒危矿工自救与互救概述.学术探讨,2010(10):260-261.

[9] 陈丽华.面对困境学会心理自救.心理世界,2002(4):23-23.

[10] 王利英,郭彩平,张婷."3·28"透水事故幸存者住院期间的心理反应及护理.全科护理,2010,8(10):2770-2771.

[11] 章睿齐.大地震之后的"心理自救".心理门诊,2009:11-12.

[12] Gilbert Brenson-Lazān,Mariā Mercedes Sarmiento Diaz.幽谷之光——情绪疗愈指南:当你无计可施时所能做的五十件事.张碧琴,译.台北:开拓文教基金会,2008.

[13] 王彦.老人"空巢心理"自救八法.健身科学,2013(2):11-12.

第九章

灾难性事故心理救援中的心理行为训练

矿山灾难性事故发生后，救援工作者作为实施救援的重要力量，应具有积极的人生观、价值观和健全的人格、过硬的心理素质，才能够承受救援现场上紧张、残酷和危险环境对其造成的巨大心理压力和强烈冲击。对于参加矿山灾难性事故救援的工作者来说，在具有创伤性和挑战性的环境中工作，无疑是对他们心理素质、工作能力的严峻考验。因此，通过心理行为训练提升他们的心理救援能力也是保证顺利完成救援任务的重要一环。

第一节 心理行为训练概况

心理行为训练是以心理素质模型为基础，应用认知心理学、行为主义心理学、社会心理学、咨询心理学和人本主义心理学等学科的基本原理，以行为训练作为媒介手段，有针对性地训练和培养救援工作者心理素质和提高在紧急状态下的应对能力的一种方法。心理行为训练是通过模拟各种复杂艰难的情境，让救援工作者应对挑战，提高解决问题的能力，然后在训练师的指导下，分享和交流个体的参与体验，从中提炼出成熟的行动计划，为应对未来的艰难困苦环境打下良好基础。

一、心理行为训练概述

（一）什么是心理行为训练

心理行为训练是一种磨炼人的意志、激发潜能的训练方式。通过挑战一些极限的训练课目，使受训者经过一段时间的培训，激发潜能，超越过去无法超越的困难，提高救援工作者的意志力，从而使他们在面对困难、危险情境时能勇敢面对并且还能激发出有效的应对策略。

心理行为训练来源于体验式培训，强调"以参与者为中心"，重视参与者的感受，让他们亲身体会、领悟道理，促使他们能更好地适应环境，完善人格，提高素质。和传统式培训相比，救援工作者在体验式培训过程中能够更快、更好地掌握困难情境下的应对策略并且应用到实践中。心理行为训练与其他训练的主要区别在于，所有训练中都蕴含着心理健康教育和心理素质培养、潜能激发、提高决策能力的内容。因此，这样的训练既是技能的磨炼，更是勇气和胆量的历练。矿山灾难性事故中的心理救援工作者的心理行为训练是提高干预技能以保证在矿山灾难性事故中进行有效心理救援的重要保障。

（二）心理行为训练的方式

心理行为训练是通过挑战一些极限的训练项目，使救援工作者经过一段时间训练，激发出其潜能，超越自我，提高救援工作者的意志力和在危险、困难的环境中的应对能力。心理行为训练器材与拓展训练器材基本相似，但由于训练目的不同，在项目设置的侧重点、培训方式方法也有所不同。心理行为训练的主要形式有：

1. 高空心理行为训练 高空心理行为训练项目主要是通过空中的各项极限训练达到训练目的。常用的项目有：高空断桥、空中抓杆、巨人梯、空中相依、泸定桥、合力制胜、天使之手、高空绳网、缅甸桥、软梯、绝壁逢生、高空天平、高空独木、极限攀岩等。

2. 场地心理行为训练 场地心理行为训练项目主要是通过设计一些在地面上实施的训练项目，通过参加这些训练项目达到提高决策、应对能力的目的。常用的活动有：模拟电网、信任背摔、移花接木、有轨电车、梅花桩、罐头鞋、盲目障碍、地雷阵、孤岛求生、礼让通行、齐心协力等。

二、心理行为训练的起源和发展

心理行为训练起源于二战期间的英国，当时大西洋商务船队屡遭德国潜艇的袭击，许多海员都葬身海底，但人们总结发现，不管形势多么危急、恶劣，总有小部分人能够活下来，之后有人就对这部分幸存下来的海员进行了专门研究，发现这些幸存者不一定都是体能最好的人，但都是有经验、年轻力壮、求生欲望强烈、求生意志最为顽强的人，而且这些人都是三五成群活下来的。在这种情况的启发下，在1942年，德国教育家汉斯等人创办了"阿伯德威海上学校"。通过对海员在海上的生存能力和遇难后的生存技巧的模拟训练，使他们的身体和意志都得到锻炼。由于训练效果显著，心理行为训练受到了极其广泛地关注。

"二战"后人们发现，在工业化的社会里，竞争空前激烈，许多人精神压抑、情绪焦躁，急需心理方面的干预。于是心理训练对象的范围不断扩大，由海员扩大到军人、学生、工商人员等，成为体验式心理干预的先导。西方心理行为训练的作用也随着社会需求的变化而变化，从应用于体验和培养健康的心理品质，发展到辅导行为偏差和残疾人的心理修复。相应地，心理行为训练的技术也发展得非常科学化、系统化。它所用的器具、培训用具、相关教材、项目书以及磁带光盘等都有专卖，并且已经从教育培训中独立出来成为了一种新型的培训体系。

1988年，心理行为训练这种新型培训方式开始引进中国。当时联合国建立了一座管理培训中心，专门培养中国的管理培训师。随后，1995年，刘力成立了"人众人"有限公司，并在中国建立了第一个体验式培训品牌——"拓展训练"。时至今日，"人众人"有限公司已经成为中国最大的体验式培训机构，并分别在广东、浙江、上海、山东、北京、河北等地组建了训练基地。近几年心理行为训练的市场在逐步扩大，增长了30%～40%，国内总产值有3亿～4亿元，从业人员也已达万人。近年来，我国心理研究人员创造性地将心理行为训练应用于军人心理素质培养和心理健康维护，同时也应用于灾难救助者及其相关人员的综合素质的培养与塑造，经过几年的不断完善，目前已广泛应用于军队、武警、消防、公安、教育、企业和政府公务员等各个领域。

三、心理行为训练的应用

（一）心理行为训练在军事中的应用

现代战争形势瞬息万变，各种高科技武器杀伤力飙升，使得当前战斗策略已从阵地战转为科技战和心理战，由人海战术更多地偏向科技实力和心理对抗。这种新军事变革给参战军人造成了严重的心理压力，过大的心理压力带来的非战斗减员大大超过了战斗性减员。在这种形势下，军事训练中引入了心理行为训练。军人心理行为训练采用了认知心理学、行为心理学和咨询心理学等应用心理学的基本原理和方法，通过行为训练来达到提高军人的基础心理素质和心理健康水平的目的，进而提高其战斗力[1]。

每年都有新兵入伍，新兵入伍后的角色发生了巨大改变，他们面临着陌生的新环境、严格的军事纪律、紧张的军事训练等诸多挑战，这些身心上的刺激对他们来说，构成了心理应激事件，可能会导致他们出现一系列的适应问题。2003年，中国人民解放军军事心理训练中心的王择青等，从不同地点选择不同新兵作为研究对象进行了专门研究。结果显示，心理行为训练显著增强了新兵的意志力、拼搏精神、耐受力和团队意识，同时也提高了新兵对军事训练的主动性和积极性[2]。2006年，甘景梨等进行了主题为"综合心理行为训练对军事应激条件下新兵心理健康和血糖的影响"的研究，他们首先对新兵实施心理测量，并根据测量结果展开有针对性的综合心理行为训练。训练内容包括心理教育、心理咨询和心理行为训练。结果表明，实施综合心理行为训练后，新兵的躯体化、焦虑、抑郁和偏执等症状明显减轻，血糖水平也显著低于对照组。研究结果充分说明心理行为训练可以培养新兵在面临应激时快速地自我心理调节能力和技巧，增强新兵的团队意识、拼搏精神、自信心、意志力、耐受力和抗挫折能力，也能够改善新兵的生理和心理功能[3]。

（二）心理行为训练在高校中的应用

心理行为训练作为一种全新的体验式训练方式和学习方法，可以使大学生体验到成功的鼓励和失败的磨砺，促使他们正确对待成功与失败，正确认识和评价自己。有研究显示，经过训练，大学生的思维出现了明显转变，表现为从单一转向综合，从顺向思维转为顺向和逆向综合，从求同到求异，从横向平面到立体化等多种思维方式转变。这种改变可以使他们更客观地看待社会，心理状态更加趋于平稳，减少了不必要的情绪波动[4]。另有研究表明，通过心理行为训练，大学生的风险意识和抗风险能力也普遍提高，在就业选择中表现得更加理智和从容[5]。

当今社会已表现出多元化的特点，这必然会带来多元化的价值取向、思想观念及情感方式。有些大学生受其消极方面的影响，表现出政治信仰迷惘、理想信念模糊、价值取向扭曲、诚信意识淡薄、团队合作意识欠缺和意志力薄弱等不良特点。应用于大学生德育的心理行为训练项目，本着"集体利益高于个人利益"的宗旨，让大学生融入新的团队，对自身角色、作用、与团队成员的契合度进行迅速地正确定位，在互助协作的过程中，他们的思想及价值观会出现冲突和碰撞，进而使他们思考自己所处的环境以及自身因素，不断调整自己，最终建立正确合理的价值取向。

（三）心理行为训练在企业管理中的应用

当今社会，人才的竞争已成为国内及国际间最主要的竞争，人力资源也逐渐演变为社会发展的第一资源。在如此巨大的竞争压力下，社会对人才的需求也相应地发生了变化：由单一的专业技能型人才向综合型人才转变，不仅需要员工专业技能强、知识面宽，还要具备过硬的心理素质，即良好的学习、沟通、创新、领导、团队协作、人际信任等能力。心理行为训练恰恰是适用于提升员工心理素质的一种方法，通过受训学员的亲身参与，寓学于训练，通过自我发现、自我激励、自我超越，最终实现个人及整个团队的成长与突破，因此，很多企业用这种方法来训练企业员工，管理和招聘员工。

（四）心理行为训练在灾难救助中的应用

灾难性事故发生后，救援工作者通常会立刻投入抢救工作中去。由于工作环境的特殊性，面对惨重的伤亡以及本身在灾难中所担任的角色，救援工作者往往会产生如恐惧、焦虑、无助、挫败感等一系列的心理应激反应[6-7]，若这种心理危机状况渗透进认知模式和行为模式，不仅对救援工作者的心理、生理产生严重影响，导致广泛的精神痛苦，同时也会影响到他们的工作及人际交往，甚至殃及身边人群，部分可持续数年，极个别可延续终生，致使生活质量大幅度下降。心理危机干预则可以起到缓解痛苦、调节情绪、鼓舞士气、引导正确态度、塑造社会认知、调整社会关系、整合人际系统、矫正社会行为等作用[8]。为此，采用针对性的心理治疗方法，对存在心理危机的救援工作者实施及时（一般在危机发生后的数小时或是数星期）且有效的心理干预，可帮助其获得生理、心理上的安全感，缓解由危机引起的恐惧、焦虑及悲伤情绪，恢复心理平衡状态，也可改善其非适应社会的行为，建立良好的人际关系，促进正常人格的恢复[9]。

心理行为训练作为心理危机干预的一种补充和巩固，可以更好地保证心理危机干预的效果。但在以往开展的灾后心理危机干预的研究中，很少有明确提到应用心理行为训练的干预措施，所用措施主要包括：认知干预、提供有效的沟通倾诉途径、提供社会情感支持、向救援工作者介绍一些积极有效的应对技巧，或者辅以药物治疗等。因此，在此项工作中，相关人员对心理行为训练的有效性及关注度还有待提高，同时也充分表明，心理行为训练在灾难救助中的应用还有很大的提升空间，其应用前景非常广泛。

四、心理行为训练效果的影响因素

在心理行为训练过程中发现以下因素对训练效果构成影响：

（一）认知评价

人们根据认知评价来不断地调整、规范自己的行为，使行为不断地朝着预定目标前进。

（二）心理期望（预期）

当人们怀着一个长远的预期目标时，他们的行为往往会坚持得相对持久，也更能抵挡住成功路上的各种诱惑；对事物抱有好的预期，常常会促进成功的结果出现，反之，则失败出现的可能更大。

著名的罗森塔尔效应（Rosenthal effect）就是一种期望效应。罗森塔尔效应来源于心理学家罗森塔尔的一个实验。1968年，心理学家罗森塔尔和雅各布森来到美国的一所小学，对18个班的学生进行了一番"煞有介事"的发展预测，然后将所谓的"有优异发展可能"的学生名单通知有关教师，并叮咛不要把名单外传。八个月后，罗森塔尔和雅各布森又对这18个班进行了复试。结果，他们提供的名单里的学生成绩进步比其他同学快，并且显得活泼开朗，求知欲旺盛，与老师的感情也特别深厚。罗森塔尔和雅各布森提供的名单纯粹是随机的，可是这些孩子的发展明显较其他孩子快而且好。罗森塔尔解释说，这是由于自己权威性的"谎言"暗示了教师，坚定了教师对名单上学生的信心，使教师对这些学生产生了强烈的期待，不由自主地会对这些学生另眼相待，对他们倾注更多的关心和爱，从而使这些学生更加自加自尊、自信、自爱、自强，并获得更快、更好的发展。罗森塔尔效应似乎揭出了爱和期待的神奇教育力量[10]。可见，建立一个积极的预期对人的成长具有非常大的作用。

(三)归因方式

对行为的结果进行正确、积极的归因,那么当相同或类似的情境再出现时,行为的结果更可能指向成功[11]。

一般来讲,归因方式不同,人们对事物、现象的解释也不同,并由此影响人们的情绪和对未来的预期。对事件进行因果分析时,应尽量采用积极的归因方式。一般而言,面对不利情境,需要做出易变的可控的外在归因。进行易变归因,能让我们对未来做出变化的预期;进行可控归因,是为了肯定我们努力的价值。而对于有利情境,则需要做出易变的可控的内在归因。归因于内在原因,可以使我们获得成就感,增强自尊心和自信心。进行易变归因,可以使我们因为可能出现的转变的压力而持续努力;进行可控归因,可以使我们更好地掌控自己。可见,培养积极的归因方式,有助于我们调控行为,调节情绪,调整目标,维护心理健康,更好地获得成功。

(四)态度

态度是主体对客体的一种反应倾向,它对主体即将采取的行为具有指导性和动力性的影响。比如:"心理行为训练能帮助到我。"在这里,信任就是一种态度,它会指导"我"以后的行为,使"我"在整个训练的过程中能够积极投入、认真配合。

(五)情绪对行为的影响

情绪对行为的影响主要表现在两个方面:

1. 情绪的动机功能 情绪可以加强和放大生理的需求,起到动机的作用,激发起特定的行为。情绪能驱动个体从事活动或逃避危险,情绪是动机的源泉之一,是动机系统的一个基本成分。

2. 情绪体验对行为的影响 人们对自己亲身经历的事件,常常能够产生深刻的情绪体验,这种体验能增强人的记忆,使人们产生更深刻的感悟和启发,真正达到理通情顺,而不会出现仅仅知道某个道理而不去做的情况[12-13]。

五、心理行为训练存在的不足

虽然心理行为训练是近年发展起来的一种全新的学习和训练方法,以完善人格、发展潜力为目标,有着开发潜能、挑战极限、培养健康素质及积极生活态度的明显特点、但是作为一种新兴的训练模式,尚存在一些欠缺,表现在以下几个方面。第一,心理行为训练缺乏系统的管理和客观的行业评估标准,使行业运作不够规范,缺乏相应的监管。第二,专业的心理行为训练师数量有限,尚不能满足行业需求,以至于出现许多半路出家的非专业训练师,严重影响了训练效果。第三,训练项目还不够丰富,救援工作者偶有做重复项目现象,使得他们的参与度降低。第四,对心理行为训练的效果缺乏追踪研究,是否具有长期效果尚待证实。

第二节 心理行为训练的理论基础

人的行为是由心理决定的,而人的心理则受外界客观环境的影响和制约。人的行为是心理的外在反映,通过行为训练,可以增强人的心理素质,提高人对外界客观环境的应对能力。心理救援工作者的心理行为训练依据"体验激发情绪,行为改变认知,习惯积淀品质"的心理学原理,帮助救援工作者不断强化在高危险环境中的适应能力。心理行为训练不但可以增强救援工作者的自信心、意志力及团队意识,提高其心理适应性和心理承受能力,还可培养他们实施救援工作时沉着冷静的心理素质，提高其心理胜任力，为实地救援打下良好的基础。

一、行为主义理论

行为主义（Behaviorism）是20世纪初起源于美国的心理学流派，是西方现代心理学的主要流派之一。创始人美国心理学华生（J.B.Watson，1878—1958年）主张，心理学应该研究可以被观察和直接测量的行为，反对研究没有科学根据的意识。行为主义理论认为，人的正常及异常行为都是通过学习得来的。所谓行为是指有机体用以适应环境变化的各种身体反应的组合。这些反应就是肌肉收缩和腺体分泌。它们有的表现于身体外部，有的隐藏于身体内部；强度也有大有小。

华生进一步指出[14]，一向认为纯属意识的思维和情绪，实际上也都是内隐的、轻微的身体变化。思维是全身肌肉特别是言语器官的变化，而情绪则是内脏和腺体的变化。心理学研究行为的任务在于查明刺激与反应之间的规律性联系，把S（刺激）-R（反应）作为解释行为的公式。这样就能根据刺激推知反应，反过来也可以根据反应推知刺激，从而达到预测和控制行为的目的。行为主义理论重要观点有以下几种[15-17]。

（一）经典性条件反射

1. 基本内容 俄国生理学家巴甫洛夫（Ivan Pavlov，1849—1936年）在研究消化现象时，观察了狗的唾液分泌情况。他发现若伴随食物反复同时给狗一个中性刺激，即一个并不自动引起狗唾液分泌的刺激，如铃声，这狗就会逐渐"学会"在只有铃声而没有食物的情况下分泌唾液。一个原因是中性的刺激与一个原本就能自动引起动物某种反应的刺激相结合，而使动物学会对那个中性刺激做出反应，这就是经典性条件反射（classical conditioning）。

2. 经典条件反射的特征
（1）获得：将条件刺激与无条件刺激反复结合同时呈现，可以获得条件反应和加强条件反应。如将声音刺激与喂食结合呈现给狗，狗便会形成对声音的唾液分泌反应。
（2）消退：对条件刺激反应不再重复呈现无条件刺激，即不予强化，反复多次后，已习惯的反应就会逐渐消失，如形成了听到铃声就分泌唾液条件反射的狗，在一段时间听到铃声而不给食物之后，就可能对铃声不再产生唾液分泌反应。
（3）恢复：消退了的条件反应，在没有继续给予强化训练的情况下，也有可能重新被激发，再次出现，这被称为自然恢复作用。
（4）泛化：指某种特定条件刺激反应形成后，与条件刺激类似的刺激也能激发相同的条件反应，如狗对铃声产生唾液分泌反应后，对近似铃声的声音也会产生反应。"一朝被蛇咬，十年怕草绳"就是泛化的典型例证。

上述原理被广泛地运用于存在行为问题的人的行为训练，并取得良好的治疗效果。

（二）操作性条件反射

1. 操作性条件反射 20世纪20年代末，美国心理学家伯尔赫斯·弗雷德里克·斯金纳（Burrhus Frederic Skinner，1904—1990年）开始对动物学习进行实验研究。他的动物实验装置被称为"斯金纳箱"。斯金纳箱内装有一个操作用的按键或杠杆，还有一个提供食物强化的食盘。动物一旦按键或按压杠杆，食物盘就出现一粒食物，对动物的操作行为给予强化，从而使动物按压杠杆的动作反应概率增加。斯金纳认为，这种先由动物做出一种操作反应，然后对其进行强化，从而使受强化的操作反应的概率增加的现象是一种操作性的条件反射（operate conditioning）。

2. 人类和动物的两种习得性行为 操作性条件反射是斯金纳新行为主义学习理论的核心，与巴甫洛夫的经典性条件反射不同。经典性条件反射是由条件刺激引起反应的过程，写成公式是 S → R；而操作性条件反射是首先做某种操作反应，然后得到强化的过程，写成公式为 R → S。由此，斯金纳进一步指出，人和动物有两种习得性行为：一种是应答性行为，通过建立经典式条件反射的方式习得；另一种是操作性行为，通过操作式条件反射获得。斯金纳认为，人类行为主要是由操作性反射构成的操作性行为，操作性行为是作用于环境而产生结果的行为。在学习情境中，操作性行为更有代表性。因此，斯金纳认为这种 R 型条件反射可以塑造新行为，在学习过程中更为重要。

3. 操作性条件反射在学习中的作用　在后来的实验研究中，斯金纳不断改进"斯金纳箱"的结构，使箱子能够通过电路控制编制强化程序，还能够自动记录动物的操作反应次数。斯金纳采用这种装置进行了一系列强化程序的实验研究。斯金纳认为，强化是增加某个反应概率的手段，强化在塑造行为和保持行为中不可或缺。斯金纳还认为，人的一切行为几乎都是操作性强化的结果，人们有可能通过强化作用的影响去改变别人的反应。

因此，在矿山灾难性事故发生后，训练师应充当心理救援工作者的心理设计师和心理素质建筑师，以保证心理救援任务的顺利完成。

4. 操作性条件反射中的主要概念

(1) 强化：强化是操作性条件作用的核心概念。强化分为正强化和负强化两种（也称为积极强化作用和消极强化作用）。正强化指的是当个体做出一个行为后，给予一个积极强化物。这会增加个体做出该行为的频率。负强化指的是当个体做出一个行为后，消除消极强化物，这也会增加该行为的出现频率。这两种强化的原理不难理解，但如何确定一个强化物的性质，即如何判断强化物是积极的还是消极的，却显得困难。

(2) 惩罚：惩罚是和强化相反的概念，它涉及的是行为的消除机制。和强化的分类相似，惩罚也分为正惩罚和负惩罚。正惩罚是指当个体做出一个不良行为后，出现惩罚物。通过这样的惩罚，个体就会减少做出该行为的频率。例如，某救援工作者因工作懈怠受到严厉批评，以后他这样的表现就会减少。负性惩罚则是当个体做出特定行为后，他所向往的东西就不出现，这也会减少其做出该行为的频率。如某人在工作中消极怠工没有完成任务，采用扣除奖金的形式处罚，就是利用了负性惩罚原理。

(3) 消退：操作性条件作用的消退概念与经典条件作用的消退概念很相近。它指的是在特定情景下，如果某人做出以前被强化过的反应，但这次相同反应却没有得到通常的强化，那么，此人下次遇到类似情境时，再做同样的事的可能性就会减少。换句话说，如果通过积极强化使一种反应的出现率增加了，那么完全停止强化将导致这种反应的频率降低。要使反应完全消退，需要进行多次消退训练。如果反应在消退期间不时受到偶然强化，不但不会出现消退，反而会使该反应更加牢固。因为这种情况已是一种特殊的强化程序（变动比率程序）了。

(4) 强化程序：由于消退现象的存在，要使一个行为保持下去，就必须不断进行强化。但如果每次反应后均须予以强化，不仅实际上难以做到，而且这也不一定是最有效的强化办法。强化程序可分为 4 种：固定比例程序、变动比例程序、固定时距强化、变时距强化。不同强化程序揭示了不同的强化安排的后效，它为强化方式提供了依据。

既然人们的行为是由行为的后效来塑造的，那么有意识地设置一些环境条件，使特定的行为产生特定的后效，就可以人为地控制、塑造行为。这就是操作性条件作用的治疗原理所在。

二、认知心理学

认知心理学是 20 世纪 50 年代中期在西方兴起的一种心理学思潮，20 世纪 70 年代开始其成为西方心理学的一个主要研究方向。研究人的高级心理过程，主要是认知过程，如感觉、知觉、表象、记忆、思维和语言等。认知心理学对认知过程的科学研究，主要集中在探讨人的感知、记忆、思维、理解、决策、判断等过程，用信息加工解释行为。

现代认知心理学的主流是以信息加工观点研究认知过程，可以说，认知心理学相当于信息加工心理学。它将人看作一个信息加工系统，认为认知就是信息加工，包括信息的编码、贮存和提取的全过程。按照这一观点，认知过程可以分解为一系列阶段，每个阶段都是一个对输入信息进行某些特定操作的单元，而反应则是这一系列操作的产物。信息加工系统的各个组成部分之间以某种方式相互联系着。但是，随着认知心理学的发展，这种序列加工的观点越来越受到平行加工理论和认知神经心理学相关理论的挑战。

认知心理学中与心理行为训练有密切关联的主要内容有：记忆规律，思维特点，创造性思维的培养，人类决策与判断的认知模型等。

（一）认知疗法理论概述

认知疗法（cognitive therapy）是新近发展起来的一种心理治疗方法[18-20]。该学派的主要代表人物美国心理学家阿尔伯特·艾利斯（Albert Ellis，1913—2007 年）认为，经历过某个事件的人对这件事的解释与评价、认知与信念，是他（她）产生情绪和行为的根源。因此，不合理的认知和信念是引起不良情绪行为反应的根本原因，只有通过疏导、辩论来改变和重建不合理的认知与信念，最终才能达到治疗目的。

另一位学者梅肯鲍姆（Donald Meichenbaum）提出，人的行为和情绪由自我指令性语言控制，而自我指令性语言早在儿童时代就已经内化，虽然在成人期意识不到，但对其行为和情绪仍起到控制作用。若自我指令性语言在形成过程中出现问题，就会产生情绪障碍和适应不良行为。学习新的自我指令、使用想象技术来解决问题等都是有效的治疗。同时他也指出，异常或歪曲的思维方式是心理困难和障碍的根源，通过发现、挖掘这些思维方式，加以分析、批判，并代之以合理的、现实的思维方式，就可以减轻或解除来访者的痛苦，使他们能更好地适应环境。该理论的主要着眼点放在当事人非功能性的认知问题上，试图通过改变当事人对己、对人或对事的看法与态度来改变并改善所呈现的心理问题。

（二）认知疗法的优点

"认知"一般是指认识活动或认识过程，包括信念和信念体系、思维和想象。具体来说，"认知"是指一个人对自己或对别人的看法，对环境的认识和对事物的见解等。一般情况下，对同一件事，不同人的看法是不同的。例如：矿山灾难性事故对于幸存但致残者来说是一个毁灭性打击，甚至让他感到生不如死；对于遇难者家属来说，看到亲人丧生，会感到悲痛欲绝；对于矿主来说，在惊慌愧疚之余，更多地想到要赔付多少，损失多少；而对于救护人员来说，想到的是如何救助效率更高，伤亡数可以降到最低。所以，关键不在"事件"客观上是什么，而是被不同的人认知或看成什么。不同的认知就会滋生不同的情绪，从而影响人发生不同的行为反应。在上例中，幸存但致残者和遇难者家属很有可能在错误认知的驱使下，悲观失落，产生自伤甚至自杀等极端行为。所以，认知疗法理论强调一个人的非适应性或非功能性心理与行为，常常是由错误认知导致的。正如认知疗法学家贝克（A. T. Beck）所说："适应不良的行为与情绪都源于适应不良的认知，因此，行为矫正疗法不如认知疗法。"认知疗法的策略在于帮助人们重新构建认知结构,重新评价自己,重建对自己的信心,改变错误认知。

(三)治疗原理

帮助当事人去修正不切实际的信念、假设和自动化思维,以达到治疗目的。例如:一位唯一在矿山灾难性事故中幸存下来的矿工,可能会将工友的死归咎于自己没有尽到告知的责任而产生强烈的罪恶感。因此,认知疗法的主要目标就是帮助获救矿工找出不合理的信念,建立合理认知,让他认识到矿山灾难性事故的突然性和复杂性,工友的死与自己无关,自己也是受害者等,使之能够客观地看待工友的死亡进而缓解痛苦情绪。

认知疗法是灾难事件心理救援常用的方法之一,效果肯定。

【专栏】

认知疗法与认知行为治疗

认知疗法,是以纠正和改变当事人适应不良性认知为重点的一类心理治疗的总称,其主要目标是改变不良认知,进而使当事人情感及行为产生变化,促进心理障碍的治愈。认知行为治疗是一组治疗方法的总称,这组方法强调认知活动在心理或行为问题的发生和转归起着特别重要的作用,在治疗过程中既采用各种认知矫正技术,又采用行为治疗技术,故称之为认知行为治疗,具有积极性、指导性、整体性和时间短等特点。

常有人将"认知疗法"与"认知行为治疗"混为一谈。实际上,认知行为治疗是一个广义的概念,泛指那些强调认知活动在心理障碍中起着重要作用,在治疗上既采用认知技术,又采用行为技术的治疗方法。为此,可认为认知疗法包含于认知行为治疗中。

在认知行为治疗中,可采用多种认知干预技术和行为矫正技术,下面具体介绍一些常用的认知技术[21]。

1. 认识自动思维 在诱发事件与消极情感反应之间存在着一些思想活动,例如,某女子看到狗便产生恐惧,在看到狗与恐惧反应之间她有一个想法是狗会咬她,还可能会在头脑中出现狗咬人的恐怖想象。通常将来访者未意识到这部分习惯的思维活动,称为"自动思维"。

2. 列举认知歪曲 来访者的心理或行为障碍与认知歪曲或错误密切相关。向来访者列举出认知歪曲,可以帮助他提高认知水平和矫正错误思想。下面列举几种常见的认知歪曲:

(1)主观臆想:缺乏根据,主观武断推测。如某人因某件工作未做好,就推测所有的同事都会因此而看不起她。

(2)一叶障目:被局部现象所迷惑,看不到全局或整体。如一次考试中,某学生有一题未答出,考试过后就一心只想着那道题,并感到这场考试全都失败了。

(3)乱贴标签:即消极片面地把自己或别人公式化。如某一位矿山灾难性事故遇难者的妻子感到很内疚,认为自己不该让丈夫去从事这么危险的工作,丈夫的丧生全都是因为自己,为此,觉得自己不是一个好妻子,产生了强烈的罪恶感。

(4)非此即彼的绝对思想:认为不白即黑,不好即坏,不能容忍错误,要求十全十美。如上例中,妻子因为丈夫的离世而悲痛欲绝、心灰意冷,她认为没有了丈夫,这个家就全完了。

3. 改变极端的信念或原则 用现实的或理性的信念替代极端或错误的信念。例如,某一极端的信念是:这个家一定要有丈夫才能生活下去。相对应更现实的自我陈述是:尽管丈夫很重要,是家里的顶梁柱,但是只要自己振作起来,全家人共同努力,即使没有他,日子还是能过下去的。

4. 检验假设　检验支持和不支持某种错误假设的证据是认识并矫正认知歪曲的一个好办法。例如，某一来访者在受到挫折后，认为自己"一无是处""一事无成""大家都看不起我"。实际上，他曾成功地做过许多事情。比如说，他是个大学毕业生，担任过企业主管，出色地完成过大量工作等。通过假设检验这一过程，不仅可以帮助来访者认清事实，还能使来访者发现自身对待事物的认识歪曲和消极片面的态度。

5. 积极的自我对话　这项技术有两种实施方法：一种是让来访者坚持每天回顾并发现自己的优点或长处并加以记录；另一种是让来访者针对自己的消极思想，提出积极的想法，如表9-1所示。

表9-1　积极的自我对话示例

消极想法	积极想法
我很笨	我会变得聪明些的
我不太会讲话	我能够将想法表述清楚
我没希望了	只要努力我会有所改善的
我太软弱了	我会越来越坚强的

6. 三栏笔记法　前面介绍的一些方法可以通过此法试验，让来访者在笔记上面画2条竖线分出三栏。左边一栏记录自动思维，自动思维的分析（认识歪曲）记录在中间一栏，理智的思维或对情况重新分析的回答记录在右边一栏。表9-2是三栏笔记的例子。

表9-2　三栏笔记示例

自动思维	分析（认识歪曲）	理智的思维
我从来没做过一件像样的事情	过分概括	实际上我还是有许多事都做得不错的
儿子学习不好，都是我的错，我不是一个好母亲	乱贴标签	孩子学习不好并不一定是母亲的过错，这和他自己的努力及老师的帮助都有关系
我身体这么差，真是个没用的人	一叶障目	身体不好只是一时的，经过治疗和锻炼是会好起来的

三栏笔记法常作为来访者的家庭作业。一些常用的行为技术如下：

1. 等级任务安排　将大的任务分解为若干个小任务，让来访者循序渐进，逐步完成一些力所能及的小任务，最后达到完成大任务的目的。例如，一个老太太一直想将自家贮藏室整理好，但一想到任务繁重、怕完不成、便退却了。在治疗师的指导建议下，她将整理任务分为10次，每次只清理其中的1~2个箱子。这样，她不再感到为难和力不从心，最终顺利地完成了整理工作。

2. 日常活动计划　治疗师与来访者协商合作，安排一些来访者能完成的活动，每天和每小时都有计划和任务。活动的难度和要求随来访者能力和心情的改善而提高。这项技术既有帮助来访者的作用，使之感到心里踏实，又可改变对方的心境。

3. 掌握和愉快评估技术　这种方法常与日常活动计划结合应用，让来访者填写日常活动记录，并在记录旁加上两栏评定，一栏为掌握或困难程度评分（为0~5级评分，0表示"最容易"，5表示"难度最大"）；另一栏为愉快程度评分（0～5级评分，0表示"无愉快可言"，5表示"非常愉快"）。通过评定，多数来访者能够发现自己的兴趣和成功的方面以及愉快而有趣的活动，同时还起到了检验认知歪曲的作用。例如，某来访者认为自己哪方面都不行，做不成任何事，或者做了也没有意义。通过上述评定，他不仅认识到自己是能做一些事的，而且做了以后也有愉快和轻松的感觉，并觉得有些意义。

4. **教练技术** 治疗师为来访者提供指导、反馈和积极强化，帮助来访者分析问题、发现问题，并在他有困难时给予鼓励，有进步时给予及时强化。

5. **其他** 包括自我提问、指导发现问题、自信心训练、利弊分析、角色扮演、脱敏、示范、改变期望水平等技术。

（四）艾利斯的理性情绪疗法

理性情绪疗法的理论假设：情感障碍或异常行为产生的重要因素是非理性信念。在此基础上，艾利斯提出了"ABC"理论（ABC Theory of Emotion）[22]。在"ABC"理论中，A指与情绪有关的诱发事件（activating event）；B指信念（belief），包括理性或非理性的信念；C指与诱发事件和信念有关的情感反应结果（consequence）。通常认为，诱发事件A直接引起反应结果C，但事实并非如此。而是在A与C之间有B的中介因素。A对于个体的意义或者是否引起反应，是受B的影响，即受人们的认知态度、信念的影响。例如，同样的一次挫折，有人认为是倒霉透了，从此一蹶不振；而有人则认为是一次宝贵的人生经历，反而越挫越勇。挫折是诱发事件A，但引起的反应结果C却各不相同，这是由于人们对挫折的认知评估或信念B不同所致。由此可见，认知评估或信念对情绪反应或行为有重要影响，非理性或错误信念常常是导致异常情感或行为的重要因素。

后来，艾利斯又进一步发展了ABC理论，增加了D和E两个部分[23-24]，D（dispute）指对非理性信念的干预和抵制，E（effect）指有效的理性信念或适当的情感行为替代非理性信念或异常的情感和行为。D和E是影响ABC的两个重要因素，是对ABC理论的重要补充，对异常行为的转归有十分重要的影响。治疗的基本原则方法如下：① 向来访者简单解释说明理性情感治疗的基础、解释认知与情感之间的关系、非理性信念与情感不适或异常行为的联系。② 通过来访者的自我监察和治疗的反馈，识别非理性信念。③ 直接对非理性信念提出疑问，指出其不合理所在，并对已有诱发事件或不良刺激应如何进行理性分析、解释并做示范。④ 自我陈述理性信念，用其代替之前的非理性信念，并练习在头脑中重复理性信念。⑤ 设计和采用某些行为技术，如角色扮演、脱敏、操作条件和一些其他技能训练方法，帮助来访者发展理性反应。

三、人本主义心理学

人本主义心理学倡导以"来访者为中心"，通过创设一种良好的心理氛围，通过积极地倾听和反馈，给来访者以真诚、积极的关注，尊重他们，并相信他们具有成长的潜力及自我导向的能力，理解他们的经验和体验，使他们获得一种感悟和成长，这对开展心理行为训练具有重大的指导作用[25]。

四、社会心理学

社会心理学是研究个体和群体的社会心理现象的科学。个体社会心理现象是指受他人和群体制约的个人的思想、情感和行为，如人际行为——从众、人际交往与人际吸引、亲社会行为、竞争与合作等。群体社会心理现象是指群体本身特有的心理特征，如群体冲突与决策、群体沟通、群体凝聚力、群体领导、社会心理气氛等。

社会心理学强调社会与个体之间的相互作用，关注社会情境的探讨，关注个体的内在心理因素。社会心理学的研究范围涉及个体社会心理和社会行为、社会交往心理和行为、群体心理和应用社会心理学（如理论与方法、社会个体、态度与行为、社会影响和社会心理学的应用）等领域[26]。

（一）社会学习理论

1977年，美国心理学家班杜拉（Albert Bandura）提出了社会学习理论[27-28]。班杜拉认为社会学习探讨了个人认知、行为与环境因素三者交互作用及其对人类行为的影响。因为人是生活在一定的社会条件下的，所以班杜拉主张要在自然的社会情境中研究人的行为，而不是在实验室里。班杜拉的社会学习理论强调的是观察学习或模仿学习。在观察学习的过程中，人们获得了示范活动的象征性表象，并引导适当的操作。

观察学习的全过程由4个阶段构成。第一阶段是注意过程，是观察学习的起始环节。在注意过程中，示范者行动本身的特征、观察者本人的认知特征以及观察者和示范者之间的关系等诸多因素影响着学习的效果。第二阶段是保持过程。在观察学习的保持阶段，示范者虽然不再出现，但他的行为仍给观察者以影响。要使示范行为在记忆中保持，需要把示范行为以符号的形式表象化。通过符号这一媒介，短暂的榜样示范就能够被保持在长时记忆中。第三阶段是运动复现过程，把记忆中的符号和表象转换成适当的行为，即再现以前所观察到的示范行为。这一过程涉及运动再生的认知组织和根据信息反馈对行为的调整等一系列认知的和行为的操作。第四个阶段是动机过程。能够再现示范行为之后的学习者是否能够经常表现出示范行为还受到行为结果因素的影响。班杜拉认为有三方面的因素影响着学习者再现示范行为：他人对示范行为的评价、学习者本人对自己再现行为能力的评估、他人对示范者的评价。班杜拉把这三种对行为结果的评价分别称之为：外部强化、自我强化和替代性强化。这三种强化都是制约示范行为再现的重要驱动力量。因此，班杜拉把它们看成是学习者再现示范行为的动机力量。

（二）观察学习理论的主要观点

1. 强调观察学习在人的行为获得中的作用　　观察学习理论认为人的多数行为是通过观察别人的行为和行为的结果而学到的。依靠观察学习可以快速习得大量的行为模式。

2. 重视榜样的作用　　人的行为可以通过观察学习过程获得。但是获得什么样的行为以及行为表现得如何，则有赖于榜样的作用。榜样是否具有吸引力、是否受到奖赏，以及榜样行为的复杂程度、榜样行为的结果和榜样与观察者的人际关系都将会影响观察者的行为表现。

3. 强调自我调节的作用　　人的行为会受到外界行为结果的影响，更重要的是受到自我引发的行为结果的影响，也就是自我调节的影响。自我调节主要是通过设立目标、自我评价，进而引发动机功能来调节行为的。

4. 主张奖励较高的自我效能　　一个人对自己应付各种情境的自信程度在人的能动作用中起着重要作用，它将决定一个人是否愿意面对困难情境、应付困难的程度以及个人面临困难情境的持久性。如果一个人对自己的能力非常有自信，在面临困难时就会勇往直前，愿意付出较大的努力，坚持较久的时间；如果一个人对自己的能力缺乏自信，就会产生焦虑、不安和逃避。因此，改变人的回避行为，提高在挫折环境中的战斗力，建立较高的自我效能是有效的途径。

社会学习理论重视榜样的作用，强调个人对行为的自我调节，主张建立较高的自我效能。在社会学习理论的指导下，就矿山安全事故后的心理行为训练来说，训练师应充分看到救援工作者之间的互相影响，主动在他们中间树立榜样，利用榜样的力量激发其他救援工作者的参与热情、更多地表现出社会赞许行为。在树立榜样时，应尽量使榜样真实可信、平凡感人。如果将榜样完美化、理想化，常常会使其他人员感到高不可攀，或者感到榜样脱离实际、虚假骗人。结果不仅不能起到激励作用，反而会使救援工作者的参与热情降低，敷衍了事，进而使其心理行为训练流于形式、效果降低。

五、咨询心理学

咨询心理学是研究心理咨询的原则、过程、技巧和方法的心理学分支。它是运用心理学理论指导生活实践的一个重要领域，具有明显的实用性和多学科交叉性特点，属于应用科学。

心理咨询通过语言、文字等媒介，利用心理学专业理论和技能，给咨询对象以帮助和启发的过程，其目的是促进个体的心理成长和社会适应。同时，也是一个协助人们认识自我、建立健康的自我形象、发挥个人潜能、迈向助人和自助的过程。在咨询心理学理论中，与心理行为训练联系密切的内容包括：心理咨询师的专业素养、心理健康水平；心理咨询的原则；心理咨询的设置；咨询关系的建立与发展；会谈技能；移情和反移情的处理；心理行为训练师所采用的理论，如精神分析、认知疗法、行为治疗等心理咨询的主要理论和方法。

第三节 心理行为训练的基本原理

心理行为训练的理论基础是前述的心理学理论，采用的是心理学的方法。在心理行为训练的过程中，行为形成及强化的理论、认知对行为的影响、情绪对行为的影响等这些心理学原理得到了充分的应用。在这些原理的作用下，心理行为训练培训师遵循人本主义的思想，帮助救援工作者发现自己在某些方面难以超越的问题，涉及相应训练项目，经过反复的训练，最终塑造并积淀成良好的心理品质，提高了他们适应环境和自我发展的能力。心理行为训练强调"改变"和"提高"。其终极目标是帮助救援工作者提升心理品质，激发潜能、增加在困境中应对挫折的能力。

一、心理行为训练的基本原理

对于心理行为训练而言，重点就是在于帮助救援工作者觉察自己的体验和感受。其目的是通过让救援工作者在特定的项目情境中去感知认知、情绪、行为等心理上的变化，对自己在活动中所表现出来的行为重新审视，在心理行为训练师的引导下进行相应的认知调整，使救援工作者的情绪感受和行为变化上升到认知层面，以达到心理素质的不断完善与提高。通过反复训练、持续强化和巩固训练效果，救援工作者就能养成良好的行为反应模式和认知模式，提高其应对挫折和在艰难困苦中实施救援的能力。

（一）体验激发情绪

根据培训目标，设置一定的情境和训练内容，让受训者在特定的情境训练中去感知情绪、行为等心理上的变化。

（二）行为改变认知

训练过程中，训练师对救援工作者进行相应认知调适，并在结束时作总结性点评，使行为训上升到认知改变的层面。

（三）习惯积淀品质

通过反复训练、持续强化和巩固训练效果，使救援工作者养成良好的行为应对模式和认知模式，最终积淀成他们所必需的基础心理品质。

二、心理行为训练的机制

心理行为训练的生理、心理机制是通过提高应激源（刺激物）的强度，引发应激状态，产生过度的生理、心理应激反应，而后施以一定的手段和方法，调动生理和心理的潜在力量并加以不断调节，以达到适宜的生理和心理状态。并通过一定情境下的反复主观体验和经验的积累，建立起动力模型，借以提高生理和心理功能，并最终达到提高心理素质的目的[28]。其作用机制如图9-1所示。

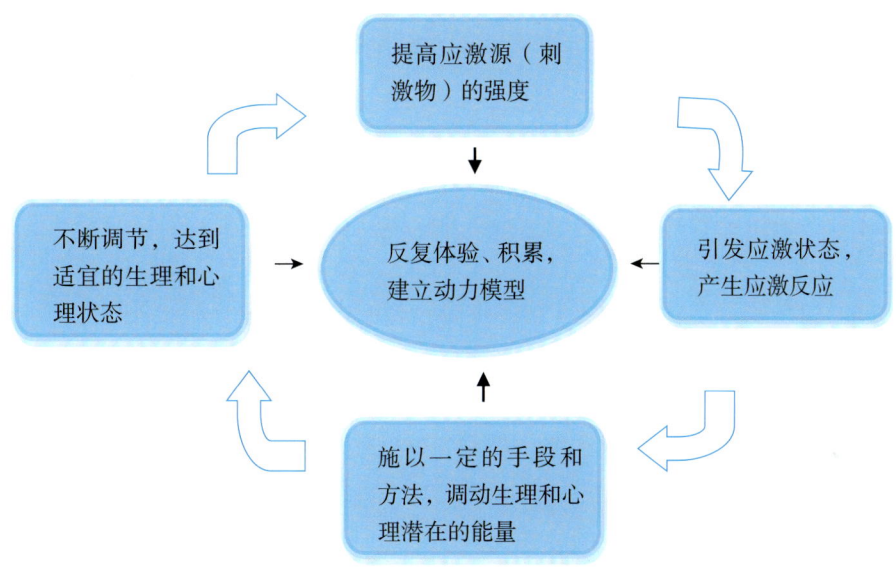

图 9-1 心理行为训练的机制

三、心理行为训练的核心功能

心理行为训练作为一种体验式的活动，可以让救援工作者那些被破坏的基本需要得到修复和满足，从而提升内心的力量，增强抗挫折能力，感受人际间的温暖，从容应对矿山灾难性事故，凝聚团队的力量。作为一种具有稳定化功能的干预策略，可以让救援工作者在一个轻松愉快的环境下发泄负性情绪，快速获得社会支持，减轻压力。此外，心理行为训练作为危机干预的一种重要形式，对整体危机干预效果的巩固也将起到很大的作用。

四、心理行为训练的目标

(1) 通过心理行为训练，激发并发掘救援工作者心理素质的自觉性和主动性。

(2) 通过心理行为训练，使救援工作者初步掌握开发心理素质的基本技能和方法。

(3) 通过心理行为训练，使救援工作者改变不合理认知。

(4）通过心理行为训练，矫正救援工作者的不良行为习惯。
(5）通过心理行为训练，塑造救援工作者的良好个性品德。
(6）通过心理行为训练，提高救援工作者的环境适应能力。
(7）通过心理行为训练，维护救援工作者的心理健康。
(8）通过心理行为训练，促进救援工作者心理素质的全面发展和整合。

第四节　矿山创伤后心理行为训练的专业技术与操作

心理行为训练以创设相应的情境和规则的行为训练为主要媒介手段。这也是心理行为训练与其他训练的重要区别。心理行为训练不同于以往的知识传递和教育疏导，而是通过学员亲身参与、感受与发现，以自己切身的经验为基础，来获得深刻的认识。这种认识再经过培训师的引导，帮助学员进行行为调整，并逐步内化成学员坚不可摧的心理品质。

一、心理行为训练的干预原则

（一）干预对象

干预对象主要为矿山安全事故的救援工作者。此外，经历矿山安全事故的其他人（躯体状况适宜进行团队活动），如在矿山事故中幸免于难、伤势较轻的矿工、遇难者家属等也都可作为心理行为训练的对象[29]。

（二）干预形式

以团体形式开展活动，心理行为训练师会将有类似创伤经历的人群组织在一起，进行干预训练。

（三）干预时间

心理行为训练的活动在救援工作者的急性应激期之后都可以开展。

（四）心理行为训练的基本原则

1. 实践性原则　救援工作者可以在实践中提高心理素质。因为个体的心理弱点和不足只有在实践活动中才有可能暴露出来，救援工作者在实践活动中可能会产生某一方面的主观体验和现实感受，从而实现应对某些困难的经验积累。

2. 自觉性原则　在心理行为训练中，虽然使用的手段和设置尽量与实际情景相似，但总是会有一定差距。这就要求救援工作者要有自觉参与的意识，即自觉知觉物理环境，充分体验心理场效应，设身处地地认同自己的地位和角色，才能有真正的现实感受和主观体验，达到训练目的。

3. 主动性原则　人对客观环境的认识和对自己行为的决定是依靠需要和动机的参与来进行选择和取舍的。如果人没有主动性的话，他就有可能以消极防御的反应方式来应对外来的困难，也就与激活、调动潜在能量应对困难的目的背道而驰，自然也就不会有心理潜能训练效应的存在。因此，要鼓励救援工作者积极地参与到训练活动当中，以使心理行为训练富有成效。

4. 整合性原则　心理素质开发和个人的遗传、文化、思想、品德、技能等素质密切相连，没有这些素质的支撑和发展，心理潜能的发掘和发展是不可能的。此外，个人发展需要依托社会群体的基础，鉴于此，在心理行为训练中，要特别注意救援工作者个体素质发展的整合性和群体发展的共生性。

5. 差异性原则　由于心理潜能差异是个体性的反映，所以，个体差异是永远客观存在的。每个人的潜能优势不同，其潜在能量的水平也不同。因此，心理行为训练要充分关注到每个人的特点，做到区别对待、因人而异。

二、心理行为训练的基本方法

（一）认知心理行为训练法

认知心理行为训练法是指改变人的认知结构及其认知态度的训练方法。每个人心理潜能的增长、释放与心理状态及心向密切联系，特别是以人的积极性、主动性为支撑。而个体的心向调整与积极主动性的发挥，又以其对客观事物的认知态度为前提。矿山灾难性事故发生后，一些相关人群的安全感、信任感、控制感等主观感受受到不同程度的干扰或破坏，这可能会影响他们对人、对事及对自身价值的态度。因此，改变他们的认知结构及其态度是心理重建的重要内容。

（二）极限心理行为训练法

极限心理行为训练法是指通过一定手段提升人的生理、心理极限的训练方法。人的心理是以生理为物质基础的，心理的极限状态通过生理的极限所引发。人的心理潜能具有有限和无限两种特点的相对性和统一性。具体到每一个个体，从现有水平看，它是有限的，但是用发展的眼光和他具备的潜能来看，它又是无限的。这种有限性和无限性具有辩证的动态发展性。而这种动态发展性只有当个人的生理、心理极限上升至最大阈值，并受到一定冲击时，功能才能得以延伸和增长。因此，极限训练法确实是一种开发心理潜能的最基本的训练方法。

（三）暗示心理行为训练法

暗示是指用含蓄、间接的方式对别人或对自己的心理和行为产生影响。暗示心理行为训练法包括他人暗示和自我暗示两种。他人暗示心理行为训练法是指团队领导者对团队成员施加的各种积极的心理暗示，以达到提升心理素质为目的的一种方法。自我暗示心理行为训练法是指个体学会采取自我暗示的方式来调整自身的心理和行为，以凝聚心理潜能，增强应激能力的一种方法。

人的心理潜能集聚在两个层面，一是意识层面，二是潜意识层面。明示可以直接调动意识层面中的能量，而暗示不仅可以调动意识层面的能量，还可以调动潜意识层面中的能量。在某种情况下，人的潜意识能量对自身心理和行为的影响是不容忽视的重要力量。因此，自我暗示法在矿山创伤后的心理行为训练中还是特别需要的。

（四）情境心理行为训练法

情境心理行为训练法是指创设能引起人的某种主观体验的情境，借助具体情境进行心理训练，进而实现行为能力提高的一种训练方法。究其根源，心理和行为是由客观环境的刺激引起的，能力也是在实践中逐步形成和提高的。因此，要提高个体某一方面的应对能力，就必须创设足以能引起需要这方面能力的主观体验的相应情境，尤其是引起紧张和恐惧的情境。

三、心理行为训练的流程

（一）收集心理行为训练的相关信息

为了能给心理危机干预提供强有力的支持，保证心理行为训练的效果，心理行为训练在训练前期一定要收集救援工作者的基本信息资料。需要收集资料的内容如下：

1．救援工作者的来源。
2．救援工作者的人数。

3．救援工作者的年龄段和身体状况。

4．救援工作者的创伤经历及其特点。

（二）确定心理行为训练的干预对象

根据救援工作者的来源，分析其大体的行为特点及可能存在的主要问题，并根据救援工作者的人数情况进行分组并安排合适场地，每组15人左右，每组分配一位训练师。

（三）制订心理行为训练的干预方案

根据救援工作者的具体情况和实际环境条件，选择适当的项目，制订心理行为训练实施方案。年龄阶段和身体状况影响到项目的安排，例如针对年龄大或者身体状况欠佳的人，安排项目的时候需要首先考虑体能消耗小的项目或室内项目。此外，要明确救援工作者的创伤特点，安排能够帮助其恢复心理创伤的项目。心理行为训练的流程如图9-2所示。

（四）实施心理行为训练的干预方案

1．项目实施的一般流程，如图9-3所示。

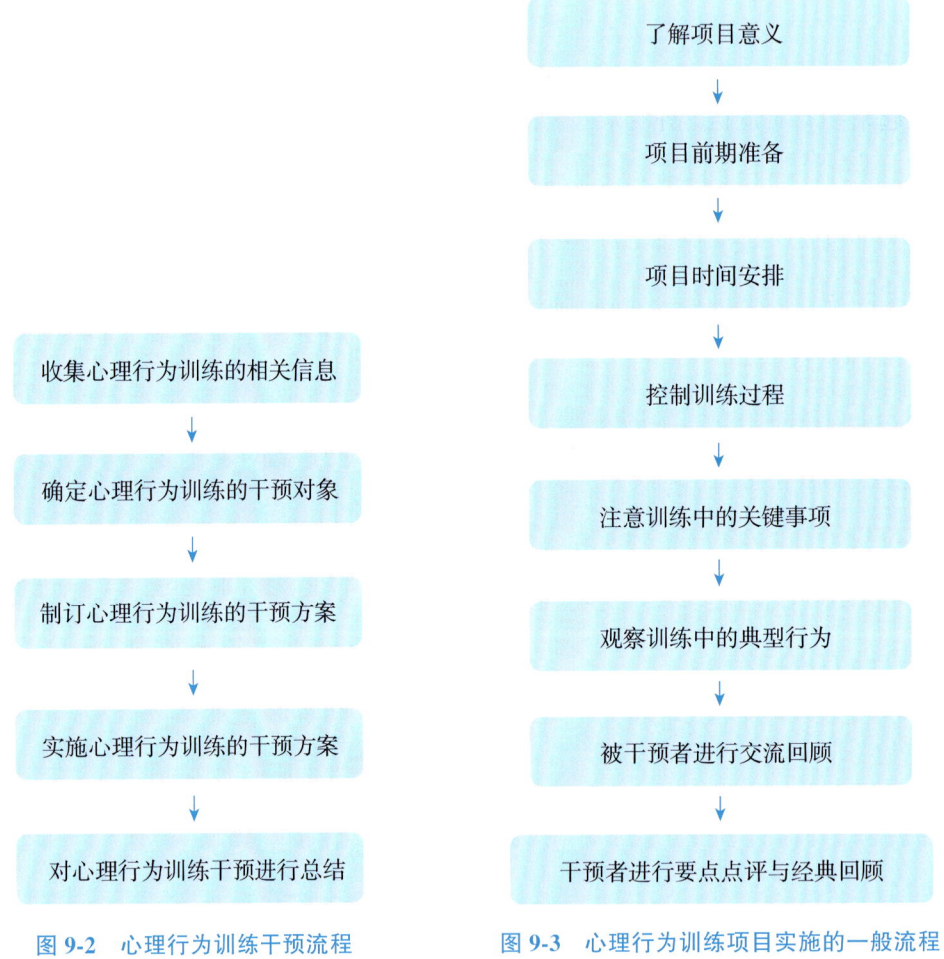

图9-2　心理行为训练干预流程　　　图9-3　心理行为训练项目实施的一般流程

2．注意事项

（1）安全：安全是心理行为训练的前提和基础。所有救援工作者必须提高安全意识，服从指挥。

（2）心态：需要救援工作者全身心投入，才能保证心理行为训练的干预效果。

（3）时间：心理行为训练是一种团体训练，需要严格按照时间计划执行。

(五)对心理行为训练干预进行总结评估

通过训练师对救援工作者行为改变、情绪变化、认知变化等维度的判断和评估,再结合救援工作者对自身前后变化的感知,对整体心理行为训练的效果做出评价。

第五节 部分心理行为训练项目的介绍

针对在矿山灾难性事故发生后救援工作者较为常见的心理问题,介绍一些心理行为训练方案,供相关人员参考。

一、组建团队

(一)项目意义

在与环境的不断互动中,人类实现了成长和进步。矿山灾难性事故来临时,参与救援的人员及事故的亲历者要面对错综复杂的外部环境,这不仅需要他们具备较强的适应能力,同时要求他们能够迅速地凝聚起来去应对危机。作为心理行为训练的第一个项目,组建团队旨在帮助队员消除相互之间的距离感,迅速凝聚起来,为以后的干预工作打下基础[29]。

(二)活动准备

1. 场地要求:室内。
2. 教具要求:每组两张 A1 型白纸,水彩笔 1 盒。
3. 着装要求:穿着适宜活动的运动装或休闲装、运动鞋或休闲鞋。

(三)时间安排

1. 项目操作:45～60 min。
2. 项目回顾:约 15 min。

(四)活动过程

1. 布置任务:要求各个团队完成自我介绍和完善团队两项任务,时间应在 40 min 之内。
2. 自我介绍:内容包括姓名、单位、优点、不足和人生格言。
3. 完善团队:内容包含队名、队长、队训、队徽和队歌等。

(五)注意事项

注意安排好时间,并随时观察各队完成任务进展情况。

(六)观察要素

1. 组建团队中有人积极活跃,有人很被动,甚至有些紧张、放不开。
2. 练习队训、队歌时,有些救援工作者很拘谨,声音很低。
3. 随着项目的进行,团队气氛越来越融洽、活跃。
4. 喊完队训、唱完队歌后,大家情绪都十分高涨。

(七)交流回顾

1. 团队展示后,大家的心情如何?
2. 感觉压力最大的是项目中的哪个环节,为什么?
3. 什么原因使大家越来越放松?
4. 给你留下特别印象的是哪几位队员?

（八）点评要点与回顾

带领大家体验并分享团队带来的安全感和归属感。在活动开始之前大家可能相互认识，但不一定彼此了解。现在大家聚在一起，为了完成共同的任务，每个人必须与自己并不是很熟悉的人进行交流、讨论，并最终达成共识。实际上，大家聚在一起就形成了一种新的人际环境，由于最初对身边的人不熟悉，使大家对这种人际环境感到很陌生。完成任务的过程，就是大家彼此由陌生到熟悉的过程，也是适应陌生人际环境的过程。

二、绝地求生

（一）项目意义

矿山灾难性事故是典型的危难事件。危难会对一个人及一个团队适应能力做出考验，危难发生时，要求每个人都必须发挥其身体、思维等各方面潜能去应对困难，渡过难关，谋求进一步的生存和发展。而一切成功的前提都需要救援工作者有快速的反应能力。本项目就是要培养救援工作者在面临危机情况下的快速反应能力[29]。

（二）活动准备

1．场地要求：室外训练场地，安静、平坦、较宽敞。

2．天气要求：避开雪天、雨天等恶劣天气。

3．用具要求：1根长度为4 m左右的尼龙绳。

4．着装要求：穿着适宜活动的运动装或休闲装、运动鞋或休闲鞋，与活动无关的物品不要带在身上。

5．准备活动：项目前充分活动身体，尽量进行全身性的活动，建议集体慢跑200 m，也可以做一个热身小游戏，主要是为了使全身关节、肌肉完全活动开。

6．观察并询问救援工作者的身体状况：患有心脏病、高血压、腰椎病等疾病或医生明确告知其不宜参加剧烈运动者，禁止参加活动。

（三）时间安排

1．项目操作：30～40 min。

2．项目回顾：约15 min。

（四）活动过程

1．布置任务：洪水即将快速袭来，对周围地形进行勘测后发现，只有一个制高点可以躲避灾难。为了赢得生存机会，所有队员必须全部集中到制高点上等待救援。本活动模拟当时的逃生情境，要求群体救援工作者逐次进入将不断缩小的绳圈内，而且每次都要求大家要尽可能全部进入。

2．宣布规则：不允许跳入绳圈，不许拉扯别人衣服，任何人身体的任何部位以及任何物品都不能接触到绳子。

（五）注意事项

1．保证活动安全，注意避免救援工作者受伤。

2．训练师在救援工作者操作成功后要减小绳圈，不断增加活动难度。

（六）观察要素

1．有的队员认为不可能成功。

2．有的队员不愿意与其他救援工作者有身体接触。

3．有的队员焦急地期待帮助，也有的队员积极帮助他人。

（七）交流回顾

1．面对活动过程中的不断突破，你的心理感受如何？
2．你们的应对方案是如何产生的？
3．在这个活动进行的过程中，你有没有感觉到在心理上与其他队员拉近了距离？
4．在活动中，你认为怎样才能更好地完成任务？
5．你认为团队合作解决问题的能力强吗？为什么？
6．在活动中，你是否期待别人来帮助你？同样，你是否愿意帮助其他救援工作者？

（八）点评要点

1．了解快速反应的心理功能。项目刚开始时，有些救援工作者很快就能想到解决问题的办法，并引导团队最终完成任务，这就是快速反应。要培养快速反应的能力，首先要了解快速反应的心理功能。从刺激中枢高级心理活动到做出相应的反应是一个经长期训练而养成的固定反馈环路，训练的熟练程度越高，反应速度越快。

2．团队合作的巨大力量。"团结就是力量"，团队具有个人不可能具有的巨大力量。团队中每一个个体无法做到的事情，经过团队合作，就有可能做到。但是，团队的成功需要每一个成员齐心协力、步调一致，才能群策群力，克服困难，最终取得成功。

3．团体对个体的关心。当个体出现生存发展方面的问题时，团体会调动全部力量去关心、帮助个体。这些帮助可以是口头语言上的，也可以是具体行动上的；既可以是看得见的行动上的帮助，也可以是看不见的心理上的支持。一个眼神、一个动作、一句"加油"都能使个体深深地感受到来自团体的力量，使个体逐渐走出困境。正是团队的这种积极力量，促使每个成员更快适应团队、融入团队，获得爱与归属感。

三、高空断桥

（一）项目意义

"断桥一小步，人生一大步"。高空断桥是一个以个人挑战为主的项目，属于高空类心理冲击的项目，整个过程需要救援工作者独立完成。活动目的：认识自我，战胜自我，克服恐惧，勇往直前，建立自信；认识和体会鼓励他人和获取他人鼓励的重要性，学习自我说服与自我激励；培养面对困难时的互助精神，形成团队意识；认识和体会认知心态对行动的巨大影响，学会调节心理压力[29]。

（二）项目准备

1．人数：10～16人。
2．完成时间：约120 min。
3．场地器材：室外，专用训练架，高7～12 m至少3条坐式安全带，3顶安全帽、2副足球护腿板。

（三）活动过程

1．学习安全带的使用方法。
2．演示并组织模拟练习桥面上的完整动作。
3．准备挑战的队员穿好保护装备以后，接受队友的鼓励。
4．挑战者站在断桥桥板的一端，两臂侧平举，然后大声问队友："准备好了吗？"当听到"准备好了"的回答之后，自己大声喊"1、2、3"，同时跨步跳到板的另外一端。单脚起跳，单脚落地，然后按同样要求再跳回来。

5．不允许在桥面上助跑，不允许手紧拉保护绳。

6．每位队员在穿好保护装备后在地面上进行试跳，注意一定要记住自己的起跳腿。

（四）安全监控

1．有严重的外伤病史、有心脏病或医生建议不适合参加此类挑战活动者，不可挑战。

2．队员穿戴保护装备时要有人帮助指导，队长（训练师）做完全面检查，方可开始挑战。

3．一名队员在进行项目时，队长安排下名队员做好准备。

4．训练时要保证队员正确使用安全器材，按全程保护原则进行操作。

5．在板端时提醒队员将支撑脚脚尖探出板端少许，然后果断跃出。

6．若队员不敢过桥，队长可先将其引至桥的一端，自己到另一侧耐心引导其过桥。

7．若队员在断桥的另一侧重心不稳，摇晃，不敢前进，引导其放松稳定的同时，队长要背靠立柱，直到训练架不再晃动为止。

8．全体人员必须穿戴好头盔、安全带等护具。

（五）项目控制

1．队长讲解清晰，队员及时反馈，确保每个成员了解任务要求。

2．鼓励所有队员都参与挑战。

3．督促队员之间互相帮助，确保护具穿戴安全。

4．认真观察每个队员，尤其是女队员、偏胖、年纪偏大和不擅长运动的队员在地面试跳的距离，以便调整合适的板距。

5．队员跳回来时的板距不宜过大，应让队员看到收板过程。

（六）项目挑战阶段

观察队员反应，利用心理学的辅导方式给予队员适时、正确的辅导。

1．队员上桥时说"欢迎前来挑战"，对所有队员顺利完成任务给予鼓励。

2．观察记录每一队员的表现，为总结回顾收集信息。

3．指导时注意语言风格的合理使用，保持队员的挑战积极性。

4．将安全放在首位，对于身体反应明显不适合继续挑战的队员，不得强求。

（七）回顾总结

1．对所有完成挑战任务的队员给予鼓励。

2．鼓励每一位队员分享自己的感受，并予以肯定，对完成不够出色的队员，可以引导其联系生活来讲。

3．让队员体会在地上跨越和在高空跨越心态的变化。

4．想要放弃时，队员是怎样说服自己完成任务的？

5．在激励面前，有人喜欢队友的外在鼓励，有人喜欢在安静的状态下，自己鼓励自己，没有对错之分。询问每位队员更喜欢哪一种鼓励？为什么？假如"你"一个人参加此类项目，"你"会怎样？

（八）总结提升

1．实践是战胜恐惧（压力）的最好武器。

2．人生一步一步前进中难免会出现困难和意外，要用积极乐观、勇于尝试的心态去面对。

3．解读"断桥一小步，人生一大步"，分享身边人渡过难关的故事。

四、人（际）网恢恢

（一）项目概况

1．训练目的：为缓解压力和走出困境，建立与运用社会支持系统。

2．时间：约 60 min。

3．场地、器材：安静的室内、绘有"人际支持系统网"的纸张若干（至少每位队员一张）。

4．人数：10～15 人。

（二）具体实施

1．指导语："矿山灾害性事故发生后，大家可能都感受到了巨大的压力，受这些压力的影响我们疲惫不堪、情绪低落……有时候我们用哭泣、运动、听音乐、洗澡等一个人就可以完成的方式来缓解压力，有时候我们会找别人帮忙。现在我们先进行 1 小段时间的放松冥想，让大家来感受一下另一种面对压力的自我放松方式，而我（训练师）也会引导大家去思考'当我有困难时，我会找谁帮忙。'"冥想 3 min[30]。

2．准备：冥想指导语："各位朋友，请闭上你的眼睛，调整自己的身体到最舒服的姿势。"

停顿 2 s。

"现在请将注意力转移到你的呼吸上，深深地吸进来，慢慢地吐出去，缓缓地吸进来慢慢地吐出去，慢慢地，慢慢地吸进来，缓缓地吐出去。想象你躺在一片柔软的草地上，这是一个安静的山谷，想象你的身体舒服地躺在草地上随意伸展，温暖的阳光洒在柔软的草地上，微风轻轻地吹来。现在请你将注意力转移到脸部的地方，感觉到自己正在放松，放松你的额头，眉毛，慢慢地放松，放松你的眼睛、鼻子、嘴巴，感觉到自己的脸部慢慢地放松。现在将注意力转移到你的肩膀，感觉一下它是不是很紧绷慢慢地，将你的肩膀放松，让肩膀的肌肉放松深深地吸进来地吐出去，慢慢地吸进来，缓缓地吐出去。现在，将注意力移到头部，回想小时候的我，那时我穿着怎样的衣服呢？是谁站在我的身边呢？学生时代的我，和现在有没有什么不同？是谁站在我的身边呢？到今天，生命走到了现在，有时快乐，有时沮丧，每当我快乐时是谁陪在我的身边呢？是爸妈、兄弟姐妹、亲戚朋友还是同事？当我悲伤难过时，是谁陪我走过的呢？是爸妈？是兄弟姐妹？是亲戚朋友？或是同事？每个人生命当中都有一些重要的人支持，在我的生命中有没有谁是这样重要的人呢？现在请想一想，找找生命中重要的人，想一想我遭遇困难压力时，我会向谁寻求帮助呢？"

停顿 3 s。

"好，当你已经想好了，就可以慢慢地张开眼睛。"

3．操作："请队员们在下面的人际支持系统网中写下在遇到压力和困难时所可以寻求到帮助的资源（在空格子内写一个名字或称呼）。"

（三）讨论

"请大家看一看，你填在第一位的是谁？谁离你最近？为什么选他/她？在你遇到困难和挑战的时候，你是怎样向他/她寻求支持的？如果你的支持网络里只有两三个人，数量较少，请你仔细查找原因。"

（四）总结提升

要充分认识社会支持系统在维护自身心理健康中的重要作用，重视社会支持系统的建立和应用。

五、孤岛求救

（一）项目概况

1．目的：使团队的每一个队员都参与到解决问题的活动中来；队员之间协同工作，实现共同目标；培养团队精神[30]。

2．时间：60 min 以上。

3．人数：不限，但是参加人数较多时，需要将队员划分成若干个小组，每个小组由 5～6 人组成。

4．地点、器材：平整的场地，室内室外均可，但要求安静。周围散落一些供风筝制作的一些纸张、棍棒、细绳等。

（二）准备步骤

1．将队员分成若干个的小组（由 5～6 人组成）后，给各组分配任务。

2．各组利用自己找到的材料制作一个风筝（根据队员们的技能水平和场地周围材料的分布情况，适当给他们提供一些道具，这样各组之间能够展开竞赛）。

3．要求 30 min 之内完成任务，风筝做好之后经测试能够飞起来。

4．陈述任务："遭遇海难后，你们组漂流到一个荒凉的孤岛上，被困多天，每个人都渴望逃离孤岛。忽然，有人发现遥远的地平线上有一条小船，好像船上的人正在向这边看，但是他不可能看到你们被困在小岛。你们没有火柴或其他能发信号的物件，因此只能想方设法制造一个风筝。估计风筝 30 min 之内能够做好。通过放飞风筝才能让船上的人发现你们。船体残骸里已经不剩什么东西了，所以你们必须找到制作风筝的所有材料，30 min 之后让风筝飞上天，抓紧时间，祝各位好运！"

（三）讨论问题

1．哪个队在 30 min 之内让风筝飞上了天？他们为什么能完成任务？

2．活动过程中，遇到了什么问题？如何对任务进行分配的？每个人都做了什么？

3．活动过程中每个队员充当了什么角色？

4．要求必须在规定的时间内完成任务，队员对此有何认识？

5．请队员分析自己的团队运作有效吗？为什么？

（四）总结提升

沟通很重要。团队成员之间要进行充分沟通，在沟通的基础上明确各自的职责，才能搞好协作，形成合力。而且，团队成员也只有通过真诚合作，才能顺利实现团队目标。

六、信任之旅

（一）训练目的

1．培养团体信任感，消除对团队的担心和疑虑，提高团体凝聚力。

2．培养团队成员之间的沟通意识，并学习非语言沟通技巧。

（二）项目概要

1．参与形式：全体成员通过报数随机分成两组，一组带眼罩扮演"盲人"，另一组扮演"拐棍"，两组队员各出一人，结组成对。活动中向导不能暴露自己的身份，不能讲话，只能用非语言的方式引导"盲矿"走完全程。走的过程中"盲人"的安全就在"拐棍"的手里，"拐棍"要对"盲人"负责，而"盲人"也要相信"拐棍"可以帮助自己走完这一段路。

2．时间：60～90 min（按具体路线安排）。

3．所需材料：眼罩。
4．场地：有障碍物的场地。

（三）活动流程

1．全程双方都不能说话，必须严格按照指导者的路线走完全程，同时保证"盲人"的安全。

2．第一次"盲行"：按照随机分组，一组学员带眼罩扮演"盲人"，另一组扮演"拐棍"。

3．第二次"盲行"："盲人"与"拐棍"互换角色。

（四）观察员需注意观察的内容

"盲人"是否敢跨出自己的脚步？是否跟随"拐棍"，还是自己摸索前进？"拐棍"是怎样用肢体语言来引导"盲人"的，当看到"盲人"偏离时，"拐棍"的表情与行动是怎样的？

（五）分享内容

1．整个活动过程是否顺利？遇到了什么问题？

2．做"盲人"与"拐棍"的角色时自己心理感受有什么不同？

3．开始做"盲人"时，你对"拐棍"有信心吗？整个活动过程你的信心是恢复了，还是丧失了？

4．做"拐棍"时，你是如何传递信息的？"盲人"能收到吗？后来进行调整了吗？你是一个成功的带领者吗？

5．本次活动你得到了哪些启示？

（六）注意事项

两次路线的选择需要有变化；行走过程中确保"盲人"的安全。

（七）总结提升

用心去感受信任和被信任的感觉、去体会团结的力量。既然身为同伴，就要互相信任，相互理解，才能共渡难关。

七、其他心理行为训练项目

由于在矿山灾难性事故的救援中涉及各种救援工作者，因此要根据不同人员选择不同的训练项目，下列训练项目大多是培养团队协作精神的，简单介绍如下。

（一）翻越电网

这个项目训练目的是培养团队协作精神。项目情景设置是：团队在执行任务时，被一道长 4 m、高 1.7 m 并装有报警装置的高压电网拦截，全体成员必须快速从电网上方越过。这项训练的难点在于，队员们必须全部从电网上方翻越，不得助跑，不得借助外物，不得触及电网。其中，第一名和最后一名队员的通过最为特殊。第一名队员必须利用队友搭起的人梯从电网上方越过，最后一名则需要已经通过电网的队友在对面搭起的人梯，利用队友向上拉和自身蹬踏的合力越过电网。

（二）智取炸弹

这个项目情景设置是：恐怖分子将一爆炸物放置在直径 5 m、布设多重机关的要害部位，人体一旦触及，就会报警自毁，并且该爆炸物的液体保护装置会严重损害视力。小分队既要迅速排除爆炸物，又不得触及存放区地面，不得泄漏液体。为完成任务，他们选定了 1 名体重较轻的队员作为排爆手。首先用绳索编成一张可以承受排爆手体重的绳网。排爆手趴到网上，戴上防辐射的眼罩，进行盲操作。其余队员按照指挥员的口令，密切配合，使排爆手悬空接近爆炸物，将爆炸物小心捧出危险区。这个项目可以培养团队协作精神。

(三）机智排爆

这个项目的情景设置是：两张高分别为 1.5 m 和 2.7 m 的铁板平台之间有一道宽 4.2 m 的壕沟。队员必须从 1.5 m 高的平台出发，越过 4.2 m 的壕沟，尽快转移 2.7 m 高的平台上放置的地雷。可利用的器械只有两根 4 m 长的竹竿、一截 1 m 长的小竹竿和一根长绳。为完成任务，他们首先要在两个平台之间搭起一道"桥梁"。他们将长竹竿用绳子固定在短竹竿上，3 名队员双手紧握短竹竿，利用身体为延长线，从而将长竹竿搭到了对面的平台上。排爆员通过这道"桥梁"攀爬到对面平台，用随身携带的细绳，小心翼翼地系在地雷上，和对面的学员密切配合，将地雷安全转移。

(四）信任背摔

信任背摔锻炼救援工作者信任与协作的心理品质。这个项目的情景设置是：队员站在背摔台上，双臂被缚于胸前，背部对着保护人员，直体倒下，由保护人员用双臂接住。如果背摔人员出现下坐、转体等动作，就说明对他人的信任感还没有完全建立起来，就意味着失败。只有反复训练，才能增强对团队的信任。

(五）生死关卡

这个项目情景设置是：小分队必须在限定的时间内，通过一道长 4 m、高 1.6 m、网孔不规则的电网。这张电网共有大小 20 个通道，但可供使用的通道只有 9 个，其中 1 个通道非常狭小，而且，每个通道只能使用一次。

训练中，第一名队员利用下方一个相对容易通过的通道，脸部朝下，首先通过。这种穿越方式便于穿越者上肢通过后，双手撑地，减少失败。中间几名队员在队友帮助下，根据网孔的不同形状，使用不同的姿势通过了电网。他们把便于通过的一个网孔留给最后一名队员穿越。

"生死关卡"的训练看似容易，但非常需要耐心、细致和严谨的心理素质。如果训练师不能合理利用资源、科学制订方案、反复组织体验，那么就难以实现目标。

(六）穿越火障

这个项目情境设置是，队员必须通过长 4 m、宽 1.5 m 的低桩火网，然后再穿越高 1 m、直径为 1 m 的火圈，要求身体的任何部位都不能触及火圈。训练中，队员以低姿态匍匐通过低桩火网，然后勇敢地跳越，穿过火圈。

(七）同心同行

这个项目的情景设置是：操作人员双脚分别踩在两块木屐上，并穿上鞋套，双手抓住脚前绳子或队友的衣服，然后提着木屐沿规定方向前进。这对团体的协调性和配合意识要求很高，如果有一名队员不能做到步调一致，就会导致行动失败。

(八）飞越自我

这个项目是针对官兵在执行任务中可能出现的胆怯、恐惧和焦虑心理设置的恐惧情境。队员必须先爬上一根高 8.2 m 的独立柱子，在顶部站立，然后腾空跃起，抓住前上方一根水平距离为 1.2～3.2 m、距地面 10 m 高的单杠。

(九）攀峰越险

这个项目要求队员先爬上 2 张错角张挂的 4 m×4 m 的绳网，到达指定区域后，通过 1 组架高 10 m、间距 1.2 m 的荡木桥。要求队员在最短的时间内攀爬绳网，并通过荡木桥。

这个训练项目主要为了培养学员承受常人难以承受的困难，征服常人难以征服的苦难的意志品质。

(十）依存共渡

这个项目的情况设置是，队员必须通过两根长 15 m、距地面 5 m、间距由 1.2 m 逐渐增大至 1.6 m 的钢丝。要求两名队员双手相携，在间距逐渐增大的钢丝上齐心同行，直到终点。

(十一)勇攀高峰

这个项目的情景设置是:两名队员在没有工具的情况下,攀爬到失火的楼房解救被困的群众。训练器械由高空云梯和4个汽车轮胎组成。云梯高12 m,由4道横木组成,间距1.5 m,攀爬时最大摆动幅度为50°,增大了攀爬难度。

要求队员两人一组,不借助任何辅助工具,先爬上汽车轮胎,再爬高空云梯,相互协作,最后用手摸到最上方横梁。

(十二)丛林绳桥

这个项目的情景设置是:队员在执行任务中必须通过一根高10 m、长15 m的钢丝,队员只能拉着钢丝上方的23根吊绳通过钢丝。

(十三)勇闯天堑

这个项目的情景设置是:队员必须通过一道高10 m、长8.2 m的空中吊索桥。桥上是宽20 cm、间距30 cm的桥板。快速行进时,吊索桥最大摆幅达35°。要求队员能在桥上健步如飞,用不到10 s的时间通过吊索桥。同时,还要求他们能在行进中急停,回答教练员给出的智力测试题。

(十四)合力冲击

这个项目的情景设置是:要求12名队员不借助任何工具,合力通过一堵4 m高墙。其中,前11名队员可利用队友搭成的人梯爬上高墙,而最后1名队员必须由1名队员倒挂在墙上进行接应,才能顺利攀过高墙。

(杨美荣)

参考文献

[1] 王媛媛,王菲,李旺先,等. 关于心理行为训练的研究. 吉林省教育学院学报,2011,27(3):135-137.

[2] 王择青,武国城,解亚宁,等. 心理行为训练对新兵体能测验成绩的影响. 解放军医学杂志,2003,28(7):604-605.

[3] 甘景梨,高存友,杨代德,等. 综合心理行为训练对军事应激条件下新兵心理健康和血糖的影响. 第四军医大学学报,2006,27(4):347-349.

[4] 王捷二. 拓展训练在高校学生素质培养中的应用. 教育理论与实践,2004,24(1):34-37.

[5] 王维琦. "户外拓展训练"对高校毕业生整体素质影响的试验研究. 许昌学院学报,2004,23(5):67-70.

[6] 王玉玲,姜丽萍. 灾害事故对人群的心理行为影响及其干预研究. 护理研究,2007,21(12A):3113-3115.

[7] 邱慧萍. 灾难性危机事件的心理干预. 江西农业大学学报,2004,3(1):135-136.

[8] 钱铭怡. 国内外重大灾难心理干预之比较. 心理与健康,2005,(4):4-6.

[9] 宋文科,赵美娜,吴晶. 灾难事故对救援工作者的心理行为影响及心理干预. 中国误诊学杂志,2011,11(2):389-389.

[10] 周宏. 对罗森塔尔效应的审视与反思. 教学与管理,2012,29(5):3-5.

[11] 何颖. 皮格马利翁效应与员工激励. 内蒙古科技与经济,2008,12(6):185-186.

[12] 张婕,张宁,王纯. 归因方式和幸福感在心理治疗中的作用. 医学与哲学(人文社会医学版),

2009, 30 (4): 42-46.

[13] 郑川, 苟婷婷, 龚洁. 情绪对学习效率影响的研究综述. 成都中医药大学学报（教育科学版）, 2008, 10 (3): 63-65.

[14] 赵绍晨, 宫火良, 张俊华, 等. 情绪调节对行为抑制的影响效果研究. 心理研究, 2014, 7 (3): 27-34.

[15] 李京蕾. 行为主义心理学的兴起与衰落. 沈阳教育学院学报, 2004, 6 (3): 72-74.

[16] 刘逸峰. 浅析行为主义心理学的基本原理以及对临床心理学的影响. 华夏医学, 2013, 26 (5): 988-991.

[17] 王红晓. 从认知的视角看行为主义心理学的发展. 辽宁行政学院学报, 2013, 15 (9): 90-91.

[18] Robert D. Nye. 三种心理学. 石林, 黄坤, 译. 北京: 中国轻工业出版社. 2010.

[19] 楼培敏. 认知·认知学派·认知心理学. 上海社会科学院学术季刊, 1985, 1 (3): 113-119.

[20] 方方, 蒋毅, 李兴珊, 等. 认知心理学: 探索人类的智能. 中国科学院院刊, 2012, (S1): 13-214.

[21] Judith S. Beck. 认知疗法基础与应用（第2版）. 张怡, 孙凌, 王辰怡, 等译. 北京: 中国轻工业出版社. 2013.

[22] Leahy R. L. 认知治疗技术（从业者指南）. 张黎黎, 陈曦, 聂晶, 等译. 北京: 中国轻工业出版社, 2005.

[23] 王素枝, 谢玉兰, 田春梅. 情绪ABC理论对意外伤害患者焦虑和抑郁不良情绪的意义探析. 中国社区医师, 2014, 30 (4): 137-138.

[24] 刘春建. ABC理论在心理健康教育中的应用. 内蒙古教育, 2003, 52 (11): 21-22.

[25] 高申春, 王栋. 人本主义心理学: 历史与启示. 学习与探索, 2013, 35 (5): 23-27.

[26] 黄雪娜, 金盛华, 盛瑞鑫. 近30年社会心理学理论现状与新进展. 社会科学辑刊, 2010, 15 (3): 54-59.

[27] 李晶晶. 班杜拉社会学习理论述评. 沙洋师范高等专科学校学报, 2009, 10 (3): 22-25.

[28] 唐卫海, 杨孟萍. 简评班杜拉的社会学习理论. 天津师大学报（社会科学版）, 1996, 23 (5): 30-35.

[29] 中国就业培训技术指导中心. 心理危机干预指导手册. 北京: 中国劳动社会保障出版社, 2008: 115-125.

[30] 李建明, 苑杰. 矿难后心理危机干预. 北京: 人民卫生出版社, 2011: 145-156.

第十章

心理救援工作者的心理健康维护策略

【案例】

2009年11月5日下午1点30分左右（当地时间），美国德克萨斯胡德堡军事基地发生枪击事件，打死12人，打伤31人。经调查发现，唯一嫌疑人是一名现役军人，39岁的哈桑，是他亲手射杀了自己的战友。而让人们震惊的是，哈桑是拥有少校军衔的心理/精神科医生，已经在美军沃尔特里德军人医疗中心工作6年。那么，为什么一名安抚他人心灵的心理医生会变成心理变态的残忍杀手呢？

矿山创伤心理救援工作者在矿山灾难性事故中及时为矿山灾难性事故的幸存者或遇难者家属等相关人群提供心理支持和心灵抚慰，这可以丰富专业和个人的经验，并通过帮助他人来提升满足感和职业成就感；但同时惨烈的矿山灾难性事故现场，长期时间承受他人的心灵痛楚与悲伤也会造成救援者自身的身心耗竭，甚至造成对自己原有人生观和价值观的强烈冲击，如果不能及时有效地进行心身健康的维护和调整，后果可能会极为严重。本章将着重讨论分析矿山创伤心理救援工作者心理健康维护的重要性，矿山创伤心理救援工作者的常见身心反应，矿山创伤心理救援的准备工作，心理救援工作者的素质要求和心理健康维护的技术与操作。

第一节 心理救援工作者心理健康维护的重要性

心理救援是心理服务工作的一种特殊情况，它既具备心理服务工作的一般属性，又具有高压力、高强度的应激性任务的特性，而这都对心理救援工作者自身提出了更高要求，对心理健康的损害也更大，因此心理救援工作者要对心理救援工作的特性有必要的了解，有意识地维护自身的心理健康。

一、心理健康是从事心理服务工作的首要要求

心理服务工作是心理服务工作者通过与来访者或受助者之间良好的关系，运用心理学，特别是

心理咨询与治疗的理论和方法,帮助受助者恢复或增进心理健康,促进其个人成长的过程。心理服务工作是人与人的平等交流,是灵魂与灵魂的激烈碰撞,是生命与生命的深层沟通。依据受助者、工作任务、工作方式及服务者的不同,心理服务一般分为心理辅导、心理咨询和心理治疗,但三者的共性在于强调从业者本身的个人成长。因此,要做好这项工作需要的远远不只是心理学的知识和技巧,更需要丰富的生活阅历,敏锐的感悟能力,渊博的知识体系,对社会和人生的深刻理解,以及海纳百川的包容胸怀,这是做好心理咨询工作的重要基础。但真正决定心理咨询效果的,不是理论,也不是技巧和方法,而是咨询师自己的人格(personality)。健康稳定的人格是心理服务成败的根本保证。所以,心理咨询师对自己人格的了解和分析及其自我成长才是心理咨询中最为关键的因素。因此,要成为一名合格的心理服务工作者,首先要做的就是个人成长,成为成熟健康的人[1]。

(一)减少对来访者的无意伤害

没有无效的咨询,心理服务工作对来访者可能带来有益的帮助,但也有可能带来无意识的伤害。心理咨询或治疗过程如果给来访者带来不利的甚至负面的影响,咨询师或治疗师也会深受其害。研究表明,50%以上的心理咨询师曾有时在咨询工作中无意地伤害过来访者;近50%的心理咨询师表示在咨询工作中曾经被来访者伤害[2]。赵静波等在2009年的调查显示,国内目前有较多的心理咨询和治疗从业者存在胜任专业工作困难的感受,以及负性情绪体验,对于咨询过程中的某些伦理问题概念判断比较模糊[3]。在汶川大地震期间,灾区也曾有过"防火、防盗、防心理咨询"的流行语,这从一个侧面反映了失败的心理干预对受助者的伤害。由此可见,在"助人"的外衣下,心理服务工作很可能会成为"助人情结(helping complex)"严重者的陷阱,是人格严重不健全者的坟墓。因此,咨询师的个人成长比知识和技术更重要,是影响咨询效果的核心因素,也是心理咨询师专业发展中的重要问题。只有咨询师自身心理健康,具备完善的人格,才能减少甚至避免对来访者无意的伤害。个人成长(individual growth)从字面上看,包括生理和心理方面向着成熟和完善方向的发展以及发展的程度和状况。尽管每种心理学流派有不同的观点,大多数认为所谓心理工作者的个人成长是指:心理工作者变得更有力量、更有能力,这是促进心理服务从业人员职业提升的必经之路[4]。

(二)提升自身职业能力的重要途径

作为一名心理服务工作者,最重要的工具就是他自己[5]。心理治疗的关键是"他是谁"。在心理救援过程中,救援者能够做些什么,技巧只不过是一小部分,因为经验丰富和察觉力敏锐的心理救援人员都会发现对心理救援过程影响力最大的是心理救援者的个人。救援中,救援者自己是建立救助-受助关系最有意义的资源。救援可以使来访者转好和转坏,心理救援者的活力与心理健康程度是决定疗效的重要变数。可见,心理救援者这个"人"是影响心理救援效果的重要因素,"疗心者"必须有一颗健康的"心",因此心理救援这项特殊的职业就要求心理救援者必须是"一致或整合的",是真正的自己,抛弃那些用来应付生活的虚假的面具。心理救援者要力图发现某种更本质、更接近于真实自我的东西。他们在心理救援过程中使用的最重要的手段,不是他的理论和技术,而是在这一过程中他的全部的人格因素,包括他的认识、他的情感、他的经验、他的价值观、他对生命意义的理解和追求、他对生命的态度等。心理救援者自身对人性独特体验的理解是其理解和掌握各种心理咨询和治疗理论和技术的基础,因此,许多心理学家都强调心理救援者自身对于心理救援过程的重要性[6]。

在心理救援过程中,心理救援工作者并不是一个脱离了个性的机械地操作着各种专业技巧的技师,而必须是一个真实的个人,要用自己的生命去体验另一个生命,用自己真实鲜活的灵魂与矿山灾难事故的经历者[包括幸存者(survivor)、遇难者的家属亲人等]交流,设身处地地与矿山灾难性事故经历者同感,这样才能开启对方的心灵,协助其发现自我、认识自我、改变自我、实现自我的成长。这个过程既不单纯是认识过程，也不单纯是一个情感过程，而是一个生命与生命沟通的过程，唯有此，才能够唤起矿山灾难性事故经历者面对自我的勇气和决心，带给他自我成长的力量。只有不断地完成自我成长，才能更好地助人成长。

（三）有效防御职业伤害的必然选择

1. 心理服务工作的个人卷入性带来的不良反应 心理学家将心理服务工作的职业特点总结为，反复与人接触、剧烈的人际互动、长期的卷入和给予者的角色[7]。这一特点决定了若要进行有效的矿山创伤心理救援，心理救援工作者就要设身处地地体验矿山灾难性事故经历者的内心情感世界，这样他们会经常体验到焦虑、紧张的情绪或消极情感，甚至产生替代性创伤（vicarious traumatization，VT）[8]；在这一互动过程中又不可避免地会出现矛盾冲突；但职业却要求心理救援工作者必须给矿山灾难性事故经历者提供积极的支持、共情、指导和建议等，这都会导致心理救援工作者的情感损耗过度，造成心理疲劳，甚至于职业倦怠（job turnout）和替代性创伤[9]，严重损害其心身健康。

2. 社会角色模糊与角色冲突造成心理冲突 心理救援过程中救援工作者使用专业化的态度和表达以职业角色与矿山灾难性事故经历者交流，此时他们的职业角色明确而单一，但是，救援工作者的成长经历和所处的文化背景不同，在个人成长中形成的依恋关系及其所产生的内部工作模式也不同，所接受的专业教育培训不同，使咨询师形成自己独特的人际关系表达和言语建构方式，这些可能在潜移默化地影响救援工作者角色的功能发挥。例如，一名刚刚经历丧亲之痛的心理救援工作者，如果他还没有处理好自己的情感创伤，在面对矿山灾难性事故中丧失亲人的家属时，就很可能难以控制自己的情绪，过多地与受助者沉溺在悲痛情绪中，从而造成救援过程缺乏积极建构。这无疑会影响心理救援效果，也会对自己造成伤害。

而当心理救援工作者在走出咨询室，进入个人生活空间后，又要面对另一种尴尬，即面对亲朋好友时，旁人以助人者的期待来要求他们，这样使他们不能轻易表达、宣泄内心的压力和负性情绪；同时当心理救援工作者角色想以助人者的姿态处理生活中的所有问题时，就会出现职业角色与生活角色界限的模糊——一种既不能分离又不能整合的状态，这很容易导致心理救援工作者的心理冲突和耗竭[10]。正如电影《两个人的房间》中，一名擅长婚姻咨询的心理医师每天忙碌于解决他人的婚姻危机，却不能了解自己妻子的内心需求，对自己的婚姻问题束手无策。而本章导入案例中的胡德堡枪击事件中的心理医师也是在长达6年的时间内，持续不断地处理士兵的厌战情绪中造成自己严重透支，最后以极端破坏的悲剧方式结束。

二、心理健康是从事心理救援工作的客观需要

在《灾后心理危机研究》报告中发现汶川地震灾区群众在情绪和人格方面都存在较大问题，而救援人员在很多的情绪指标（特别是孤独情绪上救援人员远高于受灾的青少年和成人）与灾区群众接近，在应对方式的自罪维度上救援人员则远高于灾区群众。也就是说参与救援的人员也在承受着灾难带来的巨大的心理创伤，这其中包括心理救援工作人员。

（一）矿山创伤心理救援工作的特点

与日常的心理辅导、心理咨询和心理治疗不同，矿山创伤心理救援工作具备以下一些特点。

1. 多为被动求助 日常的心理辅导、心理咨询或心理治疗一般是由来访者主动寻求帮助，并通过电话预约好时间和地点以及付费，这些形式无形中强化了心理服务中来访者的主动性。而心理救援的情况则大不相同，特别是矿山灾难性事故后事态紧急，几乎很难有人会主动寻求心理救援。一方面，在矿山灾难性事故发生后，无论是哪一级的受害者，都处于高度紧张状况下，惊恐焦虑；情

绪高度唤醒，起伏不定；受害者根本就想不到要寻求心理帮助，甚至可能表现出回避，对主动提供心理帮助的人怀有抵触甚至敌对的情绪。另一方面，矿工及其家属往往受教育程度低，生活环境相对闭塞，对心理卫生服务不甚了解，甚至存在误解，在这种背景下主动求助的人就更少了。因此，实施矿山创伤心理救援在形式上以被动接受心理救助为主，要求救援人员要主动地走到矿山灾难性事故经历者当中去，要善于观察，能够敏锐锁定那些心理状况差，迫切需要进行心理救援的人开展工作。需要快速与经历者拉近心理距离，让其打开心扉，这对心理救援者的技能和心智的要求更高，增加心理工作的难度；而受灾者的拒绝帮助，也很可能会使救援工作者感到委屈，体验强烈的挫折感和无力感，对自身的价值产生怀疑。因此，被动求助本身要求心理救援者要有强大的内心，能有效地承受挫折；要有坚韧强大的承压能力。

2. 工作环境差　　矿山创伤心理救援与日常的心理服务相比要艰苦得多，主要表现在物理环境与心理环境两个方面。物理环境方面，与设施讲究、环境安静舒适的专业心理咨询室相比，心理救援往往要就地展开，可能在简易的帐篷或拥挤的病房。并且，这里人员嘈杂，因而要求心理救援者要有很好的抗干扰能力和把控能力。有的时候，心理救援可能要赶往矿山灾难性事故现场，车马劳顿，存在次生灾害或事故再次发生的可能性，这要求心理救援者拥有很好的体力和精力。因此，矿山创伤心理救援人员要有强健的体魄和强大的意志力，才能在如此艰苦的条件下开展心理工作。

3. 工作强度大　　日常的心理咨询采用的预约制使咨询师拥有更多的主动权，可以根据自己的身心条件有选择地开展工作，这为咨询师自身的放松和充电提供了时间和空间，也为咨询师思考个案处理方法、与同行或督导研讨提供了缓冲，这种安排即有利于保障咨询的质量，也有利于维护自身的身心健康。但心理救援具有应激性，时间紧迫，任务繁重，心理救援者要持续工作，密集地进行个案处理或团体工作。心理救援的情况复杂，在矿山灾难性事故中，往往涉及的人员众多，而个案复杂，需要小心地处理。工作强度大，往往需要满负荷甚至超负荷工作，几乎没有放松休息时间，更缺乏必要的研讨和督导，如此高强度的工作对心理救援人员的身心健康会造成极大的损害。

4. 个案冲击性强　　心理救援者也是灾难的暴露人群，在工作中要耳闻目睹一幕又一幕的生离死别的人间惨剧，饱尝残酷的死亡场景带来的痛楚，体验矿山灾难性事故经历者因伤残、丧亲、目睹矿山灾难性事故等带来的巨大伤痛，时时面对强烈的悲痛、愤怒、麻木、迷茫等大量强烈的负性情绪的冲击，而这无疑会影响救援者的情绪，甚至会动摇救援者原有的价值观体系，使救援者也会出现一系列认知、情绪和行为方面的反应。心理专家指出，灾后救援人员心理危机问题的深度发作期一般在3个月后，其中半年后为高发期。国内的研究者李建明、杨绍清对赴灾区进行心理干预的36名志愿者进行调查研究后发现，心理干预工作者去灾区工作1个月后，因受到余震、滑坡、溃坝及艰苦生活环境的影响，大多数人员出现了不同程度的心理反应。其中，有66.4%的人心情不稳定，时好时坏；66.1%的人出现注意力集中困难，不能专心学习和工作；58.4%的人容易生气、动怒，因一点小事和别人争吵；回避现实，不愿再回忆讲述地震后的一些事情的人群占44.5%；经常出现与灾难有关的噩梦的占41.6%[11]。

此外，因为矿山灾难性事故发生往往比自然灾害多出了许多人为因素，一旦发生矿山灾难性事故，从幸存者到遇难者家属，再到同矿的工人可能会把心理救援人员当作来自政府或矿主的说客，持敌对的态度，缺乏必要的信任，这也是矿山创伤心理救援的极大障碍。

（二）心理健康是心理救援者的必要条件

心理救援的求助被动性、环境艰苦性、工作强度大及个案冲击性等特点要求心理救援者一定要具备强大的内心，心理健康是成为开展心理救援者的必要条件。

1. 心理健康是克服客观困难的主观动因　　外因要通过内因起作用。心理救援人员要拥有强大的内心，在充分认识客观困难的前提下，才有可能知难而进，勇往直前，积极创造，努力变被动为主动，变不利为有利，积极乐观地克服客观上的艰难险阻，为救援顺利展开提供保障。

2. 心理健康是心理救援的保障条件　只有心理健康的救援者才能更好地与来访者同感，抵抗强烈的情感冲击，有更多的能量去帮助来访者度过矿山灾难性事故后的应激状态。因此，心理健康是心理救援的保障条件。

3. 心理健康是免受心理创伤的盾牌　如前所述，心理救援本身对心理救援工作者的心理也会造成不良影响，而健康的心理是抵抗这种创伤的免疫力，拥有健康、乐观的心理，可以减少因参与救援而造成的情绪问题、职业倦怠及替代性创伤等问题。

总之，心理健康对于心理救援工作者而言具有非常重要的意义。同时，因为心理健康具有时限性，任何人的心理状况都会随着所处环境的变化、时间的推演、生活事件的转变而起伏波动，因此，作为心理救援人员要注意维护自己的心理健康。

第二节　矿山创伤心理救援工作者的常见反应

面对矿山灾难性事故的惨景，所有人都会感到触目惊心，情绪起伏强烈，心理救援工作者同样暴露在创伤的刺激之下，像灾难的亲历者一样也会出现情绪和心理紧绷的征兆，但这些反应在矿山灾难性事故情境下是正常的，是短暂的。压力消除后，环境改变了，随着时间的转变，一般都会重新建立平衡。心理救援工作者有必要认识正常的压力反应，以帮助其预测和处理自己面对灾难时的反应。

一、矿山灾难性事故对心理救援工作者的身体影响

矿山灾难性事故可能引发心理救援工作者强烈的躯体反应，包括：心跳呼吸加快，血压上升，肠胃不适，呕吐腹泻，食欲改变，体重下降或上升，盗汗或发冷，发抖（手、嘴唇）或肌肉抽动，听力迟钝，视力变差，感觉不协调，头痛，肌肉酸痛，后背痛，感觉"喉咙哽住"，过度的惊吓反应，易疲劳，体能下降，月经周期改变，性欲改变，对感染的抵抗力降低，过敏或关节炎突然发作，脱发等。

严重症状包括：胸痛，心跳不规律，呼吸困难，昏厥或晕眩，体力不支倒下，血压持续偏高，身体部分麻木，过度脱水，血便等。如有以上任何一种症状要立即找医师评估。

二、矿山灾难性事故对心理救援工作者的心理影响

很多心理救援成员英雄式地加入心理救援的应激行动，表现出利他主义反应，如果在身心条件不允许的情况下勉力而行，可能会使自己处于真正的危险中。下面列出心理救援工作者心理压力的一般反应，以便工作者和督导组遇到类似情况时有所警觉。

1. 心理和情绪方面　英雄感，感觉兴奋愉悦，否认惊恐和不安感，焦虑和害怕，担心安全，坐立不安；被淹没感、无助感，因身心疲惫而觉得愤怒，易激动；悲伤、哀痛、忧郁、闷闷不乐，失去公平、善恶的信念，愤世嫉俗，做噩梦，罪恶感，孤单、失落或被抛弃感，面无表情，缺乏自制力和耐心，人际关系紧张，缺乏信任感，认同幸存者。

2. 认知方面 记忆力下降，丧失方向感，迷惑，思考和理解速度变慢，计算、排序和决策困难，注意力难以集中或集中的时间变短，失去客观性，矿山灾难性事故及相关的场景反复闪现。

3. 行为方面 活动量改变，效率下降，与他人沟通困难，变幽默，间歇性愤怒，休息困难或"放不下"，饮食习惯、睡眠模式、亲密关系、性欲模式和工作表现发生改变，间歇地哭泣，酒精、烟、药物的使用量增加，主动参与社交活动减少，对环境安全十分警觉，回避触发记忆的活动或场景，易发生意外。

需要说明的是，这些症状都是正常的，有些压力症状可能会延续数周、数月或数年，这需要特别关注。判断压力反应是否已成问题的有3个指标：

1. 持续时间 与矿山灾难性事故有关的压力症状持续的时间与事件的严重度、对工作者的意义、个人的适应机制及支持系统有关，通常持续6周到3个月。如果症状持续得更久便需要专业的协助。压力反应难以消失，因此，要注意排除工作上的压力源，为心理救援者提供组织的支持，并在工作中建立压力处理的机制以帮助减轻压力。另外，可以为心理救援者安排定期或暂时的休假，再回到正常工作中。

2. 强度 这是高度主观的判断标准，任何症状只要突然变强烈，具有干扰性或失去控制，可能就需要专业的协助。特别是如果出现幻视或幻听，与情境不符的极端情绪，畏惧或恐慌的反应，反社会行为，严重的方向感丧失，自杀或杀人的想法，就应该接受精神科的协助。

3. 功能的影响程度 任何症状只要干扰到工作、家庭或社交关系中的功能，应该就接受精神科的协助[12]。

此外，心理救援人员因为专心于救援工作，往往疏于对自身压力的关注，此时就需要组织和团队的共同自省和警觉。

三、替代性创伤

"替代性创伤"最初是指专业心理治疗者因长期接触患者，受到了治疗关系的互动影响，而出现了类似病症的现象，即治疗者本人的心理也受到了创伤。随后，人们在救援工作者、消防队员、精神疾病患者的家属中也发现了这种现象。1996年，Saakvitne与Pearlman对"替代性创伤"的定义是：一种助人者的内在经验的转变，是同理（empathy）投入于当事人的创伤题材所产生的结果。也就是救援者在与创伤事件的当事人互动时，受到当事人的内在经验影响，间接感受到了当事人当时的创伤性体验，由此给自己带来的某种影响。简而言之，都是出于对生还者及其创伤的同情和共情，使自己沉陷于身心困扰，甚至精神崩溃[13]。

多项临床研究结果揭示，替代性创伤给心理治疗者本身带来了负面的影响，而替代性心理创伤在社会工作者中的发生率高达80%。而灾后救援人员心理危机问题的深度发作期一般在3个月后，其中半年后为高发期。国内研究则表明，3.8%四川地震救灾志愿者的替代性创伤超出理论中值，主要表现在生活信念和认知反应上；许思安的研究则发现，心理咨询从业人员的替代性创伤随着从业年份而上升[14]。由此可见，替代性创伤带给矿山创伤心理救援工作者的危害是非常大的，它让心理救援者重复体验了受灾人员的创伤经历，使他们的价值观和人生观发生了很多改变，恐惧、无助、内疚、自责等负面情绪也影响着他们的生活质量。

替代性创伤给个体带来的危害就如同PTSD的各种症状一样，主要表现有厌食、睡眠障碍（难以入睡、易惊醒）、噩梦、易激惹、容易受惊吓，难以集中注意力等症状。它最大的危害在于"它会影响个体对整个世界的认识"，或称之为"个体认知图式（cognitive schemas）的改变"[15]。具体而言，即当负性事件堆积后，个体自感到压力大，产生了大量多余的、悲伤的想法，他们看世界的眼光变得消极悲观，价值系统面临着巨大的挑战。比如，因缺乏安全感而失去公平感和信心；因生活和职业的界限不清而怀疑自己的职业选择；因人际关系怀疑而出现社会性退缩、感情迟钝。简而言之，替代性创伤深刻地影响着个体的世界观、人生观和价值观。

影响替代性创伤的内因主要是个人自身因素，包括自身的价值观念、能力水平、知识架构、对救援工作的自我效能感等；外因主要表现在与当事人的互动过程，如互动的频率、互动中创伤经历的细节被揭示的程度、社会支持的程度等[15]。

四、职业倦怠

职业倦怠（job burnout），有时也称为职业枯竭，是指一种在工作中或职业生涯中由于情感上的要求长期得不到满足而导致的身体、心理、感情等方面都处在耗竭状态的体验，是一组情感衰竭、人格解体和个人成就感降低的综合症状[16]。通常职业倦怠现象不易察觉，并在不知不觉中被加剧。但长期压力的后果，职业倦怠会缓慢而持续地腐蚀着人们的身心健康[17]。

近年来，心理服务工作者的职业问题非常突出[18]。有研究发现，处于耗竭状态的心理服务从业人员比例在40%以上，而对心理工作过程缺乏控制、过度卷入咨询和职业困惑是造成职业倦怠的重要因素。而良好的社会支持有助于降低心理服务工作者的职业耗竭[19]。研究也发现，年龄较大的心理服务工作者有着更成熟的应对技巧，会通过良好的工作习惯和工作期望来降低风险，并且男性心理工作者职业倦怠的程度要比女性工作者更为严重[20]。

矿山创伤心理救援工作者要面对的是亲历矿山灾难性事故恐怖惨景的幸存者，或是痛失至亲的老人、妇女甚至儿童，这些来访者经受着严重的身心伤害，他们情绪极不稳定，身心反应强烈，要疏导安抚他们的情绪，帮助他们度过艰难时刻，心理救援工作者要有极旺盛的工作精力和强有力的自我恢复能力，同时他们还时刻绷紧神经，以应对随时可能发生的突发事件，因此乐观态度和工作动力会在短期内大量消耗。

在进行矿山灾难性事故后心理救援时，救援者一旦与来访者建立起信任关系后，来访者给予的接纳和喜爱往往使救援者产生满足甚至依赖，而很难对求助者说"不"。他们可能会延长工作时间，完全体验求助者创伤性经验，持有极端的完美期待来竭尽全力处理力所不能及的案例。但结果往往令人失望，因此，很快地，心理救援工作者会对这项工作产生厌烦。另外强烈的情感体验往往给他们带来极大的压力。如果没有认识到反移情现象并做出合理的处理，他们会因对其来访者有负面情感而自责。

造成心理救援工作者职业倦怠的因素是多方面的，可能由自身的不合理信念、组织管理不当、对自身认识不足和技巧运用不当等因素引起。必须指出没有人先天就对职业倦怠具有免疫力。如果不能采取果断的措施，心理救援人员的职业倦怠一旦走向极端就有可能危及生命。

矿山创伤心理救援工作者常出现的职业倦怠反应包括：怀疑自己的职业选择；绝望感；感到软弱、内疚、自责和羞耻，感到自己的问题与矿山灾难性事故幸存者及死难者家属相比不值一提；觉得自己本可以做得更好而产生罪恶感，怀疑自己是否已经尽力；对于自己也需要接受帮助而觉得尴尬难堪。

五、心理救援工作经历的阶段及表现

以上我们列举的各种应激症状是一个发展的过程，从矿山灾难性事故发生后，伴随心理救援工作从开始的准备工作到亲赴现场，再到重回正常工作与生活，心理救援人员的应激反应在不同的阶段也会有不同的表现。这与前面章节幸存者的应激反应的阶段基本一致，但又有其特点，望广大救援者自我警醒，对照自查，如有强烈的反应，应当及时寻求专业的帮助。下面将详解矿山创伤心理救援工作将经历的阶段。

（一）警觉期

这个阶段包括了解灾难的信息和做调整，收集和了解任何可以得到的事实和消息，以及加紧做出准备。在警觉的阶段，工作者会积极了解，如矿山灾难性事故救援的进展情况、矿山灾难性事故的引发原因、死伤情况等，这时心理救援工作者会感到焦虑、不安、易怒。像幸存者一样，工作者此时会觉得惊吓和茫然。因此，必要的情况说明及简报将有助于心理救援者减轻情绪困扰，做好工作准备。

（二）动员期

此时，心理救援工作者从初始的惊吓中恢复过来，开始着手制订各种计划，准备协调各方面工作。如清点各项补给物资装备，人员动员和心理准备；评估奔赴灾区的需要；提出互相帮助的需求，建立团队的工作基本原则，团队人员开始采取行动等。

（三）行动期

心理救援工作者针对必要的任务，主动有组织地开展工作。心理救援工作的行动在不同的阶段有不同的表现。

1. 应激 这个阶段发生在矿山灾难性事故期间和之后，甚至大部分在矿山灾难性事故后。心理救援的应激活动通常在急救医疗站、医院和紧急事件处理中心或指挥中心进行。工作人员将在高压力下开展工作。这些压力来自恶劣的环境，如环境简陋、通信中断、水土不服等。但此时工作者往往热情很高，工作起来尽心尽力，即英雄式地工作，常常会忽略自己的疲惫和受伤。矿山灾难性事故的救援持续1～2天后，如果忽略了休息、进食、睡眠和压力处理，之后在工作中可能会产生倦怠。

2. 复原 复原（re-entry）分为短期复原和长期复原。短期的心理复原包括心理的紧急处理、危机介入和减压（defusing）。长期复原是要让受害人生活回到正常或改善原先的生活水平。长期心理复原活动包括主动接触（outreach）、咨询和教育、个别和团体的辅导、倡导、小区组织和转介社会的资源。因此，心理卫生复原服务会持续到灾难后的1年，或更长。

与早期应激的阶段相比，复原期的步调较缓和，不会立即见到成效。因为矿山灾难性事故幸存者通常不会主动寻求辅导，复原活动以救援者的主动接触和小区教育的活动为主，工作难度加大，个案量下降，评估十分困难，工作者往往失去热心，此时工作者容易丧失热情，并质疑自己工作的价值。

如果和幸存者的接触延长或过度频繁，矿山灾难性事故的情绪冲击会异常强烈。救援人员会认同幸存者的苦难，替代性地挣扎于逆境和障碍之中。持续地沉浸在幸存者恐惧和悲伤的故事中，而不能适度抽离，会使痛苦深入潜意识中，而对其自身造成深度创伤。

（四）降温期

这个阶段是由矿山灾难性事故的救援返回到日常生活的轨道和家庭生活。如果工作者在行动期时有压抑和否认自己的感觉，此时这些感觉才开始浮现出来，这将会非常痛苦。另外，当他们从富有挑战性的救灾任务猛然回到日常生活中，工作者会体验到失落和"降温（let down）"[21]。

第三节　矿山创伤心理救援工作者的生活工作管理

在矿山创伤心理救援工作中救援人员在有效工作的同时，要怎样维护好自身的心身健康呢？其实，危机管理部门照顾好参加救援的工作人员是最困难的工作，这其中就包括心理救援工作者。糟糕的环境、持续的压力、疼痛与苦难的轰炸，这些都反复地冲击着矿山创伤心理救援工作者的心灵，正是如此，灾后，心理救援工作者经常发生自杀、精神崩溃、关系失调等问题。

心理救援工作者应从以下几个方面来照顾好自己。

一、帮助矿山创伤心理救援工作者的基本策略

美国著名的心理危机干预专家拉萨提出维持心理救援工作者的身心健康的基本策略，这同样适应于矿山创伤心理救援工作者。

（一）知道自己的极限

每个参与矿山创伤心理救援工作的人都该了解自己体能的、心理的、社会的以及精神的极限，严重的不适应症状多发生在逾越了自己已知或未知的限制。

（二）审视自己的伤痛经验

"我们不能给人家我们所没有的东西"。和自己的服务对象经历同一场灾难的心理救援工作者，第一要务是要给自己足够的时间与能量，来处理自己的伤痛以及心理社会重建的过程。

（三）维持一个有力的支持网络

我们要投入相当多的时间与能量以建立新的团队，救援成员之间的合作以及团队共识，这不仅是为增加团队的工作能力，也是要给彼此同一个强而有力的支持系统。通常在最初的几个月，在心理救援工作者团队中，1周要花2 h在经验分享和个人成长的工作上[22]。

二、心理救援工作者生活工作管理的内容

（一）矿山创伤心理救援的准备阶段管理

有可能参与心理救援的人员，首先要做好事前的各种评估工作，尊重科学，量力而行，积极维护自己的身心健康。如果真的有机会参与矿山创伤心理救援，在提高自身的专业素养和争取家人及同事的支持，做好身体和心理的准备之外，还要花点时间准备以下事情。

1. 心理机构的计划、方向和训练　每一个心理卫生机构应该有一套灾难发生后的心理救援计划，概要性地制订救援工作者的任务和责任，其中有心理救援工作者救灾任务的训练以及心理救援的专项培训。针对性教育可以帮助团队对可能会遇到的压力有应对的思想准备，增强机构的应激反应能力。

2. 灾难前个人紧急预备计划　有道是"未雨绸缪"，任何个人和家庭都应拥有各自的紧急计划，以便在发生意外事故时，快速做出正确的反应，尽最大可能减少和降低伤亡和损失。而对于心理救援工作人员，紧急计划既有利于自己随时从事救援工作而无后顾之忧，也是对家庭的一种责任。

家庭的紧急计划应该包括下列事项：

（1）住宅定期检查，排除安全隐患；

(2) 制订各种诸如火灾、地震等天灾人祸的紧急事件的应对方案，并定期演练；
(3) 制订疏散撤退计划；
(4) 计划中应包括，万一成人不在的情况下，小孩、患者或残障者和宠物的应对方法；
(5) 训练家庭成员掌握关闭水、电和天然气，掌握急救的方法；
(6) 把紧急的电话号码标记在明显的地方，训练小孩熟记紧急电话；
(7) 计划中应包括，万一家人失散了，要怎么寻找彼此的下落。

紧急物资和装备应该包括下列内容：
(1) 可以维持 72 小时的食物和水；
(2) 携带式的收音机、手电筒和电池；
(3) 补充足够的处方药物、急救箱和眼镜等；
(4) 个人洗漱用品和卫生用品（塑料袋、消毒剂）；
(5) 毛毯或睡袋；
(6) 灭火器、替代的照明用具；
(7) 安全装备，如消防水管、厚重的鞋子和手套、工作服[8]。

家庭成员应该熟悉彼此单位或学校中的紧急灾难计划，以便家人在灾难发生时，可以较冷静地处理应对。这一紧急计划如果能在邻居间甚至整个社区内建立，那么，在紧急事故发生时，邻居们可以互相关照和帮助，互惠互利，最大限度地降低身心伤害。

除此之外，心理救援工作者要为自己准备一个紧急袋，如果救援工作时间超过 3 天，或所去地点条件艰苦，紧急袋内应该包含下列物品：
(1) 以供替换的应季衣物；
(2) 眼镜、药品（包括应对压力反应的成药）和小的急救箱；
(3) 个人卫生用品；
(4) 手电筒、携带式的收音机和电池；
(5) 3 天的食物和水（每天 3～4 L）；
(6) 纸和笔、附有纸夹的笔记板；
(7) 工作所需的表格和物资；
(8) 睡袋；
(9) 移动电话并储存足够的通信费用；
(10) 官方证明，以便进入管制地区；
(11) 一张家庭的照片；
(12) 一本好书或其他便捷的娱乐道具[12]。

（二）救援工作中的生活工作管理

心理救援工作者在矿山灾难性事故救援工作中，勤奋工作的同时，要保持觉察，关注自身的身体状况和心理感受，多做促进自我照顾的活动，这些活动包括以下内容：

1. 加入心理救援团队 矿山创伤心理救援要在一定的心理救援团队中进行，团队要建立分组和交班制度，以及交班过程中要尽可能地彼此了解各自的情况，这样可以帮助自己对在交班期间可能会遇到的事情做好准备。

2. 建立"伙伴"系统 在团队中与至少 1 名同事发展成"伙伴"关系，彼此鼓励和支持。双方协定倾听彼此的感觉，关注对方身心状况和压力症状，并在压力增加时，提醒对方必要的休息。这一过程中，彼此尽量保持积极态度，使用支持性肢体语言，多互相关心。

3. 把控生活节奏与合理饮食　多做深呼吸，保证充足的睡眠。规律地进食，多喝水，避免摄入过多的糖、脂肪和咖啡因。保证必要的休息，至少每 4 h 休息一次。条件允许的话，值班工作的时间不要超过 12 h。在休息时，宠爱一下自己。下班时，享受一下休闲活动，让灾难远离心灵。如果需要，工作后允许自己花一些时间独处，但不要完全退出社交活动。

4. 给自己正向的自我暗示　随时对自己实施积极暗示，可以开小玩笑，但切忌"灾难笑话"。

5. 保持良好的工作关系　工作场合尽量控制声音，越小越好，并温和地提醒别人做到这一点。用笔记板或笔记本做好摘记，因为压力状况下常见记不住的问题。当同事正在执行任务时，避免不必要的干扰。在每一次值班结束时，用几分钟和同事谈一谈今天的想法和感觉，为自己"减压"。

6. 定期参加分享成长团体或工作者支持团体　以促进情绪的及时处理，警醒自己的问题。

7. 在心理救援进行中关照自己　可以从以下几个方面着手：

（1）住得舒适、隐秘，像家一样。床头有家人的照片，定时与家人联系；

（2）在休息时间，尽可能如在家一样休闲生活。例如，洗个热水澡或淋浴，读一本好书，跑步，听音乐，如果在当地能找到休闲的场合，也要尽量利用；

（3）认识新朋友，了解新鲜的事情；

（4）写日记，这有助于宣泄当时的情绪，整理救援思路；

（5）避免过量使用酒精和咖啡因。

同时，救援者尽可能避免下列情况：①没有同事的情况下，延长单独工作的时间；②"昼夜不停"地工作，很少休息；③消极的自我暗示，强化失败或无能的情绪，当然也包括英雄式的想法，如"花时间休息是自私的"等；④过度使用食物、药物作为支持[23]。

（三）救援完成后的生活工作管理

在心理救援任务结束后，救援人员进入了灾后的恢复期，在此期间要尽可能做到以下几个方面。

1. 加入支持团体，寻求和提供社会支持。

2. 同事之间的互相支撑　与同事共同回顾和讨论救援工作，以通过讨论确认已经"结束"的感觉；增加同事的支持；当救援时的感觉浮现时，彼此倾听对方的感觉。尝试非言语的表达，如绘画、艺术、写作、音乐。因为愤怒是灾难之后一种常见的感觉，有时候会不经意地发泄在同事身上，所以不要有针对个人的愤怒。积极的肯定是非常重要的，要给同事鼓励和正向的回馈。

3. 安排休假，并列出自己回归正常生活的时间表。

4. 为可能的世界观的改变做好准备。

5. 增加休闲活动，注重压力管理　多休息，做让自己放松的活动，尤其注意健康和营养；养成好的睡眠习惯；在灾难之后的数天或数周，要吃得好，尽量睡眠充足。避免过量使用酒精和咖啡因。

6. 恢复因救援而中断的人际关系　当你返家后，因为家人可能会有不同的期待和需要，此时要注意小心地协调，其中沟通是非常重要的。

7. 自我反省　尽可能安排一定的独处时间，让自己整理心情。寻找喜欢或让人大笑的活动并参与其中；坚持记日记以清除内心的担忧；增加对精神或哲学意义的体验；预期将要经历想法或梦的重现，它们将随着时间而减少；尝试不做负责人或"专家"；避免变得容易分心、鲁莽，或易发生意外。

8. 寻求专业的帮助　参与矿山创伤心理救援后之后，可能会经历心情的起伏和行为的改变。这些都是正常和自然的，而且会随着时间而转变。但如果感觉烦躁或适应困难，极端的反应持续超过 2～3 周，请寻求专业的帮助。

9. 当心理救援行动结束后，注意你可能会经历一些"降温"的过程。

参与一场矿山灾难性事故的救援工作可能会在许多方面改变一个人。工作者的经验既正向又充满痛苦,任务的结束有时可能会带来矛盾的心情,身体和情绪的疲惫状态也可能使心理救援人员无力来对自己的经验和改变进行回顾,从而产生迷惑感。而这些改变或转变包括4种成分[24]:

(1) 一个结束,包括失落和放下:①不再参与(disengagement);②不再认同(disidentification);③犹如从梦的情境中醒来(disenchantment);④失去方向(disorientation)。

(2) 一段迷惑或烦恼的时期。

(3) 一段通彻有意义的时期。

(4) 一个新的开始。

如果心理救援人员反思一些技术或价值观问题,这些问题的讨论与分享可以帮助心理救援团队人员更快地从救援工作过渡到灾后的生活。如果救援工作的时间很短,这些问题可以作为分享团体工作的一部分。如果团队人员参与长期的救援工作,在任务结束前就可以利用团体开会的机会讨论这些问题,以帮助他们为过渡做好准备。讨论的问题可以包括:

(1) 当救援行动结束时,我将会留下什么东西?积极吗?

(2) 当我离开救援行动,继续原来日常生活,我的过渡时期会是什么样子?会有什么样的困难?什么可以帮助我度过过渡时期?

(3) 经过这次救援工作,我哪些方面改变了?对我而言,我的经验在这次矿山灾难性事故救援中,有没有什么事未完成?在这次救援中,有没有什么事,是我在离开之前或之后需要做的?

(4) 离开这里后我要去哪里?从这次经验中,我会对自己说些什么?

在恢复调整期,要避免走进的误区有:

(1) 持续不断地忙碌,这不利于体力和精神的恢复;

(2) 认为帮助他人重于自我照顾;

(3) 回避与他人谈论救灾工作,这可能使救援者很长时间都走不出救灾时的应激状态。

第四节　矿山创伤心理救援工作者的职业素质

职业素质是一个职业发展必不可少的组成部分,反映了职业的专业化程度。而心理救援作为一种应对危机事件的必不可少的工作环节,心理救援也将成为一种新型职业,那么心理救援工作者的职业素养是什么呢?要成为一名合格的心理救援工作者都需要哪些条件呢?

当前,我国从事突发灾难性事件心理救援工作的主要由心理咨询与治疗师、社会工作者以及精神科医生等组成。心理救援工作者针对的不是患者,而是处于应激状态下的非正常状态的被救援者;工作目的有3个:一是防止过激行为,如自伤、自杀或攻击行为的发生;二是促进交流,鼓励当事人充分表达自己的思想和情感,树立自信心,正确地进行自我评价,给当事人提供适当的建议,促进问题的解决;三是提供适当的医疗帮助,处理昏厥或激动状态,从而减少创伤后应激障碍的发生。灾难性事件心理救援工作与传统的心理咨询服务有共通点,同时也有一定差别,它更具挑战性,也提出了更高的要求。下面就从与一般意义的心理咨询的共性和差别的角度来阐述心理救援工作者的职业素质。

一、心理救援工作者的伦理要求

(一) 心理咨询与治疗的伦理要求

职业伦理(professional ethics)是指"职业群体为更好地履行职业责任,满足社会需要,维护职业声誉而制定的自我约束的行为规范——一致认可的伦理标准。"职业伦理是心理咨询专业化发展的一个重要维度，对推进从业人员专业化发展、提高职业声誉有着重要作用。职业伦理也是专业人员提升职业素质的重要方面。

陈国海提出，中国心理咨询与治疗的伦理学研究必须以马克思主义伦理学基本原理和思想为指导，深入探讨社会主义市场经济条件下心理咨询与治疗实践的伦理道德问题[25]。高技术与高尚医德是发展中国心理咨询与治疗事业的两大支柱。心理咨询与治疗者担负着抚慰灵魂的重任，人格魅力和高尚情操尤为重要。我国心理咨询与治疗的伦理实践尚不规范，理论研究薄弱，这成为中国心理咨询与治疗事业发展的瓶颈，极大阻碍中国心理咨询与治疗工作的开展。心理咨询与治疗的伦理道德受不同社会、阶级、文化等因素的影响，存在地域、文化、民族的差异。因此，盲目照搬照抄西方心理咨询与治疗的理论、方法和技术是行不通的，要结合中国社会文化和民族心理的特点，发展适合我国实际的伦理原则。此外，由于伦理与政治、法律的交互关系，伦理学研究将为政府制定相关政策、立法奠定良好的基础。学者李霁则认为，心理咨询与治疗者的基本伦理教育主要包括规范作业、保守秘密、知情同意、平等原则等各方面的内容。

1. 规范作业　心理咨询与治疗的操作都必须遵循规范的、恰当的、系统的操作流程，这一点应该体现在所有的心理咨询师与治疗师的培训课程中，以期通过规范作业来避免临床伦理问题。

2. 保守秘密　保密原则是心理咨询与治疗最为重要的一条原则。未经来访者许可，咨询师不得向任何机构或个人、在任何场合泄露来访者秘密信息，咨询过程不得进行录音、录像。在必要的案例讨论、教学引用和科研写作中，应隐去可能暴露来访者个人身份的信息。而咨询师及所在机构应建立对来访者个人信息、咨询信息的严格的保管制度，严防来访者的信息外泄。但在以下情况下，属于咨询师保密原则的例外，应及时向相关人员反映情况。这包括：①来访者有自伤、自残或自杀可能性时，应当提醒其家属、朋友、组织给予更多的关注和看护；②来访者有攻击伤害他人的可能性时，应当提醒他身边的人提高警惕和准备应对措施；③当涉及司法案件时，咨询师需要向有关方面提供来访者的个人资料和信息。

3. 知情同意（informed consent）　"知情同意"指在与来访者确立咨询关系之前，咨询师有责任向当事人说明咨询与治疗的费用、约会的次数和频率、失约的处理、自己的专业资格、理论取向、工作经验、咨询或治疗过程、治疗的潜在风险、目标及技术的运用以及保密原则与咨询收费等，以利于当事人自由决定是否接受咨询或治疗。

4. 平等原则　平等原则是针对咨询师提出的伦理标准，要求治疗师要持公正的态度，平等地对待每一个成员，尊重每位来访者的人格尊严，不带种族、道德、性别、宗教取向、年龄以及其他因素等偏见对待每位来访者。

（二）心理救援的伦理要求

矿山创伤心理救援的对象是矿山灾难性事故的直接和间接受害者，处于心理弱势，这要求心理救援人员更要严格遵守职业伦理，否则将会给已经非常脆弱的受害者更大的身心损害。张艳霞提出，对心理救援工作者四条道德要求，即诚实、来访者利益至上、保密和知情选择[26]。这里特别强调，诚实即做到"言行一致"，努力做到所感与所言、所行与所为的和谐一致；来访者利益至上原则是指要对所要采取的干预措施慎之又慎，如果没有能力帮助来访者恢复，就不要去揭开伤疤。因为心理救援不同于长程的心理治疗要对来访者的问题进行深度的处理，因此，在心理救援中，更要注意采取保护来访者的策略，使其能够自然地回到原来的正常生活中。良好的职业伦理，有助于为来访者营造平等、尊重、理解的氛围，建立良好心理救援关系，让来访者感到被无条件接纳，愿意产生互动，接受分析与帮助，并为解决自己的问题去行动。

二、心理救援的专业知识和技能

心理救援工作者的专业能力一般是指其能够有效地掌握与应用相关临床治疗方法、策略和技术，同时具有广博的人文与社会学知识，以及在实践中能够灵活运用各种专业知识和技术的能力。在西方国家，对此要求很严，一般心理服务从业人员在执业前必须经过严格的专业相关领域培训，并且专业划分明确细致，如从事成人抑郁症治疗者不能接待儿童来访者，除非接受过儿童抑郁症专业培训。

（一）我国心理救援人员的专业知识与技能的现状

与国外心理救援扎实的专业知识与技能相比，我国目前专业人才的现状相去甚远。76.2%的心理救援工作者表示有难以胜任工作的感觉[3]。这远高于美国等西方国家的数据。这除了与心理救援工作者的自我角色期待有关，更反映了我国心理救援尚处于职业化过程中，规范化的培训还未系统建立，很多从业者产生了力不从心的感觉。

在西方多数国家，心理救援工作者的培训是一个系统工程，有严格的准入标准，一名心理救援工作者一般要有督导下的1500～3000 h的临床经验，是成为心理救援工作者的最起码要求。然而，中国近现代心理服务行业的真正发展不超过30年，至今仍缺乏大学本科的临床心理学系统培训的业内规范，没有毕业后继续教育的体系、制度、方式等，而对心理救援的相关教育与培训极为有限。尽管近些年随着社会各界对心理健康的重视，特别是心理救援工作有了长足发展，并在汶川地震、玉树地震、王家岭矿山灾难性事故等重大灾难性事故后得到了国家政策上的支持，国内各种心理服务行业的培训班层出不穷，但系统性不足，以理论授课和短期授课为主，缺乏实践操作的演练，尤其缺乏循序渐进的案例示范与实践机会。多数学员在培训过程中觉得收获，但在实践中却发现，不知如何应用，仅凭各自的社交能力与理解来实践，自然力不从心。所以，我们心理救援工作者的职业能力普遍需要大幅度提升。

心理救援是一门艺术，更是一门科学。作为专业人员，必须掌握普通心理学、人格心理学、社会心理学、变态心理学、心理测量学、心理卫生学和心理咨询等方面的基本理论知识，同时还必须能够熟练掌握并运用各种咨询与治疗技术，如会谈技术、倾听技术、心理测量技术、影响性技术、共情表达技术等，还要对心理咨询和治疗的主要流派，如精神分析、人本主义、行为主义等主要的理论熟悉掌握，对技术熟练操作，并从中采取某一流派作为自己的主要取向。只有具备了扎实的心理学理论知识和娴熟的心理救援技巧，心理救援工作者才能为灾难经历者提供良好的心理服务。

（二）心理救援的专业知识和技能要求

心理救援工作者的胜任能力主要通过完备的职业化培训体系，并通过执照和认证环节考核予以保证，加之对从业者的品质的要求，双管齐下评估其胜任能力。例如，在美国，心理咨询师的从业人员至少要有临床或咨询心理学专业博士学位，同时还强制参加继续职业教育，要求每年参加由执照委员会认可的20 h或更长时间的培训。Overholser于2009年指出，评估心理咨询师的专业技能应该从教育经历、临床经验、资格认证以及督导证明等多个方面综合考虑。我国心理咨询职业发展尚处于初级阶段，心理咨询师的专业化进程还相当缓慢，心理咨询不仅缺乏专业标准，对专业胜任能力始终没有统一规定，但关于咨询师的专业知识和技能要求，国内学者提出了不同的想法[27]。

我国著名的心理学家霍大同认为，接受该专业的基本理论与方法的培训并接受系统的咨询、治疗或分析的训练是关键，这包括心理咨询与心理治疗本身的理论与技术以及精神病学的理论与诊断技术。他还强调，学习者要以一个被治疗者或一个被分析者的身份去接受督导教师对自己的咨询、治疗与分析，并认为这才是"精髓"，因为这既是一个自我了解、自我成长的过程，也是一个细致入微的学习过程。此外，治疗师需要学习哲学、人类学、民俗学、社会学、历史学方面的知识，以及语言学与修辞学的知识[28]。

虽然心理救援工作在操作上有别于心理咨询和治疗，但在专业和技能要求上与其有着共同点。因此，心理救援工作者应加强心理学和危机处理方面的理论和技能学习，加强实践磨炼与反思，不断自我分析和自我成长；工作者们也应在实践的基础上，结合我国心理救援的实际，及早总结和制订出我国的心理救援的标准方案及心理救援工作人员的从业要求。

三、心理救援工作者的人格特征和情感能力

（一）心理救援工作者的人格特征

如果细心观察，会发现到处存在着所谓的"天生的心理咨询师"，他们热情开朗、乐于倾听、能设身处地地替他人考虑，替他人着想，并能提出中肯而妥帖的建议与意见。他们在人群中广受欢迎，尽管没有心理学的知识，更没有什么专业方面的训练，但这都不妨碍他们成为生活中的咨询师。而使他们成功的因素就是他们的人格。因此，优秀的人格特质是胜任心理救援工作的核心和关键，这些品质有富于同情心、注重与人合作、积极开放、富于责任感、坚韧乐观、客观冷静等。具体而言，一名优秀的心理救援工作者须具备以下的人格特征。

1. **倾听能力**　聆听是心理咨询的最基础的技能，这对心理救援更为重要。对于矿山灾难性事故的幸存者与亲属而言，他们刚刚经历了惨烈恐怖的矿山灾难性事故，说出他们的所见所听所思所想是心理救援的起点，而心理救援人员就要学会听，并且是用心听。要认真、有兴趣、设身处地地听，敏感机警以恰当的方式适时地做出反应，适当地表达理解，倾听不需要价值评判，要给予无条件的尊重和接纳。善于倾听，不仅在于听，还要有参与，有适当的反应。可以是言语性的，也可以是非言语性的。

2. **善于沟通**　沟通是人与人之间建立联系、传递信息、传达情感的社交活动，是人们社会生活的重要组成部分。心理救援作为一种特殊的人际沟通形式，其成败也有赖于沟通的深度与效率。所有的心理救援方式方法，最终都要通过沟通来实现。良好的沟通是建立有效心理救援机制的关键[29]。

3. **共情能力**　共情（empathy），也称为同理心，是指一种能深入他人主观世界，了解其感受的能力，是咨访关系建立的条件之一。它包括五个层面：理解来访者的过去、现在和未来的关系，对心理救援者而言，要理解矿山灾难性事故与经历者现在症状的关系；理解来访者与家庭成员及其所处的社会环境的关系；理解来访者意识与潜意识的关系；理解在治疗情境中，来访者与咨询师之间关系的变化；理解来访者的心理问题与其整体精神世界的关系。在心理救援过程中，切忌混淆"同情"与"共情"，矿山灾难性事故的幸存者或遇难者家属很容易得到周围人的同情，但救援人员要给予的则是感同身受的同理，是能够深切地体会到受助者的恐惧与绝望的能力。

4. **洞察力**　洞察力是指深入事物或问题本质的能力，是人们对个人认知、情感、行为的动机与相互关系的透彻分析。在心理救援工作中，救援人员要能够从幸存者对回忆矿山灾难性事故细节的回避中洞察到其内心的深切恐惧，耐心地引导其讲述；能够从遇难者妻子的痛哭中读出对生活的绝望；从孩子闪躲的目光中体验到他们的茫然与无助；能够从家属对自己的攻击言语中听到他的人际不信任等。

5. **宽容**　心理救援所面对的来访者是千差万别的，特别是矿山灾难性事故的幸存者和遇难者家属一般受教育水平不高，言行举止可能有粗陋的一面，这就要求救援人员具有一颗宽厚包容之

心，能够积极地看到他们勤劳质朴的一面，即使在对方有攻击性时，也能够控制自己的情绪，妥善地处理救援关系。

6. 内省 心理救援工作者对自己的能力有清醒的认识，对自己的内心保持觉察警醒，在心理救援过程中善于把握自己，善于严格地解剖自己，经常性地反观自己的咨询方法的运用是否得当，是否有移情和反移情发生等。

7. 积极 心理救援中救援人员最常面对的是苦难和悲痛，这种情况下，只有积极乐观的人格才能另辟蹊径，发现生活中积极的一面。

8. 创造性和灵活性 矿山创伤心理救援过程中，事态的发展是瞬息万变的，突发事件是随时可能发生的，这就要求救援人员要头脑灵活，能够因地制宜地采取非常规的手段来处理受害者的问题，而不是一味的墨守成规。救援人员要运用渊博的知识，以及对人性有深刻的理解，迅速地做出反应，应对挑战。

（二）心理救援工作者的情感能力

心理救援工作者的情感能力一般包括：自我认识、自我接受和自我督导，即能够认识和承认自己是现实生活中独特而难免有错误的人，知道自己情感方面的优缺点、需要、资源、临床工作的能力以及局限性等；对自己持积极开放的接纳态度；时刻保持对自我内心的警醒，有效管理自己的情绪、精力和体力，在极限条件下拒绝继续工作等。人格优势和情感能力具有先天性，但更多是在职业发展中不断地自我完善的结果，作为心理救援人员要努力提升自己的情感能力[30]。

四、心理救援工作者的工作经历要求

像很多工作一样，心理救援工作中"新手"在很多时候都会体验到压力，并感到焦虑，他们在从普通人到咨询师的成长过程中，工作经历对他们运用理论、磨炼技巧、增强内心体验起着至关重要的作用[5]。因此，临床实训对于心理救援人员是必要的经历。临床实践训练课程（professional practice）旨在通过实践训练使学习者获得临床技能和工作经验，最大限度地提升学生的综合能力。在美国，实践训练课程主要分为实践课（practicum）、实习（internship）和博士后培训。

1. 实践课 开始让学生亲自进入现场情境，在专家的督导下执行现场训练，学生开始直接接触来访者并初步学会接待、心理评估、访谈、书写报告和案例研讨等基本的临床技能。

2. 实习 学生进行临床实践，能够帮助学习者把理论应用于实践，再结合实际情况进一步反思先前所学的知识内容，实习期间高强度的临床工作和督导等培训活动的综合，常常会使学生的临床技能获得突破性的进步。

3. 博士后培训 是指获得博士学位后还需有1年受督导的临床经验才能申请执照，是更高级、专业领域性较强的实践培训。当然，这些实践培训都是在督导下开展的。督导可以帮助被督导者提高在心理救援过程中认识自己的问题的能力，认识到自己的能力极限、盲点、个人特征以及语言行为等特殊习惯可能对干预过程产生的消极影响。所有这些专业课程理论教学与实践训练，全面地提升了学习者的专业素养并为以后职业能力发展打下了良好基础。

原国家卫生部（现为国家卫生与健康委员会）2008年5月印发《紧急心理危机干预指导原则》中就规定，心理救援医疗队的人员"以精神科医生为主，可有临床心理治疗师、精神科护士加入。至少由2人组成，尽量避免单人行动。有灾难心理危机干预经验的人员优先入选。配队长1名，指派1名联络员，负责团队后勤保障和与各方面联系。"救灾地点心理危机干预队伍中"以精神科医生为主，心理治疗师、心理咨询师、精神科护士和社会工作者为辅。适当纳入有相应背景的志愿者。

在开始工作以前对所有人员进行短期紧急培训。"其中强调了参与干预之前的培训与工作经历的重要性。随着我国社会对心理救援工作认识的深入，对心理救援工作者的工作经历的要求将逐步提高。

五、心理救援工作者的人生阅历要求

一个心理救援工作者能在多大程度上处理危机，取决于他在多大程度上是一个完整意义的人。"一个完整意义的人"源自丰富的人生历练，一个经历丰富、能够成功解决生活中问题的人，才能以成熟、乐观、坚韧和坚强的面貌面对饱受生活苦难的灾难经历者，才能传递给他们正能量。

（一）人生经历对心理救援工作者的影响

1. 对情感能力的影响　一个人以往经历的总和，通过内化过程，构成了一个人独特的情结和人格，进而会影响和决定一个人的动机、情感和行为。大量文献已证明了个体的早年经历和未满足的需要与其职业选择有关，而很多研究也发现选择心理相关职业的人往往更多经历过创伤性事件。被虐待或特别的痛苦经历会影响治疗师情感模式和价值观念的形成，可能对咨询工作造成影响[30]。丰富的个人经历，深刻的情感体验将有助于心理救援人员进行深入的自我探索、全面的自我认识、坦然的自我悦纳和成熟的自我监督。

2. 对救援工作的潜意识的影响　弗洛伊德童年备受母亲宠爱，由此他相信母亲在个体成长中具有举足轻重的作用，并提出"恋母情结"；阿德勒童年备受母亲轻视而感自卑，因此，他不同意弗洛伊德的观点而提出"自卑与超越"；艾里克森在童年因民族身份一直受困扰，由此，"自我同一性"成为他的理论的核心。个人经历对理论家尚且如此，对于每一个心理咨询的学习者而言，不论是流派的选择，技巧的运用，还是病因的探讨上，都深受自身的人格和生活阅历因素的影响，这可能是多年的教育熏陶，也可能是早年的生活经历。这种影响开始时多是无意识的或下意识的，但随着个人咨询经验的不断积累，心理咨询师会越来越意识到这些个人和生活因素的表现和影响，并主动地加以调整和转变。例如，有过早年丧父经历的心理救援者，这种创伤性经历使他在面对遇难者的幼儿时，会产生高度的认同感，一方面可能会很快走进孩子的内心，帮助孩子走出阴影看到希望；但另一个方面也要提防自己创伤的影响造成太多主观因素，而忽略面前小孩的个性和自身力量。

3. 对救援关系的影响　心理救援者的人生经历中的创伤性经历、原生家庭的情况会影响救援人员与受害者建立的关系。伤痛的经历对于心理救援人员来讲，很多时候是一种财富，因为它激发了对心灵的关注和对行为的兴趣，增强了觉察力、人际敏感性和共情能力，这有利于救援者与受害者建立平等、融洽的关系。所谓的原生家庭是指当事人原来的家庭，也就是由当事人自己父母及兄弟姐妹构成的家庭。而原生家庭是救援人员学习与他们相处，建立并发展人际关系，经历创伤的主要环境。如果救援人员由于各种原因，很小就在家庭中充当"代理家长"的角色或称作"小大人儿"的角色，那么在救援过程中他们往往对受害者人情绪会非常敏感，在救援关系中会充当照顾者的角色，但此时要警醒不要越俎代庖。如果救援者的家庭环境或成长经历使其习惯于通过追求完美和培养理想的自我形象来保护他们的局限和弱点的话，那么，心理救援人员在救援过程中会很容易将受害人对他的需要和赞美上瘾，而难以从中抽离，这不利于他们自身的健康，因此需要救援者自醒。

此外，心理救援人员读过的书籍、曾经的老师、身边的亲友或者邻居，都有可能影响到救援人员在工作中的表现。因此，应该多读好书并从中汲取养分，多交良师益友并从中丰富人生阅历、吸收人生智慧，在生活中努力培养、训练一个积极完善的自我。

（二）心理救援者个人阅历的要求

对心理救援者而言，个人阅历的要求很难一言概之，但心理救援人员的年龄应在35～55岁之间较合适,因为这一人生阶段既保障精力、体力要求,又往往经历过与他人建立亲密关系,迎接过新生命的到来,送别过亲人或朋友,生活或事业上有过得失等事件,而这些经历有利于他们理解矿山灾难性事故受害者面对死亡与丧亲时的感受,有利于他们同理受害者价值观和人生观的改变。

六、了解矿山、矿工和矿山灾难性事故

参与矿山灾难性事故的心理救援,心理救援工作者需要对矿山、矿工和矿山灾难性事故有基本的了解。因为矿山的类型(如露天煤矿与矿井)、煤矿矿山的所有权(如国有矿山与私有矿山)以及生产方式(如机械化作业与人工作业)对矿山灾难性事故幸存者恢复生活和生产的信心有着不同的影响。从现有的数据来看,我国矿山灾难性事故多发生在私有矿山,而矿山灾难性事故发生的主要原因就是生产的安全保障不足。因此心理救援人员有必要掌握了解发生矿山灾难性事故的矿山单位的这方面信息,以便在工作中有方向地帮助幸存者恢复生活信心。

矿山灾难性事故发生的类型,例如瓦斯爆炸、透水与塌方是主要的矿山灾难性事故类型。而每种矿山灾难性事故破坏性是不同的,特别是对幸存者的伤害,对感官的冲击与心理的伤害也是不同的。因此,心理救援人员有必要了解这方面的知识,以便更好地与幸存者同理,理解家属们的焦躁,也为进一步的干预提供帮助。

矿工是矿山灾难性事故最直接的受害者、最惨痛的受难者,也是心理救援的主要服务对象。因此,心理救援人员要了解矿工的日常生活,了解他们收入情况、家庭情况、工作环境等。只有走进了矿工的生活,才能真正走进矿工的心里,才能真正地开展心理的救援工作。

第五节　心理救援工作者心理健康维护的技术与操作

参与矿山灾难性事故的心理救援工作人员如何在繁重的工作中,积极、主动地维护自身的心理健康呢?以下从自我成长、专家督导、同行团队及与来访者共同成长四个方面提出建议。

一、修身养性——心理救援工作者自我心理健康维护

(一)时刻维护自身心理健康

心理健康的主要标志有:对自己、他人和环境能客观地认识并接纳,情绪相对稳定,能控制自己的思想与行为,能建立和谐的人际关系,人格健全。用一句话总结:心理健康就是心态好、心理平衡。心理健康对心理救援工作者来讲至关重要,"疗心者"必须有一颗健康的"心"。生活规律、淡泊名利、有限控制每日工作量、把工作留在工作场合、生活中不谈工作与个案、不做燃烧自己照亮别人的蜡烛,情绪低落或不稳定的时候不接待来访者等,所有这些做法与经验都有利于心理救援工作者维护自身的心理健康。

切忌咨询中的完美主义倾向,不要期望解决所有个案。所以,当不属于心理咨询的对象、个案超出自身的处理能力,或自己已经连续工作超时,在这些情况下应做转介。转介是心理咨询师工作范围的一部分,在心理救援中也应存在,适当的转介能反映救援人员对心理服务的质量和效果的严格要求,也体现了职业道德。不被患者把自己当成救星的假象迷惑,承认自己的边界和局限是对救援人员自己和来访者都负责的表现,更是自我心理健康维护的重要途径。

(二)了解自己的情绪,做好情绪管理

没有一个完美无瑕、不曾受过心理创伤的心理咨询师,咨询师也有喜怒哀乐,也会有心烦意乱,情绪悲观的时候,这就要求咨询师要有很好的自我觉察能力,能敏感地觉察到自己的情绪,了解自己的创伤及其对自己的潜在影响。例如,在心理救援过程中,如果自己特别的兴奋、热心,要警醒是不是该受害者触动了自己的某些"拯救者"的心结;如果自己总是提不起精神,很冷淡,要考虑自己是不是把前一天对类似受害人的情绪带到了本次救援中;如果自己对某位受害人有莫名的愤怒,就要提醒自己是否产生的反移情等。面对心理弱势而敏感的矿山灾难性事故幸存者及遇难者家属,心理救援工作者必须把握自己,保持自己的情绪感触,知道自己的状态如何,并清楚为什么会这样。心理咨询者不是一个容器,要把来访者传达的负性东西及时处理掉,这样才能再次正常工作。

作为心理救援工作者要始终保持觉醒的状态,要对自己的身心状态,特别是情绪状态有清醒的认识,因为情绪在很多时候是心理救援工作者自身潜意识的一种流露和反应。要快速分析情绪,分清是源自受害者,还是你自己的经历,这样做的目的是要摆脱心理救援工作者的情绪与受害人情绪的纠缠,防止心理救援工作者与受害者之间的彼此伤害,是对双方的保护。例如,在听矿山灾难性事故的幸存者回顾瓦斯爆炸的瞬间自己的一个工友如何在气浪中消失时,有的心理救援工作者就会感到非常恐惧。对于这种恐惧感,心理救援工作者就要分析这是源自幸存者的描述呢?还是自己内心对死亡的恐惧?或者二者皆有?这种自我觉察的能力,就像自我内在的"第三只眼睛",帮助自我审视、自我督导和自我修正;如果"第三只眼睛"对于一些问题无能为力,则需要与督导进行深层次的讨论,这样才能一方面促进技术的提升,另一方面促进自我成长[31]。

不断学习,坚持自我成长是成为一名心理咨询师和一名心理救援人员的必经之路,当然也是一个充满艰辛和挑战的过程。作为专业的助人者,心理救援工作者的个人成长是影响心理救援效果的核心因素,也是心理救援工作者专业发展中的重要问题。

(三)认识自我,悦纳自我

个人成长报告是每一位国家二级心理咨询师证书申请者的必选项目。在这份报告中,申请者需要分析自己的成长环境与成长经历对自己性格的影响,还要分析自己现在的性格中有哪些方面是有利于自己从事心理咨询师这个行业的。这其实就是一个自我认识的过程。这也是每位心理救援工作者应该完成的项目。心理学家岳晓东先生在他的著作《少年我心》中,从一个心理学者的角度回顾了自己从出生到成年的成长过程,点滴记录了自己的童年少年生活,并深入分析了这些"小事"对成年的他产生了哪些影响,形成了哪些品质,而这些品质又是怎么影响了他的职业选择,以及在心理咨询中的职业行为的。在这里建议有志从事心理救援工作的学员,或对探索自我感兴趣的同学,都不乏试着写一下自己的成长报告,对自己进行一次深入严肃的分析,帮助自己很好地认识一下自己。

而在自我认识的基础上,心理救援工作者要学习接受自己,悦纳自己。前面反复强调心理救援工作者切忌超限工作,而超限工作背后的机制往往是"不够爱自己",所以才会通过过分的努力或高成就等外面的认可来确认"我值得爱吗?"悦纳自己就是要无条件地接受自己,包括接受自己的外貌,接受自己的能力,接受自己的无能为力,接受自己的不完美等。要学会原谅自己的过失,并学会表达自己的个性和需要。

总之,认识自我和悦纳自我是一个长期的过程,需要心理救援工作者不断地自我觉察、自我反省,需要将自己不断地放到进行中的生活中并不断地考量与思考。可以说,对任何人而言,认识自我和悦纳自我都是一生的事情,而对心理救援人员而言,这则是终生的职业修养。

二、寻求和接受行业督导

心理救援工作者需要主动寻求社会支持，接受专家或同伴督导，增强应对压力的信心和效能。在日常生活中，心理救援工作者也时常会面临事业发展、人际协调、婚姻家庭与子女教育等压力，也需要及时接受心理咨询，或者是同行的心理分析。咨询师以当事人的身份接受咨询，获得接受咨询的经验，是成功心理救援工作者成长的必备条件之一，也是探索自己，确定自己能否协助别人的大好时机。心理救援工作者接受咨询的经验可以提高自己的觉察能力，对工作中可能会忽视的问题保持敏感。

督导（supervision）是指有咨询专长的督导者对心理助人学习者或称受导者，通过观察分析、评价，在业务学习上与实践操作上给予及时的、集中的、具体的指导与监督，以不断提高学习者对心理助人（心理咨询或治疗）概念的理解和操作技能，是心理从业人员业务提高与个人成长的重要环节[32]。心理救援工作者接受督导是十分必要的，因为在时间紧、任务重的情况下，救援人员会对案例的处理存在不确定性，本身也会有情绪得不到处理。因此，心理救援工作者要实现专业成长与可持续的心理健康必须依靠督导制度。

（一）专家督导

在督导中，督导员即教育者、支持者和评估者，督导的方式有个别督导、团体督导和现场督导。督导的范围通常包括专业学习督导、工作实践督导和对咨询者个人心理健康的督导。专业学习督导需要制订培训计划和工作方案，指导理论学习，审核咨询计划，组织个案分析，举办专题讲习班，点评咨询中的重难点，参与业务考评和年检；工作实践督导包括对职业道德和相关法规、工作态度、工作表现和业务能力的检查与指导，对业务能力的评估，关注心理救援过程中救援关系是否正常发展等；个人心理健康督导则指评估心理救援工作者的个人心理素质，关注心理救援工作者个人心理健康状况，协助排除因职业原因造成的心理问题，指导个案中个人成长的问题。

督导不光要提升心理救援工作者的业务能力，更要促进职业伦理的发展。研究中发现，与经过临床督导的心理咨询师相比，未经过临床督导的心理咨询师在职业伦理意识上比较薄弱，没有督导经历的咨询师尤其在双重关系建立和保密原则上的伦理认识与相关伦理规定差距较大[33]。临床督导不仅让受督导者掌握和增加心理咨询和治疗的理论和技能，还能让受督导者了解专业角色培养职业道德。

尽管前面反复强调心理救援工作者的自我成长，但是需要指出的是，任何心理救援工作者都会有自己的盲点，都会有自己并不了解的一些方面，而这些因素很可能会成为影响救援效果与救援工作者本身身心健康的因素。为了更好地促进心理救援工作者的自我成长，加强自我检验，个人心理健康的督导是非常必要的。通过与专家讨论案例，专家可以帮助心理救援工作者明晰可能存在的移情与反移情，并引导心理救援工作者认识到自己的未知的潜意识的作用，跳出潜意识的陷阱，促进心理健康，改进救援效果。例如，一位年轻的男性心理救援工作者在处理矿山灾难性事故遇难者的遗孤案例时，总是放不下手，尽管心理救援工作者与孩子的关系很好，然而孩子对其越来越依赖的强烈移情的出现，也让救援中的心理救援工作者无所适从。而专家听完案例报告后，立即指出并不是孩子离不开心理救援工作者，而更多的是心理救援工作者离不开这个孩子，这是反移情的作用。通过进一步的自我体验与心理分析，则揭示这位心理救援工作者也有幼年丧父的经历，这一创伤性事件使他在面对同样丧父的孩子时产生投射，觉得那个孩子就是自己，在与孩子的互动中不断满足自己当初的缺失。经过专家的指导，心理救援工作者理清了思路，调整了策略，合理处理了咨访关系，并很快完成了该个案。

（二）团体督导

所谓团体督导，是指被督导者群体的定期集中会议，由一名或几名指定的督导者，监控、评价被督导者的工作质量，通过来自团体成员及其相互作用过程得到的反馈，来协助被督导者提高自身专业能力或个人成长水平。团体督导通常分为"个案咨询"和"团体督导"两种，前者的工作对象更聚焦于矿山灾难性事故经历者，后者则更聚焦于被督导者的个人成长。

在矿山创伤心理救援工作中，专家资源短缺且分散，团体督导就成为一种更为实际的选择。团体督导省时省力，经济性实用，尽管并不是所有的被督导者都会有针对性地接受督导，但分享也会使更多的人有替代学习和合作学习的机会，彼此学习与借鉴，了解更广的来访者，使用更多的技术。

但与个别督导相比，团体督导的隐私性不足，由专家督导中的督导者、被督导者和来访者的三方关系，变成了极为复杂多方的督导关系，这会影响督导效果。贾晓明就强调了团队督导的氛围的重要作用，他指出只有平等、尊敬、信任的督导关系，温暖安全的督导氛围才能起到督导的作用。因为，除督导者之外，其他被督导者的评价与反应很可能会引起报告人的焦虑，加重负性情感体验。当然，也有学者对团体督导的复杂关系持积极态度，他们认为团体中的督导关系本质就是评价性的，所以痛苦、焦虑是必不可少的体验。

因此，在矿山创伤心理救援工作中，有关机构或组织应组织团体督导定期开展工作，并且要重视团体氛围的营造，既要安全接纳，同时又要严肃认真，以促进团队成员的业务精进和个人的身心健康。

三、组建同行小组

尽管督导越来越受到重视，但调查显示，我国心理健康从业者督导情况堪忧，接近半数的人从未接受过任何形式的督导，这种情况在矿山创伤心理救援工作中将变得更为严重。因此从现实角度来讲，同行互助异常重要，起到督导的辅助作用。

同行小组与督导的性质一样，也可以分为理论学习小组、案例讨论小组和个人成长小组。而在矿山创伤心理救援的条件下，因为人数有限、场所分散等条件的限制，所建立的同行小组可以同时兼具以上三种功能。

小组成员可以组织必备的心理救援或心理干预的短期理论学习，定期分析讨论在心理救援过程中各自处理过的个案的情况及可能存在的问题，以及自己采取的处理方式和可能存在的疑虑；还可以汇报分享自己的情绪状况，谈论自己在面对幸存者时无能为力的感受，甚至自己对工作价值的质疑等问题。但需要指出的是，因为同行小组多为已经彼此熟悉的熟人团队，在自我体验的分析中可能会有所顾虑，此时也不能强求，特别是在自我分析时，团队成员要多鼓励，少批评，也不宜过深地分析，以免由于用力过猛给小组成员造成伤害，破坏小组的氛围。

心理救援工作中，工作人员处理着应接不暇和强烈的负性情绪，自己产生负性的情绪体验是情理之中的事情，但如果这些情感体验得不到支持，那就会非常危险。因此，每一位心理救援工作者都离不开专业网络的支持，离不开同行的陪伴与支撑。因此，建立由同行组成的支持性的小组，讨论与治疗相关的负性情绪体验，用以缓解孤独感与工作压力。实际上，专业支持与情感支持也是无法分割的。即使是对个人情感触及较少的理论学习小组，在小组中使用共同的语言、追求共同的目标，这样的过程也能够提供归属感、成就感等积极情感，促进小组成员专业和情感成长。

例如，在矿山创伤心理救援中，专家A和B在做灾后心理援助工作的时候，由于压力产生了很多不良情绪，这时候 A 提出开展交流会，处理好负性情绪，交流经验，以更好地促进心理救援的开展，营造良好的团队支持氛围。

四、与受助者一起成长

心理救援是人与人的交往，心与心的碰撞，思想与思想的交流，经验与经验的交换，人格与人格的冲击。故此心理救援工作者帮助了矿山灾难性事故经历者的同时，这些经历者也会反过来帮助救援工作者。特别是矿山灾难性事故中的幸存者或遇难者家属只是因为矿山灾难性事故的打击而暂时失去了应对能力的正常人，他们的智慧、经验、观点，甚至他们在灾难中的勇敢表现经常可能启迪咨询师的智慧，帮助咨询师成长。

心理救援是为了降低幸存者的悲痛，满足其当前的需要，提高其适应能力，并不是疏导他讲出创伤的经历和损失。每个人都希望得到别人的尊重与理解。只有把对方当做一个与自己一样、平等的人来看待，才能与对方建立起良好的关系。在这个过程中，当事人的言行及情感也在时时影响着心理救援工作者。而在心理救援的过程中，工作者可能会发现来访者有时候竟能帮助发现自己的盲点，引导其提升成长。

（高志华）

参考文献

[1] 葛静．成长，终身的课题——个人成长报告．社会心理科学，2010，25（21）：195-197．

[2] 赵霞．高校心理咨询工作者个人成长的调查研究．中国成人教育，2010（3）：78-79．

[3] 赵静波，季建林，程文红．心理咨询和治疗师的专业能力和情感能力的多中心调查．中国心理卫生杂志，2009，23（4）：229-233．

[4] 张松．心理咨询师的个人成长问题研究．许昌学院学报，2007，26（1）：153-156．

[5] 倪竞，侯志瑾．新手咨询师行为反思的轨迹变化．中国临床心理学杂志，2014，22（2）：367-372．

[6] 林孟平．辅导与心理治疗．香港：商务印书馆，1998．

[7] Tracy, LW．Burnout and the Ethics of Self-Care for Therapists．Linking Research to Educational Practice Ⅱ，2002：5-17．

[8] McCann L, Pearlman LA．Vicarious traumatization: a framework for understanding the psychological effects of working with victims．Journal of Trauma Stress，1990，3（1）：131-149．

[9] Pross C．Burnout, vicarious traumatization and its prevention．Torture，2006，16（1）：1-9．

[10] 吴薇莉，张伟．心理咨询师个人成长中社会角色的分离与整合．中国临床康复，2003，7（27）：3742-3744．

[11] 李建明，杨绍清．地震后心理危机干预人员的心理状态调查研究．中国健康心理学杂志，2008，16（12）：1425-1426．

[12] 戴安·梅尔斯．灾难与重建：心理卫生实务手册．陈锦宏，等译．台北：心灵工坊文化事业股份有限公司，2001．

[13] 马君英．替代性创伤研究述评．医学与社会，2010，23（4）：91-93．

[14] 许思安，杨晓峰．替代性创伤：危机干预中救援者的自我保护问题．心理科学进展，2009，17（3）：

570–573.

[15] Lerias D, Byrne MK. Vicarious traumatization: symptoms and predictors. Stress and Health, 2003, 19 (3): 129-138.

[16] Maslach C, Jackson SE. The measurement of experienced burnout. Journal of Occupational Behavior, 1981, 2 (1): 99-113.

[17] 杨映萍. 浅谈我国心理咨询师健康发展之要素. 医学与哲学（人文社会医学版），2008, 29 (11): 61-63.

[18] Raquepaw J, Miller R. Psychotherapist burnout: A componential analysis. Professional Psychology: Research and Practice, 1989, 20 (1): 32-36.

[19] 裴涛，张宁. 国外心理咨询师职业耗竭研究现状. 医学与哲学，2006, 27 (5): 63-65.

[20] Rzeszutek M. Burnout Syndrome in Male and Female Gestalt and Cognitive-Behavioral Psychotherapists. Roczniki Psychologiczne/ Annals of Psychology, 2013, 16 (1): 155-161.

[21] Hartsough DM, Myers DG. Disaster work and mental health: Prevention and control of stress among workers. Rockville, Maryland: National Institute of Mental Health, 1985.

[22] 吉柏特·布来森·拉萨，玛莉亚·玛西迪·沙曼多·迪亚兹. 引导心理暨社会重建——危机和灾难处理手册. 蔡淑芳，译. 台北：开拓文教基金会，2008.

[23] Baruch V. Self-Care for Therapists: Prevention of Compassion Fatigue and Burnout. In Psychotherapy in Australia, 2004, 10 (4): 64-68.

[24] Bridge BW. Transitions: Making Sense of Life's Changes. Perseus Publishing, 1980.

[25] 方红丽，张桂青. 心理咨询与治疗的伦理学特征. 中国临床康复，2006, 10 (38): 114-116.

[26] 张艳霞. 突发灾难事件心理危机干预工作者的胜任特征. 中国成人教育，2011 (22): 64-66.

[27] 安芹，贾晓明，尹海兰. 高校心理咨询师的专业能力及专业发展. 心理科学，2011, 34 (2): 451-455.

[28] 温培源，霍大同，张日昇，等. 谁适合做心理治疗师？——对心理咨询与心理治疗专业人员资格的讨论. 中国心理卫生杂志，2001, 15 (3): 214-216.

[29] 王宇航. 试析沟通在建立大学生心理救援机制中的作用. 江西社会科学，2005 (2): 171-176.

[30] 许丹. 我国心理咨询师的职业动机研究. 天津：南开大学，博士学位论文，2010.

[31] 徐光兴，许书萍. 心理咨询学与佛学的对话——从《金刚经》的"妙行无住"看心理咨询的境界. 华北水利水电学院学报（社科版），2009, 25 (5): 1-4.

[32] 姚玉红，刘翠莲，赵娟. 高校心理咨询师团体督导中督导关系的效果研究. 思想理论教育，2012 (1): 75-79.

[33] 陈发展，张洁. 有无临床督导经历的心理咨询师在职业伦理意识方面的对照研究. 中国民康医学，2008, 20 (23): 2746-2748.

第十一章

矿工的心理健康与促进

矿业生产安全是维护社会稳定、构建和谐矿区的一项重要任务，矿业工人心理健康状况又与矿业生产安全息息相关。

我国现有矿业工人约700万人，是一个庞大的特殊职业群体。由于矿山本身的自然条件和生产过程的特殊性，矿井中存在很多特殊的不良环境因素和灾害性因素，这些因素都严重地威胁着矿工的劳动安全和身心健康，也使他们面临着比其他职业大得多的生存压力和生活压力，使他们更容易产生挫折感，形成压抑、烦闷、消极厌世的心理。极端情况下，还容易产生各种攻击性心理和报复性心理以及其他反社会心理。

然而，由于矿工心理问题常常得不到重视或者被忽略，导致在井下错综复杂甚至危险的环境下工作时诱发安全事故，也会使他们产生许多特殊的心理问题。而这些心理问题又会反过来成为矿山事故的心理因素，影响着安全生产的实现。

第一节 矿工的心理健康状况

研究表明，在引起矿难事故的人与物两大因素中，人的因素占有最重要的地位，达到80%~90%。人的因素主要是指人的各种不安全行为，而行为是由心理支配的，所以矿工的不安全行为多是由一些心理问题直接或间接导致的。可以说，矿工的心理健康与矿业安全生产密切相关，很值得我们去深入研究和探讨。

一、我国矿工的心理健康现状

有关矿工心理健康状况的流行病学调查研究有很多，大多采用的是SCL-90进行调查分析。

戴福强等（2009年）用SCL-90对皖北煤电集团公司所属9个煤矿的14 341名工人进行心理健康水平的整体调查，并与国内常模比较。结果发现，煤矿工人SCL-90总分、阳性项目数和躯体化、人际关系、抑郁、焦虑、敌对、恐怖因子均分均明显高于国内常模。井下矿工SCL-90总分、阳性项目数和躯体化、人际关系、焦虑、恐怖因子均分均高于地面矿工。此结果表明煤矿工人的总体心理健康水平较其他人群低，井下矿工存在的心理问题更为严重，其中以躯体症状、人际关系、抑郁、焦虑和敌对等方面表现最为突出[1]。

朱本亮等（2009年）采用症状自评量表，对1015名徐矿集团矿工进行心理状况调查，并与国内常模进行比较[2]。结果发现一线井下矿工在抑郁、人际关系敏感、偏执因子中分数较高。宋志方等（2010年）的研究结果发现煤矿工人的总体心理健康水平低下，井下作业工人尤其明显。煤矿井下作业工人各因子分、总分、总均分、阳性项目数、阳性症状均分均高于地面作业工人[3]。

二、我国矿工的人格特点

眭衍波等（2003年）的研究发现，井下矿工与井上矿工的人格特征相比，具有以下特点[4]。

1. 井下矿工神经质特质高 神经质特质的人情绪不稳定，易大喜大悲；在面临困难时，精神上容易出现强烈的心理不安、担心、恐惧，并由此导致错误的认识，对外部压力的适应能力比较差；容易神经过敏，对于消极事件更为敏感。因此高神经质的人往往会对自身的事业、爱情、生活、人际关系产生负面的影响。

2. 井下矿工的宜人性低 简单说就是对合作和人际和谐不是很看重；容易把自己的利益放在别人的利益之上，不乐意去帮助别人；有时候，对别人敏感多疑，怀疑别人的动机。攻击性较强，对别人的痛苦缺乏同情心，更关心真实、公平而不是仁慈。

3. 井下矿工的严谨性低 严谨性低就是对自己的能力不自信，常表现出困惑和健忘，不相信自己可以控制自己的工作和生活；做事情没有计划性和条理性，表现得易冲动和粗心；把规矩和条例看成是一种约束，表现得懒散和漫不经心；工作上没有太高的追求，只满足于完成基本的工作，表现得懒惰；做事拖延，经常半途而废，遇到困难容易退缩；做事不考虑后果，冲动、粗心，想到什么做什么。

神经质、宜人性和严谨性是一个人能否健康生活的基础，在日常的安全生产中都是非常重要的，而在危难时刻可能更是生死攸关的关键。

吴真等（2009年）的研究也发现，井下矿工心理健康水平显著低于全国一般人群及地面矿工[5]。这表明井下矿工的心理健康状况急需改善。之所以出现这样的结果，这与井下工人一直处于高负荷、高压力、高危险的工作状态下有着直接的关系。研究还表明，灾后各类心理障碍的发生率为3.9%～75%不等，这除了与灾难的性质、严重程度有关以外，更与受灾者的个性、心理品质显著相关。

综上所述，矿工总体心理健康水平较其他人群低，井下矿工存在的心理问题更为严重，其中以躯体症状、人际关系、抑郁、焦虑和敌对等方面表现最为突出，提示矿工的作业环境，尤其是井下作业对矿工心理健康有着不可忽视的影响。

第二节 影响矿工心理健康的因素

大量有关矿工心理健康现状的研究表明，矿工整体心理健康水平低，分析其原因与以下因素有关。

一、作业环境中物理化学因素对矿工心理健康的影响

矿业工人是个特殊的职业群体，他们常年所处的工作环境以及所从事的生产作业活动具有很强

的特殊性。以煤矿为例，我国煤矿96%是地下开采，受自然条件所限，作业环境狭窄、黑暗、高温、高湿，又存在较多的污染性因素（如强噪声、粉尘、有害有毒气体等）和危险性因素（如水、火、瓦斯、煤尘和顶板五大自然灾害、机械伤害等）。矿工常年工作在这样条件艰苦的环境中，而且劳动强度比较大，这些因素不同程度地影响人的情绪、行为和注意力，破坏人体的正常状态，引起躯体不适，从而影响身心健康。我国矿业工人存在很多心理问题，如忧郁、焦虑、恐惧、强迫症状等，还存在一过性的心理症状，如感知、记忆和思维障碍，情绪低落和过度高涨，过度紧张，故意违章、冒险心理、侥幸心理和迷信心理等。这种心理状态极不适合煤矿生产现场这种复杂多变的环境对从业者的心理要求。

二、社会因素对矿工心理健康的影响

（一）科技的发展对矿工心理健康的影响

科技进步对发展生产、提高工作效率和促进社会进步无疑是有利的，但在某些情况下也可能给劳动者带来不利的影响，如煤矿生产普遍改为综合机械化采煤方法后，不仅使作业粉尘度大大增高，增加了粉尘对矿工的危害性，而且人-机相互协调、适应的问题也很突出。

（二）产业结构的改变对矿工心理健康的影响

近30年，我国乡镇企业蓬勃发展，大量农民转为工业从业者。由于缺乏正规系统的培训，矿工工业生产知识贫乏，对机械化生产和流程不适应。如果在劳动生产中组织不当，就会给这些劳动者造成精神高度紧张或心理障碍。

（三）劳动保障对矿工心理健康状况的影响

在调查矿工对"最希望政府帮助解决的问题"时，发现有62%的矿工希望政府能够帮助涨工资，16%的矿工希望政府能够帮助解决养老问题，8%的矿工希望政府能够帮助解决子女教育问题，11%的矿工希望政府帮助提高安全生产措施，3%的矿工希望政府帮助解决其他问题[6]。由此看出，多数矿工希望可以涨工资，来应付家庭繁重的支出。此外，企业经营中不可避免的社会问题也会对矿工心理健康产生影响，比如由于企业经营困难、裁员或停工等情况，一方面给部分工人带来一定的生活问题，另一方面也给其带来一定的心理压力。

三、工作环境对矿工心理健康的影响

（一）职业紧张

职业紧张是工作要求与矿工个体特征间的相互作用引起的，也就是当工作需求超过矿工的工作能力时就会发生职业紧张。职业紧张理论认为，当个体处于较强的职业紧张环境中，可以产生一些急性应激反应。如果反应长期存在，则可导致明显的慢性效应。矿工职业紧张往往以无效行为、过度反应和不能从工作中恢复为特征，其结果导致睡眠障碍、身心不适等，使健康危险增加。

（二）体力疲劳

疲劳是指人不能在给定的劳动强度下继续进行劳动。疲劳既可源于生理因素，也可源于心理因素。前者多与过度劳动、职业性有害因素有关，后者则多与缺乏动力、兴趣或过度心理紧张有关。过度疲劳时不仅出现神经体液调节功能的紊乱，还可伴有组织器官的损害。常见的疲劳症状有疲惫无力、怠工、失眠，丧失工作信心，自我控制能力减退，感到无法按规定要求继续工作下去。上述疲劳的心理症状，会随着疲劳的加重而逐渐加重。轻度的疲劳对心理影响不大，可以通过意志的努力而克服。长期疲劳的积累会形成过度疲劳，此时会出现明显的心理障碍或造成身心疾病。

（三）劳动时间

在对矿工每天的工作时间进行分析时，发现劳动时间与心理健康状况密切相关，劳动时间越长，心理健康水平越差。因此，矿工每天的工作时间会对心理健康有一定的影响。

（四）劳动安全

随着现代技术的发展，先进的机器和人机环境的复杂性对矿工的感知、信息加工、操作等的心理功能要求越来越高，随之心理负荷与情绪紧张程度增加，注意力、警觉性在生产过程中的重要性就明显地体现出来，稍有疏忽就可能造成事故，危及安全。

四、婚姻家庭对矿工心理健康的影响

矿工是社会群体中较为特殊的一部分，家庭生活一般具有以下特点：矿工的家庭人均收入相对较低，家庭生活负担重；夫妻分居或单身占多数，矿工的家属一般都留在农村务农，矿工在矿上住单身宿舍；家庭子女多，负担重；年轻人多，处在婚恋期的人多；夫妻感情纠葛、住房、经济等问题突出，这些都易导致矿工出现影响安全的心理情绪。

五、社会关系对矿工心理健康的影响

研究发现，父母亲的身体状况，配偶的身体状况，是否跟配偶分居，夫妻感情是否融洽，是否有孩子在身边，孩子的教育问题如何解决，能否上网、读书、看报、看电视、和别人聊天、下棋打牌等，是否经常运动，是否无所事事，是否有重大疾病和致残，有无倾诉对象、对自己的未来是否有信心等因素对矿工心理健康有一定的影响；而其中亲人死亡、工作受到挫折以及有无倾诉对象等因素对矿工心理健康有较大影响。

六、生活条件对矿工心理健康的影响

关于矿工生活条件对心理健康关系的研究发现，伙食与住宿条件对矿工的心理健康有一定的影响。其中，伙食的营养适中与营养不足、营养过剩之间的影响存在差异，营养适中的人群中，心理不健康的比例低于营养不足与营养过剩，因此可以认为营养适中可以对矿工心理健康起到保护作用。矿工对住宿条件的满意程度也对心理健康造成影响，对住宿条件的满意度越高，心理健康水平越高。

通过对伙食、住宿条件、亲人死亡、工作中受到挫折、倾诉对象、工作时间进行综合分析，发现伙食、工作中受到的挫折和倾诉对象这三个因素对心理健康影响较大。其中伙食方面，以营养适中作为对照，营养不良的影响相对增加一个等级，发生心理异常的危险平均增加3.068%。工作中受到挫折的矿工相对未受到挫折的矿工来说，心理异常的危险增加4.837%。表明营养不良和工作中受到挫折对矿工的心理影响较大[5]。

第三节 矿工心理健康的标准

人们对于健康的理解随着社会的发展也在不断地发展。世界卫生组织（WHO）曾对健康做了定义：健康不仅是没有疾病和虚弱现象，还是一种身体上、心理上和社会适应方面的完好状态[7]。而对于心理健康，国内外心理学家，提出了不同的标准。

一、目前国际上通行的标准

目前国际上通行的心理健康标准为：①社会适应良好；②性格健全；③意志健全；④行为协调；⑤反应良好；⑥心理年龄符合实际年龄；⑦注意力集中；⑧思维健全；⑨情绪稳定协调；⑩心理防卫功能良好[8]。

二、我国学者提出的心理健康标准

1. 智力正常 智力是衡量人的心理健康最重要的标志之一。

2. 情绪健康 情绪稳定、心情愉快是情绪健康的重要标志。情绪健康另一个重要标志是情绪的变化应由适当的原因引起。

3. 意志健全 意志是支配自己克服困难去实现目的的心理过程。意志健全的主要标志是行为的自觉性、果断性和意志的顽强性。

4. 行为协调 心理健康的行为协调标准，是指心理与行为协调一致。表现在意识与行为一致，言行一致，即思想与行动是统一的、协调的。

5. 人际关系适应 个人能正确对待与处理人与人之间的各种关系。人际关系适应，对人的心身健康适应起很大作用。人际关系协调，达到了心理适应，使人产生安全感、舒适感、满意感，情绪安定，有益于心身健康。

6. 行为反应适度 行为反应适度，指人对刺激有与之相对应的反应，不过敏，不迟钝。

7. 心理活动特点符合年龄标准 心理的年龄特征具有一定的稳定性。不同年龄的人，其心理活动特点与其年龄的心理特征基本是相符合的，这是心理健康的表现。

8. "理想自我"与"现实自我"基本相符 俗语说："人贵有自知之明"，即是说，人要有正确的自我意识。所谓自我意识就是自己对自己的身心状况的认识、控制、评价和自我培养、自我激励、自我管理等[9]。

三、矿工心理健康的标准

根据 WHO 和我国学者提出的心理健康标准，结合矿工自身特定的特点，总结矿工心理健康的标准应具备以下条件。

（一）智力正常

智力（intelligence）以思维为核心，包括观察力、记忆力、思维力、想象力和认识力等。它是衡量人的心理健康最重要的标志之一。心理健康的人，智力水准虽然有所不同，但智力应是正常的。智力正常是矿工从事这种特殊井下作业最基本的心理条件。

（二）情绪乐观并能自控

矿工需要具备乐观的情绪状态。心胸开朗，情绪稳定和乐观，常向光明看，不往"黑暗处"钻，热爱生活，积极向上，对未来充满希望，遇到麻烦能自行解脱。

心理健康的人对自己情绪的自控能力很强。心理健康的人在通常情况下，其内部心理结构总是趋于平衡和协调的。既有适度的情绪表现，也不为情绪所左右而言行失调。人具有自控情绪能力，即表明其中枢神经系统运行正常，身心各方面处于协调状态，不论遇到什么事总能适度地控制自己的喜怒哀乐，既不会得意忘形，也不会悲极轻生。有人认为，用情绪来表示心理健康就像用体温来表示身体健康一样准确。

（三）意志健全

意志（will）是自觉确定目标，支配自己克服困难去实现目标的心理过程。意志健全的主要标志是行为的自觉性、果断性和意志的顽强性。矿工需要具备健全的意志，无论做什么事，都有明确的目标，能坚定地运用切实有效的方法解决所遇到的各种困难和问题，不优柔寡断，裹足不前，也不轻举妄动，草率行事。

（四）悦纳自我

矿工即使生活在相对特殊的环境之下也能体验到自己的存在价值，对自己的能力、性格、情绪和优缺点都能做到恰当、客观的评价，对自己不会提出苛刻的过分期望与要求，对自己的生活目标和理想也能定得切合实际，因而对自己总是满意的和接纳的。同时，努力发展自身的潜能，即使对自己无法补救的缺陷，也能安然处之。

（五）悦纳他人

矿工应在社会和集体中善于和他人交往，并和多数人建立良好的人际关系。良好人际关系的建立是心理健康者与外界正常交往的结果，是个体对自己和对他人以及两者之间关系正确认识和评价的结果。心理健康的人，在和他人交往中，能接纳自我，并接纳他人，对集体具有一种休戚相关、荣辱与共的情感。在与人相处时，积极态度（如尊敬、信任、喜悦等）多于消极的态度（如嫉妒、怀疑、憎恶等）。人际关系协调和谐，在井下生活中能与他人融为一体，并能在这种集体环境中体验到安全感和快乐。

（六）人格健全完整

矿工应具有健全和完整的人格，这个标准在这一特殊群体中更为重要。心理健康的终极目标是保持完整的人格，培养健全的人格。人格健全完整表现在：人格的各个结构要素不存在明显的缺陷和偏差；具有清醒的自我意识，了解自己，客观地评价自己，生活的目标与理想切合实际，不产生同一性混乱；以积极的价值观和人生观作为人格的核心，有相对完整的心理特征。

（七）适应社会环境

适应社会环境主要指矿工应有积极的处世态度，与社会广泛接触，对社会现状有清晰的认识，其心理行为能顺应社会变革，勇于改造现实环境，以达到自我实现与社会奉献的协调统一。能了解各种社会规范，自觉地用这些规范来约束自己，使个体行为符合社会规范的要求。

此外，在界定上述心理健康标准时，还应注意以下几个问题。

（1）心理健康是相对的，人与人之间存在差异。不同地域、不同民族之间因社会文化背景的差异，心理健康标准可能不同。

（2）从心理健康到不健康是一个连续带。每个人的心理健康水平可处于不同的等级，健康心理和不健康心理很难分出明显的界限。有很多人可能处于所谓的非疾病又非健康的"亚健康状态"。

（3）判断一个人的心理健康状况，不能简单地根据一时一事下结论。心理健康是较长一段时间内持续的状态，一个人偶尔出现一些不健康的心理和行为，并非意味着此人一定心理不健康。

（4）心理健康是一个随社会文化而发展的概念。心理健康标准会因社会文化标准不同而有所差异。心理健康不是一种固定不变的状态，而是一个变化和发展的过程。

第四节　矿工心理健康的促进

良好的心理状态是做好一切工作的保证。随着经济的发展和社会的进步，人们越来越关注自己的生存质量。生活在矿区的广大矿工和家属也开始关注自己的生产和生活环境。研究发现，心理状态与人的工作生活和身心健康有着密切的关系。良好的生产条件和环境会使人身心健康，心情愉悦，精神饱满，工作效率大大提高。反之，会造成意想不到的损失，甚至会酿成事故发生。

矿工如何在井下工作中保持健康良好的心理状态，防止心理问题的发生，应从主观方面和客观方面加强。

一、客观方面

（一）妥善处理好不良环境中的物理化学因素

1. 高温作业时应改善作业环境的微小气候，注意高温作业劳动场所的设计、工作设计和劳动时间的设计。
2. 控制噪声源，采取治理噪声的各种技术，减少噪声对人的危害。
3. 改革工艺，加强防震措施，限定每日接触振动的时间。
4. 采用金属网、板包围放射场源，予以屏蔽，减少对操作者的辐射。
5. 配备个人防护用品，加强医疗保健工作。

（二）创造良好工作环境

创造既符合国家有关矿工卫生学标准，又符合人类工效学原理的安全、舒适的工作环境，提高职业劳动者的生活质量，确保劳动者心理健康。设计适合于人体生理和心理的最佳操作方法，实现最佳匹配的人-机系统，减少疲劳，提高工作效率。做好职业选拔和训练，提高个体的职业能力和素质，以降低紧张状态。

（三）日常安全管理中对不安全心理因素的控制

不安全的心理因素就是指有可能成为事故致因的心理因素。在日常的安全管理工作中，若能控制这些因素，也就等于消除了可能引起事故的重要原因。如对由各种原因导致生理、心理状态发生较大波动（如过度疲劳、睡眠不足、患病、情绪低落或过度兴奋等）的矿工，特别是从事井下一线工作的矿工，应有监护措施，情形较重者，应让其停工休息，并帮助其进行身体和心理的调节；对发生较大的个人生活事件（如家人亡故、工作和生活发生较大变动以及在家庭、社会和工作单位发生人际纠纷等）的矿工，应作特别的安排和帮助；对于个性心理特征不适应所从事工作岗位要求者，可采取人事调配措施；对有显著的心理障碍或人格异常者，应帮助其进行心理咨询和治疗等。某些煤矿就制定有"特殊"情况（如情绪不正常、家庭或个人遇到较大事件、过度疲劳、班前饮酒等）的矿工不准下井的制度，以确保矿工劳动安全，收到了很好的效果。

（四）大力开展对矿工的心理卫生宣传教育和心理咨询工作，提高矿工自我保健的意识和能力

在矿工中开展心理健康教育工作，广义地说应包括传统的思想政治工作，"问题矿工"的心理疏导，专门的心理健康以及某些安全教育等。通过这种教育，使矿工更好地分析自己的心理变化和调节个人生理、心理状态，这对保持他们的心理健康状态、预防事故的发生起到了较大的作用。至于在煤矿开展专门的心理卫生工作，虽然十分必要，但由于目前具有这类专业知识的人员比较缺乏，

一时还难以大面积开展起来。为此，目前可暂时在矿区医院开设心理咨询门诊或心理咨询治疗室，让经过专门培训的人员或聘请有关专业人员逐步开展这方面的工作，为需要心理救助的矿工提供服务。

（五）改善矿工的生活条件

加强劳动保护工作，处处为矿工着想，保护他们的劳动积极性，坚持不懈地改善井下作业条件，改善生活设施，搞好后勤服务，为矿工创造一个安全和舒适的作业环境，使矿工心情愉快地投入到工作中去，从而提高工作效率，完成生产工作任务，搞好安全生产，最大限度地提高企业经济效益。为矿工提供安静、整洁的宿舍，提高伙食质量，为矿工定期体检，并建立矿区医务室。了解矿工家庭情况，为他们解决后顾之忧，如老人照顾问题、子女教育问题、婚姻问题等。

（六）进行相关专业知识和职业技能培训

帮助矿工提高自身素质，增强工作能力和安全意识。在子女教育、安全生产、心理健康、职业病防治、急救知识等诸多方面，矿工都存在盲区，影响到了正常生活和工作。以职业病防治为例，矿区应该加强矿区各项职业病防治工作的贯彻落实，如组织专业人员定期检测矿工工作环境空气中的粉尘浓度，并为矿工定期体检。帮助矿工进行职业病知识普及，如定期开展专题讲座，发放各类知识学习手册、宣传单等，邀请各方面专家为矿工提供咨询服务，配合相关部门简化职业病认定程序并贯彻职业病预防措施的开展等。最重要的一条就是加强矿井质量标准化工作，要教育矿工学标准、学规程，按照标准干活，干放心活。

二、主观方面

主观方面，矿工应从以下几个方面加强自身修养。

（一）要有宽容乐观的心态

对待现实生活，要宽宏大度，不要斤斤计较；要看淡得失，不要患得患失；要襟怀坦白，不要阳奉阴违；要一分为二看事待人，不能对周围的一切都看不惯，整天牢骚满腹，怨天尤人。乐观可以化解不快，宽容可以消除矛盾，健康的心态可以使人超越不良环境的刺激，控制不良反应，减少"三违"行为的发生，与同事工友及社会环境保持融洽和谐的关系。

（二）要有执著追求的精神

要有理想、有抱负，有明确的人生奋斗目标。有奋斗目标就有动力，就不会为一时不顺所困，就不会消极怠工，就不容易发生事故。一个人追求的层次越高，他的人生境界也就越高，他才不会为小事所累，更不会抛弃安全而盲目蛮干。

（三）要有自强不息的性格

个性好的人性格温和、意志坚强、感情丰富、胸怀坦荡、情绪乐观，能与周围保持良好的互动关系，正确地对待自己、对待他人、对待矿山灾难性事故、对待社会，当他面对不公待遇时有正常心理反应，经得起批评、委屈、挫折、打击、逆境、疾病以及各种痛苦和不幸。

（四）要有自我控制的能力

善于用理智控制自己的言行、情绪、欲望，这是心理成熟的最高标志。具有自控能力可以使我们与客观环境保持良好的接触，和家庭、单位、工友同事、社会人群都能和谐相处，对生活中的各种问题，面对现实，就能沉浮自如，宠辱不惊，对事故和挫折就能做出正常有效的反应，创造性地工作，以出色的成绩化解煤矿上的艰难困苦，这才是健康的最高境界。

（五）要有自知之明的悟性

要正确、客观、透彻地剖析自我，从而认识自己。能愉快、满意地接纳自己，相信自己的能力，相信自己的未来。不憎恨自己,不自欺欺人,这是一个人的最高智慧。

(六)要有排解压力的方法

遇到挫折时能将积郁心中的情绪,及时释放,保持心态平衡;当处于逆境、情绪低落甚至火气上涌时,要有意识地转移话题或做些别的事情来分散注意力;遇到压力和挫折时将其变为动力等,这都是保持心理平衡、维护心理健康的必要之举。

与此同时,煤矿上的各有关部门也应为井下从业人员创造良好的安全从业环境。净化煤矿的软环境,强调相互尊重,相互支持,摈弃片面追求经济效益的观念,使煤矿企业尽早跳出片面追求产量的怪圈,从而给井下从业人员带来释困解压的良好局面。全社会都应关心煤矿事业和采矿工人,切实保护广大井下从业人员的合法权益,让每一位井下工作者的从业环境越来越安全。

第五节 提高应对矿山灾难性事故的心理能力

月有阴晴圆缺,人有旦夕祸福,即使再好的、再安全的工作环境,矿山特别是矿井下的工作仍然可能面临各种突发的危险。因此,对于广大矿工而言,在了解有关矿山灾难性事故的避险知识的前提下,还要进行心理储备,知道在万一遭遇危险时,应该如何面对困难,如何等待救援,如何保持活下去的勇气。

一、矿山灾难性事故前心理能量的储备

每个人都不能保证自己这一生能够远离灾难。我们能做什么?我们在每天充实生活,每天憧憬"明天会更好"的同时,还要为未知的灾难做好精神上的准备,以做到未雨绸缪,有备无患。

作为现代社会的矿业工人,应做好应对矿山灾难性事故的思想准备,就像小学生的安全教育,大商场的消防演习,国家的防恐演习一样。

(一)理性积极面对矿山灾难性事故

1. 破除迷信,科学面对 过去人类自身应对自然界的力量极有限,在生命时刻受到威胁的领域中,人们就形成了很多禁忌。比如,渔民出海前听不得有人说"翻""倒"这样的词;矿山上,矿工忌讳提"矿难"。实际上这都是迷信。灾难性事故不会因为我们的忌讳即消失。灾难性事故的发生有其自身发生发展规律。因此,作为现代矿业工人,要安全生产、平安生活的第一个前提就是要破除迷信,科学对待矿山灾难性事故的预防和应对工作,以做到有备无患。

科学预防是一个综合的工程,大到国家社会,小到每一个矿工自身。就矿工个人而言,对于矿山灾难性事故的问题既不回避忌讳,谈虎色变,也不必忧心忡忡,惶惶不可终日,而是要以开放的态度面对有关矿山灾难性事故预防的话题,认真学习相关知识和技术;了解万一遭遇矿山灾难性事故的话,要如何逃生,如何自救、互救,如何有效保存体力节约能量,如何尽快与外界取得联系,如何有效配合救援等。

2. 健康生活,热爱生命 担心灾难不如面对生活,与其整天为某个未知的不幸而忧心,不如珍惜自己当下的生活。健康快乐地生活每一天、每一秒;体验生活的每一个细节带给自己的幸福感受;感受生活中每一个带给自己的感动;珍惜自己每一次成功或失败的经历等。总之,静下心来,你会发现生活其实真的很美。

爱自己,常常对着镜子中的自己笑一笑,体贴地说一声:"嗯,其实你很不错!"心里告诉自己,

你是多棒的一个人；爱自己的家人，每天想想自己的伴侣、父母或子女，对他们表达你的感激与欣赏；爱你的朋友，有事无事打打电话，相约出游，告诉他们因为有他们为伴，使你的人生变得如此丰富多彩；爱你的工友，他们的存在让你的工作时时乐趣无边，更重要的是，某一天他们也许会成为与你共同面临最艰难时刻的生死战友；爱生活中每一个生命个体，哪怕一只狗，一只蟋蟀，因为每一个生命都使这个世界如此绚丽美妙。

在矿山灾难性事故中浴火重生，与其说是一次人类身体韧性的展示，不如说是一次人类心理承受极限的检测。事实上，在极端的环境、尤其是灾难之下，人常常不是毁灭于身体的脆弱，而是毁灭于心理的脆弱。很多从灾难中走出来的人，他们的故事都很精彩，无论故事多么的曲折，其实都在述说一个问题，那就是"爱"。因为爱自己，永远都不放弃，哪怕有几万个理由；因为爱家人，太多的牵挂与依恋，不能放弃；因为爱朋友，太多的留恋，不会放弃。

（二）完善人格，磨炼意志

心理学学者的研究发现，矿工的个性与事故发生率有着密切的关系。活泼型、冷静型的工人事故发生率低，称之为安全型，他们属于煤矿安全生产中的主力军；急躁型、迟钝型、轻浮型的工人事故发生率较高，尤其是轻浮型，称之为非安全型。而很多能够从重大的极为艰难的灾害中存活下来的人，也往往有其积极乐观的人格作为基础。换句话说，完善的人格不仅可以使矿工免于发生生产事故，在最大的灾难中也是其生存下来的重要基础。

那么如何完善人格，磨炼意志呢？

1. 认识自我、悦纳自我 正确认识自我就是要全面地了解自我，充分认识自己的优缺点，并给自己开一张清单：不仅包括缺点，更重要的是列出优点。确信自己作为一个生命的个体，存在本身就是价值。心理研究表明，心理健康者更多地表现出对自我的接受和认可。一个人要正确地认识自己，接纳自己，第一要恰当地认同自己，不苛求自己，正如古人所言"尺有所短，寸有所长"。第二要扬长避短，正视自己的短处，通过自己的努力及顽强的意志去克服，往往能取得特别的成功。身材矮小的拿破仑，在军事指挥上创造辉煌的成就就是最好的证明。第三要正确地对待得失，失意时淡然，得意时泰然。成功了，不得意忘形；失败了，不心灰意冷。坚信挫折和困难是人生的一大财富，如果没有遭受过挫折，就品尝不到成功的喜悦，对挫折的承受力和对困难的耐挫力是检测人们心理健康的重要标志。在挫折和失败面前能自我控制和自我调节的人，在竞争激烈的大千世界中一定能创造辉煌。

2. 调节情绪，善待自我 生活并非总是阳光和鲜花。任何人都不可能一辈子一帆风顺，诸如被人误解、与人冲突、家庭问题等不顺心的事时有发生，这些都会使人产生苦恼、焦虑、愤怒、忧郁、悲观失望等消极情绪。因此，处理这些情绪时，既不能图一时之快，任意宣泄，从而带来更多苦恼；也不能一味压抑带来长期的负面效应，这就需要科学方法。

（1）合理宣泄：情绪是一种心理能量，对于内心的愤怒、怨恨和悲伤的情绪要让它们有一个出口，否则人就会成为不定时的炸弹，要及时合理地把它们宣泄出来。方法有很多，可以向人倾诉，比如把自己工作上的遭遇向自己的伴侣倾诉，最重要的要说出你的不满、愤怒；也可以把自己家庭里的烦心事跟自己的工友诉说，不一定找到问题解决的办法，但你的消极情绪有了释放的机会。也可以进行身体宣泄，把沙袋或软枕头当成你所不满，甚至痛恨的人，你可大喊大叫、咒骂、用尽全身的力气拳打脚踢，把你所有的负性的能量全部消耗掉，当你没劲儿的时候，你会发现你那些恼人的情绪也烟消云散了。当然这种方法要在确保安全的情况下进行，既不能对他人造成伤害，也不能把自己置于危险之中。

（2）积极转移法：积极转移就是通过运用注意力、行为等方式把消极情绪转移到积极情绪中去。

一个人如果过分注重某一个挫折，往往会苦闷、悲痛难消，如果能把注意力转移到其他方面去，如看看电影、书画展览、阅读优美的散文，或找知心朋友聊聊天，就会使情绪的强度降低，用积极转移法能减少或消除心理认知与心理体验的矛盾冲突。

3. 健康人际交往，塑造和谐人格 人际交往是指个体与周围人之间的一种心理与行为的沟通过程。健康的人际关系有利于提升人们的自我悦纳程度，形成积极的自我意识，从而提高心理健康水平；相反，不和谐的人际关系甚至人际冲突是人们心理困惑的重要因素。以真诚和保持自我为基本交往原则，多接触人，与人多交往，将有效地促进健全人格的塑造。

4. 树立理想，提升人格 理想是人格结构中最高层次、具有支配与调节作用的心理成分。理想决定了一个人工作、学习和生活的方式、方法，理想也体现了一个人心理水平的高低。理想是每个人必要的心理结构。作为一个现代煤炭工人，可以为自己的工作设定理想，也可以为自己的生活设定目标，当然更可以为自己的人生制订高远的规划。这些目标，将有助于我们坚定信心，抵制诱惑，磨砺意志。

5. 加强体育锻炼，强健人格 运动心理学已经证明，各项体育活动都需要较高的自我控制能力、坚定的信心、勇敢果断和坚韧刚毅的意志等心理品质为基础。因此，有针对性地进行体育锻炼，对培养健全性格有特殊的功效。矿业工人的工作环境在地下，空间狭窄，加之工作负荷大，这对体力有很高的要求，在休闲时间更要加强体育锻炼，增强体魄，强健人格。每次锻炼时间要在 30 min 左右，运动量应从小到大、循序渐进，以 3 个月为 1 个周期，进行两个周期以上才能有效。要注意运动的适应证和禁忌证，还要注意防止发生意外。

二、矿山灾难性事故中的求生"心"法

一旦我们面临危险，一旦有一天矿山灾难性事故真的来到我们面前，我们要怎样做呢？先来看几个例子。

奇迹1：安第斯山空难 1972 年 10 月 13 日，满载乘客的飞机坠毁在冰天雪地的安第斯山脉。27 位年轻人劫后余生，他们不想死在这里，决定自救。千里冰封，雪崩时时发生，他们饥肠辘辘，只能吃死人肉维生。没有空间，没有时间，没有恐惧，没有英雄……活着，是唯一的目标！生死 72 天，他们挑战生命极限，最终 16 人获救。这就是史上最著名的"安第斯山奇迹"，全球为之震撼！

支撑 16 个人最终存活下来的就是一个信念——"我不会死在这里！"

奇迹2：王家岭矿难 2010 年 3 月 28 日下午 14：30 山西王家岭煤矿发生透水事故，153 人被困，经过连续 9 个昼夜分秒必争的救援，最终 115 人成功被救，而最后成功被救的矿工，创井下连续生存 194.5 h 的救援纪录，创造了生命的奇迹。

是什么使这些普通人成功脱险？是什么支撑他们在恶劣的条件下生存？是对生的渴望，是坚信获救的信念。他们创造了生命的奇迹。

正是他们共同面对，相互打气，互相支持，甚至有经验的老工人编造曾经有人连续几十天被困最终获救的故事，都成为生命奇迹创造的有利因素。

奇迹3：被吓死的兔子 有人做过一个实验，把野兔暴露于猎狗前，但在它们之间用隔网隔开，这样长期同笼相居。猎狗咬不到野兔，不会对它造成直接的伤害，但最后野兔还是死了，并且死于恐怖性甲状腺毒血症，换句话说它是被"吓死"的。对野兔来说，隔网那边的猎狗仍是一个强烈的心理刺激物，恐惧使野兔储存的甲状腺素大量释放，导致野兔死于甲状腺危象。

这些例子表明，在危难时刻，"生"的信念和信心会帮助人们死里逃生；相反，"生"的信念的

磨灭和极度的恐惧则可能在有"生"的机会的情况下，被自己"吓死"。2006年澳大利亚的两名矿工被困井下，他们感到极度的无助和绝望，而一位心理医生在井口不断给予安慰与支持，结果"话疗"帮助两名矿工在井下挺了14天，成功脱险。可见，观念有时会决定生死。

"生"的信念支撑着生命的奇迹。无论何时，特别是在危难时刻，时刻提醒自己"我要活着出去，我不会死在这里"，它可以帮助我们挺过最艰难的时候。只有运用我们所有的体力和心力来积极地面对，"生"的机会才会留给我们。

（一）形成组织，为救援创造条件

王家岭矿难的救援人员发现，几乎所有的获救人员都是以小群体的方式成功等待救援。他们往往是五六个人或更多的人聚集在没有人的地方。实际在这种封闭的、与世隔绝的条件下，伙伴本身就具有保护作用。在这一群人中，总会有一个年龄稍长、经验丰富的工人担负着领导责任。他们群策群力选择避难地点，寻找向外界传递信息的方法；把矿灯收集起来，有计划地使用光源，在救援队到达时能够有效指示救援的方向。这些"领导者"在有些人情绪低落的时候，对其进行安慰，甚至有人编造出了某地矿山灾难性事故后有人被困15天获救的故事鼓励对方坚定信心；而在救援人员开始逐个施救的时候，这些"领导者"往往选择了最后上救生艇。这些经验都告诉人们一个重要的原则——在危急时候，更要有组织。组织能使所有人的智慧和体力得到有效的发挥和运用，为保持体力、节约资源提供了有效的保证，更为外面救援工作的开展争取到了宝贵的时间。智利圣何塞铜矿被困68个日夜的矿工最终成功获救，其重要原因是33名矿工意志顽强，团结协作。

（二）接受现实，面对困难

面对自己不愿看到的结果，有些人会采用否定逃避的心理防御机制。比如，有人遇到亲人的亡故，会说："这不是真的，不会的。"面对危难，特别是生命受到直接威胁的情况下，这种反应只会把自己置于更为不利的局面中，对于问题的解决于事无补。这种情况，必须使自己尽快地冷静下来，接受自己受困，并且生命随时都有危险的现实，在此基础上坦然面对各种困难。

哲学家讲，生是偶然的，死是必然的。老百姓讲，谋事在人，成事在天。无论如何，灾难降临在我们身上，命运把我们推到了这个境地上，那么我们最好的应对方法就是接受，勇敢坦然地面对。所谓"危机"，就是危难中还有机会。只要这一秒我们还是活的，那我们就有充分的理由为我们的"活着"争取最大的机会。

（三）回忆美好过去，避免消极想法

尽可能回避与负性情绪相关的想法，告诉自己不要想那些悲观的结果，那样会更难受；应换成积极的想法：矿上的领导和工友们一定会想办法救我的，他们不会不管我；脑海中搜索自己以往的有利于生存的经验。回忆以前美好的生活：想想与自己的亲人在一起的日子有多么的幸福；与自己的朋友在一起有多么的开心；和工友在一起谈天说地时有多么的畅快等。尽量让那些美好日子带来的美好情感充满自己的全身。与此同时，尽一切办法搜索外界的一切声响，如开山炮声、机器的马达声、水泵抽水声等，以此作为生存的心理支持。

（四）积极暗示，维持良好心境

在封闭的、与世隔绝的环境中，忍饥受冻，产生无助感很正常，但越是在这种情况下越要坚定活下来的信心，正如前面所看到的"奇迹"一样，用生的信念创造生命的奇迹。心理学上有一个著名的试验，在接受试验者的皮肤上贴一片湿纸，并告之这是一种有特殊功效的纸，它能使皮肤局部发热，要求被贴纸的人用心感受贴纸部位皮肤的温度变化。十几分钟过去后，将纸片取下，被贴处的皮肤果然变化，并且摸上去有发热感。但事实上，那只是一张普通的湿纸，是心理暗示使皮肤局部的温度发生了变化[10]。积极的心理暗示会产生巨大的力量，从而创造奇迹。这里介绍几种简单的

积极暗示的方法。

1. 语言积极暗示 在内心中真诚且平静地对自己说,"我一定会出去的""我不会死在这里",并且感受这些句子带给自己的心理体验是什么,去体验力量。

2. 动作暗示 为自己的幸存,为自己即将到来的获救设计一些小动作,并且不断重复做这些动作为自己鼓劲儿。

3. 幻想获救场景 如果可能的话,在相对平静的阶段,让自己的身体和心情都放松下来,这时想象你和你的伙伴们都已经成功获救,想象此时工友和家人的欢呼、拥护和喜极而泣的场景,增强自己活下来的决心。

总而言之,只要生命还在,我们就有希望。

三、矿山灾难性事故后的心理康复

矿山灾难性事故过后,那些在灾难中幸存下来的矿工又要怎样来看待过去的灾难,走出矿山灾难性事故的阴影,面对新的生活呢?

(一)及早走出心理阴影

人们常说,时间可以带走一切伤痛。对于灾害带来的心理阴影,随着时间的流逝,环境的改变,的确会一点点地消逝,但这个过程有时会很长,很艰难;还有可能不会自动消失,而会更加严重地影响他们。因此,矿山灾难性事故之后,幸存矿工要及早走出内心的困境,充分利用、挖掘各种资源,为自己的心理重建提供支持。

1. 利用现有的社会支持系统 矿山灾难性事故之后,往往幸存矿工会得到来自国家、社会、单位(矿山)、家人、朋友更多的关心与帮助。作为矿山灾难性事故的幸存矿工,则要充分利用这些社会支持系统,真心地体验和接受来自各方的支持与鼓励。换句话说,幸存矿工自身能否感受到别人的帮助及别人关心的程度也很重要。无论是客观支持还是主观支持只有被幸存矿工感受到了,才会对心理健康起到维护的作用。

另外,幸存矿工要充分信任自己的支持系统,与自己的家人、朋友和工友分享自己在遭遇矿山灾难性事故的经过,特别是要多谈自己当时的感受。注意此时,不要忌讳说出自己当时的恐惧、悲伤、痛苦、失望等真实的感受,因为所有这些感受对于一个正常人来讲都是必然的。把它们都讲出来,让身边的人知道。讲得越多,越有助于幸存矿工对创伤事件的整合加工,也越有助于他们更早地走出矿山灾难性事故带来的心理阴影。幸存矿工还要对身边的人说出当时对亲朋好友的想念和不舍,告诉他正是对他们的依恋让自己坚持了下来,这有助于优化人际关系系统,以获得更好的人际支持,为心理重建创造更好的人际环境。

要主动地参与各种社会活动,走出家门,走到人群中,在与人的交往中获得更多的理解与支持;关心家庭生活,给予自己的父母、爱人和孩子更多的感谢与关心,感受家的温暖与幸福;结交朋友,特别是要与同获救的工友们常联系,可以共同回顾井下受困的艰难恐怖经历,共同怀念遇难的工友,共同面临矿山灾难性事故的伤痛,共同迎接生活的挑战。这些社会交往活动,将为幸存矿工构建心理维护的支撑网络,使幸存者尽早走出阴霾。

2. 适当转移注意力 条件允许的话,在身体康复之后,不要急于继续开始井下的生产作业,以免井下的环境对幸存者的心理造成不利的影响,同时也会为安全生产埋下隐患。

矿工本身也要把注意力从对矿山灾难性事故的恐惧回忆中转移出来,投身于各种有益身心健康的活动中。喜欢安静的,可以养花种草,看一些美好的文章,听一些笑话或音乐等;喜欢热闹的,可以唱唱歌，跳跳舞，看看喜剧、电影、电视剧。心理学的研究表明，音乐、舞蹈和绘画都具有心理治疗的功能。这些文化娱乐活动有助于放松精神、活跃思维，调整心身状态。还可以适当地参加各种体育活动，慢跑、小运动量的球类运动，都对身心的恢复有益；和朋友们下下象棋，玩玩扑克，也有助于认知功能的恢复。如果可能的话，和家人一起出门旅行也是个不错的选择，亲近大自然，呼吸新鲜空气，神清气爽。

总之，让原有的生活回到你心中，用心体验生活的美好，人生的快乐。

3. 换个角度看矿山灾难性事故　矿山灾难性事故是我们每一个都不愿意看到的，也不愿意接受的。它是每一个幸存者内心巨大的伤口，躯体的伤口可以愈合，而心灵的伤口却会常常渗血。但换个角度来看，对于矿山灾难性事故脱险的人，可以说是在"鬼门关"绕了一圈，现在能回来，已经是不幸中的万幸了。所以，珍惜生命的可贵，要更好地去生活，更好地去珍爱生命。

灾难性事件会造成创伤，但是创伤过后，心理的承受能力会更强，遇到这么大的灾害都活过来了，生活中的小困难还在话下吗？还有什么艰难困苦能够难倒自己吗？创伤和痛苦让我们更勇敢、更坚强，对生活更有信心，对美好生活的追求更坚定。

（二）自我调节的小技巧

有些矿工不想把内心的压力转嫁给家人，以免他们担心，他们往往选择一个人默默承受。这时，我们还需要一些自我调节的小技巧。

人的情绪反应包含"情绪"与"躯体"两部分。假如能改变"躯体"的反应，"情绪"也会随着改变。而躯体的反应，除了受自主神经系统控制的"内脏内分泌"系统的反应不能被操纵和控制外，受随意神经系统控制的"随意肌肉"反应，则可由人们的意念来操纵。也就是说，经由人的意识可以将"随意肌肉"放松，再间接地把"情绪"松弛下来，建立轻松的心情状态。基于这一原理，"放松疗法"（relaxation therapy）就是通过意识控制使肌肉放松，同时间接地松弛紧张情绪，从而达到缓解紧张，放松身心的目的。下面介绍几种简单易行的放松技巧。

1. 身心松弛技术　找一个安静不受干扰的房间，光线柔和些更好。关上门，坐在一把舒服的椅子上，两脚平稳地放在地面，双眼微闭。

做深呼吸，注意呼吸时要慢慢地吸气后再慢慢地呼出，保持呼吸节奏的自然状态。注意力全部集中在呼吸上。

注意力集中在脸部，当觉察出脸上或眼睛周围有紧绷的感觉时，再把这种现象想象成是一个绳结，这个绳结正在被放松。这时，脸部肌肉也随之同步松弛，就像一根拉紧的皮筋正在松回去一样。

当脸部和眼睛周围的肌肉放松以后，再仔细体会这种松弛感，并把这种感觉向身体其他部位传播，按上面技术方法达到放松的要求。

用上述松弛技术使身体各部位都放松，其顺序可以按从上到下，即由牙关起，经过颈部、肩部、上臂、下臂、手掌、胸部、腹部、大腿、小腿、足踝至脚部。

身体各部位放松后，让这种舒适感保持下来，维持 3～5 min 准备收式、复原。

收式开始前，把注意力集中在房间里，眼睛慢慢睁开，放松结束。这种技术的关键在于放松意念。当体会到这种感觉时，心身都会达到放松的状态。

2. 呼吸调节技术　呼吸调节技术是运用特殊的呼吸技术以控制呼吸的频率和深度，从而提高吸氧水平和增强身体活动能力，改善心理状态，治愈心理疾病或躯体疾病的心理治疗技术。呼吸调节技术分为胸腹式呼吸交替训练、意念性深呼吸训练和按摩式呼吸训练。

胸腹式呼吸交替训练的操作方法为：平躺在床上，头下垫枕头，两腿弯曲并分开相距约 20～30 cm，两手分别置于胸部和腹部。先呼吸并隆胸，使意念停留在胸部上，此时置于胸部上的手会慢慢随之升起，然后呼气，再吸气并鼓腹，使意念停留在腹部上，此时置于腹部上的手会慢慢随之升起，然后呼气。这样反复交替训练，不断体验胸、腹部的上下起伏，以及呼吸时舒适、轻松的感觉。

意念性呼吸训练的操作方法为：面对树林、草丛、小河、空旷地带等空气新鲜处站立，两手自然垂于两侧，双脚后跟并拢，脚尖叉开，相距约 15 cm。

吸气时双臂缓缓抬起，与地面平行，想象新鲜空气自十个手指进入，随手臂经肩头到达头部、颈部、胸部、腹部，然后缓缓呼气，想象浑浊空气沿着两条腿从十个脚趾排出，同时双臂缓缓放下呈自然垂直状。如果躯体某部位有疾患，则吸气时可用意念让新鲜空气在该部位多停留一会儿。

按摩式呼吸训练的操作方法为：站立，两臂侧垂，做一次深呼吸。吸气时缓缓举起双臂，脚跟离地，然后握拳慢慢伸向身体两侧，与躯体呈十字状，最后脚跟着地，松拳两臂恢复侧垂。深呼吸后改做平静呼吸状，同时两只手掌分别平放在左右胸大肌上做上下按摩，再放在腹肌上做上下按摩，最后左手放在右肩上，右手放在左肩上，分别做出由肩向臂、由臂向肩的按摩。按摩结束后继续深呼吸，呼吸后再按摩，如此循环往复进行，就可以得到身体的深度放松。

3. 音乐放松技术 音乐拥有一种无形的力量，它影响着人类的情绪和感受，能够用来转变情绪和态度，有效地减少焦虑并增强放松感。早在 20 世纪，音乐作为一种被证明行之有效的技术，用于放松和改变人的意识状态。用音乐治疗来缓解压力和焦虑等情绪的方法已经在不同领域和不同人群中得到了广泛运用。音乐放松技术实施起来相对简单，但要注意并不是所有的音乐都具有身心放松的作用，因此要在有关专家的指导下选取具有放松效果的音乐进行放松。一般来讲，平缓的钢琴曲、我国古典的名曲、小提琴曲的放松效果会比较好；也可以选取一些瑜伽放松的曲子进行音乐放松。

其实放松的方法很多，如视觉表象放松、自我谈话放松技术等，而我国传统的太极拳等运动也有较好的放松效果，印度瑜伽、佛家禅定等一些修行的法门也会帮助放松身心，并对身体和心理产生有益的影响。

当然还有一种更简单的放松方式，那就是睡觉，要让自己睡个好觉。睡眠不足，身体不适，人就更容易烦躁，会使自己的情绪更难以平静。

（三）合理宣泄

矿山灾难性事故幸存的矿工要消除恐惧和压抑的心理需要一个过程，在过渡的阶段，往往体验到比以前还要大的工作压力，而个人心理健康程度的高低在很大程度上取决于自身的应激调节能力。北京师范大学心理学院郑日昌教授认为，在压力和灾难面前，心理不健康者往往会采取一些不恰当的应对措施或者消极的自我防御机制，如否认、攻击、自责、用烟酒来减轻压力等，其结果是适得其反。而心理健康者会主动采取一些积极的或至少是无害的应对措施，进行自我宣泄。灾难过后矿工可以通过以下合理的方式来宣泄负面情绪。

1. 找人倾诉 通过同事之间的交流，特别是与共同受困的同事交流，可以让自己感觉到心理压力的普遍性，换句话讲，"并不是我一个人在面临这些困难"。这可增强克服困难、渡过难关的信心；另外，通过交流可以加深相互的了解，化解以往的矛盾，增进友谊，良好的同事关系可以让人很容易寻找倾诉的对象，获得被帮助的机会。也可以与自己的家人和朋友倾诉，把自己的担心、后怕等想法和情绪充分地表达出来。如果实在不习惯把自己的感受说出口，还可以把它写出来，写信件、日记、网络日记、微博等，目的只有一个，即把内心深处最脆弱的感受表达出来，而不在于语言是否优美。如果不习惯用语言表达，那就画画，也不必顾虑画出来的像什么，只由着你的感受随意涂鸦，这是另一种倾诉方式。还可以跟着音乐跳舞，用你的身体把感受表达出来。

2. 自我宣泄 这是指自己一个人时可以采用的宣泄方式，如到无人处放声痛哭，把自己的委屈都哭出来；实在找不着地儿，又怕吓住别人，可以把自己家的录音机或电视开大声，在噪声背景下，把自己的怨恨吼出来，骂出来；也可以把软枕头或空垫子找来做个临时出气筒，任你打、任你捶，直到自己精疲力竭为止。

（四）转移注意

不要过多关注生活中负面的事件，关注积极的事件、好的事情；不要老想自己为什么这么倒霉遇上了矿山灾难性事故，要换个积极的角度，想想自己大难不死的幸运。遇到生活中不愉快的事情时，如果自己的情绪不好，可以先不解决，主动地回避这样的场景。尽量在此期间不做什么重要的决策，等到心情变好，情绪稳定下来之后再做决定。总之，有意识调整自己的思维去关注好的方面，忽视不好的方面。

（五）顺其自然

人们常说，该来的总会来，该走的总会走。放松心情，减少对自己身体的过度关注，把更多的精力转移到现在的事情上来，例如：今天我穿的这双鞋子真舒服，今天儿子的笑脸真甜美，今天的空气真新鲜，当下的感受真好。让事情自然发展下去，坦然接受，一切会更好。

（六）必要时寻求专业的辅导

如果矿山灾难性事故之后，很长一段时间内你都感到非常痛苦，身体上感觉到非常疲惫，心情总是不好，烦躁不安，易怒，容易产生无名火；或是感到悲观失落，甚至产生过自杀的想法；或是根本无法适应现在的工作或家庭生活。此时仅靠自身的资源和力量已经不能解决问题，不能走出创伤的阴影，那么就要寻求专业的心理辅导。给大家推荐两种主要的心理辅导形式。

1. 心理危机干预 心理危机干预是指针对处于心理危机状态的个人，通过调动处于危机之中的个体自身潜能来重新建立或恢复危机爆发前的心理平衡状态。灾难心理危机干预主要指为受到重大灾难影响的人员提供紧急心理援助，帮助他们恢复各项适应功能，预防和缓解心理创伤带来的各种可能的消极后果。研究表明，灾难心理危机干预对预防和缓解各种灾后的应激反应和心理创伤有很好的效果[10]。

目前美国等西方发达国家已经形成了灾后心理危机干预的较为成熟的模式，随着我国社会的发展，特别是对安全生产工作重视程度的提高，矿山灾难性事故后的心理危机干预已经开始，在王家岭矿山灾难性事故后就已经有了心理工作者忙碌的身影。但矿山灾难性事故后心理危机的干预模式还处在摸索阶段。

对于矿工来说，首先要了解一些心理学的常识，消除顾虑，更好地配合心理危机干预工作的开展。

2. 创伤后应激障碍的治疗 在矿山灾难性事故发生后（如1个月或3个月后，甚至更长时间），身体或心理上出现了我们之前所描述的创伤后应激障碍的症状，这时就要到专业心理机构接受专业的诊断和治疗。

值得注意的是，创伤后应激障碍往往与其他心理方面的疾病存在着共病，有时很难以区分，在诊治时矿工要注意告知医生曾经经历过矿山灾难性事故，以帮助医生更好地进行诊断，为自己的治疗指明方向。

任何灾难都不是我们愿意看到的，但如果我们遇到了，那么我们选择接受，并且用科学的方法来应对，因为我们相信，风雨后有彩虹，明天会更美。

（李 凌）

参考文献

[1] 戴福强,赵永华,蒋秀兰,等. 煤矿工人心理健康水平调查分析. 齐齐哈尔医学院学报,2009,15(1):74-76.

[2] 朱本亮,王虎,荣良群,等. 矿工症状自评量表调查分析. 中国健康心理学杂志,2009,17(12):221-223.

[3] 宋志方,鹿德智,甄惠君,等. 煤矿井下工人心理健康水平研究. 中国健康心理学杂志,2010,18(1):48-50.

[4] 眭衍波,陈龙,裴华,等. 井下环境因素与矿工高血压病相关性研究. 中国临床心理学杂志,2003,11(4):26-28.

[5] 吴真,王琼,李洁,等. 井下矿工心理健康状况及相关因素调查研究. 中国健康心理学杂志,2009,17(12):1508-1510.

[6] 金宁宁,左月然,罗敏,等. 突发灾难事件的心理危机干预. 护理管理杂志,2005,5(1):35-38.

[7] 张娟. 浅谈青少年心理危机的干预. 中国科教创新导刊,2010(6):229-230.

[8] 崔杨. 心理危机干预方法和心理危机干预模式. 卫生职业教育,2009,27(2):142-144.

[9] 卢建平. 汶川地震灾后的儿童心理危机干预问题及建议. 中国神经精神疾病杂志,2008,34(9):521-522.

[10] Holeva V,Tarrier N. Tarrier. Personality and peritraumatic dissociation in the prediction of PTSD in victims of road traffic accidents. Journal of Psychosomatic Research,2001,51(5):687-692.

中英文专业词汇对照索引

A

"ABC"理论（ABC Theory of Emotion）170
艾森克人格问卷（Eysenck personality questionnaire，EPQ）56
安全（safety）143

B

斑秃（alopecia areata）58
暴露（exposure）89
表达性心理动力学心理治疗（expressive psychodynamic psychotherapy）91
勃起功能障碍（erectile dysfunction，ED）58

C

肠易激综合征（irritable bowel syndrome，IBS）54
创伤后应激障碍（post traumatic stress disorder，PTSD）4，29，61
《创伤后应激障碍自评量表》（the PTSD Checklist-Civilian Version，PCL-C）4
促肾上腺皮质激素（adrenocorticotropic hormone，ACTH）45
卒中后抑郁（post-stroke depression，DPS）53

D

短暂性脑缺血发作（transient ischemic attack，TIA）53

F

放松疗法（relaxation therapy）223
放松训练（relaxation training）80
肥胖症（obesity）58
复发性阿弗他口炎（recurrent aphthous stomatitis，RAS）59
复发性阿弗他溃疡（recurrent aphthous ulcer，RAU）59
复发性口腔溃疡（recurrent oral ulcer，ROU）59
复原（re-entry）194

G

公共心理健康反应联合体（the Mental Health Community Response Coalition，MHRC）6
共情（empathy）76
冠状动脉粥样硬化性心脏病（coronary atherosclerotic heart disease，CAHD）50
光化学疗法（photochemical therapy）59

J

急性应激障碍（acute stress disorder，ASD）4，25
甲状腺功能亢进（hyperthyroidism）57
降温（let down）194
焦虑管理训练（anxiety management training）89
焦虑自评量表（self-rating anxiety scale，SAS）56
紧急事件晤谈（critical incident stress debriefing，CISD）68
经典性条件反射（classical conditioning）165
《精神疾病诊断与统计手册》第4版（Diagnostic and Statistical Manual of Mental Disorders Ⅳ，DSM-Ⅳ）61

K

抗甲状腺球蛋白抗体（anti-thyroglobulin antibodies，TGAb）58
溃疡性结肠炎（ulcerative colitis，UC）54

L

罗森塔尔效应（Rosenthal effect）163

N

脑血管病（cerebral vascular disease，CVD）53

P

普秃（alopecia universalis）59

Q

器质性精神障碍（organic mental disorder）47
倾听（listen）75
情感表达（emotional expression）78
全身适应综合征（general adaptation syndrome，GAS）17
全秃（alopecia totalis）59
缺血性心脏病（ischemic heart disease，IHD）50

R

认知疗法（cognitive therapy）167
认知重建（cognitive restructuring）89
认知准确性（validity of cognition，VOC）86

S

神经症（neurosis）47
实践课（practicum）202
实习（internship）202
食管失弛缓症（esophageal achalasia）55
适应不良性认知（maladaptive cognition）88
适应性障碍（adjustment disorder，AD）4

T

糖尿病（diabetes mellitus，DM）55
糖尿病酮症酸中毒（diabetic ketoacidosis，DKA）56
体重指数（body mass index，BMI）58
同理（empathy）192

W

危险因子（risk factor）50
温暖（warm）78

X

消化性溃疡（peptic ulcer，PU）54
消化性溃疡病（peptic ulcer disease，PUD）54
心理动力性心理治疗（psychodynamic psychotherapy）90
心理生理反应（psychophysiological reaction）41
心理生理障碍（psychophysiological disorder）41
心理卫生教育（psycho-education）89
心律失常（cardiac arrhythmia，CA）51
心身反应（psychosomatic reaction）41
心身疾病（psychosomatic disease，PSD）41
虚拟实境（virtual reality）89
血管紧张素Ⅱ受体阻滞剂（angiotensin receptor blocker，ARB）50
血管紧张素转化酶抑制剂（angiotensin converting enzyme inhibitors，ACEI）50

Y

延时暴露（prolonged exposure）89
眼动脱敏与再加工疗法（eye movement desensitization and reprocessing，EMDR）34，84
移情（transference）92
抑郁自评量表（self-rating depression scale，SDS）56
意义疗法（logo therapy）93
意志（will）215
应激系统（stress system）45
应激相关精神障碍（stress related disorder）47
应激预防训练（stress inoculation training）90
原发性高血压（primary hypertension）48

Z

真诚（genuineness）77
症状自评量表（symptom check list 90，SCL-90）56
支持性心理动力学心理治疗（supportive psychodynamic psychotherapy）91
职业倦怠（job burnout）193
智力（intelligence）214
主观不适感觉单位（subjective units of discomfort，SUD）86
尊重（respect）77